教育部高等学校电子信息类专业教学指导委员会规划教材

高等学校电子信息类专业系列教材

U0211476

EDA技术及应用

（第3版）

朱正伟 朱栋 尧横 朱晨阳 孙广辉 编著

清华大学出版社

北京

内 容 简 介

本书在编写时突破传统教材内容的制约,对教材内容等进行综合改革,融入了本领域最新的科研与教学改革成果,确保课程的高阶性与创新性,充分体现了课程的挑战度,使之更好地适应 21 世纪人才培养的要求。本书的主要特点有:①创新性,本书突破传统的 VHDL 教学模式和流程,将普遍认为较难学习的 VHDL,用全新的教学理念和编排方式给出,并与 EDA 工程实践有机结合,达到了良好的教学效果,同时大大缩短了授课时数。全书以数字电路设计为基点,从实例的介绍中引出 VHDL 语法内容,通过一些简单、直观、典型的实例,将 VHDL 中最核心、最基本的内容解释清楚,使读者在较短的时间内就能有效地把握 VHDL 的主干内容,并付诸设计实践。②系统性,本书内容全面,注重基础,理论联系实际,并使用大量图表说明问题,编写简明精炼、针对性强,设计实例都通过了编译,设计文件和参数选择都经过了验证,便于读者对内容的理解和掌握。③实用性,本书注重实用、讲述清楚、由浅入深,书中的实例具有很高的参考价值和实用价值,读者能够掌握较多的实战技能和经验。

本书既可作为高等院校电气、自动化、计算机、通信、电子类专业的研究生、本科生的教材或参考书,也可供广大的 ASIC 设计人员和电子电路设计人员阅读参考。

图书在版编目(CIP)数据

EDA 技术及应用/朱正伟等编著.—3 版.—北京:清华大学出版社,2022.7
高等学校电子信息类专业系列教材
ISBN 978-7-302-61045-8

Ⅰ.①E… Ⅱ.①朱… Ⅲ.①电子电路-电路设计-计算机辅助设计-高等学校-教材 Ⅳ.①TN702.2

中国版本图书馆 CIP 数据核字(2022)第 096449 号

责任编辑:闫红梅 薛 阳
封面设计:李召霞
责任校对:徐俊伟
责任印制:丛怀宇

出版发行:清华大学出版社
  网   址:http://www.tup.com.cn,http://www.wqbook.com
  地   址:北京清华大学学研大厦 A 座   邮 编:100084
  社 总 机:010-83470000   邮 购:010-62786544
  投稿与读者服务:010-62776969,c-service@tup.tsinghua.edu.cn
  质量反馈:010-62772015,zhiliang@tup.tsinghua.edu.cn
  课件下载:http://www.tup.com.cn,010-83470236
印 装 者:大厂回族自治县彩虹印刷有限公司
经 销:全国新华书店
开 本:185mm×260mm 印 张:22.75   字 数:568 千字
版 次:2005 年 10 月第 1 版 2022 年 8 月第 3 版 印 次:2022 年 8 月第 1 次印刷
印 数:1~1500
定 价:69.00 元

产品编号:093333-01

前 言
PREFACE

EDA(Electronic Design Automation,电子设计自动化)技术是现代电子工程领域的一门新技术,它提供了基于计算机和信息技术的电路系统设计方法。EDA 技术的发展和推广应用极大地推动了电子工业的发展。随着 EDA 技术的发展,硬件电子电路的设计几乎全部可以依靠计算机来完成,这样就大大缩短了硬件电子电路设计的周期,从而使制造商可以迅速开发出品种多、批量小的产品,以满足市场的需求。EDA 教学和产业界的技术推广是当今世界的一个技术热点,EDA 技术是现代电子工业设计中不可或缺的一项技术。

本书在《EDA 技术及应用》(第 2 版)(清华大学出版社,2013 年)的基础上,根据 EDA 技术的发展,对原书内容总结提高、修改增删而成。第 3 版教材在修订时主要做了如下改进工作:①第 1 章的开发环境升级为 Quartus Prime 18 版本,EDA 技术的发展趋势也做了更新;②第 2 章的 FPGA 产品更新为 Cyclone IV 系列器件的介绍,并介绍了国产 FPGA 器件,对逻辑分析仪也做了展开介绍,包括传统的逻辑分析仪和嵌入式逻辑分析仪;③第 6 章增加了算法状态机图,作为一种类似算法流程图的控制算法流程图,算法状态机图可以描述事件操作的时序,适合于描述较复杂的算法,并导出相应的硬件电路;④考虑到 IP 核的应用越来越广泛,增加了第 7 章关于 Quartus Prime 18 的常用 IP 核及其应用的介绍;⑤第 8 章的数字电子系统实践中新增了数字信号处理中常用的实例;⑥全书所有的开发环境、实例和仿真波形都更换成了 Quartus Prime 18 环境下的结果。

本书共分为 8 章,第 1 章对 EDA 技术做了综述,解释了有关概念;第 2 章介绍了可编程逻辑器件的发展和分类,CPLD/FPGA 器件的结构及特点,以及设计流程等;第 3 章介绍了原理图输入设计方法;第 4 章通过几个典型的实例介绍了 VHDL 设计方法;第 5 章进一步描述了 VHDL 语法结构及编程方法;第 6 章介绍了状态机设计方法;第 7 章介绍了 Quartus Prime 18 中的常用 IP 核及其应用;第 8 章通过 9 个数字系统设计实践,进一步介绍了用 EDA 技术来设计大型复杂数字逻辑电路的方法。本书的所有实例都经过上机调试,几乎所有的实例都给出了仿真波形,希望对读者有所帮助。还有一个问题需做个说明,本书中电路符号采用的是 IEEE 标准符号,主要目的是为了和开发环境中的电路符号一致。

本书在编写过程中,引用了诸多学者和专家的著作和论文中的研究成果,在这里向他们表示衷心的感谢。清华大学出版社为本书的出版付出了艰辛的劳动,在此一并表示深深的敬意和感谢。

本书由朱正伟主编,并编写第 1 章、第 2 章,朱栋编写了第 3 章、第 7 章和第 8 章部分内容,尧横编写了第 6 章和第 8 章部分内容,朱晨阳编写了第 4 章、第 5 章,孙广辉编写了第 7 章和第 8 章部分内容,并为本书的图表付出了许多辛勤的劳动。

由于 EDA 技术发展迅速，加之作者水平有限，时间仓促，书中不足和疏漏之处在所难免，敬请各位读者不吝赐教。

编　者

2022.1

目录
CONTENTS

EDA 技术概述

在现代电子设计领域,随着微电子技术的迅猛发展,无论是电路设计、系统设计还是芯片设计,其设计的复杂程度都在不断地增加,而且电子产品更新换代的步伐也越来越快。此时,仅依靠传统的手工设计方法已经不再能够满足要求,而电子设计自动化技术的发展给电子系统设计带来了革命性的变化,大部分设计工作都可以在计算机上借助 EDA 工具来完成。

1.1 EDA 技术及其发展

1.1.1 EDA 技术的含义

EDA(Electronic Design Automation,电子设计自动化)是近几年迅速发展起来的将计算机软件、硬件、微电子技术交叉运用的现代电子学科,是 20 世纪 90 年代初从 CAD(计算机辅助设计)、CAM(计算机辅助制造)、CAT(计算机辅助测试)和 CAE(计算机辅助工程)的概念发展而来的。EDA 技术就是以计算机为工作平台、以 EDA 软件工具为开发环境、以硬件描述语言为设计语言、以 ASIC(Application Specific Integrated Circuits)为实现载体的电子产品自动化设计过程。在 EDA 软件平台上,根据原理图或硬件描述语言(HDL)完成的设计文件,自动地完成逻辑编译、化简、分割、综合及优化、布局布线、仿真、目标芯片的适配编译、逻辑映射和编程下载等工作。设计者的工作仅限于利用软件的方式来完成对系统硬件功能的描述,在 EDA 工具的帮助下,应用相应的 CPLD/FPGA(Complex Programmable Logic Devices/Field Programmable Gate Array)器件,就可以得到最后的设计结果。尽管目标系统是硬件,但整个设计和修改过程如同完成软件设计一样方便和高效。当然,这里的所谓 EDA 是狭义的 EDA,主要是指数字系统的自动化设计,因为这一领域的软硬件方面的技术已比较成熟,应用的广泛程度也已比较大。而模拟电子系统的 EDA 正在进入实用,其初期的 EDA 工具不一定需要硬件描述语言。此外,从应用的广度和深度来说,由于电子信息领域的全面数字化,基于 EDA 的数字系统的设计技术具有更大的应用市场和更紧迫的需求性。

1.1.2 EDA 技术的发展历程

集成电路技术的发展不断给 EDA 技术提出新的要求,对 EDA 技术的发展起到了巨大的推动作用。从 20 世纪 60 年代中期开始,人们就不断地开发出各种计算机辅助设计工具来帮助设计人员进行集成电路和电子系统的设计。一般认为，EDA 技术大致经历了计算机辅助设计（Computer Aided Design，CAD）、计算机辅助工程（Computer Aided Engineering，CAE）和电子设计自动化（Electronic System Design Automation，ESDA）三个发展阶段。

1. CAD 阶段

20 世纪 70 年代，随着中、小规模集成电路的开发和应用，传统的手工制图设计印刷电路板和集成电路的方法已无法满足设计精度和效率的要求，于是工程师们开始进行二维平面图形的计算机辅助设计，这样就产生了第一代 EDA 工具，设计者也从繁杂、机械的计算、布局和布线工作中解放了出来。但在 EDA 发展的初始阶段，一方面计算机的功能还比较有限，个人计算机还没有普及；另一方面电子设计软件的功能也较弱。人们主要是借助于计算机对所设计电路的性能进行一些模拟和预测。另外就是完成印刷电路板的布局布线、简单版图的绘制等工作。例如，目前常用的 PCB 布线软件 Protel 的早期版本 Tango、用于电路模拟的 SPICE 软件以及后来产品化的 IC 版图编辑与设计规则检查系统等软件，都是这个时期的产品。

20 世纪 80 年代初，随着集成电路规模的增大，EDA 技术有了较快的发展。更多的软件公司，如当时的 Mentor 公司、Daisy Systems 公司及 Logic System 公司等进入 EDA 领域，开始提供带电路图编辑工具和逻辑模拟工具的 EDA 软件，主要解决了设计之前的功能检验问题。

总的来说，这一阶段的 EDA 水平还很低，对设计工作的支持十分有限，主要存在以下两个方面的问题需要解决。

（1）EDA 软件的功能单一、相互独立。这个时期的 EDA 工具软件都是分别针对设计流程中的某个阶段开发的，一个软件只能完成其中一部分工作，所以设计者不得不在设计流程的不同阶段分别使用不同的 EDA 软件包。然而，由于不同的公司开发的 EDA 工具之间的兼容性较差，为了使设计流程前一级软件的输出结果能够被后一级软件接受，就需要人工处理或再运行另外的转换软件，这往往很复杂，势必影响设计的速度。

（2）对于复杂电子系统的设计，不能提供系统级的仿真和综合，所以设计中的错误往往只能在产品开发的后期才能被发现，这时再进行修改将十分困难。

2. CAE 阶段

进入 20 世纪 80 年代以后，随着集成电路规模的扩大及电子系统设计的逐步复杂，电子设计自动化的工具逐步完善和发展，尤其是人们在设计方法学、设计工具集成化方面取得了长足的进步。各种设计工具，如原理图输入、编译与连接、逻辑模拟、逻辑综合、测试码生成、版图自动布局以及各种单元库均已齐全。不同功能的设计工具之间的兼容性得到了很大改善，那些不走兼容道路、想独树一帜的 CAD 工具受到了用户的抵制，逐渐被淘汰。EDA 软件设计者采用统一数据管理技术，把多个不同功能的设计软件结合成一个集成设计环境。按照设计方法学制定的设计流程，在一个集成的设计环境中就能实现由寄存器传输级（Register Transfer Level，RTL）开始，从设计输入到版图输出的全程设计自动化。在这个阶段，基于门阵列和标准单元库设计的半定制 ASIC 得到了极大的发展，将电子系统设计推入了 ASIC 时代。但是，大部分从原理图出发的 CAE 工具仍然不能适应复杂电子系统的要求，而且具体化的元件图形制约着优化设计。

3. ESDA 阶段

20世纪90年代以来,集成电路技术以惊人的速度发展,其工艺水平已经达到了深亚微米级,在一个芯片上已经可以集成上百万、上千万乃至上亿个晶体管,芯片的工作频率达到了 GHz。这不仅为片上系统(System On Chip,SOC)的实现提供了可能,同时对电子设计的工具提出了更高的要求,促进了 EDA 技术的发展。

在这一阶段,出现了以硬件描述语言、系统级仿真和综合技术为基本特征的第三代 EDA 技术,它使设计师们摆脱了大量的具体设计工作,而把精力集中于创造性的方案与概念构思上,从而极大地提高了系统设计的效率,缩短了产品的研制周期。EDA 技术在这一阶段的发展主要有以下几个方面。

1) 用硬件描述语言来描述数字电路与系统

这是现代 EDA 技术的基本特征之一,并且已经形成了 VHDL 和 Verilog HDL 两种硬件描述语言,它们都符合 IEEE(Institute of Electrical and Electronics Engineers,电气和电子工程师协会)标准,均能支持系统级、算法级、RTL 级(又称数据流级)和门级各个层次的描述或多个不同层次的混合描述,涉及的领域有行为描述和结构描述两种形式。硬件描述与实现工艺无关,而且还支持不同层次上的综合与仿真。硬件描述语言的使用,规范了设计文档,便于设计的传递、交流、保存、修改及重复使用。

2) 高层次的仿真与综合

所谓综合,就是由较高层次描述到低层次描述、由行为描述到结构描述的转换过程。仿真是在电子系统设计过程中对设计者的硬件描述或设计结果进行查错、验证的一种方法。对应于不同层次的硬件描述,有不同级别的综合与仿真工具。高层次的综合与仿真将自动化设计的层次提高到了算法行为级,使设计者无须面对低层电路,而把精力集中到系统行为建模和算法设计上,而且可以帮助设计者在最早的时间发现设计中的错误,从而大大缩短了设计周期。

3) 平面规划技术

平面规划技术对逻辑综合和物理版图设计进行联合管理,做到在逻辑综合早期设计阶段就考虑到物理设计信息的影响。通过这些信息,可以再进一步对设计进行综合和优化,并保证不会对版图设计带来负面影响。这在深亚微米级时代,布线时延已经成为主要时延的情况下,对加速设计过程的收敛与成功是有所帮助的。在 Synopsys 和 Cadence 等著名公司的 EDA 系统中都采用了这项技术。

4) 可测试性综合设计

随着 ASIC 规模和复杂性的增加,测试的难度和费用急剧上升,由此产生了将可测试性电路结构作在 ASIC 芯片上的思想,于是开发出了扫描插入、内建自测试(BIST)和边界扫描等可测试性设计(DFT)工具,并已集成到 EDA 系统中。如 Compass 公司的 Test Assistant 和 Mentor Graphics 公司的 LBLST Achitect、BSD Achitect 和 DFT Advistor 等。

5) 开放性、标准化框架结构的集成设计环境和并行设计工程

近年来,随着硬件描述语言等设计数据格式的逐渐标准化,不同设计风格和应用的要求使得有必要建立开放性、标准化的 EDA 框架。所谓框架,就是一种软件平台结构,为 EDA 工具提供操作环境。框架的关键在于建立与硬件平台无关的图形用户界面以及工具之间的通信、设计数据和设计流程的管理等,此外还包括各种与数据库相关的服务项目。任何一个

EDA系统只要建立一个符合标准的开放式框架结构，就可以接纳其他厂商的EDA工具一起进行设计工作。这样，框架作为一套使用和配置EDA软件包的规范，就可以实现各种EDA工具间的优化组合，并集成在一个易于管理的统一环境下，实现资源共享。

针对当前电子设计中数字电路与模拟电路并存、硬件设计与软件设计并存以及产品更新换代快的特点，并行设计工程要求一开始就从管理层次上把工艺、工具、任务、智力和时间安排协调好。在统一的集成设计环境下，由若干相关设计小组共享数据库和知识库，同步进行设计。

由此可见，EDA技术可以看作电子CAD的高级阶段，EDA工具的出现，给电子系统设计带来了革命性的变化。随着Intel公司新处理器的不断推出，Xilinx等公司上百万门规模的FPGA的上市，以及大规模的芯片组和高速高密度印刷电路板的应用，EDA技术在仿真、时序分析、集成电路自动测试、高速印刷电路板设计及操作平台的扩展等方面都面临着新的巨大的挑战，这些问题实际上也是新一代EDA技术未来发展的趋势。

1.1.3　EDA技术的基本特征

现代EDA技术的基本特征是采用高级语言描述，具有系统级仿真和综合能力，具有开放式的设计环境，具有丰富的元件模型库等。下面介绍这些EDA技术的基本特征。

1. 硬件描述语言设计输入

用硬件描述语言进行电路与系统的设计是当前EDA技术的一个重要特征，硬件描述语言输入是现代EDA系统的主要输入方式。统计资料表明，在硬件语言和原理图两种输入方式中，前者占75%以上，并且这个趋势还在继续增长，与传统的原理图输入设计方法相比较，硬件描述语言更适合规模日益增大的电子系统，它还是进行逻辑综合优化的重要工具。硬件描述语言使得设计者在比较抽象的层次上描述设计的结构和内部特征，其突出优点是：语言的公开可利用性；设计与工艺的无关性；宽范围的描述能力；便于组织大规模系统的设计；便于设计的复用和继承等。

2. "自顶向下"设计方法

现在，电子系统的设计方法发生了很大的变化，过去，电子产品设计的基本思路一直是先选用通用集成电路芯片，再由这些芯片和其他元件自下而上地构成电路、子系统和系统，以此流程，逐步向上递推，直至完成整个系统的设计。这样的设计方法就如同一砖一瓦地建造金字塔，不仅效率低、成本高，而且容易出错。

EDA技术为我们提供了一种"自顶向下"的全新设计方法。这种设计方法首先从系统设计入手，在顶层进行功能方框图的划分和结构设计。在方框图一级进行仿真、纠错，并用硬件描述语言对高层次的系统行为进行描述，在系统一级进行验证。然后用综合优化工具生成具体电路的网表，其对应的物理实现级可以是印刷电路板或专用集成电路。由于设计的主要仿真和调试过程是在高层次上完成的，这不仅有利于早期发现结构设计上的错误，避免设计工作的浪费，而且也减少了逻辑功能仿真的工作量，提高了设计的一次成功率。

3. 逻辑综合与优化

逻辑综合是20世纪90年代电子学领域兴起的一种新的设计方法，是以系统级设计为核心的高层次设计。逻辑综合是将最新的算法与工程界多年积累的设计经验结合起来，自动地将用真值表、状态图或硬件描述语言等所描述的数字系统转换为满足设计性能指标要求的逻辑电路,并对电路进行速度、面积等方面的优化。

逻辑综合的特点是将高层次的系统行为设计自动翻译成门级逻辑的电路描述,做到了设计与工艺的相互独立。逻辑综合的作用是根据一个系统的逻辑功能与性能的要求,在一个包含众多结构、功能和性能均已知的逻辑元件的逻辑单元库的支持下,寻找出一个逻辑网络结构最佳的实现方案。逻辑综合的过程主要包含以下两个方面。

(1) 逻辑结构的生成与优化。主要是进行逻辑化简与优化,达到尽可能地用较少的元件和连线形成一个逻辑网络结构(逻辑图)、满足系统逻辑功能的要求。

(2) 逻辑网络的性能优化。利用给定的逻辑单元库,对已生成的逻辑网络进行元件配置,进而估算实现该逻辑网络的芯片的性能与成本。性能主要指芯片的速度,成本主要指芯片的面积与功耗。速度与面积或速度与功耗是矛盾的,这一步允许使用者对速度与面积或速度与功耗相矛盾的指标进行性能与成本的折中,以确定合适的元件配置,完成最终的、符合要求的逻辑网络结构。

4. 开放性和标准化

开放式的设计环境也称为框架结构。框架是一种软件平台结构,它在 EDA 系统中负责协调设计过程和管理设计数据,实现数据与工具的双向流动,为 EDA 工具提供合适的操作环境。框架结构的核心是可以提供与硬件平台无关的图形用户界面以及工具之间的通信、设计数据和设计流程的管理等,还包括各种与数据库相关的服务项目。

任何一个 EDA 系统只要建立了一个符合标准的开放式框架结构,就可以接纳其他厂商的 EDA 工具一起进行设计工作。框架结构的出现,使国际上许多优秀的 EDA 工具可以合并到一个统一的计算机平台上,成为一个完整的 EDA 系统,充分发挥每个设计工具的技术优势,实现资源共享。在这种环境下,设计者可以更有效地运用各种工具,提高设计质量和效率。

近年来,随着硬件描述语言等设计数据格式的逐步标准化,不同设计风格和应用的要求导致各具特色的 EDA 工具被集成在同一个工作站上,从而使 EDA 框架标准化。新的 EDA 系统不仅能够实现高层次的自动逻辑综合、版图综合和测试码生成,而且可以使各个仿真器对同一个设计进行协同仿真,从而进一步提高了 EDA 系统的工作效率和设计的正确性。

5. 库

EDA 工具必须配有丰富的库(元件图形符号库、元器件模型库、工艺参数库、标准单元库、可复用的电路模块库、IP 库等),才能够具有强大的设计能力和较高的设计效率。

在电路设计的每个阶段,EDA 系统需要各种不同层次、不同种类的元器件模型库的支持。例如,原理图输入时需要元器件外形库,逻辑仿真时需要逻辑单元的功能模型库,电路仿真时需要模拟单元和器件的模型库,版图生成时需要适应不同层次和不同工艺的底层版图库,测试综合时需要各种测试向量库等。每一种库又按其层次分为不同层次的单元或元素库,例如,逻辑仿真的库又按照行为级、寄存器级和门级分别设库。而 VHDL 输入所需要的库则更为庞大和齐全,几乎包括上述所有库的内容。各种模型库的规模和功能是衡量 EDA 工具优劣的一个重要标志。

1.2　EDA 技术的实现目标与 ASIC 设计

1.2.1　EDA 技术的实现目标

一般地说，利用 EDA 技术进行电子系统设计，主要有 4 个应用领域，即印制电路板（PCB）设计、集成电路（IC 或 ASIC）设计、可编程逻辑器件（FPGA/CPLD）设计以及混合电路设计。

印制电路板的设计是 EDA 技术的最初实现目标。电子系统大多采用印制电路板的结构，在系统实现过程中，印制电路板设计、装配和测试占据了很大的工作量，印制电路板设计是一个电子系统进行技术实现的重要环节，也是一个很有工艺性、技巧性的工作，利用 EDA 工具来进行印制电路板的布局布线设计和验证分析是早期 EDA 技术最基本的应用。

集成电路设计是指通过一系列特定的加工工艺，将晶体管、二极管等有源器件和电阻、电容等无源器件，按照一定的电路互连，"制作"（集成）在一块半导体单晶薄片上，经过封装而形成的具有特定功能的完整电路。集成电路一般要通过"掩模"来制作，按照实现的工艺，又分为全定制或半定制的集成电路。集成电路设计包括逻辑（或功能）设计、电路设计、版图设计和工艺设计等多个环节。随着大规模和超大规模集成电路的出现，传统的手工设计方法遇到的困难越来越多，为了保证设计的正确性和可靠性，必须采用先进的 EDA 软件工具来进行集成电路的逻辑设计、电路设计和版图设计。集成电路设计是 EDA 技术的最终实现目标，也是推动 EDA 技术推广和发展的一个重要源泉。

可编程逻辑器件（Programmable Logic Device，PLD）是一种由用户根据需要而自行构造逻辑功能的数字集成电路，其特点是直接面向用户，具有极大的灵活性和通用性，使用方便，开发成本低，上市时间短，工作可靠性好。可编程器件目前主要有两大类型：复杂可编程逻辑器件（Complex PLD，CPLD）和现场可编程门阵列（Field Programmable Gate Array，FPGA）。它们的基本方法是借助于 EDA 软件，用原理图、状态机、布尔表达式、硬件描述语言等方法，生成相应的目标文件，最后用编程器或下载电缆，由目标器件实现。可编程逻辑器件的开发与应用是 EDA 技术将电子系统设计与硬件实现进行有机融合的一个重要体现。

随着集成电路复杂程度的不断提高，各种不同学科技术、不同模式、不同层次的混合设计方法已被认为是 EDA 技术所必须支持的方法。不同学科的混合设计方法主要指电子技术与非电学科技术的混合设计方法；不同模式的混合方法主要指模拟电路与数字电路的混合，模拟电路与 DSP 技术的混合，电路级与器件级的混合方法等；不同层次的混合方法主要指逻辑行为级、寄存器级、门级以及开关级的混合设计方法。目前在各种应用领域，如数字电路、模拟电路、DSP 专用集成电路、多芯片模块以及印刷电路系统的设计都需要采用各种混合设计方法。

1.2.2　ASIC 的特点与分类

ASIC 的概念早在 20 世纪 60 年代就有人提出，但由于当时设计自动化程度低，加上工艺基础、市场和应用条件均不具备，因而没有得到适时发展。进入 20 世纪 80 年代后，随着半导体集成电路的工艺技术、支持技术、设计技术、测试评价技术的发展,集成度的大大提高,电子整机、电子系统高速更新换代的竞争态势不断加强,为开发周期短、成本低、功能强、可靠性高以及专利性与保密性好的专用集成电路创造了必要而充分的发展条件,并很快形成了用 ASIC 取代中、小规模集成电路来组成电子系统或整机的技术热潮。

ASIC 的出现和发展说明集成电路进入了一个新的阶段。通用的、标准的集成电路已不能完全适应电子系统的急剧变化和更新换代。各个电子系统生产厂家都希望生产出具有自己特色和个性的产品,而只有 ASIC 产品才能实现这种要求。这也是自 20 世纪 80 年代中期以来 ASIC 得到广泛传播和重视的根本原因。目前 ASIC 在总的 IC 市场中的占有率已超过三分之一,在整个逻辑电路市场中的占有率已超过一半。与通用集成电路相比,ASIC 在构成电子系统时具有以下几个方面的优越性。

(1) 缩小体积、减轻重量、降低功耗。

(2) 提高可靠性。用 ASIC 芯片进行系统集成后,外部连线减少,可靠性明显提高。

(3) 易于获得高性能。ASIC 针对专门的用途而特别设计,它是系统设计、电路设计和工艺设计的紧密结合,这种一体化的设计有利于得到前所未有的高性能系统。

(4) 可增强保密性。电子产品中的 ASIC 芯片对用户来说相当于一个"黑盒子"。

(5) 在大批量应用时,可显著降低系统成本。

ASIC 按功能的不同可分为数字 ASIC、模拟 ASIC、数模混合 ASIC 和微波 ASIC;按使用材料的不同可分为硅 ASIC 和砷化镓 ASIC。一般来说,数字 ASIC、模拟 ASIC 主要采用硅材料,微波 ASIC 主要采用砷化镓材料。砷化镓具有高速、抗辐射能力强、寄生电容小和工作温度范围宽等优点,目前已在移动通信、卫星通信等方面得到广泛应用。但总的说来,由于砷化镓的研究较硅晚了十多年,目前仍是硅材料 ASIC 占主导地位。对于硅材料ASIC,按制造工艺的不同还可进一步将其分为 MOS 型、双极型和 BiCMOS 型,其中,MOS型 ASIC 占了整个 ASIC 市场的 70％以上,双极型 ASIC 约占 16％,BiCMOS 型 ASIC 占11％左右。

1.2.3　ASIC 的设计方法

目前 ASIC 已经渗透到各个应用领域,它的品种非常广泛,从高性能的微处理器、数字信号处理器一直到彩电、音箱和电子玩具电路,可谓五花八门。由于品种不同,在性能和价格上会有很大差别,因而实现各种设计的方法和手段也就有所不同。

ASIC 的设计按照版图结构及制造方法分,有全定制和半定制两种实现方法,如图 1-1所示。全定制是一种手工设计版图的设计方法,设计者需要使用全定制版图设计工具来完成。半定制法是一种约束性设计方法,约束的目的是简化设计,缩短设计周期,降低设计成本,提高设计的正确率。对于数字 ASIC 设计而言,其半定制法按逻辑实现的方式不同,可再分为门阵列法、标准单元法和可编程逻辑器件法。

对于某些性能要求很高、批量较大的芯片,一般采用全定制法设计。例如,半导体厂家推出的新的微处理器芯片,为了提高芯片的速度,设计时须采用最佳的随机逻辑网络,且每个单元都必须精心设计,另外还要精心地布局布线,将芯片设计得最紧凑,以节省每一小块面积,降低成本。但是,很多产品的产量不大或者不允许设计时间过长,这时只能牺牲芯片面积或性能,并尽可能采用已有的、规则结构的版图。或者为了争取时间和市场,也可采用

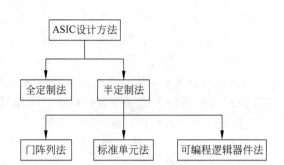

图 1-1　ASIC 实现方法

半定制法，先用最短的时间设计出芯片，在占领市场的过程中再予以改进，进行二次开发。因此，半定制与全定制两种设计方式的优缺点是互补的，设计人员可根据不同的要求选择各种合适的设计方法。下面简要介绍几种常用的设计方法和它们的特点。

1. 全定制法

全定制法是一种基于晶体管级的设计方法，它主要针对要求得到最高速度、最低功耗和最省面积的芯片设计。为满足要求，设计者必须使用版图编辑工具从晶体管的版图尺寸、位置及互连线开始亲自设计，以期得到 ASIC 芯片的最优性能。

运用全定制法设计芯片，当芯片的功能、性能、面积和成本确定后，设计人员要对芯片结构、逻辑、电路等进行精心的设计，对不同的方案进行反复比较，对单元电路的结构、晶体管的参数要反复地模拟优化。在版图设计时，设计人员要手工设计版图并精心地布局布线，以获得最佳的性能和最小的面积。版图设计完成后，要进行完整的检查、验证，包括设计规则检查、电学规则检查、连接性检查、版图参数提取、电路图提取、版图与电路图一致性检查等。最后，通过后模拟，才能将版图转换成标准格式的版图文件交给厂家制造芯片。

由此可见，采用全定制法可以设计出高速度、低功耗、省面积的芯片，但人工参与的工作量大，设计周期长，设计成本高，而且容易出错，一般只适用于批量很大的通用芯片（如存储器、乘法器等）设计或有特殊性能要求（如高速低功耗芯片）的电路设计。

2. 门阵列法

门阵列是最早开发并得到广泛应用的 ASIC 设计技术，它是在一个芯片上把门阵列排列成阵列形式，严格地讲是把含有若干个器件的单元排列成阵列形式。门阵列设计法又称"母片"法，母片是 IC 工厂按照一定规格事先生产的半成品芯片。在母片上制作了大量规则排列的单元，这些单元依照要求相互连接在一起即可实现不同的电路要求。母片完成了绝大部分芯片工艺，只留下一层或两层金属铝连线的掩模需要根据用户电路的不同而定制。典型的门阵列母片结构如图 1-2 所示。

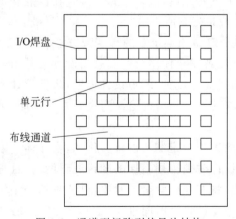

图 1-2　通道型门阵列的母片结构

门阵列法的设计一般是在 IC 厂家提供的电路单元库基础上进行的逻辑设计，而且门阵列设计软件一般都具有较高的自动化水平，能根据电路的逻辑结构自动调用库单元的版图,自动布局布线。因此,设计者只要掌握很少的集成电路知识,设计过程也很简便,设计制造周期短,设计成本低。但门的利用率不高,芯片面积较大,而且母片上制造好的晶体管都是固定尺寸的,不利于设计高性能的芯片。所以这种方法适用于设计周期短、批量小、成本低、对芯片性能要求不高的芯片设计。一般采用这种方法迅速设计出产品,在占领市场后再用其他方法"再设计"。

3. 标准单元法

标准单元设计法以精心设计好的标准单元库为基础。设计时可根据需要选择库中的标准单元构成电路,然后调用这些标准单元的版图,并利用自动布局布线软件完成电路到版图一一对应的最终设计。标准单元库一般应包括以下几方面的内容。

(1) 逻辑单元符号库:包含各种标准单元的名称、符号、输入/输出及控制端,供设计者输入逻辑图时调用。

(2) 功能单元库:该库是在单元版图确定后,从中提取分布参数再进行模拟得到标准单元的功能与时序关系,并将此功能描述成逻辑与时序模拟所需的功能库形式,供逻辑与时序模拟时调用。

(3) 拓扑单元库:该库是单元版图主要特征的抽象表达,去掉版图细节,保留版图的高度、宽度及 I/O、控制端口的位置。这样用拓扑单元进行布局布线,既保留了单元的主要特征,又大大减少了设计的数据处理量,提高了设计效率。

(4) 版图单元库:该库以标准的版图数据格式存放各单元精心设计的版图。

相比于全定制设计法,标准单元法设计的难度和设计周期都小得多,而且也能设计出性能较高、面积较小的芯片。与门阵列法相比,标准单元法设计的电路性能、芯片利用率以及设计的灵活性均比门阵列好,既可用于设计数字 ASIC,又可用于设计模拟 ASIC。标准单元法存在的问题是,当工艺更新以后,标准单元库要随之更新,这是一项十分繁重的工作。此外,标准单元库的投资较大,而且芯片的制作需要全套的掩模板和全部工艺过程,因此生产周期及成本均比门阵列高。

4. 可编程逻辑器件法

可编程逻辑器件是 ASIC 的一个重要分支。与前面介绍的几类 ASIC 不同,它是一种已完成了全部工艺制造、可直接从市场上购得的产品,用户只要对它编程就可实现所需要的电路功能,所以称它为可编程 ASIC。前面三种方法设计的 ASIC 芯片都必须到 IC 厂家去加工制造才能完成,设计制造周期长,而且一旦有了错误,需重新修改设计和制造,成本和时间要大大增加。采用可编程逻辑器件,设计人员在实验室即可设计和制造出芯片,而且可反复编程,进行电路更新。如果发现错误,则可以随时更改,完全不必关心器件实现的具体工艺,这就大大地方便了设计者。

可编程逻辑器件发展到现在,规模越来越大,功能越来越强,价格越来越便宜,相配套的 EDA 软件越来越完善,因而深受设计人员的喜爱。目前,在电子系统的开发阶段的硬件验证过程中,一般都采用可编程逻辑器件,以期尽快开发产品,迅速占领市场。等大批量生产时,再根据实际情况转换成前面三种方法中的一种进行"再设计"。

1.2.4 IP 核复用技术与 SOC 设计

电子系统的复杂性越来越高,系统集成芯片(SOC)是目前超大规模集成电路的主流,现行的面向逻辑的集成电路设计方法在超深亚微米（VDSM）集成电路设计中遇到了难以逾越的障碍，基于标准单元库的传统设计方法已被证明不能胜任 SOC 的设计，芯片设计涉及的领域不再局限于传统的半导体，而是必须与整机系统结合。因此，基于 IP 复用（IP Reuse）的新一代集成电路设计技术越来越显示出其优越性。

1. IP 核的基本概念

IP 的原来含义是知识产权、著作权等。实际上，IP 的概念早已在 IC 设计中使用，应该说前面介绍的标准单元库中功能单元就是 IP 的一种形式，因此，在 IC 设计领域可将其理解为实现某种功能的设计。美国著名的 Dataquest 咨询公司则将半导体产业的 IP 定义为用于 ASIC 或 FPGA/CPLD 中预先设计好的电路功能模块。

随着信息技术的飞速发展，用传统的手段来设计高复杂度的系统级芯片，设计周期将变得冗长，设计效率降低。解决这一设计危机的有效方法是复用以前的设计模块，即充分利用已有的或第三方的功能模块作为宏单元，进行系统集成，形成一个完整的系统，这就是集成电路设计复用的概念。这些已有的或由第三方提供的具有知识产权的模块（或内核）称为IP 核，它在现代 EDA 技术和开发中具有十分重要的地位。

可复用的 IP 核一般分为硬核、固核和软核三种类型。硬核是以版图形式描述的设计模块，它基于一定的设计工艺，不能由设计者进行修改，可有效地保护设计者的知识产权。换句话说，用户得到的硬核仅是产品的功能，而不是产品的设计。由于硬核的布局不能被系统设计者修改，所以也使系统设计的布局布线变得更加困难，特别是在一个系统中集成多个硬件 IP 核时，系统的布局布线几乎不可能。

固核由 RTL 描述和可综合的网表组成。与硬核相比，固核可以在系统级重新布局布线，使用者按规定增减部分功能。由于 RTL 描述和网表对于系统设计者是透明的，这使得固核的知识产权得不到有效的保护。固核的关键路径是固定的，其实现技术不能更改，不同厂家的固核不能互换使用。因此，硬核和固核的一个共同缺陷就是灵活性比较差。

软核是完全用硬件描述语言（VHDL/Verilog HDL）描述出来的 IP，它与实现技术无关，可按使用者的需要进行修改。软核可以在系统设计中重新布局布线，在不同的系统设计中具有较大的灵活性，可优化性能或面积达到期望的水平。由于每次应用都要重新布局布线，软核的时序不能确定，从而增加了系统设计后测试的难度。

一个 IP 模块，首先要有功能描述文件，用于说明该 IP 模块的功能时序要求等，其次还要有设计实现和设计验证两个方面的文件。硬核的实现比较简单，类似于 PCB 设计中的 IC 芯片的使用；软核的使用情况较为复杂，实现后的性能与具体的实现方式有关。为保证软核的性能，软核的提供者一般还提供综合描述文件，用于指导软核的综合。固核的使用介于软核和硬核两者之间。

用户在设计一个系统时，可以自行设计各个功能模块，也可以用 IP 模块来构建。IP 核作为一种商品，已经在 Internet 上广泛销售，而且还有专门的组织——虚拟插座接口协会（Virtual Socket Interface Association，VSIA）来制定关于 IP 产品的标准与规范。对设计者而言，想要在短时间内开发出新产品，一个比较好的方法就是使用 IP 核完成设计。

目前，尽管对 IP 还没有统一的定义，但 IP 的实际内涵已经有了明确的界定：首先它必须是为了易于重用而按照嵌入式应用专门设计的；其次是必须实现 IP 模块的优化设计。优化的目标通常可用"四最"来表达，即芯片的面积最小、运算速度最快、功率消耗最低、工艺

容差最大。所谓工艺容差大,是指所做的设计可以经受更大的工艺波动,因为 IP 必须能经受得起成千上万次的使用

2. 基于 IP 模块的 SOC 设计

SOC 又称为芯片系统,是指将一个完整的系统集成在一个芯片上,简单地说就是用一个芯片实现一个功能完整的系统。一个由微处理器核(CPU 核)、数字信号处理器核(DSP 核)、存储器核(RAM/ROM 核)、模数转换核(A/D、D/A 核)以及 USB 接口核等构成的系统芯片如图 1-3 所示。

随着集成电路的规模越来越复杂,而产品的上市时间却要求越来越短,嵌入式设计方法应运而生。这种方法除了继续采用"自顶向下"的设计和综合技术外,其最主要特点是大量知识产权(IP)模块的复用,这就是基于 IP 模块的 SOC 设计方法,如图 1-4 所示。在系统设计中引入 IP 模块,就可以使设计者只设计实现系统其他功能的部分以及与 IP 模块的互连部分,从而简化设计,缩短设计时间。

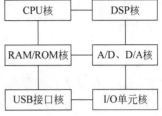

图 1-3 系统芯片(SOC)示意图

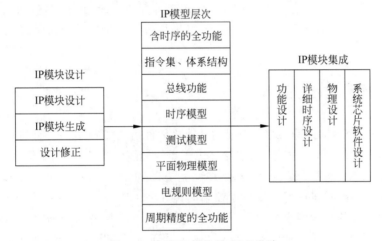

图 1-4 基于 IP 模块的 SOC 设计

SOC 设计的第一个内容是系统级设计方法。传统的集成电路设计属于硬件设计范畴,很少的软件也是固化到芯片内部的存储器中。在进行 SOC 系统级设计时,设计者面临的一个新挑战是,不仅要考虑复杂的硬件逻辑设计,而且要考虑系统的软件设计问题,这就是软/硬件协同设计(software/Hardware Co-Design)技术。软/硬件协同设计要求硬件和软件同时进行设计,并在设计的各个阶段进行模拟验证,以减少设计的反复,缩短设计时间。

软/硬件协同设计的流程是:首先用 VHDL 和 C 语言进行系统描述并进行模拟仿真和系统功能验证;然后再对软/硬件实现进行功能划分,定义实现系统的软/硬件边界;如无问题,则进行软件和硬件的详细设计;最后进行系统测试。

SOC 设计的第二个内容是 IP 核的设计和使用。IP 核的设计不是简单的设计抽取和整理,它涉及设计思路、时序要求和性能要求等。IP 核的使用也绝不等同于集成电路设计中的单元库使用,它主要包括 IP 核的测试、验证、模拟、低功耗等。

SOC 设计的第三个内容是超深亚微米集成电路的设计技术。尽管这个课题的提出已

经有了相当长的时间,但是研究的思路和方法仍然在面向逻辑的设计思路中徘徊,也许布局规划和时序驱动的方法还能够解决当前大部分的实际问题,但是当我们面对 $0.13\mu m$ 甚至更细线条的时候,无法保证现在的做法有效,此时就应该从面向逻辑的设计方法转向面向路径的设计方法。深亚微米集成电路设计方法的根本性突破显然是 SOC 设计方法中最具挑战性的。

目前,基于 IP 模块的 SOC 设计急需解决上述三方面的关键技术问题,即软/硬件协同设计技术、IP 核设计及复用技术和超深亚微米集成电路设计技术,而 IP 核的设计再利用则是保证系统级芯片开发效率和质量的重要手段。

3. SOC 的实现

微电子制造工艺的进步为 SOC 的实现提供了硬件基础,而 EDA 软件技术的提高则为SOC 创造了必要的开发平台。SOC 可以采用全定制的方式来实现,即把设计的网表文件提交给半导体厂家流片就可以得到,但采用这种方式的风险性高,费用大,周期长。还有一种就是以可编程片上系统(System On a Programmable Chip,SOPC)的方式来实现,即利用大规模可编程逻辑器件 FPGA/CPLD。现在,CPLD 和 FPGA 器件的规模越来越大,速度也越来越快,设计者完全可以在其上通过编程实现各种复杂的设计,不仅能用它们实现一般的逻辑功能,还可以将微处理器、DSP、存储器、标准接口等功能部件全部集成在其中,真正实现 System On a Chip。

1.3 硬件描述语言

硬件描述语言(HDL)是相对于一般的计算机软件语言如 C、Pascal 而言的。HDL 是用于设计硬件电子系统的计算机语言,它描述电子系统的逻辑功能、电路结构和连接方式。设计者可以利用 HDL 程序来描述所希望的电路系统,规定其结构特征和电路的行为方式,然后利用综合器和适配器将此程序变成能控制 FPGA 和 CPLD 内部结构,并实现相应逻辑功能的门级或更底层的结构网表文件和下载文件。HDL 的发展至今已有二十多年的历史,它是 EDA 技术的重要组成部分,也是 EDA 技术发展到高级阶段的一个重要标志。较常用的HDL 主要有 VHDL、Verilog HDL、ABEL-HDL、System-Verilog 和 System C 等。而VHDL 和 Verilog HDL 是当前最流行并已成为 IEEE 工业标准的硬件描述语言,得到了众多 EDA 公司的支持,在电子工程领域已成为事实上的通用硬件描述语言。专家认为,在 21世纪,VHDL 与 Verilog 语言将承担起几乎全部的数字系统设计任务。

1.3.1 VHDL

VHDL 的英文全名是 Very-High-Speed Integrated Circuit Hardware Description Language,诞生于 1982 年。1987 年年底,VHDL 被 IEEE(Institute of Electrical and Electronics Engineers)和美国国防部确认为标准硬件描述语言。自 IEEE 公布了 VHDL 的标准版本(IEEE 1076)之后,各 EDA 公司相继推出了自己的 VHDL 设计环境。此后,VHDL 在电子设计领域受到了广泛的欢迎,并逐步取代了原有的非标准 HDL。1993 年,IEEE 对 VHDL 进行了修订,从更高的抽象层次和系统描述能力上扩展 VHDL 的内容,公布了新版本的 VHDL,即 IEEE 标准的 1076—1993 版本。现在公布的最新 VHDL 标准版本是 IEEE 1076—2008。

VHDL 主要用于描述数字系统的结构、行为、功能和接口。与其他 HDL 相比,VHDL 具有更强的行为描述能力,从而决定了它成为系统设计领域最佳的硬件描述语言。强大的行为描述能力是避开具体的器件结构,从逻辑行为上描述和设计大规模电子系统的重要保证。就目前流行的 EDA 工具和 VHDL 综合器而言,将基于抽象的行为描述风格的 VHDL 程序综合成为具体的 FPGA 和 CPLD 等目标器件的网表文件已不成问题。应用 VHDL 进行工程设计的优点是多方面的,具体如下。

(1) 与其他硬件描述语言相比,VHDL 具有更强的行为描述能力,从而决定了它成为系统设计领域最佳的硬件描述语言。强大的行为描述能力是避开具体的器件结构,从逻辑行为上描述和设计大规模电子系统的重要保证。

(2) VHDL 最初是作为一种仿真标准格式出现的,因此 VHDL 既是一种硬件电路描述和设计语言,也是一种标准的网表格式,还是一种仿真语言。它有丰富的仿真语句和库函数,设计者可以在系统设计的早期随时对设计进行仿真模拟,查验所设计系统的功能特性,从而对整个工程设计的结构和功能可行性做出决策。

(3) VHDL 的行为描述能力和程序结构决定了它具有支持大规模设计和分解已有设计的再利用功能,满足了大规模系统设计要由多人甚至多个开发组共同并行工作来实现的这种市场需求。VHDL 中实体的概念、程序包的概念、库的概念为设计的分解和并行工作提供了有力的支持。

(4) 对于用 VHDL 完成的一个确定设计,可以利用 EDA 工具进行逻辑综合和优化,并自动地将 VHDL 描述转变成门级网表,生成一个更高效、更高速的电路系统;此外,设计者还可以容易地从综合优化后的电路获得设计信息,返回去更新修改 VHDL 设计描述,使之更为完善。这种方式突破了门级设计的瓶颈,极大地减少了电路设计的时间和可能发生的错误,降低了开发成本。

(5) VHDL 对设计的描述具有相对独立性,设计者可以不懂硬件的结构也不必管最终设计实现的目标器件是什么,而进行独立的设计。正因为 VHDL 的硬件描述与具体的工艺技术和硬件结构无关,VHDL 设计程序的硬件实现目标器件有广阔的选择范围,其中包括各系列的 CPLD、FPGA 及各种门阵列实现目标。

(6) 由于 VHDL 具有类属描述语句和子程序调用等功能,对于已完成的设计,在不改变源程序的情况下,只需要改变端口类属参数或函数,就能轻易地改变设计的规模和结构。

1.3.2 Verilog HDL

Verilog HDL(以下简称为 Verilog)最初由 Gateway Design Automation(GDA)公司的 Phil Moorby 在 1983 年创建。起初,Verilog 仅作为 GDA 公司的 Verilog-XL 仿真器的内部语言,用于数字逻辑的建模、仿真和验证。Verilog-XL 推出后获得了成功和认可,从而促使 Verilog HDL 的发展。1989 年,GDA 公司被 Cadence 公司收购,Verilog 语言成为 Cadence 公司的私有财产。1990 年,Cadence 公司成立了 OVI(Open Verilog International)组织,公开了 Verilog 语言,并由 OVI 负责促进 Verilog 语言的发展。在 OVI 的努力下,1995 年,IEEE 制定了 Verilog 的第一个国际标准,即 IEEE Std 1364—1995,即 Verilog 1.0。

2001 年,IEEE 发布了 Verilog 的第二个标准版本(Verilog 2.0),即 IEEE Std 1364—

2001,简称 Verilog 2001 标准。由于 Cadence 公司在集成电路设计领域的影响力和 Verilog 的易用性,Verilog 成为基层电路建模与设计中最流行的硬件描述语言。

Verilog HDL 是在 C 语言的基础上发展起来的一种硬件描述语言,因此,它具有很多 C 语言的优点。从表述形式上来看,Verilog 代码简明扼要,使用灵活,且语法规定不是很严谨,很容易上手。Verilog 具有很强的电路描述和建模能力,能从多个层次对数字系统进行建模和描述,从而大大简化了硬件设计任务,提高了设计效率和可靠性。在语言易读性、层次化和结构化设计方面表现出了强大的生命力和应用潜力。因此,Verilog 支持各种模式的设计方法:自顶向下与自低向上或混合方法,在面对当今许多电子产品生命周期缩短,需要多次重新设计以融入最新技术、改变工艺等方面,Verilog 具有良好的适应性。用 Verilog 进行电子系统设计的一个很大的优点是当设计逻辑功能时,设计者可以专心致力于其功能的实现,而不需要对不影响功能的与工艺有关的因素花费过多的时间和精力;当需要仿真验证时,可以很方便地从电路物理级别、晶体管级、寄存器传输级,乃至行为级等多个层次来进行验证。

1.3.3　ABEL-HDL

ABEL-HDL 是一种最基本的硬件描述语言,它支持各种不同输入方式的 HDL,其输入方式即电路系统设计的表达方式,包括布尔方程、高级语言方程、状态图和真值表。ABEL-HDL 被广泛用于各种可编程逻辑器件的逻辑功能设计,由于其语言描述的独立性,以及上至系统、下至门级的宽口径描述功能,因而适用于各种不同规模的可编程器的设计。如 DOS 版的 ABEL 3.0 软件可对 GAL 器件做全方位的逻辑描述和设计,而在诸如 Lattice 的 ISP EXPERT、Data I/O 的 Synario、Vantis 的 De-sign-Direct、Xilinx 的 Foundation 和 Web-pack 等 EDA 软件中,ABEL-HDL 同样可用于更大规模的 CPLD/FPGA 器件功能设计。ABEL-HDL 还能对所设计的逻辑系统进行功能仿真而无须顾及实际芯片的结构。ABEL-HDL 的设计也能通过标准格式设计转换文件转换成其他设计环境,如 VHDL、Verilog-HDL 等。与 VHDL、Verilog-HDL 等硬件描述语言相比,ABEL-HDL 具有适用面宽(DOS、Windows 版及大、中小规模 PLD 设计)、使用灵活、格式简洁、编译要求宽松等优点,是一种适合于速成的硬件描述语言,比较适合初学者学习。虽然有不少 EDA 软件支持 ABEL-HDL,但提供 ABEL-HDL 综合器的 EDA 公司仅 Data I/O 一家。而且其描述风格一般只用门电路级描述方式,对于复杂电路的设计显得力不从心。

1.3.4　Verilog HDL 和 VHDL 的比较

一般的硬件描述语言可以在三个层次上进行电路描述,其描述层次依次可分为行为级、RTL 级和门电路级。VHDL 的特点决定了它更适用于行为级(也包括 RTL 级)的描述,有人将它称为行为描述语言;而 Verilog 属于 RTL 级硬件描述语言,通常只适于 RTL 级和更低层次的门电路级描述。

与 Verilog 语言相比,VHDL 是一种高级描述语言,适用于电路高级建模,比较适合于 FPGA/CPLD 目标器件的设计,或间接方式的 ASIC 设计;而 Verilog 语言则是一种较低级的描述语言,更易于控制电路资源,因此更适合于直接的集成电路或 ASIC 设计。

VHDL 和 Verilog 语言的共同特点是:能形式化地抽象表示电路的结构和行为,支持逻辑设计中层次与领域的描述,可借助于高级语言的精巧结构来简化电路的描述,具有电路仿真与验证机制以保证设计的正确性,支持电路描述由高层到低层的综合转换,便于文档管理,易于理解和设计重复利用。

1.4　常用 EDA 工具

EDA 工具在 EDA 技术应用中占据极其重要的位置,EDA 的核心是利用计算机完成电子设计全程自动化,因此,基于计算机环境的 EDA 软件的支持是必不可少的。EDA 工具大致可以分为如下五个模块。

(1) 设计输入编辑器。

(2) 综合器。

(3) 仿真器。

(4) 适配器(或布局布线器)。

(5) 编程下载。

当然这种分类不是绝对的,现在往往把各 EDA 工具集成在一起,如 Quartus II 等。

1.4.1　设计输入编辑器

在各可编程逻辑器件厂商提供的 EDA 开发工具中一般都含有这类输入编辑器,如 Xilinx 的 Vivado、Altera 的 Quartus II 等。

通常专业的 EDA 工具供应商也提供相应的设计输入工具,这些工具一般与该公司的其他电路设计软件整合,这一点体现在原理图输入环境上。如 Innovada 的 Product Designer 中的原理图输入管理工具 DxDesigner(原为 ViewDraw),既可作为 PCB 设计的原理图输入,又可作为 IC 设计、模拟仿真和 FPGA 设计的原理输入环境。

由于 HDL(包括 VHDL、Verilog HDL 等)的输入方式是文本格式,所以它的输入实现要比原理图输入简单得多,用普通的文本编辑器即可完成。如果要求 HDL 输入时有语法色彩提示,可用带语法提示功能的文本编辑器,如 Uitraedit、Vim、Vemacs 等。当然,EDA 工具中提供的 HDL 编辑器会更好用些,如 Aldec 的 Active HDL 的 HDL 编辑器。

1.4.2　综合器

综合器的功能就是将设计者在 EDA 平台上完成的针对某个系统项目的 HDL、原理图或状态图形描述,针对给定的硬件结构组件,进行编译、优化、转换和综合,最终获得门级电路甚至更底层的电路描述文件。由此可见,综合器工作前,必须给定最后实现的硬件结构参数,它的功能就是将软件描述与给定的硬件结构用某种网表文件的方式联系起来。显然,综合器是软件描述与硬件实现的一座桥梁。综合器的运行流程如图 1-5 所示。综合过程就是将电路的高级语言描述转换成低级的、可与 CPLD/FPGA 或构成 ASIC 的门阵列基本结构相映射的网表文件。目前比较著名

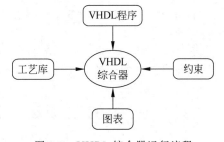

图 1-5　VHDL 综合器运行流程

的 EDA 综合器有 Synopsys 公司的 DesignCompiler、FPGA Express, Synplicity 公司的 Synplify, Candence 公司的 Synergy, MentorGraphics 公司的 AutologicⅡ, Data I/O 公司的 Synari-o。

1.4.3　仿真器

EDA 技术中最为瞩目的和最具现代电子设计技术特征的功能就是日益强大的仿真测试技术。EDA 仿真测试技术只需通过计算机就能对所设计的电子系统从各种不同层次的系统性能特点完成一系列准确的测试与仿真操作,在完成实际系统的安装后还能对系统上的目标器件进行边界扫描测试。这一切都极大地提高了大规模系统电子设计自动化程度。与单片机系统开发相比,利用 EDA 技术对 CPLD/FPGA 的开发,通常是一种借助于软件方式的纯硬件开发,因此可以通过这种途径进行专用集成电路(ASIC)开发,而最终的 ASIC 芯片,可以是 CPLD/FPGA,也可以是专制的门阵列掩模芯片,CPLD/FPGA 只起到硬件仿真 ASIC 芯片的作用。而利用计算机进行的单片机系统的开发,主要是软件开发,在这个过程中只需程序编译器就可以了,综合器和适配器是没有必要的,其仿真过程是局部的且比较简单。

按仿真电路描述级别的不同,HDL 仿真器可以单独或综合完成以下各仿真步骤。

(1) 系统级仿真。

(2) 行为级仿真。

(3) RTL 级仿真。

(4) 门级时序仿真。

按仿真是否考虑延时分类,可分为功能仿真和时序仿真,根据输入仿真文件的不同,可以由不同的仿真器完成,也可由同一个仿真器完成。

几乎各个 EDA 厂商都提供基于 Verilog/VHDL 的仿真器。常用的仿真器有 ModelSim 与 Waveform Editor 等。

1.4.4　适配器

适配器的功能是将由综合器产生的网表文件配置于指定的目标器件中,产生最终的下载文件,如 JEDEC 格式的文件。适配所选定的目标器件(CPLD/FPGA 芯片)必须属于原综合器指定的目标器件系列。对于一般的可编程模拟器件所对应的 EDA 软件来说,一般仅需包含一个适配器就可以了,如 Lattice 公司的 PAC-DESIGNER。通常,EDA 软件中的综合器可由专业的第三方 EDA 公司提供,而适配器则需由 CPLD/FPGA 供应商自己提供,因为适配器的适配对象直接与器件结构相对应。

1.4.5　编程下载

编程下载就是把设计下载到对应的实际器件,实现硬件设计。编程下载软件一般都由可编程逻辑器件的厂商来提供。

1.5　EDA 的工程设计流程

基于 EDA 工具的 CPLD/FPGA 开发流程如图 1-6 所示。

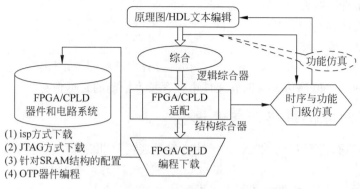

图 1-6　应用于 CPLD/FPGA 的 EDA 开发流程

1.5.1　设计输入

设计开始时,首先须利用 EDA 工具的文本或图形编辑器将设计者的设计意图用文本方式(如 VHDL 程序)或图形方式(原理图、状态图等)表达出来。完成设计描述后,即可通过编译器进行排错编译,变成特定的文本格式,为下一步的综合做准备。在此,对于多数 EDA 软件来说,最初的设计究竟采用哪一种输入形式是可选的,也可混合使用。一般原理图输入方式比较容易掌握,直观方便,所画的电路原理图(请注意,这种原理图与利用 PROTEL 画的原理图有本质的区别)与传统的器件连接方式完全一样,很容易为人接受,而且编辑器中有许多现成的单元器件可利用,自己也可以根据需要设计元件(元件的功能可用 HDL 表达,也可仍用原理图表达)。当然最一般化、最具普适性的输入方法是 HDL 程序的文本方式。这种方式与传统的计算机软件语言编辑输入基本一致。当然,目前有些 EDA 输入工具可以把图形输入与 HDL 文本输入的优势结合起来,实现效率更高的输入。

1.5.2　综合

综合是将软件设计与硬件的可实现性挂钩,这是将软件转换为硬件电路的关键步骤。综合器对源文件的综合是针对某一 CPLD/FPGA 供应商的产品系列的,因此,综合后的结果具有硬件可实现性。在综合后,HDL 综合器一般可生成 EDIF、XNF 或 VHDL 等格式的网表文件,它们从门级描述了最基本的门电路结构。有的 EDA 软件,如 Synplify,具有为设计者将网表文件画成不同层次的电路图的功能。综合后,可利用产生的网表文件进行功能仿真,以便了解设计描述与设计意图的一致性。功能仿真仅对设计描述的逻辑功能进行测试模拟,以了解其实现的功能是否满足原设计的要求,仿真过程不涉及具体器件的硬件特性,如延迟特性。一般的设计中,这一层次的仿真也可略去。

1.5.3　适配

综合通过后,必须利用 CPLD/FPGA 布局/布线适配器将综合后的网表文件针对某一具体的目标器件进行逻辑映射操作,其中包括底层器件配置、逻辑分割、逻辑优化、布局布线。适配完成后,EDA 软件将产生针对此项设计的多项结果,主要有:

(1) 适配报告,内容包括芯片内资源分配与利用、引脚锁定、设计的布尔方程描述情况等;

（2）时序仿真用网表文件；

（3）下载文件，如 JED 或 POF 文件；

（4）适配错误报告等。

时序仿真是接近真实器件运行的仿真，仿真过程中已将器件硬件特性考虑进去了，因此仿真精度要高得多。时序仿真的网表文件中包含较为精确的延迟信息。

1.5.4　时序仿真与功能仿真

在编程下载前，必须利用 EDA 工具对适配生成的结果进行模拟测试，就是所谓的仿真。仿真就是让计算机根据一定的算法和一定的仿真库对 EDA 设计进行模拟，以验证设计，排除错误。可以完成如下两种不同级别的仿真测试。

（1）时序仿真：就是接近真实器件运行特性的仿真，仿真文件中已包含器件硬件特性参数，因而仿真精度高。但时序仿真的仿真文件必须来自针对具体器件的综合器与适配器。

（2）功能仿真：是直接对 VHDL、原理图描述或其他描述形式的逻辑功能进行测试模拟，以了解其实现的功能是否满足原设计要求的过程，仿真过程不涉及任何具体的器件的硬件特性，不经历综合与适配阶段，在设计项目编译后即可进入门级仿真器进行模拟测试。

通常的做法是：首先进行功能仿真，待确认设计文件所表达的功能满足设计要求时，再进行综合、适配和时序仿真，以便把握设计项目在硬件条件下的运行情况。

1.5.5　编程下载

编程下载指将编程数据放到具体的可编程器件中去。如果以上的所有过程，包括编译、综合、布线/适配和行为仿真、功能仿真、时序仿真都没有发现问题，即满足原设计的要求，就可以将适配器产生的配置/下载文件通过 CPLD/FPGA 编程器或下载电缆载入目标芯片FPGA 或 CPLD 中，对 CPLD 器件来说是将 JED 文件"下载"到 CPLD 器件中去，对 FPGA来说是将数据文件"配置"到 FPGA 中去。

器件编程需要满足一定的条件，如编程电压、编程时序和编程算法等。普通的 CPLD器件和一次性编程的 FPGA 需要专用的编程器完成器件的编程工作，基于 SRAM 的 FPGA可以由 EPROM 或其他存储体进行配置。在系统的可编程器件（ISP-PLD）则不需要专用的编程器，只要一根下载编程电缆就可以了。

器件在编程完毕之后，可以用编译时产生的文件对器件进行检验、加密等工作。对于具有边界扫描测试能力和在系统编程能力的器件来说，测试起来就更加方便。

1.5.6　硬件测试

最后是将含有载入了设计的 FPGA 或 CPLD 的硬件系统进行统一测试，以便在更真实的环境中检验设计的运行情况。

1.6　Quartus Prime 集成开发环境

1.6.1　简介

Quartus II 是 Altera 提供的 FPGA/CPLD 集成开发环境，Altera 是全球两大可编程逻辑器件供应商之一（另一家是 Xilinx）。Quartus II 在 21 世纪初推出，是 Altera 前一代 FPGA/CPLD 集成开发环境 MAX＋plus II 的更新换代产品。Quartus II 界面友好、使用便捷，提供了一种与结构无关的设计环境，使设计者能方便地进行设计输入、快速处理和器件编程。Quartus II 设计工具完全支持 Verilog、VHDL 的设计流程，其内部嵌有 Verilog、VHDL 逻辑综合器。Quartus II 也可以利用第三方综合工具，如 Leonardo Spectrum、Synplify Pro、DC-FPGA，并能直接调用这些工具。同样，Quartus II 具有仿真功能，同时也支持第三方仿真工具，如 ModelSim。此外，Quartus II 与 MATLAB 和 DSP Builder 结合可以进行基于 FPGA 的 DSP 系统开发，是 DSP 硬件系统实现的关键 EDA 工具。

2015 年，Altera 公司被大名鼎鼎的英特尔公司以 167 亿美元的价格收购，其 FPGA/CPLD 集成开发环境也改头换面，更名为 Quartus Prime。当然，Quartus Prime 继承了 Quartus II 绝大部分的功能，并进行了优化改进。Quartus Prime 的编译器仍然支持 VHDL、Verilog HDL、AHDL 及 System Verilog。编译器包括的功能模块有分析/综合器（Analysis&Synthesis）、适配器（Fitter）、装配器（Assembler）、时序分析器（Timing Analyzer）、EDA 网表文件生成器（EDA Netlist Writer）等。可以通过选择 Start Compilation 来运行所有的编译器模块，也可以通过选择 Start 单独运行各个模块。还可以通过选择 Compiler Tool，在 Compiler Tool 窗口中运行相应的功能模块。在 Compiler Tool 窗口中，可以打开相应的功能模块所包含的设置文件或报告文件，或打开其他相关窗口。Quartus Prime 把 Quartus II 的 LPM（Library of Parameterized Modules）模块中的元件重新进行了分类，无须进行参数设置的较简单的门电路、D 触发器划归到原语（Primitives）类中，可在 HDL 程序中在调用时进行参数重载的归为兆函数（Megafunctions）类中，必须进行参数设置并例化后才能调用的全部放在 IP 类中。

Quartus Prime 也支持层次化设计，可以在一个新的编辑输入环境中对使用不同输入设计方式完成的模块（元件）进行调用，从而解决了原理图与 HDL 混合输入设计的问题。在设计输入之后，编译器将给出设计输入的错误报告，Quartus Prime 拥有性能良好的设计错误定位器，用于确定文本或图形设计中的错误。对于使用 HDL 的设计，可以使用 Quartus Prime 带有的 RTL Viewer 观察综合后的 RTL 图。在进行编译后，可对设计进行时序仿真。在仿真前，需要利用波形编辑器编辑一个波形激励文件。编译和仿真经检测无误后，便可以将下载信息通过 Quartus Prime 提供的编程器下载到目标器件中了。

Quartus Prime 软件提供了系统级可编程单芯片（SoPC）设计的一个完整设计环境，包括设计英特尔 FPGA、SoC 和 CPLD 所需的一切，从设计输入和合成直至优化、验证和仿真各个阶段，涵盖了平台设计、高层次综合（HLS）编译器、功耗分析、时序分析、DSP Builder、ModelSim、SoC 嵌入式开发套件等重要工具。无论使用个人计算机还是 Linux 工作站，英特尔的 Quartus Prime 专业版软件可确保轻松设计输入，快速处理和简单的器件编程。完整的 Intel 软件系统包括一个集成的设计环境，包括从设计输入到器件编程的每一步。具有数百万逻辑元件的设备显著增强的功能为设计人员提供了理想的平台，以满足下一代设计机会。英特尔专业版软件支持英特尔 Stratix 10、英特尔 Arria 10 和英特尔 Cyclone 10GX 设备产品家族上的英特尔下一代 FPGA 和系统芯片的高级特性。本书将重点介绍 Quartus Prime 18 版本的使用。

1.6.2　Quartus Prime 18 的下载与安装

1. 系统配置要求

安装 Quartus Prime 18 对计算机系统推荐具有如下配置的计算机。

（1）操作系统：必须是 64 位操作系统，可使用 Windows 或 Linux，个人用户推荐使用 Windows 7 或更高版本。

（2）CPU：Intel i3 主频 2.4GHz 以上，或同性能的 X86 处理器。

（3）内存：4GB 以上，推荐 8GB。

（4）硬盘：至少 15GB 的可用空间，视所安装器件库的多少，可能需要更大的可用空间。

（5）显示器：19 英寸或以上，分辨率 1440×900px 或以上。

（6）计算机至少有一个空余的 USB 接口，用于连接 USB Blaster 下载器。

有条件的读者可以购买一个开发板套件，套件包含一块 FPGA 学习板和一个 USB Blaster 下载器，用于下载加载程序或固化程序到 FPGA 学习板。

2. 安装组件

Quartus Prime 18 有精简版、标准版、专业版。其中，标准版和专业版需要付费许可，而精简版完全免费，精简版支持的功能最少，但涵盖了完成常规设计所需的基本功能，各版本在功能上的差异详见英特尔官网上的《英特尔 Quartus Prime 软件手册》。各版本支持的 FPGA 器件也有所不同，如图 1-7 所示，Quartus Prime 18 已不再支持较老系列的器件，如 Cyclone II、Cyclone III，在下载软件之前请注意。

图 1-7　Quartus Prime 18 各版本所支持的 FPGA 器件

Quartus Prime 18 还有 Windows 版和 Linux 版之分。由于标准版支持的器件更多，推荐一般用户下载标准版，同时建议下载帮助文件并安装。Quartus Prime 18 有 18.0 和 18.1 两个版本，相比于 18.0 标准版，18.1 标准版增加了针对很多第三方 QSPI Flash 器件的支持，修改了 18.0 标准版中的一些 bug，详情请见 *Intel Quartus Prime Design Suite Version 18.1 Update Release Notes* 文档。精简版可以从 Intel 官网上免费下载，但需要事先注册用户，Windows 环境下的 Quartus Prime 18.1 精简版安装文件大小约 1.7GB，标准版安装文件大小约 2.3GB。除了 Quartus 开发环境，至少还要安装一个器件库，否则 Quartus 无法正常使用。用于学习的最小开发板常搭载 Cyclone IV（飓风 4）系列 FPGA，具体型号是 EP4CExxxx，包含一个下载器的开发板套件大约在 100 元以内，器件库请有选择地下载安装。除了 Quartus Prime 18.1 开发环境和器件库这两个必选项以外，还有一些选装软件，如用于仿真的 ModelSim AE/ASE，可以把 MATLAB 的 *.m 格式原理图直接转 HDL 源码,常用于信号处理的 DSP Builder,用于 FPGA 高速收发器的 PCB 级的仿真和分析的 AdvLinkAnalyzer,用 C 语言开发 FPGA 的工具 OpenCL,推荐读者下载并安装 ModelSim AE/ASE 软件。

3. 安装过程

下面以 Quartus Prime 18.1 标准版为例说明其安装过程。首先,找到已下载的安装文件,如图 1-8 所示。目录夹中除了有 Quartus Prime 18.1 安装文件,把 Cyclone IV 和 Cyclone V 两个器件库文件以及 ModelSim 安装文件、帮助安装文件也放在该文件夹中,安装向导将自动发现这两个器件库文件以及上述两个组件。

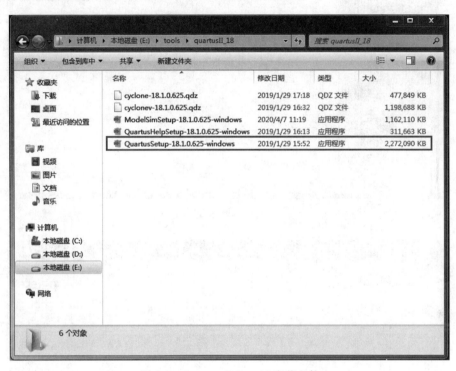

图 1-8　Quartus Prime 18 安装文件

双击 QuartusSetup-18.1.0.625-windows.exe 文件,启动安装向导,弹出安装向导的第一个界面,如图 1-9 所示,单击 Next 按钮。

在安装向导的第二个界面——License Agreement 界面中,选择 I accept the agreement 单选按钮后单击 Next 按钮,如图 1-10 所示。

在接下来的安装目录选择界面(见图 1-11),如果计算机 C 盘有足够多的可用空间,尽可能安装在默认的路径"C:\intelFPGA\18.1"文件夹下。如果 C 盘没有太多的可用空间,那就安装在 D 盘下,即改成"D:\intelFPGA\18.1",不要修改"D:\"盘符后面的"intelFPGA\18.1"路径名称。

在接下来的组件选择界面(见图 1-12),安装向导会自动发现当前文件夹下的两个器件库文件 Cyclone IV 和 Cyclone V,帮助文件 Quartus Prime Help 和仿真工具 ModelSim-Intel FPGA Starter Edition(Free)保持勾选状态,单击 Next 按钮,即可进入自动安装状态。整个安装过程大致需要 30min,安装完成 Quartus Prime 18.1 集成环境、帮助文件、

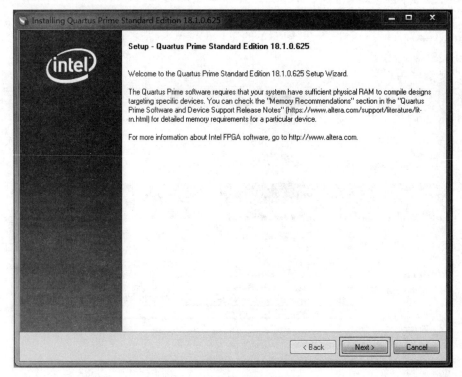

图 1-9　安装向导的第一个界面

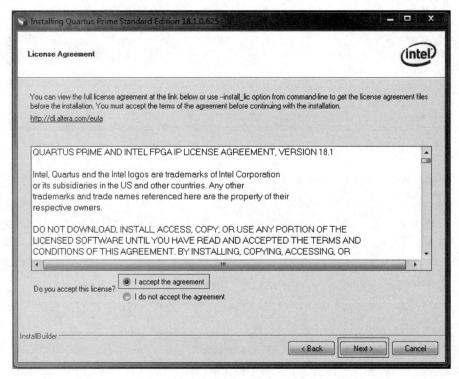

图 1-10　安装向导的第二个界面

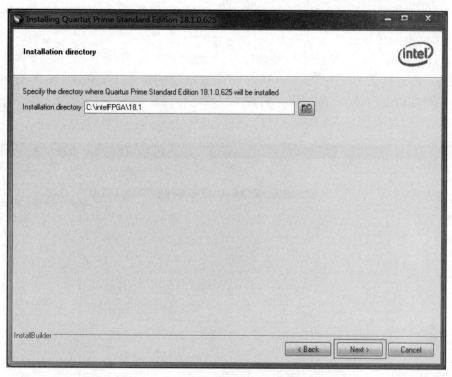

图 1-11 安装向导的安装目录选择界面

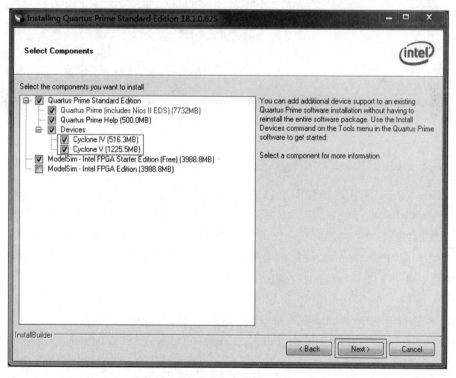

图 1-12 安装向导的组件选择界面

ModelSim 仿真工具，以及 Cyclone IV 和 Cyclone V 两个器件库后，intelFPGA 文件夹大概占用了 13.8GB 的硬盘空间。

首次运行 Quartus Prime 18.1 时，提示需要指定正确的 License 文件。当从 Quartus Prime 18.1 的主界面的 Tools→License Setup 对话框中指定正确的 License 文件后，在 Licensed AMPP/MegaCore functions 列表中出现 Altera(6AF7)|Nios II Embedded…，如图 1-13 所示，即表示 Quartus Prime 18.1 软件已经授权成功，可以正常使用。

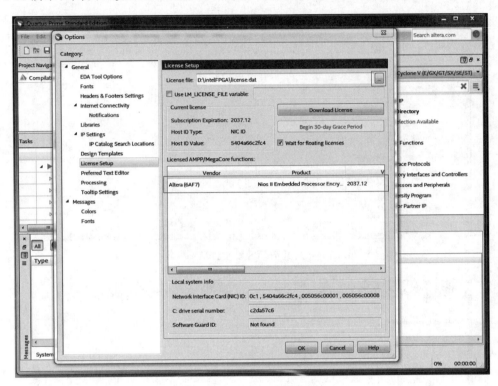

图 1-13　License 文件安装

1.6.3　Quartus Prime 18 用户界面简介

Quartus Prime 18 主界面如图 1-14 所示，包括最上方的主菜单栏和工具栏，左上方的工程导航区，左中侧的任务区，最下方的消息区，以及右侧的 IP 目录页区。主菜单栏从左至右依次为"文件""编辑""视图""工程""分配""过程""工具""视窗""帮助"菜单，其中，"工具"（Tools）和"分配"（Assignments）是在设计过程中使用最频繁的菜单。工具栏分为左、中、右三栏，左栏主要用于编辑，自左向右依次为新建文件、打开文件、保存文件、删除、复制、粘贴、后退一步、前进一步等按钮。工具栏中栏主要是设计过程中常用的工具，如全编译（Compile）、分析与整理（Analysis & Elaboration）、分析与综合（Analysis & Synthesis）、下载程序（Programmer）、时序分析（Timing Analyzer）、平台设计（Platform Designer）等。其中，Analysis 仅检查程序的语法错误、Elaboration 则将整个自顶向下的设计转变成寄存器传输级别的模块，Synthesis 才是将寄存器传输级模块转变成最底层的门级设计。分析与综合包含分析与整理的过程，全编译则包含分析与综合、布局布线、整合、时序分析等过程。平台设计就是 Quartus 老版本的 Qsys,也即 IP 例化工具,通过工具栏的平台设计也可快速打开工程文件夹中已生成的 IP 实例(qsys 文件)。工具栏右栏上仅有一个联网反馈工具(Feedback)。

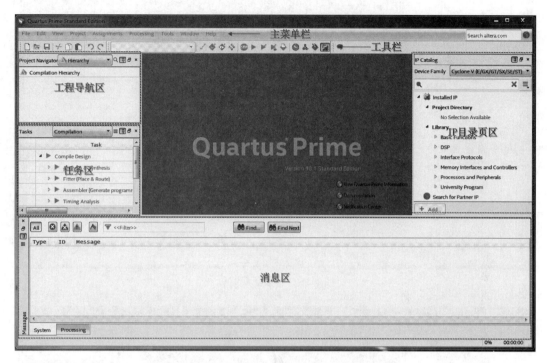

图 1-14　Quartus Prime 18 主界面

　　Quartus Prime 18 与 Quartus II 14 或更早的版本相比,在界面上最大的不同之处在于把 Tools→MegaCore Wizard 变成了 IP 目录区放在主界面的最右侧,方便对 IP 核的查找与使用。IP 目录区可以通过快捷键 Alt＋7 打开或关闭,也可以通过 View→Utilities Windows→IP Catalog 菜单显示或不显示 IP 目录区。工程导航区还有"层次""文件""设计单元""IP 元件"等下拉选项,如图 1-15 所示,便于找到工程目录夹下已编辑过的 HDL 设计文本、原理图、IP 实例等文件。

　　任务区还有"编译""全设计""门级仿真""RTL 仿真""快速重编译"等下拉选项,如图 1-16 所示。各种选项仅仅是将不同的设计工具罗列在任务区,通过主界面的各项菜单同样能找到相应的工具。如全设计除了包含编译全过程分项,还包括新建工程、创建设计、设计约束等快捷菜单。由于一些复杂的设计工程编译时间较长,Quartus Prime 18 支持快速重编译(Rapid Recompile)功能,但 Quartus Prime 18 标准版仅对 Stratix V、Arria V 和 Cyclone V 系列的器件支持该功能。

　　消息区则将错误、严重警告、警告、标记等消息分类显示,便于快速查找各类消息,如图 1-17 所示。如果 HDL 源设计文件中出现语法错误,编译器会给出红色错误消息,编译不能成功完成,错误必须被排除;严重警告和警告显示蓝色消息,设计者一定要关注严重警告,这些警告往往是一些设计者在编程过程中的疏忽大意,可能引起严重功能缺陷,或者时序分析后提示需要添加严格的时序约束等。

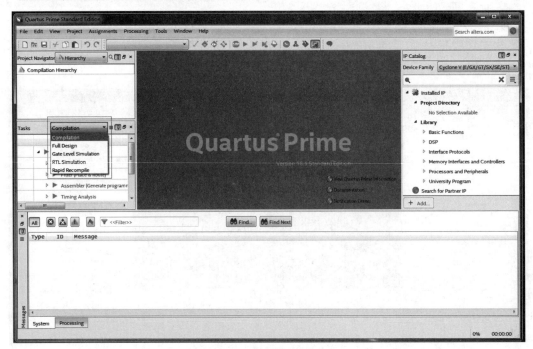

图 1-16　任务区子菜单

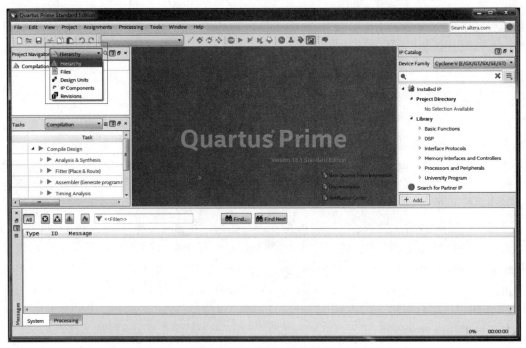

图 1-15　工程导航区子菜单

　　Quartus Prime 18.1 安装完成后，默认每次打开 Quartus Prime 18.1 会检查授权是否有更新，要关闭此功能，可选择 Tools→Options 子菜单，在弹出的对话框中，找到 Internet Connectivity 选项卡，取消勾选 Check the intel web site for license updates at startup 复选框，如图 1-18 所示。

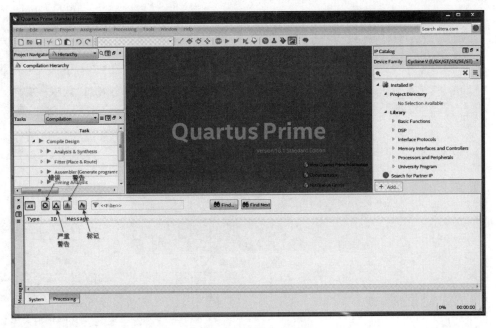

图 1-17　消息区分类按钮

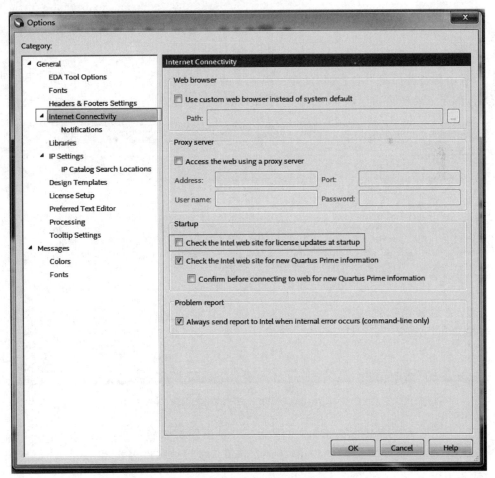

图 1-18　去掉授权更新检查选项

1.6.4 Quartus Prime 18 新建工程

Quartus Prime 18 利用工程向导新建工程，单击 File→New Project Wizard，如图 1-19 所示。

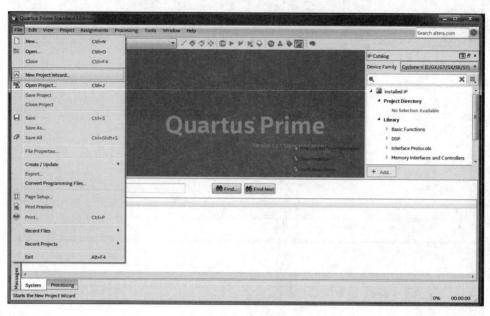

图 1-19　利用工程向导新建工程

工程向导过程的第一个界面，仅为工程向导的介绍界面，如图 1-20 所示，单击 Next 按钮即可，如果不希望再次显示，可以勾选 Don't show me this introduction again 复选框。

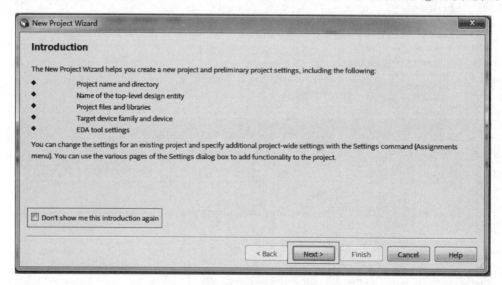

图 1-20　工程向导的介绍界面

下一个界面为工程文件夹指定、工程命名以及顶层实体命名界面，如图 1-21(a)所示。工程存放路径必须是全英文路径，不能带中文字符。这里建议读者在 Windows 的文件系统

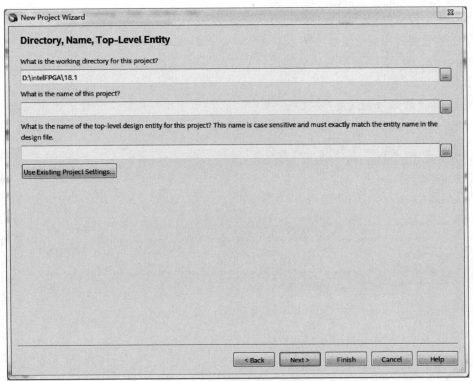

(a) 默认界面

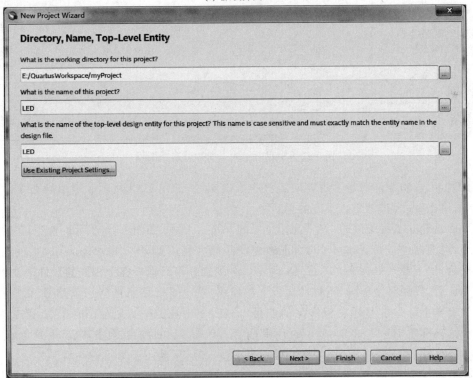

(b) 选定工程路径和工程以后的界面

图 1-21 工程向导的路径、工程名指定界面

事先建立好工程路径，如"E：\QuartusWorkspace\myProject"，然后再给定工程名，工程名通常用能够表明工程大致功能的英语单词的组合。例如，要完成一个控制 LED 灯闪烁的程序，工程名命名为 LED，顶层实体名默认与工程名一致，如图 1-21(b)所示，顶层实体名后面可以更改。

接下来，工程向导询问是"建立空工程"还是"利用工程模板建立工程"，这里先选择"建立空工程"，如图 1-22 所示，单击 Next 按钮即可。

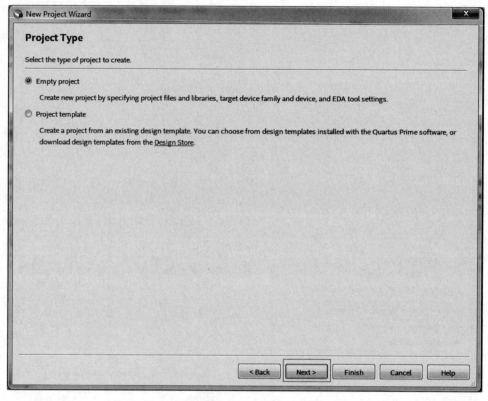

图 1-22　工程向导的工程类型选择界面

其次，工程向导询问是否现在向工程中添加文件，如图 1-23 所示。这里暂时不添加任何文件，单击 Next 按钮进入下一界面。

下面是建立工程关键的一步，选择所用的 FPGA 器件，如图 1-24 所示。首先，正确选择Family(也即器件系列名称)；其次，正确选择器件的具体型号。如果 Quartus 工程编辑编译完成后，要下载到目标 FPGA 板上，则这里必须选择与目标板完全相同的器件；如果工程编辑完成后，仅做时序仿真，不对目标板下载程序，这里可以任意选择一款型号。这里选择了一款市场上作为学习开发板常见的型号——EP4CE6E22C6，这款 FPGA 有 6272 个 LE单元、92 个通用 IO 口、276 480b 的片上内存、30 个 9b 的硬件乘法器、2 个片上锁相环(PLL)等资源，属于总体资源较低的、可完成小型项目、主要用于学习的一款 FPGA。

在最后一个 EDA Tool Settings 界面，也暂时不指定一些第三方的编译和仿真工具，使用默认设定即可，如图 1-25 所示。

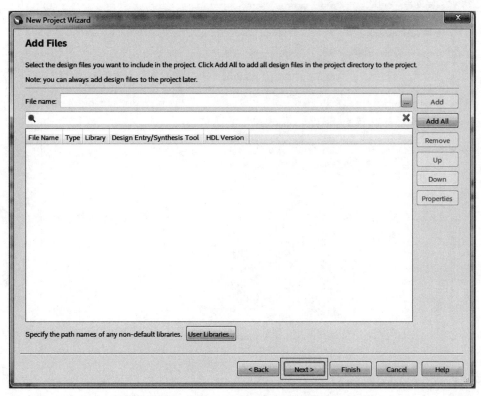

图 1-23　工程向导的添加文件界面

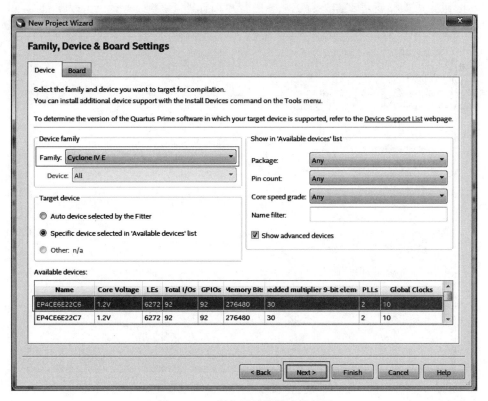

图 1-24　工程向导的器件选择界面

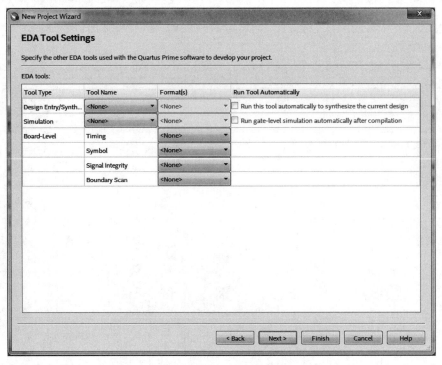

图 1-25　工程向导的 EDA 工具设定界面

　　完成最后一个界面后，工程向导会给出一个新建工程的梗概，如图 1-26 所示，单击
Finish 按钮完成工程新建工作。新建的空工程界面如图 1-27 所示。在工程导航区，可以新

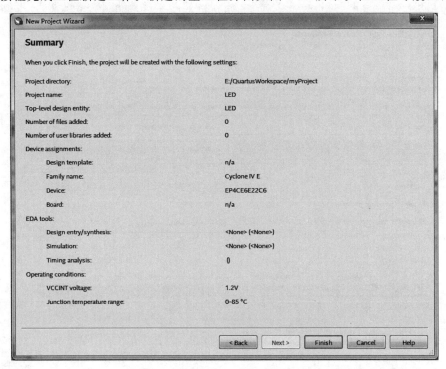

图 1-26　工程向导的新建工程梗概界面

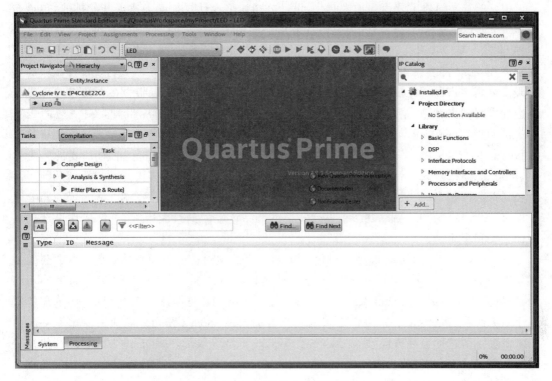

图 1-27　新建的空工程界面

建工程,所选择的器件为 EP4CE6E22C6,工程顶层设计名为"LED"。在任务区已经可以看到编译设计(Compile Design)工具下的分析与综合(Analysis & Synthesis)、布局布线(Place & Route)等工具。

1.7　EDA技术发展趋势

　　EDA是集成电路产业链相对产值较小但又极其重要的关键环节,具有体量小、集中度高的特点。据统计,2020 年全球 EDA 市场规模达到 114.67 亿美元,同比增长 11.6%。Synopsys、Cadence 和 Mentor 三家合计占据超 60% 市场份额。2020 年国产 EDA 国内销售达 7.6 亿元,国产化率为 11.48%。国内 EDA 厂商与国外巨头存在较大差距,但已在 EDA产业局部形成了突破,在数据收集、建模及仿真等环节取得了明显的进步。

　　当前,将嵌入式 FPGA 内核与 RISC 微控制器组合在一起形成新的 IC,已广泛用于电信、网络、仪器仪表和汽车中的低功耗应用系统中。当然,也有 PLD 厂商不把 CPU 的硬核直接嵌入在 FPGA 中而使用了软 IP 核,并称之为 SOPC(System On Programmable Chip,可编程片上系统),也可以完成复杂电子系统的设计,只是代价将相应提高。随着 Altera、Xilinx 等公司几十万门乃至上百万门规模的 FPGA 的上市,以及大规模的芯片组和高速、高密度印制电路板的应用,EDA 工程在功能仿真、时序分析、自动测试、高速印制电路板设计及操作平台的扩展等方面都面临着新的巨大的挑战,正是这些技术上的巨大挑战将促使EDA 技术在如下几方面得到新一轮发展。

（1）随着半导体工艺迈入纳米时代，设计公司面临设计复杂度飞速提升的挑战，包括布局布线、时序收敛、信号完整性、可制造性设计及低功耗设计等问题，设计公司必须寻找新的EDA设计工具以提升生产率，进而应付当今市场的激烈竞争。更先进的技术是EDA公司的生命线，必须持续投入内部研发，以创新想法及新颖技术配合半导体工艺及设计领域的要求开发最新的产品满足市场需求。今后，EDA产品技术创新的重点将会在系统级验证级可制造性设计两大领域。为了增加在系统级验证市场的竞争力，EDA工具主要供应商之一Cadence收购了提供系统验证解决方案的关键供应商Vsity公司，通过其主要的VPA（验证过程自动化）产品，提供了一个在统一的多语言基础架构上进行模拟、加速、仿真的解决方案，可帮助客户显著提高产品质量和加快产品上市时间。目前，许多国际领先厂商及新兴设计公司都已开始全面采用这种新的方式。根据Dataquest的资料显示，在65nm及90nm以下的IC设计，产品的成品率是影响设计及最终产品竞争力的最大因素，可制造性设计工具因而受到高度重视。

（2）System Verilog将成为下一代描述语言。描述语言一直是EDA业界中重要的一环，VHDL和Verilog目前是中国的主流设计语言。但传统的HDL只提供行为级或功能级的描述，无法完成更复杂的系统级的抽象描述。随着IC复杂度的不断提高，从更高层次入手对系统进行描述是描述语言未来的发展方向。Synopsys公司主席兼CEO deGeus博士曾对描述语言的发展方向预测"System Verilog将最终取代VHDL或Verilog"。他在进一步解释这一预测时指出，多年来IC设计中更关注的是仿真，而目前仿真验证在IC的整个设计周期中已经占据了60%以上的时间。而System Verilog可以有效地支持上述两者的需求，同时System Verilog与Verilog完全兼容。VHDL还会在很长时间内存在，但System Verilog将取代它，并为System C的发展铺平道路。目前，中国Verilog的用户占2/3，而VHDL用户约占1/3。System Verilog是Verilog在增加了声明之后发展而来的。目前，用户用高级语言编写的模块只能部分自动转换成HDL描述，但作为一种针对特定应用领域的开发工具，软件供应商已经为常用的功能模块提供了丰富的宏单元库支持，可以方便地构建应用系统，并通过仿真加以优化，最后自动产生HDL代码。

（3）一体化工具是发展方向。一体化工具使用户受益于一个统一的用户界面，避免了在不同工具间进行数据转换、程序移植等烦琐的操作。目前，Synopsys和Cadence两大EDA工具供应商分别推出了集成众多工具在内的一体化设计工具，同时，也在分别推出各自的标准数据库，以进一步简化设计流程。Galaxy平台是Synopsys近期推出的先进IC设计平台，整合了Synopsys公司的许多工具，覆盖了从设计编译、布局编译、物理编译、DFT编译以及硅片制造的全部流程，同时还在内部集成了向第三方开放的Milkyway数据库，将不同设计阶段中的数据、时序、计算以及种种约束条件协调起来。模拟和混合信号设计工具将其集成到Galaxy平台中，Synopsys已在提供模拟和混合信号的仿真和验证产品，目前正着重在模拟电路的实现上，并已有利用CAD工具进行模拟电路设计的能力。

（4）IP的广泛应用是加速产品设计流程的一个有效途径。IP产品的销售额是全球EDA工业中增加最快的一个领域。据Semiwiki报道，2020年半导体芯片设计IP销售额同比增长16.7%，达到4.6亿美元，创下2000年以来最高纪录。应用是IP设计业中绝对的发展趋势，全球三大IP供应商是ARM、Rambus和Synopsys三家公司，重点开发了应用面广的PCI、USB等标准IP库。ARM仍然稳居第一名，拥有40%以上市场份额。未来，业界也会出现越来越多的小微 IP 厂商。

（5）随着系统开发对 EDA 技术的目标器件各种性能要求的提高，ASIC 和 FPGA 将更大程度地相互融合。这是因为虽然标准逻辑 ASIC 芯片尺寸小、功能强大、功耗低，但设计复杂，并且有批量生产要求；可编程逻辑器件开发费用低廉，能在现场进行编程但体积大、功能有限，而且功耗较大。因此，FPGA 和 ASIC 正在走到一起，互相融合，取长补短。由于一些 ASIC 制造商提供具有可编程逻辑的标准单元，可编程器件制造商重新对标准逻辑单元发生兴趣，而有些公司采取两头并进的方法，从而使市场开始发生变化，在 FPGA 和 ASIC 之间正在诞生一种"杂交"产品，以满足成本和上市速度的要求。

思考题与习题

1. 什么是电子设计自动化？有什么特点？

2. EDA 技术的发展经历了哪几个发展阶段？

3. EDA 技术与 ASIC 设计和 FPGA 开发有什么关系？

4. 什么是综合？有哪些类型？综合在电子设计自动化中的地位是什么？

5. 在 EDA 技术中，自顶向下的设计方法的重要意义是什么？

6. 简述在基于 CPLD/FPGA 的 EDA 设计流程中所涉及的 EDA 工具，及其在整个流程中的作用。

7. 叙述 EDA 的 CPLD/FPGA 设计流程。

8. FPGA 在 ASIC 设计中有什么用途？

9. 什么是 IP 核？什么是 IP 复用技术？

第 2 章

可编程逻辑器件

20 世纪 80 年代以来出现了一系列生命力强、应用广泛、发展迅猛的新型集成电路,即可编程逻辑器件(Programmable Logic Devices,PLD)。它们是一种由用户根据自己要求来构造逻辑功能的数字集成电路,一般可利用计算机辅助设计,即用原理图/状态机/布尔方程/硬件描述语言(HDL)等方法来表示设计思想,经一系列编译或转换程序,生成相应的目标文件,再由编程器或下载电缆将设计文件配置到目标文件中,这时可编程器件就可作为满足用户要求的专用集成电路使用了。PLD 适于小批量生产的系统,或在系统开发研制过程中采用。因此在计算机硬件、自动化控制、智能化仪表、数字电路系统等领域中得到了广泛的应用。它的应用和发展不仅简化了电路设计,降低了成本,提高了系统的可靠性和保密性,而且给数字设计方法带来了重大变化。

2.1 概述

2.1.1 PLD 发展历程

最早的可编程逻辑器件是于 1970 年出现的 PROM,它由全译码的与阵列和可编程的或阵列组成,其阵列规模大、速度低,主要用途是作为存储器。

20 世纪 70 年代中期,出现了可编程逻辑阵列(Programmable Logic Array,PLA)器件,它由可编程的与阵列和可编程的或阵列组成。由于其编程复杂,开发有一定的难度,因而没有得到广泛的应用。

20 世纪 70 年代末,推出了可编程阵列逻辑(Programmable Array Logic,PAL)器件,它由可编程的与阵列和固定的或阵列组成,采用熔丝编程方式,双极性工艺制造,器件的工作速度很高。由于它的输出结构种类很多,设计很灵活,因而成为第一个得到广泛应用的可编程的逻辑器件。

20 世纪 80 年代初,Lattice 公司发明了通用阵列逻辑(Generic Array Logic,GAL)器件,采用输出逻辑宏单元(OLMC)的形式和 EECMOS 工艺结构,具有可擦除、可重复编程、数据可长期保存和可重新组合结构等优点。GAL 比 PAL 使用更加灵活,因而在 20 世纪 80 年代得到广泛的应用。

20 世纪 80 年代中期,Xilinx 公司提出现场可编程概念,同时生产出了世界上第一片现场可编程门阵列(Field Programmable Gate Array,FPGA)器件,它是一种新型的高密度 PLD,采用 CMOS-SRAM 工艺制作,内部由许多独立的可编程逻辑模块组成,逻辑块之间可以灵活地相互连接,具有密度高、编程速度快、设计灵活和可再配置设计能力等许多优点。同一时期,Altera 公司推出 EPLD(Erasable Programmable Logic Device)器件,它采用 CMOS 和 UVEPROM 工艺制作,比 GAL 器件有更高的集成度,可以用紫外线或电擦除,但内部互连能力比较弱。

20 世纪 80 年代末,Lattice 公司提出了在系统可编程(In System Programmable,ISP)技术。此后相继出现了一系列具备在系统可编程能力的复杂可编程逻辑器件(Complex PLD,CPLD)。CPLD 是在 EPLD 的基础上发展起来的,采用 EECMOS 工艺,增加了内部互连线,改进了内部结构体系,比 EPLD 性能更好,设计更加灵活。

进入 20 世纪 90 年代后,高密度 PLD 在生产工艺、器件的编程和测试技术等方面都有了飞速发展。器件的可用逻辑门数超过了百万门,并出现了内嵌复杂功能模块(如加法器、乘法器、RAM、CPU 核、DSP 核、PLL 等)的 SOPC(System on Programmable Chip)。目前世界各著名半导体器件公司如 Altera、Xilinx、Lattice 等,均可提供不同类型的 CPLD 和 FPGA 产品,新的 PLD 产品不断面世。众多公司的竞争促进了可编程集成电路技术的提高,使其性能不断完善,产品日益丰富。

2.1.2 目前流行的可编程器件的特点

由于市场产品的需求和市场竞争的促进,标志着最新 EDA 技术发展成果的新器件不断涌现,其特点主要表现为以下几个方面。

(1) 大规模。逻辑规模已达数百万门,近十万逻辑宏单元,可以将一个复杂的电路系统,包括诸如一个至多个嵌入式系统处理器、各类通信接口、控制模块和 DSP 模块等装入一个芯片中,即能满足所谓的 SOPC 设计。典型的器件有 Altera 的 Stratix 系列、Excalibue 系列;Xilinx 的 Virtex-II Pro 系列、Spartan-3 系列(该系列达到了 90nm 工艺技术)。

(2) 低功耗。尽管一般的 FPGA 和 CPLD 在功能和规模上都能很好地满足绝大多数的系统设计要求,但对于有低功耗要求的便携式产品来说,通常都难于满足要求,但由 Lattice 公司最新推出的 ispMACH4000z 系列 CPLD 达到了前所未有的低功耗性能,静态功耗 $20\mu A$,以至于被称为 0 功耗器件,而其他性能,如速度、规模、接口特性等仍然保持了很好的指标。

(3) 模拟可编程。各种应用 EDA 工具软件设计、ISP 方式编程下载的模拟可编程及模数混合可编程器件不断出现。最具代表性的器件是 Lattice 的 ispPAC 系列器件,其中包括常规模拟可编程器件 ispPAC10,精密高阶低通滤波器设计专用器件 ispPAC80,模数混合通用在系统可编程器件 ispPAC20,在系统可编程电子系统电源管理器件 ispPAC-POWER 等。

(4) 含多种专用端口和附加功能模块的 FPGA。例如,Lattice 的 ORT、ORSO 系列器件,含 sysHSI SERDES 技术的 FPGA 具有通信速度高达 3.7Gb/s 的 SERDES 背板收发器,其中内嵌 8b/10b 编解码器,以及超过 40 万门的 FPGA 可编程逻辑资源;Altera 的 Stratix、Cyclone、APEX 等系列器件,除内嵌大量 ESB(嵌入式系统块)外,还含有嵌入的锁相环模块(用于时钟发生和管理)、嵌入式微处理器核等。此外,Stratix 系列器件还嵌有丰富的 DSP 模块。

2.1.3 可编程逻辑器件的基本结构和分类

1. 可编程逻辑器件的基本结构

可编程逻辑器件的基本结构是由与阵列和或阵列,再加上输入缓冲电路和输出电路组成,组成框图如图 2-1 所示。其中,与阵列和或阵列是核心,与阵列用来产生乘积项,或阵列用来产生乘积项之和形式的函数。输入缓冲电路可以产生输入变量的原变量和反变量,输出结构可以是组合输出、时序输出或是可编程的输出结构,输出信号还可以通过内部通道反馈到输入端。

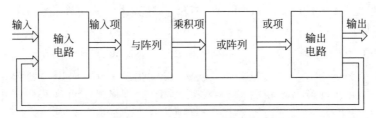

图 2-1   PLD 基本结构框图

2. 可编程逻辑器件的分类

可编程逻辑器件的分类没有统一标准,按其结构的复杂程度及结构的不同,可编程逻辑器件一般可分为 4 种: SPLD、CPLD、FPGA 和 ISP 器件。

1) 简单可编程逻辑器件(SPLD)

简单可编程逻辑器件是可编程逻辑器件的早期产品,包括可编程只读存储器(PROM)、可编程逻辑阵列(PLA)、可编程阵列逻辑(PAL)和通用阵列逻辑(GAL)。SPLD 的典型结构是由与门阵列、或门阵列组成,能够以"积之和"的形式实现布尔逻辑函数。因为任意一个组合逻辑都可以用"与-或"表达式来描述,所以 SPLD 能够完成大量的组合逻辑功能,并且具有较高的速度和较好的性能。

当与阵列固定、或阵列可编程时,称为可编程只读存储器(PROM),其结构如图 2-2 所示。这种可编程逻辑器件一般用作存储器,其输入为存储器的地址,输出为存储单元的内容。由于与阵列采用全译码器,随着输入的增多,阵列规模按输入的 2^n 增长。当输入的数目太大时,器件功耗增加,而巨大的阵列开关时间也会导致其速度缓慢。但 PROM 价格低,易于编程,同时没有布局、布线问题,性能完全可以预测。它不可擦除、不可重写的局限性也由于 EPROM、E^2PROM 的出现而得到解决,因此还是具有一定应用价值的。

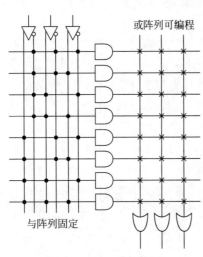

图 2-2   PROM 基本结构

当与阵列和或阵列都是可编程时,称为可编程逻辑阵列(PLA),其结构如图 2-3 所示。由于与阵列可编程,使得 PROM 中由于输入增加而导致规模增加的问题不复存在,从而有效地提高了芯片的利用率。PLA 用于含有复杂的随机逻辑置换的场合是较为理想的,但其慢速特性和相对高的价格妨碍了它被广泛使用。

当或阵列固定、与阵列可编程时,称为可编程阵列逻辑(PAL),其结构如图2-4所示。与阵列的可编程特性使输入项可以增多,而固定的或阵列又使器件得到简化。在这种结构中,每个输出是若干乘积项之和,其中乘积项的数目是固定的。PAL的这种基本门阵列结构对于大多数逻辑函数是很有效的,因为大多数逻辑函数都可以方便地化简为若干个乘积项之和,即与或表达式,同时这种结构也提供了较高的性能和速度,所以一度成为PLD发展史上的主流。PAL有几种固定的输出结构,不同的输出结构对应不同的型号,可以根据实际需要进行选择。

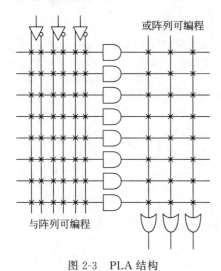

图 2-3　PLA 结构

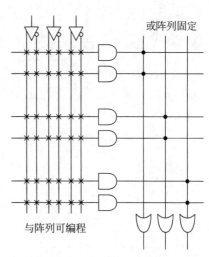

图 2-4　PAL 阵列结构

PAL的第二代产品GAL,吸收了先进的浮栅技术,并与CMOS的静态RAM结合,形成了E^2PROM技术,从而使GAL具有了可电擦写、可重复编程、可设置加密的功能。GAL的输出可由用户来定义,它的每个输出端都集成着一个可编程的输出逻辑宏单元(Output Logic Macro Cell,OLMC)。如图2-5所示的GAL16V8逻辑框图中,在12~19号管脚内就各有一个OLMC。

GAL22V10的OLMC内部结构如图2-6所示。从图中可以看出,OLMC中除了包含或门阵列和D触发器之外,还有两个多路选择器(MUX),其中4选1 MUX用来选择输出方式和输出极性,2选1 MUX用来选择反馈信号。这些选择器的状态都是可编程控制的,通过编程改变其连线可以使OLMC配置成多种不同的输出结构,完全包含PAL的几种输出结构。普通GAL器件只有少数几种基本型号就可以取代数十种PAL器件,因而GAL是名符其实的通用可编程逻辑器件。GAL的主要缺点是规模较小,对于较为复杂的逻辑电路显得力不从心。

2) 复杂可编程逻辑器件(CPLD)

复杂可编程逻辑器件出现在20世纪80年代末期,其结构区别于早期的简单PLD,最基本的一点在于:简单PLD为逻辑门编程,而复杂PLD为逻辑板块编程,即以逻辑宏单元为基础,加上内部的与或阵列和外围的输入/输出模块,不但实现了除简单逻辑控制之外的时序控制,又扩大了在整个系统中的应用范围和扩展性。

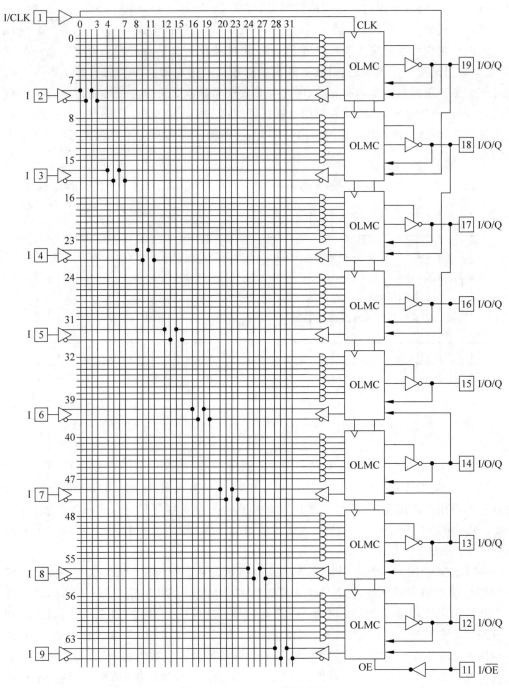

图 2-5　GAL16V8 逻辑框图

3）现场可编程门阵列（FPGA）

现场可编程门阵列是一种可由用户自行定义配置的高密度专用集成电路，它将定制的 VLSI 电路的单片逻辑集成优点和用户可编程逻辑器件的设计灵活、工艺实现方便、产品上市快捷的长处结合起来，器件采用逻辑单元阵列结构，静态随机存取存储工艺，设计灵活，集成度高，可重复编程，并可现场模拟调试验证。

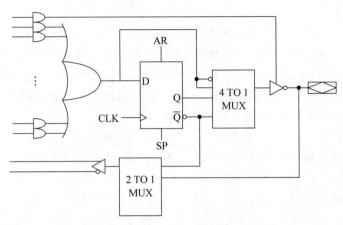

图 2-6　GAL22V10 的 OLMC 结构框图

4）在系统可编程（ISP）逻辑器件

在系统可编程逻辑器件是一种新型可编程逻辑器件，采用先进的 E^2CMOS 工艺，结合传统的 PLD 器件的易用性、高性能和 FPGA 的灵活性、高密度等特点，可在系统内进行编程。

3. 可编程逻辑器件的互连结构

PLD 的互连结构有确定型和统计型两类。

确定型 PLD 提供的互连结构每次用相同的互连线实现布线，其特性常常是事先确定的，这类 PLD 由 PROM 结构演变而来，目前除 FPGA 器件以外，基本上都采用这种结构。

统计型 PLD 互连结构设计系统每次执行相同的功能，但却能给出不同的布线模式，一般无法确切预知电路的时延。所以系统必须允许设计者提出约束条件，如关键路径的时延和关联信号的时延差等。FPGA 就是采用这种结构。

4. 可编程逻辑器件的编程特性及编程元件

可编程逻辑器件的编程特性有一次可编程和重复可编程两类。一次可编程的典型产品是 PROM、PAL 和熔丝型 FPGA，其他大多数是可重复编程的。用紫外线擦除的产品的编程次数一般在几十次的数量级，采用电擦除的次数多一些，采用 E^2CMOS 工艺的产品擦写次数可达几千次，而采用 SRAM 结构则可实现无限次编程。

最早的 PLD 器件（如 PAL）大多采用 TTL 工艺，后来的 PLD 器件（如 GAL、CPLD、FPGA 及 ISP-PLD）都采用 MOS 工艺（如 NMOS、CMOS、E^2CMOS 等）。一般有下列 5 种编程元件：熔丝开关（一次可编程，要求大电流），可编程低阻电路元件（多次编程，要求中电压），EPROM（要求有石英窗口，紫外线擦除），E^2PROM，基于 SRAM 的编程元件。

2.1.4　PLD 相对于 MCU 的优势所在

1. MCU 经常面临的难题

MCU 逻辑行为上的普适性，常会引导人们认为 MCU 是无所不能的，任何一个电子系统设计项目中，MCU 都成为无可置疑的主角。但不深入考察 MCU 的优势和弱点，事事都以 MCU 越俎代庖、勉为其难，将严重影响系统设计的最佳选择和性价比的提高。

1) 运行速度

从理论上来说,MCU 几乎可以解决任何逻辑的实现,但 MCU 是通过内部的 CPU 逐条执行软件指令来完成各种运算和逻辑功能,无论多么高的工作时钟频率和多么好的指令时序方式,在排队式串行指令执行方式(DSP 处理器也不能逃脱这种工作方式)面前,其工作速度和效率必将大打折扣。因此,MCU 在实时仿真、高速工控或高速数据采样等许多领域尤显力不从心,速度是 MCU 及其系统面临的最大挑战。

2) 复位

复位工作方式是 MCU 的另一致命弱点,任何 MCU 在工作初始都必须经历一个复位过程,否则将无法进行正常工作。MCU 的复位必须满足一定的电平条件和时间条件(长达毫秒级)。在工作电平有某种干扰性突变时,MCU 不可缺少的复位设置将成为系统不可靠工作的重要因素。而且这种产生于复位的不完全性,构成了系统不可靠工作的隐患,其出现方式极为随机和动态,一般方法难于检测。一些系统在工作中出现的"假复位"和不可靠复位带来的后果是十分严重的。尽管人们不断提出了种种改善复位的方法及可靠复位的电路,市场上也有层出不穷的 MCU 复位监控专用器件,但到目前为止,复位的可靠性问题仍然未能得到根本性的解决。

3) 程序"跑飞"

在强干扰或某种偶然因素下,任何 MCU 的程序指针都极可能越出正常的程序流程跑飞,这已是不争的事实。事实证明,无论多么优秀的 MCU,无论具有多么良好的抗干扰措施,包括设置任何方式的内外硬件看门狗,在受强干扰特别是强电磁干扰的情况下,MCU 都无法保证其仍能正常工作而不进入不可挽回的"死机"状态。尤其是当程序指针跑飞与复位不可靠因素相交错时,情况将变得尤为复杂。

2. CPLD/FPGA 的优势

基于 CPLD/FPGA 器件的开发应用可以从根本上解决 MCU 所遇到的问题。与 MCU 相比,CPLD/FPGA 在某些领域的优势是多方面的和根本性的。

1) 高速性

CPLD/FPGA 的时钟延迟仅为纳秒级,结合其并行工作方式,在超高速应用领域和实时测控方面有非常广阔的应用前景。

2) 高可靠性

在高可靠应用领域,MCU 的缺憾为 CPLD/FPGA 的应用留下了很大的用武之地。除了不存在 MCU 所特有的复位不可靠与程序指针可能跑飞等固有缺陷外,CPLD/FPGA 的高可靠性还表现在几乎可将整个系统下载于同一芯片中,从而大大缩小了体积,易于管理和屏蔽。

3) 编程方式

采用 JTAG 在系统配置编程方式,可对正在工作的系统上的 CPLD/FPGA 进行在系统编程。这对于工控、智能仪器仪表、通信和军事上有特殊用途。同时为系统的调试带来极大的方便。

4) 标准化设计语言

CPLD/FPGA 的设计开发工具,通过符合国际标准的硬件描述语言(如 VHDL 或 HDL)进行电子系统设计和产品开发。由于开发工具的通用性、设计语言的标准化以及设计过程几乎与所用的 CPLD/FPGA 器件的硬件结构没有关系,所以设计成功的各类逻辑功能块软件有很好的兼容性和可移植性。

在电子应用系统设计中,充分了解系统的需求,认识 MCU 与 CPLD/FPGA 各自的优势所在,利用 MCU 与 CPLD/FPGA 在功能和性能上的互补性,在构成系统的功能模块中合理地选择 MCU 与 CPLD/FPGA,充分发挥 MCU 与 CPLD/FPGA 的所长,使应用系统实现最佳的技术配合。

2.2 CPLD 的结构与工作原理

复杂可编程逻辑器件是随着半导体工艺不断完善、用户对器件集成度要求不断提高的形势下发展起来的。最初是在 EPROM 和 GAL 的基础上推出可擦除可编程逻辑器件,也就是 EPLD(Erasable PLD),其基本结构与 PAL/GAL 相仿,但集成度要高得多。近年来,器件的密度越来越高,所以许多公司把原来的 EPLD 的产品改称为 CPLD,但为了与 FPGA、ISP-PLD 加以区别,一般把限定采用 EPROM 结构实现较大规模的 PLD 称为 CPLD。

2.2.1 CPLD 的基本结构

可以认为 CPLD 是将多个可编程阵列逻辑(PAL)器件集成到一个芯片,具有类似 PAL 的结构。CPLD 器件中至少包含三种结构:可编程逻辑功能块(FB),可编程 I/O 单元,可编程内部连线。FB 中包含乘积项、宏单元等。图 2-7 是 CPLD 的结构原理图。

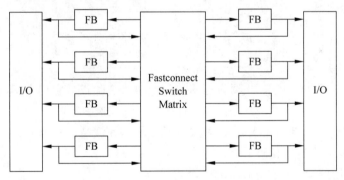

图 2-7 CPLD 的结构原理

目前,世界上主要的半导体器件公司,如 Altera、Xilinx 和 Lattice 等,都生产 CPLD 产品。不同的 CPLD 有各自的特点,但总体结构大致相似。在本节中,将以 Altera 公司的 MAX7000 系列器件来介绍 CPLD 的基本原理和结构。

2.2.2 Altera 公司 MAX7000 系列 CPLD 简介

MAX7000 系列是高密度、高性能的 CMOS CPLD,采用 $0.8\mu m$ CMOS E^2 PROM 技术制造。MAX7000 系列提供 $600\sim 5000$ 可用门,引线端子到引线端子的延时为 6ns,计数器频率可达 151.5MHz。它主要由逻辑阵列块、宏单元、扩展乘积项、可编程连线阵列和 I/O 控制模块组成,其中的 EPM7128E 的结构框图如图 2-8 所示。EPM7128E 有 4 个专用输入，它们能用作通用输入，或作为每个宏单元和 I/O 引线端子的高速的、全局的控制信号，如时钟（Clock）、清除（Clear）和输出使能（Out Enable）。MAX7000 系列的其他器件结构类似。

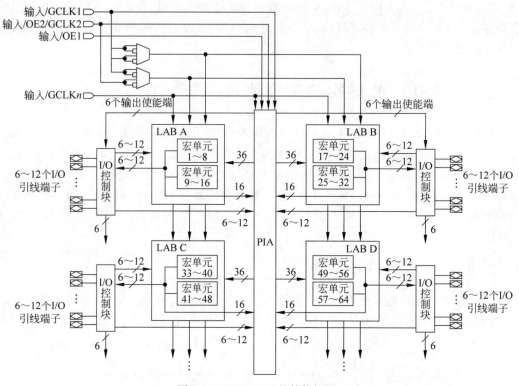

图 2-8 EPM7128E 的结构框图

1. 逻辑阵列块

由图 2-8 可见，EPM7128E 主要由逻辑阵列模块（LAB）以及它们之间的连线构成，而逻辑阵列块又由 16 个宏单元的阵列组成，LAB 通过可编程连线阵（PIA）和全局总线连接在一起。全局总线由所有的专用输入、I/O 引线端子和宏单元馈给信号组成。

每个 LAB 有如下输入信号。

（1）来自通用逻辑输入的 PIA 的 36 个信号。

（2）用于寄存器辅助功能的全局控制信号。

（3）从 I/O 引线端子到寄存器的直接输入通道。

2. 宏单元

MAX7000 宏单元能够独立地配置为时序或组合工作方式。宏单元由三个功能模块组成：逻辑阵列、乘积项选择矩阵和可编程触发器。EPM7128E 的宏单元如图 2-9 所示。

逻辑阵列用于实现组合逻辑。它给每个宏单元提供 5 个乘积项。乘积项选择矩阵分配这些乘积项作为到"或"门和"异或"门的主要逻辑输入，以实现组合逻辑函数；或者把这些乘积项作为宏单元中触发器的辅助输入：置位、清除、时钟和时钟使能控制，每个宏单元的一个乘积项可以反相后送回到逻辑阵列。这个"可共享"的乘积项能够连到同一个 LAB 中任何其他乘积项上。

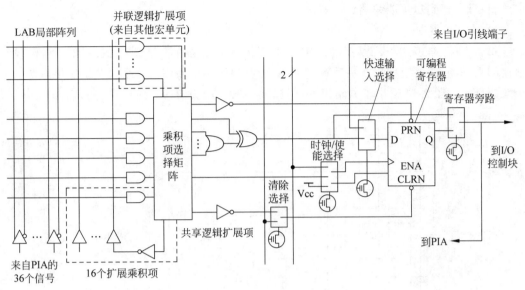

图 2-9 EPM7128E 的宏单元

作为寄存器使用时,每个宏单元的触发器可以单独地编程为具有时钟控制的 D、T、JK 或 RS 触发器。如果需要,可将触发器旁路,以实现组合逻辑工作方式。在输入时,规定所希望的触发器类型,然后对每一个寄存器能选择最有效的触发器工作方式,以设计所需的器件资源最少。

每一个可编程的触发器可以按以下 3 种不同的方式实现时钟控制。

(1) 全局时钟信号。这种方式可以达到最快的从时钟到输出的性能。

(2) 全局时钟信号,并由高电平有效的时钟信号所使能。这种方式可以为每个触发器提供使能信号,并仍达到全局时钟的快速时钟到输出的性能。

(3) 用乘积项实现阵列的时钟。在这种方式下,触发器由来自隐埋的宏单元或 I/O 引线端子的信号来进行时钟控制。

EPM7128E 可以得到两个全局时钟信号。这两个全局时钟信号可以是全局时钟引线端子 GCLK1 和 GCLK2 的信号,也可以是 GCLK1 和 GCLK2 求"反"后的信号。

每个触发器也支持异步清除和异步置位功能。如图 2-9 所示,乘积项选择矩阵分配乘积项来控制这些操作。虽然乘积项驱动触发器的置位和复位信号是高电平有效,但在逻辑阵列中将信号反相可得到低电平有效的控制。此外,每一个触发器的复位功能可以由低电平有效的、专用的全局复位引线端子 GCLRn 信号来驱动。

所有同 I/O 引线端子相联系的 EPM7128E 宏单元还具有快速输入特性,这些宏单元的触发器有直接来自 I/O 引线端子的输入通道,它旁路了 PIA 组合逻辑。这些直接输入通道允许触发器作为具有极快(3ns)输入建立时间的输入寄存器。

3. 扩展乘积项

尽管大多数逻辑函数能够用每个宏单元中的 5 个乘积项实现,但有一些逻辑函数会更为复杂,需要附加乘积项。为提供所需的逻辑资源,不是利用另一个宏单元,而是利用 MAX7000 结构中具有的共享和并联扩展乘积项("扩展项")。这两种扩展项作为附加的乘积项直接送到该 LAB 的任意宏单元中。利用扩展项可保证在实现逻辑综合时,用尽可能少的逻辑资源,得到尽可能快的工作速度。

1）共享扩展项

每个LAB有多达16个共享扩展项。共享扩展项就是由每个宏单元提供的一个未投入使用的乘积项,并将它们反相后反馈到逻辑阵列,便于集中使用。每个共享扩展项后增加一个短的延时。图2-10给出了共享扩展项是如何馈送到多个宏单元的。

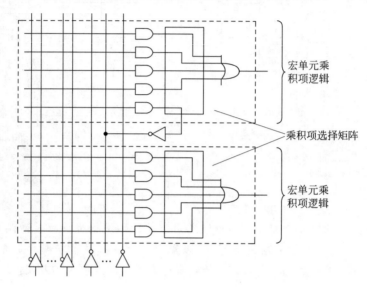

图 2-10　共享扩展项

2）并联扩展项

并联扩展项是一些宏单元中没有使用的乘积项,并且这些乘积项可分配到邻近的宏单元去实现快速复杂的逻辑函数。并联扩展允许多达20个乘积项直接馈送到宏单元的"或"逻辑。其中,5个乘积项由宏单元本身提供,15个并联扩展项由LAB中邻近宏单元提供。

编译器能够自动地给并联扩展项布线,可最多把3组,每组最多5个并联扩展项连到所需的宏单元上,每组扩展项将增加一个短的延时。例如,若一个宏单元需要14个乘积项,编译器采用该宏单元的5个专有的乘积项,并分配给它两组并联扩展项(第1组包含5个乘积项,第2组包含4个乘积项),于是总延时增加了2倍(由于用了2组并联扩展项,故为2倍延时)。

在LAB内有2组宏单元,每组含8个宏单元(例如,一组宏单元是1～8,另一组是9～16)。在LAB中形成两个出借或借用的并联扩展项的链。一个宏单元可以从较小编号的宏单元中借用并联扩展项,例如,宏单元8能够从宏单元7,或从宏单元7和6,或从宏单元7、6和5中共用并联扩展项。在8个宏单元的一个组内,最小编号的宏单元仅能出借并联扩展项,而最大编号的宏单元仅能借用并联扩展项。如图2-11所示表示了并联扩展项是如何从邻近的宏单元中借用的。

4. 可编程连线阵列

可编程连线阵列(PIA)的作用是在各逻辑宏单元之间以及逻辑宏单元和I/O单元之间提供互联网络。各逻辑宏单元通过可编程连线阵列接收来自专用输入或输出端的信号,并将宏单元的信号反馈到其需要到达的I/O单元或其他宏单元。这种互联机制有很大的灵

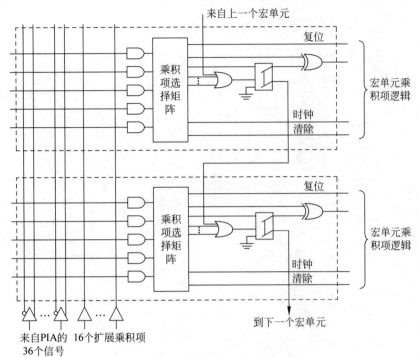

图 2-11 并联扩展项

活性,它允许在不影响引脚分配的情况下改变内部的设计。

如图 2-12 所示是 PIA 布线示意图。CPLD 的 PIA 布线具有可累加的延时,这使得CPLD 的内部延时是可预测的,从而带来较好的时序性能。

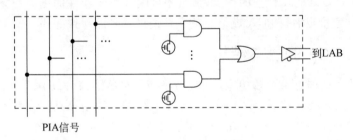

图 2-12 PIA 布线示意图

5. I/O 控制块

I/O 控制块允许每个 I/O 引脚单独地配置为输入、输出和双向工作方式。所有 I/O 引脚都有一个三态缓冲器,它由全局输出使能信号中的一个信号控制,或者把使能端直接连到地(GND)或电源(V_{CC})上。当三态缓冲器的控制端连到地(GND)时,输出为高阻态,此时 I/O 引脚可用作专用输入引脚。当三态缓冲器的控制端接高电平(V_{CC})时,输出被使能。

如图 2-13 给出了 EPM7128E 的 I/O 控制块。它有 6 个全局输出使能信号,这 6 个使能信号由下述信号驱动:两个输出使能信号、一个 I/O 引线端子的集合或一个 I/O 宏单元,并且也可以是这些信号"反相"后的信号。

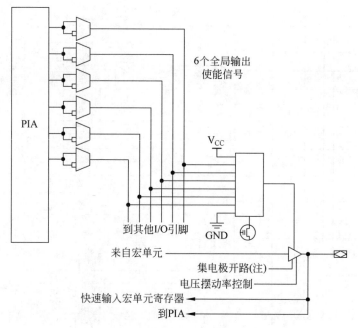

注：集电极开路输出仅在MAX7000S器件中有效

图 2-13 I/O 控制块结构图

2.3 FPGA 的结构与工作原理

FPGA 采用类似掩模可编辑门阵列的结构，并结合可编程逻辑器件的特性，既继承了门阵列逻辑器件密度高和通用性强的优点，又具备可编程逻辑器件的可编程特性。自从 1985 年 Xilinx 公司首家推出后，FPGA 就倍受数字系统设计者的一致好评。

2.3.1 FPGA 的基本结构

FPGA 器件在结构上由逻辑功能块排列为阵列，它的结构可以分为三部分：可编程逻辑块（Configurable Logic Blocks，CLB）、可编程 I/O 模块（Input/Output Block，IOB）和可编程内部连线（Programble Interconnect，PI），如图 2-14 所示。CLB 在器件中排列为阵列，周围有环形内部连线，IOB 分布在四周的管脚上。CLB 能够实现逻辑函数，还可以配置成 RAM 等复杂的形式。

常见 FPGA 的结构主要有 3 种类型：查找表结构、多路开关结构和多级与非门结构。

1. 查找表型 FPGA 结构

查找表型 FPGA 的可编程逻辑块是查找表，由查找表构成函数发生器，通过查找表实现逻辑函数，查找表的物理结构是静态存储器（SRAM）。M 个输入项的逻辑函数可以由一个 2^M 位容量 SRAM 实现，函数值存放在 SRAM 中，SRAM 的地址线起输入线的作用，地址即输入变量值，SRAM 的输出为逻辑函数值，由连线开关实现与其他功能块的连接。

下面以全加器为例，说明查找表实现逻辑函数的方法。全加器的真值表如表 2-1 所示，其中，A_n 为加数，B_n 为被加数，C_{n-1} 为低位进位，S_n 为和，C_n 为产生的进位。这样的一

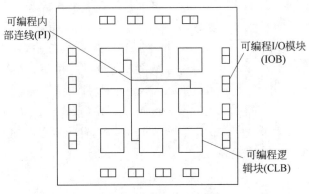

图 2-14　FPGA 的结构原理

个全加器可以由三输入的查找表实现,在查找表中存放全加器的真值表,输入变量作为查找表的地址。

表 2-1　全加器真值表

A_n	B_n	C_{n-1}	S_n	C_n
0	0	0	0	0
0	0	1	1	0
0	1	0	1	0
0	1	1	0	1
1	0	0	1	0
1	0	1	0	1
1	1	0	0	1
1	1	1	1	1

　　理论上讲,只要能够增加输入信号线和扩大存储器容量,查找表就可以实现任意多输入函数。但事实上,查找表的规模受到技术和经济因素的限制。每增加一个输入项,查找表 SRAM 的容量就需要扩大一倍,当输入项超过 5 个时,SRAM 容量的增加就会变得不可忍受。16 个输入项的查找表需要 64KB 位容量的 SRAM,相当于一片中等容量的 RAM 的规模。因此,实际的 FPGA 器件的查找表输入项不超过 5 个,对多于 5 个输入项的逻辑函数则由多个查找表逻辑块组合或级联实现。此时逻辑函数也需要做些变换以适应查找表的结构要求,这一步在器件设计中称为逻辑分割。至于逻辑函数怎样才能用最少数目的查找表实现逻辑函数,是一个求最优解的问题,针对具体的结构有相应算法来解决这一问题。这在 EDA 技术中属于逻辑综合的范畴,可由工具软件来进行。

2. 多路开关型 FPGA 结构

　　在多路开关型 FPGA 中,可编程逻辑块是可配置的多路开关。利用多路开关的特性对多路开关的输入和选择信号进行配置,接到固定电平或输入信号上,从而实现不同的逻辑功能。例如,2 选 1 多路开关的选择输入信号为 s,两个输入信号分别为 a 和 b,则输出函数为 $f = sa + \bar{s}b$。如果把多个多路开关和逻辑门连接起来,就可以实现数目巨大的逻辑函数。

　　多路开关型 FPGA 的代表是 Actel 公司的 ACT 系列 FPGA。以 ACT-1 为例,它的基本宏单元由 3 个二输入的多路开关和一个或门组成,如图 2-15 所示。

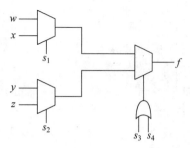

图 2-15 多路开关型 FPGA 逻辑块

这个宏单元共有 8 个输入和 1 个输出，可以实现的函数为：

$$F = (\overline{s_3 + s_4})(\overline{s_1}w + s_1x) + (s_3 + s_4)(\overline{s_2}y + s_2z)$$

对 8 个输入变量进行配置，最多可实现 702 种逻辑函数。

当 $w = A_n$，$x = \overline{A_n}$，$s_1 = B_n$，$y = \overline{A_n}$，$z = A_n$，$s_2 = B_n$，$s_3 = c_n$，$s_4 = 0$ 时，输出等于全加器本地和输出 s_n：

$$s_n = (\overline{c + 0})(\overline{B_n}A_n + B_n\overline{A_n}) + (c_n + 0)(\overline{B_nA_n} + B_nA_n)$$
$$= A_n \oplus B_n \oplus C_n$$

除上述多路开关结构外，还存在多种其他形式的多路开关结构。在分析多路开关结构时，必须选择一组 2 选 1 的多路开关作为基本函数，然后再对输入变量进行配置，以实现所需的逻辑函数。在多路开关结构中，同一函数可以用不同的形式来实现，取决于选择控制信号和输入信号的配置，这是多路开关结构的特点。

3. 多级与非门型 FPGA 结构

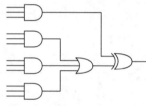

图 2-16 多级与非门型 FPGA 逻辑块

采用多级与非门结构的器件是 Altera 公司的 FPGA。Altera 公司的与非门结构基于一个与-或-异或逻辑块，如图 2-16 所示。这个基本电路可以用一个触发器和一个多路开关来扩充。多路开关选择组合逻辑输出、寄存器输出或锁存器输出。异或门用于增强逻辑块的功能，当异或门输入端分离时，它的作用相当于或门，可以形成更大的或函数，用来实现其他算术功能。

Altera 公司 FPGA 的多级与非门结构同 PLD 的与或阵列很类似，它是以"线与"形式实现与逻辑的。在多级与非门结构中线与门可编程，同时起着逻辑连接和布线的作用，而在其他 FPGA 结构中，逻辑和布线是分开的。

2.3.2 Cyclone IV 系列器件的结构原理

Cyclone IV 系列器件是 Altera(现 Intel)公司的一款低功耗、高性价比的 FPGA，适用于从无线通信、有线通信、消费类电子到工业产品的应用。相较于上一代 Cyclone III 系列器件，Cyclone IV 系列器件得益于更先进的制造工艺，其整体功耗更低；并且，Cyclone IV 系列器件整合了更多的片上硬核 IP，所以系统成本可以更低。

Cyclone IV 系列器件包括两个子系列：Cyclone IV GX 和 Cyclone IV E。Cyclone IV GX 器件具有传输速率高达 3.125Gb/s 的收发器，特别适合于高带宽的应用，比如通过 PCI Express 接口连接到嵌入式处理器，扩展嵌入式系统的功能。Cyclone IV E 器件具有较多的片上逻辑资源和用户 I/O，适用于运算密集、自动控制等广泛的嵌入式应用。

Cyclone IV 系列器件的结构和工作原理在 FPGA 器件中具有典型性，下面以此类器件为例，介绍 FPGA 的结构与工作原理。Cyclone IV 器件跟 Cyclone III 器件都由逻辑单元 (Logic Element，LE)、嵌入式存储器块、嵌入式硬件乘法器、I/O 单元和嵌入式 PLL 等模块构成，在各个模块之间存在着丰富的互连线和时钟网络。表 2-2 列出了不同型号的 Cyclone IV E 器件具有的不同资源的数目。

表 2-2　Cyclone IV E 系列器件的片上资源

资源数	EP4CE6	EP4CE10	EP4CE15	EP4CE22	EP4CE30	EP4CE40	EP4CE55	EP4CE75	EP4CE115
逻辑单元	6272	10 320	15 408	22 320	28 848	39 600	55 856	75 408	114 480
嵌入式存储/Kb	270	414	504	594	594	1134	2340	2745	3888
嵌入式18×18乘法器	15	23	56	66	66	116	154	200	266
通用锁相环	2	2	4	4	4	4	4	4	4
全局时钟网络	10	10	20	20	20	20	20	20	20
用户 I/O 组	8	8	8	8	8	8	8	8	8
最大用户I/O	179	179	343	153	532	532	374	426	528

1. 逻辑单元

　　逻辑单元(LE)是 Cyclone IV 器件架构里最基本的可编程单元,图 2-17 显示了 Cyclone IV FPGA 的一个 LE 的内部结构。观察图 2-17 可以发现,每个 LE 都由一个 4 输入查找表 LUT、进位链逻辑、寄存器链逻辑和一个可编程的寄存器构成。4 输入查找表可以完成任意 4 输入 1 输出的组合逻辑功能。每个 LE 的输出都可以连接到行、列、直连通路、进位链、寄存器链等布线资源。

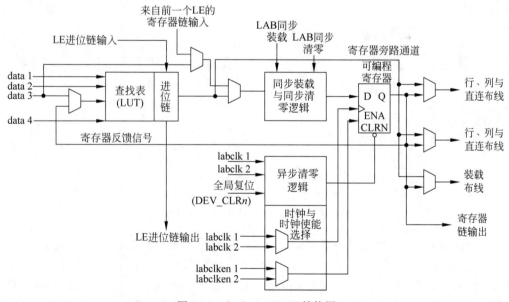

图 2-17　Cyclone IV LE 结构图

　　每个 LE 中的可编程寄存器可以被配置成 D 触发器、T 触发器、JK 触发器或 SR 触发器模式。每个可编程寄存器具有数据、时钟、时钟使能、清零输入信号。全局时钟网络、通用 I/O 口以及内部逻辑可以灵活配置寄存器的时钟和清零信号。任何一个通用 I/O 或者内部逻辑都可以驱动时钟使能信号。在一些只需要组合电路的应用中，对于组合逻辑的实现，可将该可配置寄存器旁路，LUT 的输出可作为 LE 的输出。

LE 有三个输出驱动内部互连，一个驱动局部互连，另两个驱动行或列的互连资源，LUT 和寄存器的输出可以单独控制。可以实现在一个 LE 中，LUT 驱动一个输出，而寄存器驱动另一个输出（这种技术称为寄存器打包）。因而在一个 LE 中的寄存器和 LUT 能够用来完成不相关的功能，因此能够提高 LE 的资源利用率。

寄存器反馈模式允许在一个 LE 中寄存器的输出作为反馈信号，加到 LUT 的一个输入上，在一个 LE 中就完成反馈。

除上述三个输出外，相邻的多个 LE 还可以通过寄存器链进行级联。相邻 LE 里的寄存器可以通过寄存器链级联在一起，构成一个移位寄存器，那些 LE 中的 LUT 资源可以单独实现组合逻辑功能，两者互不相关。寄存器链输出资源既能加速不同逻辑块间的连接，又能节省互连资源。

Cyclone IV 的 LE 可以运行在下列两种工作模式：普通模式和算术模式。通常情况下，Quartus II 软件会根据需要实现的功能（计数器、加法器、减法器、算术功能、参数化模块库等）自动选择合适的工作模式，但是用户也可以在实现特定功能时指定 LE 的工作模式以达到最优的性能。

在不同的 LE 工作模式下，LE 的内部结构和 LE 之间的互连有些差异，图 2-18 和图 2-19 分别是 Cyclone IV 的 LE 在普通模式和算术模式下的结构和连接图。

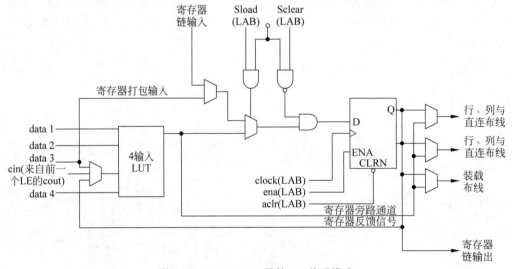

图 2-18　Cyclone IV 器件 LE 普通模式

普通模式下的 LE 适合通用逻辑应用和组合逻辑的实现。在该模式下，来自 LAB 局部互连的四个输入将作为一个 4 输入 1 输出的 LUT 的输入端口。Quartus II 编译器自动选择进位输入（cin）信号或者 data3 信号作为 LUT 中的一个输入信号。每个 LE 都可以通过 LUT 链直接连接到（在同一个 LAB 中的）下一个 LE。在普通模式下，LE 的输入信号可以作为 LE 中寄存器的异步装载信号。普通模式下的 LE 也支持寄存器打包与寄存器反馈。

在 Cyclone IV 器件中的 LE 还可以工作在算术模式下，在这种模式下可以更好地实现加法器、计数器、累加器和比较器。在算术模式下的单个 LE 内有两个 3 输入 LUT，可被配

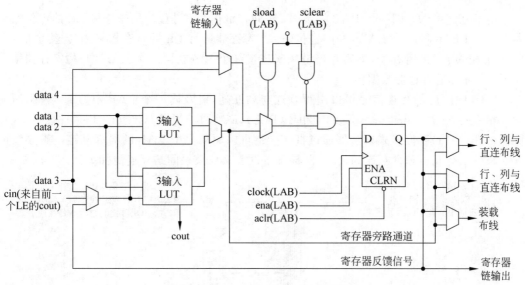

图 2-19 Cyclone IV 器件 LE 算术模式

置成一位全加器和基本进位链结构。其中一个 3 输入 LUT 用于计算,另外一个 3 输入
LUT 用来生成进位输出(cout)信号。在算术模式下,LE 支持寄存器打包与寄存器反馈。
Quartus II 编译器支持自动生成进位链逻辑,或者由用户手工设计进位链逻辑。

逻辑阵列块(Logic Array Block,LAB)是由一系列相邻的 LE 构成的。每个 Cyclone
IV 器件的 LAB 包含 16 个 LE、LAB 控制信号、LE 进位链和寄存器链,且在 LAB 中、LAB
之间存在着行互连、列互连、直连通路互连、LAB 局部互连。通过 LAB 的高速互连资源,一
个 LE 可以驱动多达 48 个 LE。图 2-20 是 Cyclone IV 器件 LAB 的结构图。

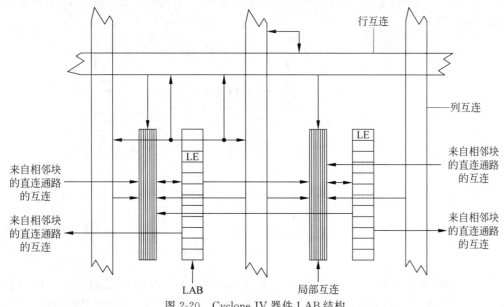

图 2-20 Cyclone IV 器件 LAB 结构

在 Cyclone IV 器件里面存在大量 LAB,如图 2-20 所示的多个 LE 排列起来构成 LAB,
多个 LAB 排列起来成 LAB 阵列,构成了 Cyclone IV 系列 FPGA 丰富的逻辑编程资源。

局部互连可以在同一个 LAB 的不同 LE 间传输信号；进位链用来连接 LE 的进位输出和下一个 LE(在同一个 LAB 中)的进位输入；寄存器链将 LE 的寄存器输出传递到同一个 LAB 中相邻 LE 的寄存器，即寄存器链用来连接某个 LE(在同一个 LAB 中)的寄存器输出和下一个 LE 的寄存器数据输入。

LAB 中的局部互连信号可以由行互连与列互连，以及同一个 LAB 中的 LE 输出所驱动。相邻的 LAB、左侧或者右侧的锁相环(PLL)、M9K RAM 块(Cyclone IV 中的嵌入式存储器，见图 2-21)和嵌入式乘法器通过直连线也可以驱动一个 LAB 的局部互连。直连线的存在减少了行互连和列互连的使用，既提升了性能又让模块间的互连更加灵活。

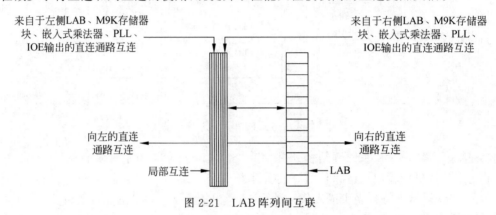

图 2-21　LAB 阵列间互联

每个 LAB 都有专用的逻辑来生成 LE 的控制信号，这些 LE 的控制信号包括两个时钟信号，两个时钟使能信号，两个异步清零、同步清零、同步装载控制信号。每个 LAB 可以有 4 个非全局的控制信号，额外的 LAB 控制信号必须是全局信号。同步清零和装载信号作用于 LAB 里的所有寄存器，它们对实现计数器等功能很有用。图 2-22 显示了 LAB 控制信号生成的逻辑图。

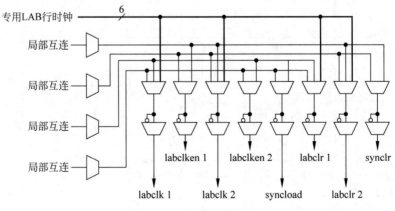

图 2-22　LAB 控制信号生成

LAB 的时钟和时钟使能信号是关联的，例如，某个 LAB 中的任意一个 LE 用到了 labclk 1 信号，那么也会使用 labclken 1，或者某个 LAB 使用了时钟的上升沿和下降沿，就会用到这个 LAB 的两个时钟信号。关闭时钟使能信号也会关闭作用在整个 LAB 的时钟。

每个 LAB 支持两个异步清零信号(labclr 1 和 labclr 2)，这两个异步清零信号可以用于将 LAB 中 LE 的寄存器清零。LAB 中没有寄存器异步装载的控制信号,寄存器的初始值设定是通过将 syncload 信号作为复选信号连到复选器,初始值为复选器的一个输入来实现的。Cyclone IV 器件只能支持预设初始值的同步装载信号,或者异步的清零信号。除了 LAB 内的清零信号,Cyclone IV 器件还提供了一个作用于整个芯片的复位信号(DEV_CLRn)以重置器件里所有的寄存器。这个复位信号具有最高的控制信号优先级。

2. 嵌入式存储器块

在 Cyclone IV 器件中所含的嵌入式存储器(Embedded Memory),由数十至数百个 M9K 存储器块构成。嵌入式存储器可以配置以提供各种存储功能,如 RAM(单端口、双端口、带校验、字节使能)、ROM、移位寄存器、FIFO 等。

Cyclone IV 器件的单个 M9K 存储器块包括 8192b,每 8b 带一个校验位,所以总共是 9216b。M9K 存储器不带有奇偶校验的电路,这个校验位需要辅以一定的内部逻辑资源才能用于错误检测的奇偶校验;另一方面,如果不增加辅助电路,这个校验位也可以视为每字节多出的一个数据比特。时钟使能控制信号掌控着整个 M9K 存储器块的时钟,如果时钟使能信号无效,M9K 存储器块的时钟将关闭,一切的存储器操作将停止。未使用的 M9K 存储器块会被 Quartus II 软件自动断电以节省静态功耗。Cyclone IV M9K 存储器具有独立的读使能(rden)和写使能(wren)信号;在不需要对存储器进行读操作或者写操作时,可以分别使读使能(rden)或者写使能(wren)信号失效,这样可以降低能耗。4b 的字节使能信号(byteena)起到对 M9K 存储器的输入信号部分屏蔽的作用,使得输入信号只有特定的数据字节被写入存储器,而被屏蔽的字节维持前值。byteena 信号的初始值为高电平,使能输入信号所有字节的写入,它和 wren 信号共同控制着 M9K 存储器块的写操作。需要注意的是,byteena 信号只在 M9K 存储器块写端口的数据位宽配置为 16b、18b、32b 或者 36b 时才起作用。byteena 为高电平有效,从低位到高位依次对应数据总线的低字节到高字节。例如,若 byteena=01 而 M9K 存储器块数据位宽被配置为 18b 时,输入数据总线 data[8:0]写操作有效,data[17:9]写操作无效;若 byteena=11,输入数据总线 data[8:0]写操作有效,data[17:9]写操作也有效。表 2-3 列出了 M9K 存储器块 byteena 信号的 4b 在不同存储器位宽下能够屏蔽的输入信号字节。

表 2-3　M9K 存储器块 byteena 信号的作用

byteena[3..0]	受影响字节			
	datain×16	datain×18	datain×32	datain×36
[0]=1	[7..0]	[8..0]	[7..0]	[8..0]
[1]=1	[15..8]	[17..9]	[15..8]	[17..9]
[2]=1	—	—	[23..16]	[26..18]
[3]=1	—	—	[31..24]	[35..27]

图 2-23 的时序图说明了 M9K 存储器块的控制信号 wren、rden、byteena 是如何影响着存储器的读写操作的。在第一个时钟上升沿,wren 和 rden 都为低电平,此时输入信号 address 和 data 没有任何作用。等到第一个时钟的下降沿,wren 和 rden 同时变为高电平,意味着下一个时钟上升沿将根据 address 和 data 的值改写存储器的值,并且将存储器 address 地址的值放在输出 q 上。所以,第二个时钟上升沿 M9K 存储器块 a0 地址的值会被 data 值覆盖;因为输入数据是 16b,根据表 2-3,byteena=10 意味着输入数据 data[15:8]写

操作有效，data[7:0]写操作无效，于是第二个时钟上升沿之后 a0 地址的值为 ABFF。需要注意的是，在这个例子里，写操作和读操作是同时发生的，而读操作的结果是将最新写入的数据输出。事实上，读写操作同时发生时，Quartus II 软件可以设置输出新写入的数据还是该地址之前的数据。以此类推，第三个时钟周期 a1 地址的值改写为 FFCD，此时输出 FFCD；第四个时钟周期 a2 地址的值改写为 ABCD，输出 ABCD；之后 wren 置为低电平，停止写操作。第五个周期至第七个周期依次读出 a0、a1、a2 地址的值，分别为 ABFF、FFCD、ABCD。

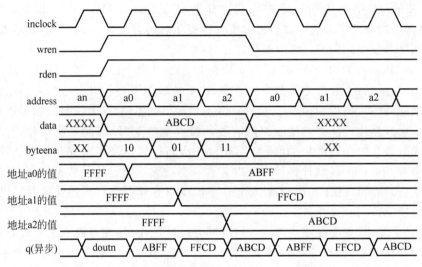

图 2-23　M9K 存储器块读写 byteena 时序图

Cyclone IV 器件的 M9K 存储器块支持低电平有效的地址使能信号，也就是说，在控制信号 addressstall 为高电平时，存储器维持上一个输入地址 address 的值。如果 M9K 存储器块工作在双端口模式下，每一个端口都有独立的地址使能信号。图 2-24 显示了地址使能

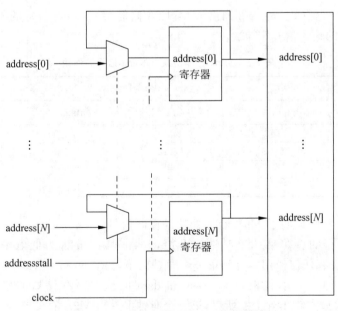

图 2-24　M9K 存储器块地址使能框图

信号对 M9K 存储器块产生作用的框图。地址寄存器输出通过一个 2 选 1 多路选择器反馈
回地址寄存器的输入,2 选 1 多路选择器的另一个输入为地址信号 address。地址使能信号
addressstall 作为 2 选 1 多路选择器的选择控制信号,为高电平则选择地址寄存器输出,为
低电平则选择地址信号 address。地址使能信号主要用于高速缓存未命中时提高存储器的
效率,默认情况下 addressstall 信号为低电平。

地址使能信号读操作和写操作的时序图示意分别如图 2-25 和图 2-26 所示。

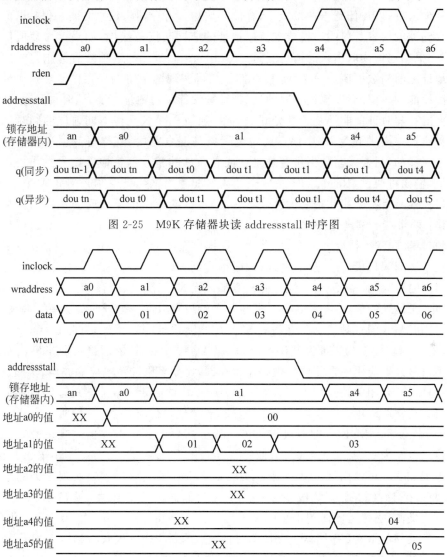

图 2-25 M9K 存储器块读 addressstall 时序图

图 2-26 M9K 存储器块写 addressstall 时序图

Cyclone IV 器件只支持输入的读地址寄存器,输出的寄存器、锁存器的异步清零。在读
操作时将读地址寄存器异步清零可能会引发存储器错误。异步清零信号可以由 Quartus II 软
件选择包括或者不包括在生成的各个逻辑存储器中。总的来说,有三种方式可以重置 M9K
存储器块里的寄存器。一是将器件重新上电,二是使用异步清零信号(aclr),三是使能全局
复位信号(DEV_CLRn)。不管有没有使用输出寄存器,器件重新上电时存储器输出初始化

为零。Quartus II 软件可以创建 MIF 文件和指定 MIF 文件的使用来初始化存储器。即使对存储器预初始化（例如采用 MIF 文件），上电时存储器输出依然为零，只有上电后接下来读操作的输出为预初始化的值。

Cyclone IV 器件的 M9K 存储器块能够实现 6 种模式的完全同步 SRAM 存储器：单端口（Single-port），简易双端口（Simple dual-port），真双端口（True dual-port），移位寄存器（Shift-register），只读存储器（ROM），先入先出存储器（FIFO）。因为 M9K 存储器块只支持同步的输入，所以在任意一种模式下，存储器块输入寄存器的建立时间和保持时间违例都会损坏存储器的内容。单端口模式支持单地址的非同时读写操作，如果读写使能信号同时有效，那么根据地址读取出来的值可通过"Read-During-Write"选项配置为刚写入的数据值或是该地址之前的数据值。一个 M9K 存储器块可实现两个单端口存储器块。简易双端口模式下读使能和写使能、读地址和写地址、读地址使能和写地址使能、读时钟和写时钟，以及读时钟使能和写时钟使能都是独立分开的信号，所以该模式支持不同地址的同时读和写操作。简易双端口模式下 M9K 存储器块位宽可以是混合宽度，这样写数据和读数据的位宽可以是不一样的，只要读写数据位宽都是 9 或者非 9 的整数倍。如果在写操作进行时读取同一地址，输出可通过"Read-During-Write"选项配置为输出任意值或者该地址之前的值。真双端口模式具有两套相互独立的存储器端口，可以支持两个不同时钟频率的任意两端口组合操作：两个端口读操作，两个端口写操作，读端口和写端口各占一个。真双端口模式下 M9K 存储器块同样支持混合位宽，只是读写数据位宽不能超过 18b 且位宽需为 9 或者非 9 的整数倍。真双端口模式通过同一端口同时读写同一地址的特性与单端口模式一致，通过不同端口同时读写同一地址的特性与简易双端口模式一致。两套存储器端口都可以在任意时间存取任意地址的值，唯一的特例是通过两个端口存取同一地址时要避免写冲突，即要避免双端口同时写入同一地址。发生写冲突会在冲突地址写入不确定的值。Cyclone IV 器件 M9K 存储器块没有内置冲突裁决电路，所以需要占用额外的逻辑资源来解决写冲突问题。数字信号处理应用中常需要实现移位寄存器，比如有限冲激响应滤波器、伪随机数生成器、多通道滤波、自相关和互相关函数等；这类应用往往需要大量的本地存储以形成长链移位寄存器。通常可以用 LE 里面的标准触发器来实现移位寄存器，这种实现方式占用较多的 LE 和互连资源。M9K 存储器块提供了一种更高效的移位寄存器实现。假定移位寄存器输入数据位宽为 w，抽头长度为 m，抽头数目为 n，那么只要 $w \times m \times n$ 小于 9216b，$w \times n$ 小于或等于 36b 就可以用嵌入式存储来实现移位寄存器。如果需要实现更大的移位寄存器，可以将多个 M9K 存储器块级联起来。M9K 存储器块支持 ROM 模式，ROM 模式可以看作保留读操作，去掉写操作的单端口模式。MIF 文件在 ROM 模式下用来初始化存储器。Cyclone IV 器件的 M9K 存储器块支持单时钟或双时钟 FIFO 模式，双时钟 FIFO 模式对于多时钟域的数据交互至关重要。FIFO 模式下不能同时读写一个空的 FIFO 缓存。在 Quartus II 中可以设置 FIFO 的选项。

在 Cyclone IV 器件中的嵌入式存储器可以通过多种连线与可编程资源实现连接，这大大增强了 FPGA 的性能，扩大了 FPGA 的应用范围。

3. 嵌入式硬件乘法器

在 Cyclone IV 系列器件中含有大量的嵌入式乘法器（Embedded Multiplier），这种硬件乘法器的存在可以大大提高 FPGA 在处理 DSP（数字信号处理）任务时的能力，提高 DSP

系统的性能,降低 DSP 系统的成本,降低 DSP 系统的功耗。单独的或者作为协处理器的 Cyclone IV 器件可用于改进 DSP 系统的性价比,特别是需要大量并行处理的应用,例如视频和图像处理、中频调制解调器等。

Cyclone IV 系列器件的嵌入式乘法器的位置可以参见图 2-27,由图 2-27 可见,整列嵌入式乘法器在布局上居于逻辑阵列块 LAB 中,这样嵌入式乘法器可以很便捷地与能实现各种逻辑功能的 LAB 结合以构成更复杂的功能。例如,用 LAB 中的 LE 资源实现加法器或者累加器,结合嵌入式硬件乘法器可灵活地构成适合 DSP 算法的乘加单元。不同型号的器件包括的嵌入式乘法器个数列在表 2-2 中,单个嵌入式乘法器可配置为两个 9×9 乘法器或者一个 18×18 乘法器,多个嵌入式乘法器级联起来可形成大于 18×18 的乘法器。输入位宽小于 9b 都可配置为 9×9 乘法器,$10\sim18$b 都可配置为 18×18 乘法器。乘法器的输入、输出位宽可在 Quartus II 软件中设置,位宽越大,乘法速度越慢。默认输出位宽是全精度输出,可将其重新设置为任意位宽。内置的嵌入式硬件乘法器是实现乘法器的一种方式,除此之外,还可以用 M9K 存储器块,或者逻辑单元 LE 来搭建"软"乘法器。所以,Cyclone IV 器件能实现的乘法器数量大于嵌入式硬件乘法器数量。

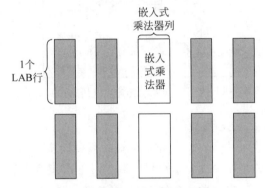

图 2-27 嵌入式乘法器的布局

嵌入式乘法器的结构显示在图 2-28 中,显然其结构可以分成三级。第一级是输入级,包括输入信号、输入寄存器,以及 2 选 1 选择器。第二级是乘法器,执行 2 输入的乘法。第三级是输出级,包括输出信号、输出寄存器,以及 2 选 1 选择器。输入信号和输入寄存器通过 2 选 1 选择器连到乘法器的输入,且两个 2 选 1 选择器相互独立,于是乘法器的输入可以是两个输入信号和输入寄存器的任意组合。例如,DataA 信号可以通过寄存器连到乘法器的一个输入,DataB 信号直接连到乘法器的另一个输入。作为寄存器,嵌入式乘法器的输入、输出寄存器具有时钟、时钟使能和异步清零控制信号。单个嵌入式乘法器里所有的输入、输出寄存器共用同一时钟、时钟使能和异步清零控制信号。乘法器级可有多种数据位宽配置,如 9×9、18×18 等。取决于位宽配置,一个嵌入式乘法器可并行执行 1 次或 2 次乘法。乘法器的输入数据类型可以是有符号数或者无符号数,signa 和 signb 信号决定输入类型是有符号数还是无符号数。如果 signa(signb)为高电平,那么 DataA(DataB)操作数是有符号数;如果 signa(signb)为低电平,那么 DataA(DataB)操作数是无符号数。signa 和 signb 分别确定了 DataA 和 DataB 的类型,输出的数据类型由两个输入的类型确定。当且仅当 DataA 和 DataB 都为无符号数时,乘法器的输出类型为无符号数;只要任意一个输入为有符号数,那么输出类型就为有符号数。注意每个嵌入式乘法器只有唯一的 signa 和 signb 信号,如果乘法器被配置为两个 9×9 乘法器,那么这两个乘法器的 DataA 共享 signa 信号,DataB 共享 signb 信号。不过 signa 和 signb 支持实时动态地改变输入操作数的类型,这个特性有益于扩展乘法器的应用。signa 和 signb 悬空的情况下,默认乘法器的输入为无符号数。乘法器的输出是全精度的,跟输入数据类型无关。乘法器的输出连接到第三级,也就是输出级,可以选择是寄存的还是非寄存的。输出级在 9×9 配置下,输出寄存器为 18b, 18×18 配置下,输出寄存器为 36b。

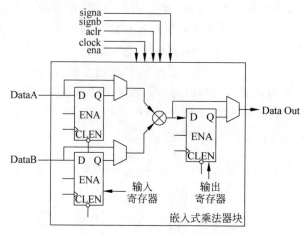

图 2-28　嵌入式乘法器的结构

4. I/O 单元和嵌入式 PLL 模块

在数字逻辑电路的设计中,时钟、复位信号往往需要同步作用于系统中的每个时序逻辑单元,因此在 Cyclone IV 器件中设置了全局控制信号。由于系统的时钟延时会严重影响系统的性能,故在 Cyclone IV 中设置了多达 30 个复杂的全局时钟网络,如图 2-29 所示,以减少时钟信号的传输延迟。另外,在 Cyclone IV 器件(包括 Cyclone IV GX 和 Cyclone IV E)中还含有 2~8 个独立的嵌入式锁相环(PLL),可以用来调整时钟信号的波形、频率和相位。每个 PLL 可以至多输出 5 个不同波形、频率和相位的时钟信号。

Cyclone IV 的 I/O 支持多种 I/O 接口,符合多种 I/O 标准,可以支持差分的 I/O 标准: 如 LVDS(低压差分串行)、BLVDS、mini-LVDS、RSDS(去抖动差分信号)、SSTL、HSTL、 PPDS、差分 LVPECL,当然也支持普通单端的 I/O 标准,如 LVTTL、LVCMOS、PCI 和 PCI-X I/O 等,通过这些常用的端口与板上的其他芯片沟通。

Cyclone IV E 器件还可以支持多个通道的 LVDS 和 RSDS。Cyclone IV E 器件内的 LVDS 缓冲器可以支持最高达 875Mb/s 的数据传输速度。与单端的 I/O 标准相比,这些内置于 Cyclone IV E 器件内部的 LVDS 缓冲器保持了信号的完整性,并具有更低的电磁干扰、更好的电磁兼容性(EMI)及更低的电源功耗。如图 2-30 所示为 Cyclone IV 器件内部的 LVDS 接口电路。

Cyclone IV 系列器件除了片上的嵌入式存储器资源外,可以外接多种外部存储器,比如 SRAM、NAND、SDRAM、DDR SDRAM、DDR2 SDRAM 等。

Cyclone IV 的电源支持采用内核电压和 I/O 电压(3.3V)分开供电的方式,I/O 电压取

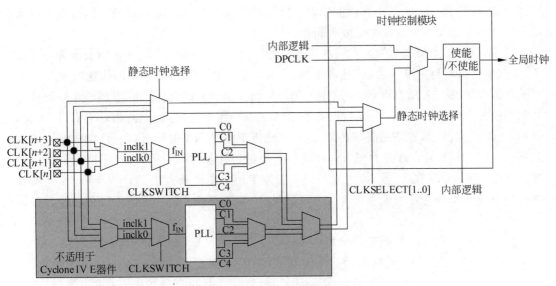

图 2-29　时钟网络的时钟控制

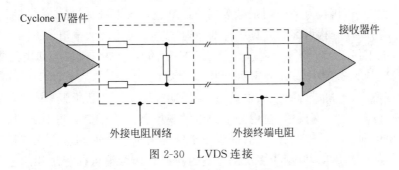

图 2-30　LVDS 连接

决于使用时需要的 I/O 标准,而内核电压使用 1.2V 供电,PLL 使用 2.5V 供电。

2.4　国产 FPGA 器件

FPGA 的无限可编程性,使其无可争议地成为电路设计最佳实践平台。目前,FPGA 大量应用在 5G 网络里,因为 5G 网络必须采用许多新的技术,如大规模 MIMO、云 RAN、新的基带和 RF 架构等,这些新的技术存在不确定性和较长的优化和迭代过程,而且市场上短期内没有形成统一的方案,在网络应用和运维通过较长时间达到最优之前,都需要 FPGA 方案解决。在电子产业智能化不断深入、人工智能逐渐成为很多应用端产品设计的技术路线的大背景下,FPGA 这种灵活而强大的产品在未来将拥有更广阔的市场空间。这也就是FPGA 越来越热门的原因。

在全球市场中,Xilinx 是 FPGA、可编程 SoC 的发明者,也是全球第一大 FPGA 供应商。FPGA 市场份额第二名是 Altera,Intel 于 2015 年 12 月 28 日完成对 Altera 的收购。Xilinx、Altera 两大公司对 FPGA 的技术与市场占据绝对垄断地位。两家公司占有将近90％市场份额,专利达六千余项之多,而且这种垄断仍在加强。同时,美国政府对我国的FPGA 产品与技术出口进行苛刻的审核和禁运,使得国家在航天、航空乃至国家安全领域都受到严重制约。因此,研发具有自主知识产权的 FPGA 技术与产品对打破美国企业和政府结合构成的垄断及维护国家利益意义深远。

危中有机,技术禁运也带来了国内厂商的发展机会。从信息、产业和国防安全等方面考虑,中国不仅需要自主 FPGA,而且需要将其快速国产化。AI、IoT、5G 的快速发展和商用将带来庞大的 FPGA 增量市场,而这也是国内厂商快速切入的时机。但是 FPGA 的硬件芯片需要最先进的制造封测工艺,其配套的 EDA 工具技术壁垒更高,因此相对于 CPU 来说,研发 FPGA 芯片技术壁垒更高,FPGA 的国产化更不乐观。不过已经有一些国内的厂商来从事这一行业,例如,京微齐力(北京)科技有限公司和复旦微电子等,也在一些细分市场上推出自己的 FPGA 产品。当前,在国家大力支持集成电路产业发展的环境下,对于尚不够强大的中国 FPGA 企业来说不失为黄金发展时机,如何把握机会快速做大做强将是对每一家企业的考验。

1. 京微齐力(北京)科技有限公司

京微齐力(北京)科技有限公司成立于 2017 年 6 月,其脱胎于 2005 年成立的京微雅格。公司注册在北京经济技术开发区,总部设于亦庄,在中关村设有研发中心;在上海、深圳有技术支持、市场销售团队。

京微齐力(北京)科技有限公司是除美国外最早进入自主研发、规模生产、批量销售通用 FPGA 芯片及新一代异构可编程计算芯片的企业之一。公司团队申请了近两百件专利和专有技术(含近五十件 PCT/美国专利),具备独立完整的自主知识产权。其产品将 FPGA 与 CPU、MCU、Memory、ASIC、AI 等多种异构单元集成在同一芯片上,实现了可编程、自重构、易扩展、广适用、多集成、高可靠、强算力、长周期等特点。产品所服务的市场将迅速超过几百亿,而随之衍生的终端模组、应用方案的市场规模将达数千亿。得益于混合架构,这类芯片硬件结构可通过软件来定义,产品能跟随市场的需求发展而相应变化。相比传统专用芯片平均 2 年的生命周期,应用于多个产业链的新型异构可编程计算芯片的生命周期可长达 10 年。公司技术与产品将涵盖可编程 FPGA 内核、异构计算与存储架构、芯片设计、软件开发、系统 IP 应用等相关技术领域。公司提供核心关键芯片和相关市场应用系统解决方案,基于先进的创新可编程技术,研发新一代面向人工智能/智能制造等应用领域的 AiPGA(AI in FPGA)芯片、异构计算 HPA(Heterogeneous Programmable Accelerator)芯片、嵌入式可编程 eFPGA(embedded FPGA)IP 核三大系列产品,产品市场将涵盖云端服务器、消费类智能终端以及国家通信/工业/医疗等核心基础设施。

京微齐力(北京)科技有限公司获得了“京微雅格”上百件 FPGA 专利和专有技术(含国际专利)的授权及二次开发权,在原“京微雅格”产品基础上推出了包括 HME-R(河)系列、HME-M(山)系、HME-H(大力神)系列和 HME-P(飞马)系列产品。代表产品为 HME-R(河)系列产品。“河”系列采用 40nm UMC 低功耗工艺,具有 768～3072 个 4 输入查找表(LUT);采用先进的逻辑结构,精确映射设计;具有 128 位 AES 配置文件密钥及用户自定义安全 ID;内嵌可配置存储器、PLL 及片上晶振;用户可配置 IO,最多可提供 80 对 LVDS;多种小封装可选,最小支持 1.5mm×1.5mm 封装。“河”系列逻辑容量约为 1～3KB,主要面向低功耗应用领域,如手持类或其他移动便携式终端与设备。该技术领域主要强调远程升级、动态配置和功耗管理等功能,满足 LTE 及未来的 5G 智能手机、平板电脑、可穿戴设备、便携式智能终端(Tablets)如 iPAD/eBook、销售服务 POS 终端、移动物联网终端、智能安防监控设备、个人医疗监控设备、太阳能光伏设备、生物识别与电子标签终端以及北斗产业相关的各类终端设备等。在未来消费类电子产品的竞争中,低功耗低成本 FPGA 将大有作为。

2. 复旦微电子

复旦微电子是 1998 年 7 月由复旦大学"专用集成电路与系统国家重点实验室"、上海商业投资公司和一批梦想创建中国最好的集成电路设计公司(芯片设计)的创业者联合发起创建的。从 20 世纪 90 年代至今,复旦微电子已开发了 6 代 FPGA 产品。复旦微电子从 1998 年开始,立足于自主创新,是目前国内少有的可以设计、生产超大规模亿门级 FPGA 产品的研发团队。目前已成功应用于通信、人工智能、大数据、工业控制等领域,解决了部分国家核心难题。

继推出全国首款 28nm 工艺亿门级 FPGA 系列产品后,同系产品再添新族,FMP100T8 型 FPGA 及相应的全过程自主研发的配套开发 EDA 软件——PROCISE。FMP 族产品将推出 6 款产品,FMP100T8 产品为该族中首位成员,采用 28nm CMOS 工艺制程,主要面向 5G 通信、视频图像处理、工业控制以及各类消费电子市场等的需求。FMP100T8 可为用户提供多达 133 200 个 LUT5 查找表,等效逻辑单元可达 106KB,集成了 320 个 DSP 资源,BRAM 容量可达 6.3Mb,支持 8 通道 6.6Gb/s 的高速 SerDes 接口,支持 72b 位宽 1066Mb/s 的 DDR3 接口,支持硬核 PCIe Gen2×4,集成 6 个时钟管理单元,可支持 300 个用户 I/O。FMP100T8 可支持安全性更高的位流加密,防止侧信道攻击和 Starbleed 漏洞,加密方式可选择 SM4 和 AES,为用户提供更加可靠的安全防护。新一代亿门级 FPGA 配套开发工具是国内首款超大规模全流程 EDA 软件,该软件是完全自主研发的设计工具 PROCISE,界面友好、简单易用、功能强大,可以为超大规模 FPGA 提供全流程的自动设计服务,并集成了大量的 IP 资源,以帮助用户快速实现应用方案的开发。众所周知,FPGA 在人工智能领域有着广泛的应用,复旦微电子将面向人工智能领域推出具有 AI 加速引擎的可重构智能计算平台,该平台将充分发挥软硬件的优势,为 AI 领域的创新者提供软硬件一体化开发平台,为 AI 产业的发展提供更为强劲的"发动机"。与此同时,复旦微电子也正在积极布局下一代人工智能和 5G 通信用 FPGA 芯片,开展新一代可编程逻辑器件架构、算法、编译器等相关工作,相信将很快推出适用于人工智能、5G 通信、工业互联网等新兴高科技产业的下一代 FPGA 产品。

3. 紫光同创

背靠紫光集团的深圳市紫光同创电子有限公司是一家专业从事可编程逻辑器件(FPGA、CPLD 等)研发与生产销售的公司,是紫光集团"芯云战略"中"芯"的重要组成之一,也是深圳市国微电子有限公司成立的全资子公司。紫光同创立足中国大陆,总部设立在深圳,拥有北京、上海、成都等研发中心;团队规模大、技术实力雄厚;拥有专利超过 300 项,核心专利占比超过 80%。紫光同创注册资本 4 亿元,总投资超过 40 亿元,是国家高新技术企业,拥有高中低端全系列产品,产品覆盖通信、工业控制、视频监控、消费电子、数据中心等应用领域。紫光同创致力于为客户提供完善的、具有自主知识产权的可编程逻辑器件平台和系统解决方案。

紫光同创的主要 FPGA 产品有 Titan 系列、Logos 系列和 Compact 系列。Titan 系列和 Logos 系列属于 FPGA 产品,Compact 系列属于超低功耗的 CPLD 产品。紫光同创的代表产品为 PGT180H 可编程逻辑器件。PGT180H 属于 Titan 系列高性能 FPGA 中的产品，它采用了完全自主知识产权的体系结构和主流的 40nm 工艺；其包含创新的可配置逻辑单元(CLM)、专用的 18Kb 存储单元(DRM)、算术处理单元(APM)、高速串行接口模块(HSST)、速率为 5.0Gb/s 的 SERDES、多功能高性能 I/O 以及丰富的片上时钟资源等模块。CLM(Configurable Logic Module，可配置逻辑模块)是 PGT180H 的基本逻辑单元，它主要由多功能 LUT5、寄存器以及扩展功能选择器等组成。每个 PGT180H 器件包括 36 254 个 CLM，每个 CLM 包含 4 个多功能 LUT5 和 6 个寄存器，每个多功能 LUT5 等效为 1.2 个 LUT4，所以等效 LUT4 数量为 174 019，大致对标 Cyclone IV 系列器件的高端型号。PGT180H 目前已经量产，因其广泛适用于通信、视频、工业控制等多个应用领域，所以在通信、安全等中高密度市场逐步打开局面。Logos 系列 FPGA 采用 40nm CMOS 工艺和全新 LUT5 结构，集成 RAM、DSP、ADC、SERDES、DDR3 等丰富的片上资源和 I/O 接口，具备低功耗、低成本和丰富的功能，为客户提供高性价比的解决方案，适用于消费类领域，是客户大批量、成本敏感型项目的理想选择。在通信领域，华为等通信设备厂商是紫光同创的目标客户，其 FPGA 产品可以覆盖华为的部分需求，目前已经有小批量的出货，发展前景良好。Compact 系列器件是采用 55nm 工艺制造的低成本、高密度 I/O 并具有非易失性的自主知识产权体系结构的 CPLD 产品，采用先进的封装技术，提供上电瞬间启动功能；其中，LUT4 容量涵盖 1300~9900；包括专用存储模块(DRM)、多样的片上时钟资源、多功能的 I/O 资源、丰富的布线资源，并集成了 SPI、I^2C 和定时器/计数器等硬核。Compact 系列 CPLD 还支持多种配置模式，支持远程升级和双启动功能，同时提供 UID(Unique Identification)等功能以保护用户的设计安全。Compact 系列 CPLD 产品满足低功耗、低成本、小尺寸的设计要求，适用于系统配置、接口扩展和桥接、板级电源管理、上电时序管理、传感器融合等应用需求，广泛应用于通信、消费电子、无人机、工业控制等领域。紫光同创的可编程逻辑器件以 Pango Design Suite 作为设计的 EDA 工具。Pango Design Suite 是紫光同创基于多年 FPGA 开发软件技术攻关与工程实践经验而研发的一款拥有国产自主知识产权的大规模 FPGA 开发软件，可以支持千万门级 FPGA 器件的设计开发。该软件支持工业界标准的开发流程，可实现从 RTL 综合到配置数据流生成下载的全套操作。

4. 高云半导体

广东高云半导体科技股份有限公司是一家专业从事国产现场可编程逻辑器件(FPGA)研发与产业化为核心，旨在推出具有核心自主知识产权的民族品牌 FPGA 芯片，提供集设计软件、IP 核、参照设计、开发板、定制服务等一体化完整解决方案的高科技企业。通过最新工艺的选择和设计优化，可以取得跟现有市场国际巨头同类产品速度相当或更快，但功耗却大大降低的优越产品。大批量替换国际 FPGA 主流芯片，将真正使我国在中高密度 FPGA 应用中摆脱国际高端芯片进口限制，在部分 4G/5G 通信网络建设、数据中心安全、工业控制等应用中有自己的中国芯。目前，高云半导体的研发团队有一百余人，在硅谷、上海、济南建立了研发中心。公司的技术骨干均有国际著名 FPGA 公司 15 年以上的工作经验，参与了数代 FPGA 芯片的硬件开发、相关 EDA 软件开发、软硬件的测试流程，积累了丰富的技术和管理经验。团队磨合迅速，于 2015 年一季度量产出国内第一块产业化的 55nm 工艺 400 万门的中密度 FPGA 芯片，并开放开发软件下载。2016 年第一季度，又顺利推出国内首颗 55nm 嵌入式 Flash SRAM 的非易失性 FPGA 芯片。高云半导体 FPGA 配套的开发软件为高云云源软件。

高云半导体公司代表产品分为小蜜蜂家族系列和晨熙家族系列。小蜜蜂家族包括GW1N、GW1NR、GW1NS、GW1NZ、GW1NSR、GW1NSE、GW1NSER 子系列。GW1N 系列是高云半导体小蜜蜂(LittleBee)家族第一代产品,具有较丰富的逻辑资源,支持多种 I/O电平标准,内嵌块状静态随机存储器、数字信号处理模块、锁相环资源,内嵌 Flash 资源,是一款具有非易失性的 FPGA 产品,具有低功耗、瞬时启动、低成本、高安全性、产品尺寸小、封装类型丰富、使用方便灵活等特点。GW1NR 系列产品是一款系统级封装芯片,在GW1N 基础上集成了丰富容量的 SDRAM 存储芯片。GW1NS 系列包括 SoC 产品(封装前带"C"的器件)和非 SoC 产品(封装前不带"C"的器件)。SoC 产品内嵌 ARM Cortex-M3 硬核处理器,而非 SoC 产品内部没有 ARM Cortex-M3 硬核处理器。此外,GW1NS 系列产品内嵌 USB 2.0 PHY、用户闪存以及 ADC 转换器,以 ARM Cortex-M3 硬核处理器为核心,具备了实现系统功能所需要的最小内存;内嵌的逻辑模块单元方便灵活,可实现多种外设控制功能,能提供出色的计算功能和异常系统响应中断。GW1NS 系列 SoC 产品实现了可编程逻辑器件和嵌入式处理器的无缝连接,兼容多种外围器件标准,可大幅降低用户成本,可广泛应用于工业控制、通信、物联网、伺服驱动、消费等多个领域。GW1NZ 系列产品可广泛应用于通信、工业控制、消费类、视频监控等领域。GW1NSR 系列产品内部集成了GW1NS 系列可编辑逻辑器件和 PSRAM 存储芯片,包括 GW1NSR-2C 器件和 GW1NSR-2器件,其中,GW1NSR-2C 器件内嵌 ARM Cortex-M3 硬核处理器。GW1NSE 安全芯片产品提供嵌入式安全元件,支持基于 PUF 技术的信任根。每个设备在出厂时都配有一个永远不会暴露在设备外部的唯一密钥。高安全性使得 GW1NSE 适用于各种消费和工业物联网、边缘和服务器管理应用。GW1NSER 系列安全芯片产品与 GW1NSR 系列产品具有相同的硬件组成单元,唯一的区别是在制造过程中,在 GW1NSER 系列安全芯片产品内部非易失性 User Flash 中提前存储了一次性编程(OTP)认证码。具有该认证码的器件可用于实现加密、解密、密钥/公钥生成、安全通信等应用。GW1NRF 系列蓝牙 FPGA 产品是一款系统级封装芯片,是一款 SoC 芯片。器件以 32 位硬核微处理器为核心,支持蓝牙 5.0 低功耗射频功能,具有丰富的逻辑单元、内嵌 B-SRAM 和 DSP 资源,I/O 资源丰富,系统内部有电源管理模块和安全加密模块。晨熙家族包括 GW2A、GW2AR、GW2AN、GW2ANR 子系列。GW2A 系列 FPGA 产品是高云半导体晨熙家族第一代产品,内部资源丰富,具有高性能的 DSP 资源,高速 LVDS 接口以及丰富的 B-SRAM 存储器资源,这些内嵌的资源搭配精简的 FPGA 架构以及 55nm 工艺使 GW2A 系列 FPGA 产品适用于高速低成本的应用场合。GW2AR 系列产品在 GW2A 系列基础上集成了丰富容量的 SDRAM 存储芯片。GW2AN 系列产品是高云半导体晨熙家族第一代具有非易失性的 FPGA 产品,在 GW2A系列基础上集成了 NOR Flash 资源。GW2ANR 系列产品是一款系统级封装、具有非易失性的 FPGA 产品,在 GW2A 系列基础上集成了丰富容量的 SDRAM 及 NOR Flash 存储芯片。

5. 上海安路信息科技股份有限公司

上海安路信息科技股份有限公司(以下简称安路科技)成立于 2011 年,总部位于浦东新区张江科学城。安路科技专注于 FPGA 芯片设计领域,通过多年的技术积累,公司在FPGA 芯片设计技术、SoC 系统集成技术、FPGA 专用 EDA 软件技术、FPGA 芯片测试技术和 FPGA 应用解决方案等领域均有技术突破。公司创始人及核心团队由来自海外高级技术管理人才及资深集成电路和软件行业人员组成。公司拥有一支技术精湛、追逐创新的研发团队，研发人员毕业于国内外著名高校，截至 2020 年年底，公司研发及技术人员中 53.03％以上拥有硕士及以上学历。公司根植本土，面向世界，矢志改变行业格局，以成为中国国产 FPGA 芯片的产业创新者和国际市场 FPGA 芯片的重要竞争者为愿景。

自成立以来，公司密切跟踪行业发展趋势及下游需求变化，建立了完善的产品体系。根据产品的性能特点与目标市场的应用需求，公司的 FPGA 芯片产品目前形成了以 SALPHOENIX 高性能产品系列、SALEAGLE 高性价比产品系列和 SALELF 低功耗产品系列组成的产品矩阵。EG4 和 AL3 是安路科技推出的 SALEAGLE 系列产品，具有低功耗、低成本、高性能等特点。丰富的逻辑资源 LUT、DSP、BRAM、高速差分 I/O 等资源，强大的引脚兼容替换性能让 EG4 和 AL3 在工业控制、通信接入、显示驱动等领域可有效帮助用户提升性能、降低成本。EG4 采用了 55nm 工艺，相对采用 65nm 工艺的 AL3 具有更多的资源。SALELF 3 器件是安路科技的第三代 SALELF 系列低功耗产品，定位通信、工业控制和服务器市场，最多支持 336 个 I/O，满足客户板级 I/O 扩展应用需求。SALELF 3 器件采用先进的 55nm 低功耗工艺，优化功耗与性能，并可以通过低成本实现较高的性能。器件旨在用于大批量、成本敏感的应用，使系统设计师在降低成本的同时又能够满足不断增长的带宽要求。TangDynasty(TD)软件是安路科技自主开发的 FPGA 集成开发环境，支持工业界标准的设计输入，包含完整的电路优化流程以及丰富的分析与调试工具，并提供良好的第三方设计验证工具接口，为所有基于安路科技 FPGA 产品的应用设计提供有力支持。TD 软件一切从用户角度出发：界面简洁、行为智能、运行高效，内部核心算法引擎坚持自主研发，为安路 FPGA 结构量身打造，创新的软件算法有效支持 SAL ELF、SAL EAGLE、SAL PHOENIX 等系列各个规模的器件，可扩充的软件架构快速支持包括单芯片、SIP、SoC 在内的多品种产品类型，结构化的软件开发平台支持对硬件新结构的准确模拟和快速评估；用户设计 IP 保护和位流加密保护，外部交互界面则以简洁可靠、操作便捷为基本设计原则，力争为所有用户提供最好的亲和度。

6. 易灵思

易灵思(深圳)科技有限公司成立于 2020 年 3 月，由顶尖的 FPGA 专家团队组成，在中国大陆、中国香港以及马来西亚都有技术团队，总部位于深圳市前海深港合作区。易灵思的核心团队成员均来自赛灵思、Altera 与 Microsemi 的技术专家与销售精英，具有二三十年行业经验。设在中国大陆、中国香港与马来西亚的团队都各自拥有独特而互补的能力优势。从架构与 IC 设计、工艺制程、封装与测试、成本/品质/交付管控，到 EDA 工具设计、IP 与应用方案设计，以及营销与技术支持，均为世界一流的水平。

易灵思是国内第一家量产 16nm 工艺 FPGA 的公司，拥有革命性的 Quantum 专利技术。Quantum 架构绝对是可编程技术领域的佼佼者，使芯片的功耗、性能与面积(尺寸)达到最优的效果，适合为计算密集型的应用，如计算加速、机器学习与深度学习等，量身定制最灵活的可编程技术。Quantum 技术的基本构件是"随变单元"(XLR)，可作为查找表结构的逻辑单元，也可以成为具备灵活布线架构的路由矩阵。XLR 单元具有细颗粒架构、无接口开销、可配置的路由和逻辑、自适应互连、混合布局和路由算法、所有 CMOS 传输门、通用硅工艺等优点。基于自主开发的 Quantum 架构，采用中芯国际 SMIC 40nm 工艺制造的

Trion FPGA 产品已经全线量产,其低功耗、高密度及小封装的优势,受到多家国内外知名公司的好评。第一代 Trion FPGA 覆盖 4~120KB 逻辑资源,内嵌丰富的 IP 和接口逻辑,如片内振荡器、MIPI、DDR、LVDS 等,可广泛应用于工业、消费、医疗、汽车、通信、新兴物联网、数据加速、深度学习、神经网络等领域。与传统架构对比,第一代 Quantum 架构面积缩小 2~4 倍、功耗降低 2 倍、可扩展到一百多万个逻辑单元(LE)、可配置的宽数据总线、可配置的流水线型数据路径、不受硅工艺制程的影响。在 Quantum 架构和 Trion FPGA 成功的基础上,第二代产品系列 Trion Titanium FPGA 采用 16nm 工艺以及重新设计的 Quantum 计算架构。第二代 Quantum 计算架构继续蜕变,在强化了随变单元(XLR)的计算与路由功能之外,Quantum 计算架构更配有 10KB 的嵌入式 RAM 模块和算力更强的 DSP 模块。与第一代相比,第二代 Quantum 计算架构时钟频率提高了 3 倍,效率提高了 2 倍,具有更小的芯片尺寸、更低的功耗。第二代 Trion Titanium FPGA 系列也已上市。配套 EDA 开发软件为 Efinity IDE,Efinity IDE 提供完整的"RTL 至比特流"的设计流程。凭借简单易用的 GUI 界面和命令行脚本支持,Efinity IDE 提供了构建 Trion FPGA 设计所需要的工具。

7. 西安智多晶微电子有限公司

西安智多晶微电子有限公司(以下简称智多晶公司)成立于 2012 年,总部位于西安,在北京设立了 EDA 软件研究中心。创始团队拥有三十多年丰富的 FPGA 设计制造经验,曾就职于海外该领域领先企业,并担任多个专业方向技术带头人。核心团队来自于国内各知名院校和优秀的 FPGA 研发团队,是国内目前集硬软件设计、生产、销售各能力的高科技企业。该公司专注可编程逻辑电路器件技术的研发,并为系统制造商提供高集成度、高性价比的可编程逻辑器件、可编程逻辑器件 IP 核、相关软件设计工具以及系统解决方案。赋能产业,"芯"系未来,是智多晶的奋斗愿景,团队致力于在 LED 驱动、视频监控、图像处理、工业控制、4G/5G 通信网络、数据中心等各行业应用充分发挥 FPGA 的方案优势,以市场和客户为导向,帮助合作伙伴提升其核心竞争力。

智多晶公司目前已实现 55nm、40nm 工艺中密度 FPGA 的量产,并针对性推出了内嵌 Flash、SDRAM 等集成化方案产品,截至 2018 年已批量发货两百万片。通过严谨科学的设计,360 度围绕客户的技术支持及服务,以及贯穿全流程的高标准测试管理,智多晶正在为更多的行业合作伙伴提供符合需求的高性价比 FPGA 整体解决方案。智多晶的芯片架构可以接受 ISE 和 Quartus II 的代码,使用自主研发的 FPGA 开发软件 HqFpga,完成综合、布局布线、时序分析、配置编程和片内逻辑分析。

智多晶公司主要的产品有 55nm 工艺的 Sealion 2000 系列 FPGA 和 28nm 工艺的 Seal 5000 系列 FPGA。Sealion 2000 系列器件提供 4~25k 的查找表逻辑单元,10~96 个嵌入式高速存储器单元,2 个锁相环(PLL)和 2 个延时锁相环(DLL),内置 0~32 个 18×18(0~64 个 9×9)可级联乘法器以及算术逻辑部件(ALU),可做两层叠加实现 DSP 处理的应用。除了常规的通用输入/输出端口(GPIO),该系列器件还提供支持 DDR、DDR2 的高速 I/O 端口,以及支持 800Mb/s 的低压差分信号传输接口 LVDS。Sealion 2000 系列性能能够与 Spartan-6/Cyclone-4 系列相匹配。Seal 5000 系列器件基于 28nm 工艺,提供 20~200k 的查找表逻辑单元;该系列同样采用正向设计,芯片软件设计流程和 ISE/Quartus II 类似,包括综合、约束、布局布线、下载编程等。智多晶的 Seal 5000 系列 FPGA 芯片,在性能上能够与 Virtex-7 系列的 FPGA 芯片对标。Seal 5000 系列 FPGA 为高性能逻辑设计人员、高性能 DSP 设计人员和高性能嵌入式系统设计人员提供了满足逻辑、DSP、软/硬微处理器和连接功能的需求的最佳解决方案。

2.5 可编程逻辑器件的测试技术

进入 21 世纪，集成电路技术飞速发展，CPLD、FPGA 和 ASIC 的规模越来越大，复杂程度也越来越高，特别在 FPGA 应用中，测试显得越来越重要。由于其本身技术的复杂性，测试也有多个部分：在"软"的方面，逻辑设计的正确性需要验证，这不仅在功能这一级上，对于具体的 FPGA 还要考虑种种内部或 I/O 上的时延特性；在"硬"的方面，首先在 PCB 板级需要测试引脚的连接问题，其次是 I/O 功能也需要专门的测试。

2.5.1 内部逻辑测试

对于 CPLD/FPGA 的内部逻辑测试是应用设计可靠性的重要保证。由于设计的复杂性，内部逻辑测试面临越来越多的问题。设计者通常不可能考虑周全，这就需要在设计时加入用于测试的专用逻辑，即进行可测性设计（Design For Test，DFT），在设计完成后用来测试关键逻辑。

在 ASIC 设计中的扫描寄存器是可测性设计的一种，原理是把 ASIC 中关键逻辑部分的普通寄存器用测试扫描寄存器来代替，在测试中可以动态地测试、分析、设计其中寄存器所处的状态，甚至对某个寄存器加激励信号，以改变该寄存器的状态。

有的 FPGA 厂商提供一种技术，在可编程逻辑器件中可动态载入某种逻辑功能模块，与 EDA 工具软件相配合提供一种嵌入式逻辑分析仪，以帮助测试工程师发现内部逻辑问题。Altera 的 SignalTap II 技术是典型代表之一。

在内部逻辑测试时，还会涉及测试的覆盖率问题，对于小型逻辑电路，逻辑测试的覆盖率可以很高，甚至达到 100%。可是对于一个复杂数字系统设计，内部逻辑覆盖率不可能达到 100%，这就必须寻求其他更有效的方法。

2.5.2 JTAG 边界扫描

随着微电子技术、微封装技术和印制电路板制造技术的发展，印制电路板变得越来越小，密度越来越大，复杂程度越来越高，层数不断增加。面对这样的发展趋势，如果仍然沿用传统的诸如外探针测试法和"针床"夹具测试法来测试焊接上的器件，不仅是困难的而且代价也会提高，很可能会把电路简化所节约的成本，被传统测试方法代价的提高而抵消掉。

20 世纪 80 年代，联合测试行动组（Joint Test Action Group，JTAG）开发了 IEEE 1149.1—1990 边界扫描测试技术规范。该规范提供了有效的测试引线间隔致密的电路板上集成电路芯片的能力。大多数 CPLD/FPGA 厂家的器件遵守 IEEE 规范，并为输入引脚和输出引脚以及专用配置引脚提供了边界扫描测试（Board Scan Test，BST）的能力。

设计人员使用 BST 规范测试引脚连接时，再也不必使用物理探针了，甚至可在器件正常工作时在系统捕获功能数据。器件的边界扫描单元能够从逻辑跟踪引脚信号，或是从引脚或器件核心逻辑信号中捕获数据。强行加入的测试数据串行地移入边界扫描单元，捕获的数据串行移出并在器件外部同预期的结果进行比较。图 2-31 说明了边界扫描测试法的概念。该方法提供了一个串行扫描路径,它能捕获器件核心逻辑的内容,或者测试遵守 IEEE 规范的器件之间的引脚连接情况。

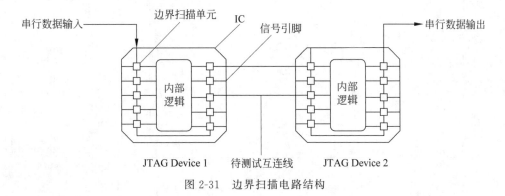

图 2-31 边界扫描电路结构

边界扫描测试标准 IEEE 1149.1 BST 的结构,即当器件工作在 JTAG BST 模式时,使用四个 I/O 引脚和一个可选引脚 TRST 作为 JTAG 引脚。四个 I/O 引脚是 TDI、TDO、TMS 和 TCK,表 2-4 概括了这些引脚的功能。

表 2-4 边界扫描 I/O 引脚功能

引脚	描 述	功 能
TDI	测试数据输入	测试指令和编程数据的串行输入引脚。数据在 TCK 的上升沿移入
TDO	测试数据输出	测试指令和编程数据的串行输出引脚,数据在 TCK 的下降沿移出。如果数据没有被移出,该引脚处于高阻态
TMS	测试模式选择	控制信号输入引脚,负责 TAP 控制器的转换。TMS 必须在 TCK 的上升沿到来之前稳定
TCK	测试时钟输入	时钟输入 BST 电路,一些操作发生在上升沿,而另一些发生在下降沿
TRST	测试复位输入	低电平有效,异步复位边界扫描电路(在 IEEE 规范中,该引脚可选)

JTAG BST 需要下列寄存器。

(1) 指令寄存器:用来决定是否进行测试或访问数据寄存器操作。

(2) 旁路寄存器:这个1位寄存器用来提供 TDI 和 TDO 的最小串行通道。

(3) 边界扫描寄存器:由器件引脚上的所有边界扫描单元构成。

JTAG 边界扫描测试由测试访问端口的控制器管理。TMS、TRST 和 TCK 引脚管理 TAP 控制器的操作;TDI 和 TDO 为数据寄存器提供串行通道,TDI 也为指令寄存器提供数据,然后为数据寄存器产生控制逻辑。边界扫描寄存器是一个大型串行移位寄存器,它使用 TDI 引脚作为输入,TDO 引脚作为输出。边界扫描寄存器由 3 位的周边单元组成,它们可以是 I/O 单元、专用输入(输入器件)或专用的配置引脚。设计者可用边界扫描寄存器来测试外部引脚的连接,或是在器件运行时捕获内部数据。图 2-32 表示测试数据沿着 JTAG 器件的周边做串行移位的情况,图 2-33 是 JTAG BST 系统内部结构。

BST 系统中还有其他一些寄存器,如器件 ID 寄存器、ISP/ICR 寄存器等。如图 2-34 所示为边界扫描与 FPGA 器件相关联的 I/O 引脚。3 位字宽的边界扫描单元在每个 IOE 中包括一套捕获寄存器和一组更新寄存器。捕获寄存器经过 OUTJ、OEJ 和 I/O 引脚信号同内部器件数据相联系,而更新寄存器经过三态数据输入、三态控制和 INJ 信号同外部数据连

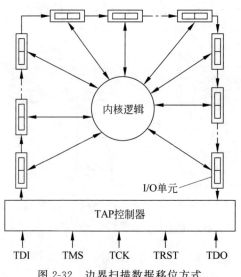

图 2-32　边界扫描数据移位方式

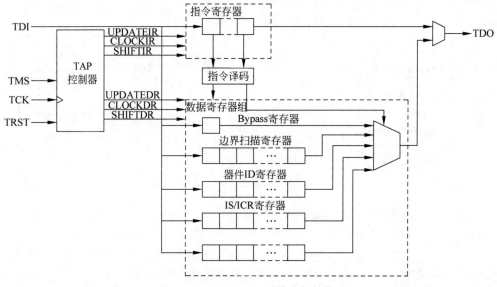

图 2-33　JTAG BST 系统内部结构

接。JTAG BST 寄存器的控制信号（即 SHIFF、CLOCK 和 UPDATE）由 TAP 控制器内部产生；边界扫描寄存器的数据信号路径是从串行数据输入 TDI 信号到串行数据输出 TDO，扫描寄存器的起点在器件的 TDI 引脚处，终点在 TDO 引脚处。

　　JTAG BST 操作控制器包括一个 TAP 控制器，这是一个 16 状态的状态机（详细情况参见 JTAG 规范），在 TCK 的上升沿时刻，TAP 控制器利用 TMS 引脚控制器件中的 JTAG 操作进行状态转换。在上电后，TAP 控制器处于复位状态时，BST 电路无效，器件已处于正常工作状态，这时指令寄存器也已完成了初始化。为了启动 JTAG 操作，设计者必须选择指令模式（图 2-35 是 BST 选择命令模式时序图）。方法是使 TAP 控制器向前移位到指令寄存器（SHIFT_IR）状态，然后由时钟控制 TDI 引脚上相应的指令码。

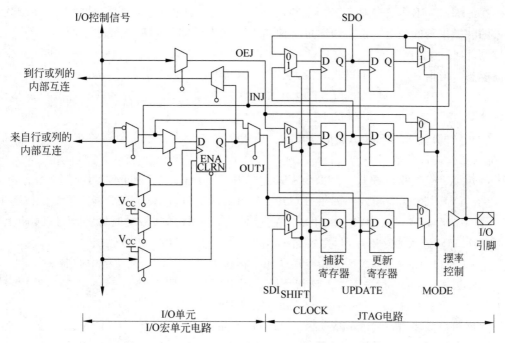

图 2-34　JTAG BST 系统与 FPGA 器件关联结构图

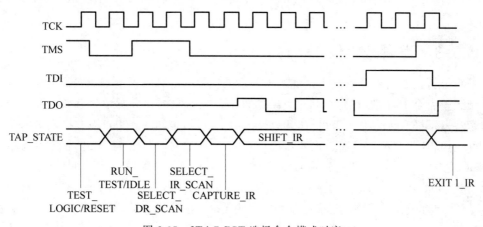

图 2-35　JTAG BST 选择命令模式时序

图 2-35 的波形图表示指令码向指令寄存器进入的过程。它给出了 TCK、TMS、TDI 和 TDO 的值，以及 TAP 控制器的状态。从 RESET 状态开始，TMS 受时钟作用，具有代码 01100，使 TAP 控制器运行前进到 SHIFT_IR 状态。

除了 SHIFT_IR 和 SHIFT_DR 状态之外，在所有状态中的 TDO 引脚都是高阻态，TDO 引脚在进入移位状态之后的第一个 TCK 下降沿时刻是有效的，而在离开移位状态之后的第一个 TCK 的下降沿时刻处于高阻态。当 SHIFT_IR 状态有效时，TDO 不再是高阻态，并且指令寄存器的初始化状态在 TCK 的下降沿时刻移出。只要 SHIFT_IR 状态保持有效，TDO 就会连续不断地向外移出指令寄存器的内容；而只要 TMS 维持在低电平，TAP 控制器就保持在 SHIFT_IR 状态。

在 SHIFT_IR 状态期间，指令码是在 TCK 的上升沿时刻通过 TDI 引脚上的移位数据送入的。操作码的最后一位必须通过时钟与下一状态 EXIT1_IR 有效处于同一时刻，由时钟控制 TMS 保持高电平时进入 EXIT1_IR 状态。一旦进入 EXIT1_IR 状态，TDO 又变成了高阻态。当指令码正确地进入之后，TAP 控制器继续向前运行，以多种命令模式工作，并以 SAMPLE/PRELOAD、EXTEST 或 BYPASS 三种模式之一进行测试数据的串行移位。TAP 控制器的命令模式包括以下几种。

（1）SAMPLE/PRELOAD 指令模式。该指令模式允许在不中断器件正常工作的情况下，捕获器件内部的数据。

（2）EXTEST 指令模式。该指令模式主要用于校验器件之间的外部引脚连线。

（3）BYPASS 指令模式。如果 SAMPLE/PRELOAD 或 EXTEST 指令码都未被选中，TAP 控制器会自动进入 BYPASS 模式，在这种状态下，数据信号受时钟控制在 TCK 上升沿时刻从 TDI 进入旁路寄存器，并在同一时钟的下降沿时刻从 TDO 输出。

（4）IDCODE 指令模式。该指令模式用来标识 IEEE Std 1149.1 链中的器件。

（5）USERCODE 指令模式。该指令模式用来标识在 IEEE Std 1149.1 链中的用户器件的用户电子标签（User Electronic Signature，UES）。

边界扫描描述语言（Boundary-Scan Description Language，BSDL）是 VHDL 的一个子集。设计人员可以利用 BSDL 来描述遵从 IEEE Std 1149.1 BST 的 JTAG 器件的测试属性，测试软件开发系统使用 BSDL 文件来生成测试文件，进行测试分析、失效分析，以及在系统编程等。

2.5.3　逻辑分析仪

逻辑分析仪是用于分析数字系统逻辑关系的仪器。这种仪器能够以极高的频率同时采样几十到上百个 I/O 端口的数据，对复杂的数字系统的测试和分析十分有效。逻辑分析仪不像示波器那样有许多电压等级，通常只显示两个电压（逻辑 1 和 0），因此设定了参考电压后，逻辑分析仪将被测信号通过比较器进行判定，高于参考电压者为 High，低于参考电压者为 Low，在 High 与 Low 之间形成数字波形。例如，一个待测信号使用 200Hz 采样率的逻辑分析仪，当参考电压设定为 1.5V 时，在测量时逻辑分析仪就会平均每 5ms 采取一个点，超过 1.5V 者为 High（逻辑 1），低于 1.5V 者为 Low（逻辑 0）。连串的逻辑 1 和 0 可连接成一个简单波形，工程师便可在此连续波形中找出异常、错误。逻辑分析仪可以拥有几十个通道到上百个通道，而示波器通常只有 2 个通道或 4 个通道，因此逻辑分析仪具备同时进行多通道测试的优势。图 2-36 是 Keysight 公司（前身是 Agilent 公司）出品的逻辑分析仪 16862A，其具有 68 个通道，全通道模式下最高采样频率可达 2.5GHz。

逻辑分析仪可用于 FPGA 开发过程中对 FPGA 时序、功能的测试，但随着 FPGA 容量的增大，FPGA 的设计日益复杂，设计调试成为一个很繁重的任务，为了使得设计尽快投入市场，设计人员需要一种简易有效的测试工具，以尽可能地缩短测试时间。传统的逻辑分析仪在测试复杂的 FPGA 设计时，将会面临以下几个问题。

（1）缺少空余 I/O 引脚。设计中器件的选择依据设计规模而定，通常所选器件的 I/O 引脚数目和设计的需求是恰好匹配的。

（2）I/O 引脚难以引出。设计者为减小电路板的面积，大都采用细间距工艺技术，在不

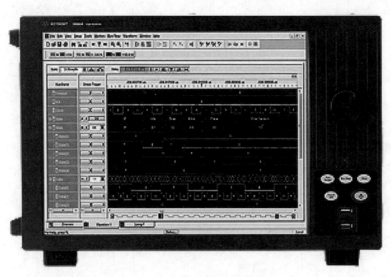

图 2-36 16862A 便携式逻辑分析仪

改变 PCB 板布线的情况下引出 I/O 引脚非常困难。

（3）传统的逻辑分析仪价格昂贵，将会加重设计方的经济负担。

伴随着 EDA 工具的快速发展，一种新的调试工具——嵌入式逻辑分析仪满足了 FPGA 开发中硬件调试的要求，它具有无干扰、便于升级、使用简单、价格低廉等特点。不难理解，FPGA 引脚上的信号状态可以通过 JTAG 口读出，对于某些系列的 FPGA，甚至内部逻辑单元的信号状态也可以通过 JTAG 进行读取。利用这个特性，结合在 FPGA 中的嵌入式 RAM 模块和少量的逻辑资源，可以在 FPGA 中实现一个简单的嵌入式逻辑分析仪，用来帮助设计者调试。某些 FPGA 厂商提供了相应的工具来帮助设计者实现这种逻辑分析，如 Altera 的 SignalTap II、Xilinx 的 ChipScope 等。本节将介绍 SignalTap II 逻辑分析仪的主要特点和使用流程。

SignalTap II 是内嵌逻辑分析仪，它把一段执行逻辑分析功能的代码和客户的设计组合在一起编译、布局布线。在调试时，SignalTap II 通过状态采样将客户设定的节点信息存储于 FPGA 内嵌的 Memory Block 中，再通过下载电缆传回计算机。

SignalTap II 嵌入式逻辑分析仪集成在 Quartus II 设计软件中，能够捕获和显示可编程单芯片系统（SOPC）设计中实时信号的状态，这样开发者就可以在整个设计过程中以系统级的速度观察硬件和软件的交互作用。它支持多达 1024 个通道，采样深度高达 128Kb，每个分析仪均有 10 级触发输入/输出，从而增加了采样的精度。SignalTap II 为设计者提供了业界领先的 SOPC 设计的实时可视性，能够大大减少验证过程中所花费的时间。

SignalTap II 将逻辑分析模块嵌入到 FPGA 中，如图 2-37 所示。逻辑分析模块对待测节点的数据进行捕获，数据通过 JTAG 接口从 FPGA 传送到 Quartus II 软件中显示。使用 SignalTap II 无需额外的逻辑分析设备，只需将一根 JTAG 接口的下载电缆连接到要调试的 FPGA 器件。SignalTap II 对 FPGA 的引脚和内部的连线信号进行捕获后，将数据存储在一定的 RAM 块中。因此，需要用于捕获的采样时钟信号和保存被测信号的一定点数的 RAM 块。

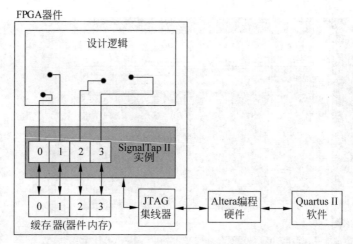

图 2-37　SignalTap II 原理框图

设计人员在完成设计并编译工程后，建立 SignalTap II（. stp）文件并加入工程，配置 STP 文件，编译并下载设计到 FPGA，在 Quartus II 软件中显示被测信号的波形，在测试完毕后将该逻辑分析仪从项目中删除。以下为设置 SignalTap II 文件的基本流程。

（1）设置采样时钟。采样时钟决定了显示信号波形的分辨率，它的频率要大于被测信号的最高频率，否则无法正确反映被测信号波形的变化。SignalTap II 在时钟上升沿将被测信号存储到缓存。

（2）设置被测信号。可以使用 Node Finder 中的 SignalTap II 滤波器查找所有预综合和布局布线后的 SignalTap II 节点，添加要观察的信号。逻辑分析器不可测试的信号包括逻辑单元的进位信号、PLL 的时钟输出、JTAG 引脚信号、LVDS（低压差分）信号。

（3）配置采样深度，确定 RAM 的大小。SignalTap II 所能显示的被测信号波形的时间长度为 T_x，计算公式如下。

$$T_x = N \times T_s$$

其中，N 为缓存中存储的采样点数，T_s 为采样时钟的周期。

（4）设置 buffer acquisition mode。buffer acquisition mode 包括循环采样存储、连续存储两种模式。循环采样存储也就是分段存储，将整个缓存分成多个片段（segment），每当触发条件满足时就捕获一段数据。该功能可以去掉无关的数据，使采样缓存的使用更加灵活。

（5）触发级别。SignalTap II 支持多触发级的触发方式，最多可支持 10 级触发。

（6）触发条件。可以设定复杂的触发条件用来捕获相应的数据，以协助调试设计。当触发条件满足时，在 SignalTap II 时钟的上升沿采样被测信号。

完成 STP 设置后，将 STP 文件同原有的设计下载到 FPGA 中，在 Quartus II 中 SignalTap II 窗口下查看逻辑分析仪捕获结果。SignalTap II 可将数据通过多余的 I/O 引脚输出，以供外设的逻辑分析器使用；或输出为 CSV、TBL、VCD、VWF 文件格式以供第三方仿真工具使用。

在设计中嵌入 SignalTap II 逻辑分析仪有两种方法：第一种方法是建立一个后缀为 . stp 的 SignalTap II 文件，然后定义 STP 文件的详细内容；第二种方法是用 MegaWizardPlug-In Manager 建立并配置 STP 文件，然后用 MegaWizard 实例化一个 HDL 输出模块。图 2-38 给出在设计中使用这两种方法建立的 SignalTap II 逻辑分析仪的过程。

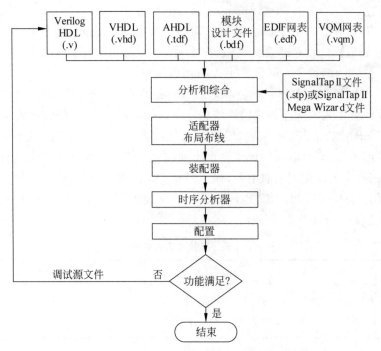

图 2-38　嵌入 SignalTap II 的 FPGA 设计和调试流程

基于 Quartus II 设置 SignalTap II 文件和采集信号数据的基本步骤如下。

(1) 建立新的 SignalTap II 文件。

(2) 向 SignalTap II 文件添加实例,并向每个实例添加节点。可以使用 Node Finder 中的 SignalTap II 滤波器查找所有预综合和布局布线后的 SignalTap II 节点。

(3) 分配一个采样时钟。

(4) 设置其他选项,例如,采样深度和触发级别等。

(5) 完全编译工程文件。

(6) 下载程序到 FPGA 中。

(7) 运行硬件并打开 SignalTap II 观察信号波形。

2.6　CPLD/FPGA 的编程与配置

在大规模可编程逻辑器件出现以前,人们在设计数字系统时,把器件焊接在电路板上是设计的最后一个步骤。当设计存在问题并得到解决后,设计者往往不得不重新设计印制电路板。设计周期被无谓地延长了,设计效率也很低。CPLD、FPGA 的出现改变了这一切。现在,人们在逻辑设计时可以在未设计具体电路时,就把 CPLD、FPGA 焊接在印制电路板上,然后在设计调试时可以一次又一次随心所欲地改变整个电路的硬件逻辑关系,而不必改变电路板的结构。这一切都有赖于 CPLD、FPGA 的在系统下载或重新配置功能。目前常见的大规模可编程逻辑器件的编程工艺有以下三种。

(1) 基于电可擦除存储单元的 EEPROM 或 Flash 技术。CPLD 一般使用此技术进行编程。CPLD 被编程后改变了电可擦除存储单元中的信息,掉电后可保存。某些 FPGA 也采用 Flash 工艺,如 Actel 的 ProASIC plus 系列 FPGA、Lattice 的 LatticeXP 系列 FPGA。

（2）基于 SRAM 查找表的编程单元。对该类器件,编程信息是保存在 SRAM 中的,SRAM 在掉电后编程信息立即丢失,在下次上电后,还需要重新载入编程信息。因此该类器件的编程一般称为配置。大部分 FPGA 采用该种编程工艺。

（3）基于一次性可编程反熔丝编程单元。Actel 的部分 FPGA 采用此种结构。

电可擦除编程工艺的优点是编程后信息不会因掉电而丢失,但编程次数有限,编程的速度不快。对于 SRAM 型 FPGA 来说,配置次数为无限,在加电时可随时更改逻辑但掉电后芯片中的信息即丢失,下载信息的保密性也不如前者。CPLD 编程和 FPGA 配置可以使用专用的编程设备,也可以使用下载电缆,如 Altera 的 ByteBlaster MV、ByteBlaster II 并行下载电缆、或使用 LJSB 接口的 USB-Blaster。下载电缆编程口与 Altera 器件的接口一般是 10 芯的接口,连接信号如表 2-5 所示。

表 2-5　各引脚信号名称

引脚	1	2	3	4	5	6	7	8	9	10
JTAG 模式	TCK	GND	TDO	V_{CC}	TMS	—	—	—	TDI	GND
PS 模式	DCK	GND	CONF_DONE	V_{CC}	nCONFIG	—	nSTATUS	—	DATA0	GND

2.6.1　CPLD 在系统可编程

在系统可编程(ISP)就是当系统上电并正常工作时,计算机通过系统中的 CPLD 拥有的 ISP 接口直接对其进行编程,器件在编程后立即进入正常工作状态。这种 CPLD 编程方式的出现,改变了传统的使用专用编程器编程方法的诸多不便。图 2-39 是 Altera CPLD 器件的 ISP 编程连接图,其中,ByteBlaster II 与计算机并口相连。

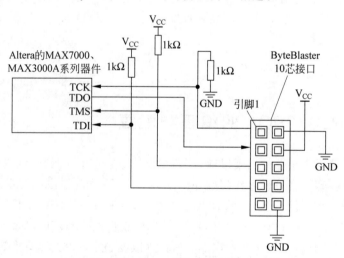

图 2-39　CPLD 编程下载连接图

必须指出,Altera 的 MAX7000、MAX3000A 系列 CPLD 是采用 IEEE 1149.1 JTAG 接口方式对器件进行在系统编程的,在图 2-39 中与 ByteBlaster II 的 10 芯接口相连的是

TCK、TDO、TMS 和 TDI 这四条 JTAG 信号线。JTAG 接口本来是用作边界扫描测试(BST)的,把它用作编程接口则可以省去专用的编程接口,减少系统的引出线。由于 JTAG 是工业标准的 IEEE 1149.1 边界扫描测试的访问接口,用作编程功能有利于各可编程逻辑器件编程接口的统一。据此,便产生了 IEEE 编程标准 IEEE 1532,以便对 JTAG 编程方式进行标准化。

在讨论 JTAG BST 时曾经提到,在系统板上的多个 JTAG 器件的 JTAG 口可以连接起来,形成一条 JTAG 链。同样,对于多个支持 JTAG 接口 ISP 编程的 CPLD 器件,也可以使用 JTAG 链进行编程,当然也可以进行测试。图 2-40 就用了 JTAG 对多个器件进行 ISP 在系统编程。JTAG 链使得对各个公司生产的不同 ISP 器件进行统一的编程成为可能。有的公司提供了相应的软件,如 Altera 的 Jam Player。可以对不同公司支持 JTAG 的 ISP 器件进行混合编程。有些早期的 ISP 器件,如 Lattice 的支持 JTAG ISP 的 ispLSI 1000EA 系列采用专用的 ISP 接口,也支持多器件下载。

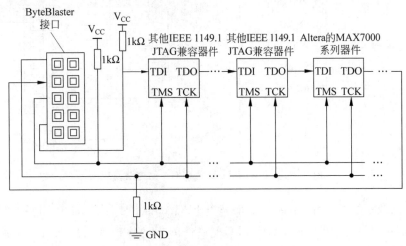

图 2-40 多 CPLD 芯片 ISP 编程连接方式

2.6.2 FPGA 配置方式

对于基于 SRAM LUT 结构的 FPGA 器件,由于是易失性器件,没有 ISP 的概念代之以 ICR(In-Circuit Reconfigurability),即在线可重配置方式。FPGA 特殊的结构使之需要在上电后必须进行一次配置。电路可重配置是指允许在器件已经配置好的情况下进行重新配置,以改变电路逻辑结构和功能。在利用 FPGA 进行设计时可以利用 FPGA 的 ICR 特性,通过连接 PC 的下载电缆快速地下载设计文件至 FPGA 进行硬件验证。Altera 的 SRAM LUT 结构的器件中,FPGA 可使用多种配置模式,这些模式通过 FPGA 上的模式选择引脚 MSEL(在 Cyclone III 上有四个 MSEL 信号)上设定的电平来决定:

(1) 配置器件模式,如用 EPC 器件进行配置。

(2) PS(Passive Serial,被动串行)模式:MSEL 都为 0。

(3) PPS(Passive Parallel Synchronous,被动并行同步)模式。

(4) PPA(Passive Parallel Asynchronous,被动并行异步)模式。

(5) PSA(Passive Serial Asynchronous,被动串行异步)模式。

（6）JTAG 模式：MSEL 都为 0。

（7）AS（Active Serial，主动串行）模式。

通常，在电路调试的时候，使用 JTAG 进行 FPGA 的配置，可以通过 PC 的打印机接口使用 ByteBlaster II，或使用 PC 的 USB 接口使用 USB-Blaster 进行 FPGA 配置，如图 2-41 所示，但要注意 MSEL 上电平的选择，要都设置为 0，才能用 JTAG 进行配置。

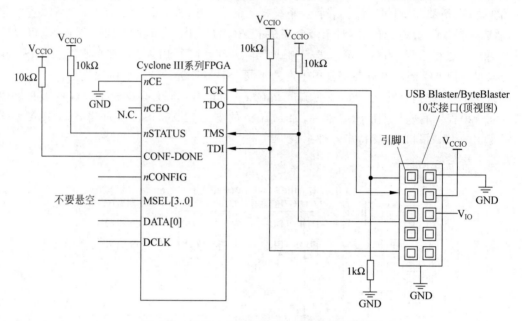

图 2-41　JTAG 在线配置 FPGA 的电路原理图

当设计的数字系统比较大，需要不止一个 FPGA 器件时，若为每个 FPGA 器件都设置一个下载口显然是不经济的。Altera FPGA 器件的 JTAG 模式同样支持多个器件进行配置。对于 PC 而言，除了在软件上要加以设置支持多器件外，再通过下载电缆即可对多个 FPGA 器件进行配置。

2.6.3　FPGA 专用配置器件

通过 PC 对 FPGA 进行 ICR 在系统重配置，虽然在调试时非常方便，但当数字系统设计完毕需要正式投入使用时，在应用现场（比如车间）不可能在 FPGA 每次加电后，用一台 PC 手动地去进行配置。上电后，自动加载配置对于 FPGA 应用来说是必需的。FPGA 上电自动配置，有许多解决方法，比如用 EPROM 配置、用专用配置器件配置、用单片机控制配置、用 CPLD 控制配置或用 Flash ROM 配置等。这里首先介绍使用专用配置芯片进行配置。专用配置器件通常是串行的 PROM 器件。大容量的 PROM 器件也提供并行接口，按可编程次数分为两类：一类是一次可编程（OTP）的，另一类是多次可编程的。EPC1441 和 EPC1 是 OTP 型串行 PROM。

对于配置器件，Altera 的 FPGA 允许多个配置器件配置单个 FPGA 器件，也允许多个配置器件配置多个 FPGA 器件，甚至同时配置不同系列的 FPGA。

在实际应用中，常常希望能随时更新其中的内容，但又不希望再把配置器件从电路板上取下来编程。Altera 的可重复编程配置器件,如 EPCS4、EPC2 就提供了在系统编程的能力。EPCS 系列配置器件本身的编程通过 AS 直接或 JTAG 口间接完成;EPC2 的编程由 JTAG 口完成;而 FPGA 的配置既可由 USB-Blaster、ByteBlaster II 来配置,也可用 EPC2/EPCS 来配置,这时 ByteBlaster 接口的任务是对 EPC2 进行 ISP 方式下载。

对于 EPC2、EPC1 配置器件,当配置数据大于单个配置器件的容量时,可以级联使用多个此类器件,当使用级联的配置器件来配置 FPGA 器件时,级联链中配置器件的位置决定了它的操作。当配置器件链中的第一个器件或主器件加电或复位时,nCS 置低电平,主器件控制配置过程。在配置期间,主器件为所有的 FPGA 器件以及后续的配置器件提供时钟脉冲。在多器件配置过程中,主配置器件也提供了第一个数据流。在主配置器件配置完毕后,它将 nCASC 置低,同时将第一个从配置器件的 nCS 引脚置低电平。这样就选中了该器件,并开始向其发送配置数据。

对于 Cyclone II/III/IV 系列 FPGA,也可以使用 EPCS 系列配置器件进行配置。EPCS 系列配置器件需要使用 AS 模式或 JTAG 间接编程模式来编程。图 2-42 是 EPCS 系列器件与 Cyclone III FPGA 构成的配置电路原理图。

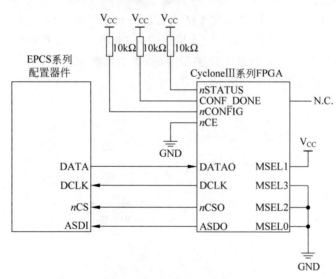

图 2-42　EPCS 器件配置 FPGA 的电路原理图

2.6.4　使用单片机配置 FPGA

在 FPGA 实际应用中,设计的保密和设计的可升级性是十分重要的。用单片机或 CPLD 器件来配置 FPGA 可以较好地解决上述两个问题。

PS 模式可利用 PC 通过 USB-Blaster 对 Altera 器件应用 ICR。这在 FPGA 的设计调试时是经常使用的。图 2-43 是 FPGA 的 PS 模式配置时序图,图中标出了 FPGA 器件的三种工作状态:配置状态、用户模式(正常工作状态)和初始化状态。配置状态是指 FPGA 正在配置的状态,用户 I/O 全部处于高阻态;用户模式是指 FPGA 器件已得到配置并处于正常工作状态,用户 I/O 在正常工作;初始化状态指配置已经完成,但 FPGA 器件内部资源如寄存器还未复位完成,逻辑电路还未进入正常状态。

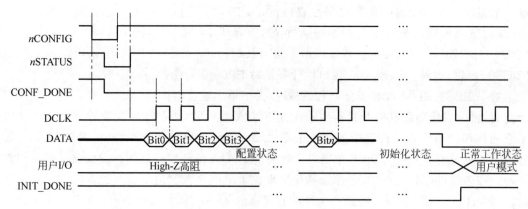

图 2-43　PS 模式的 FPGA 配置时序

对此，Altera 的基于 SRAM LUT 的 FPGA 提供了多种配置模式。除以上多次提及的 PS 模式可以用单片机配置外，PPS（被动并行同步）模式、PSA（被动串行异步）模式、PPA（被动并行异步）模式和 JTAG 模式都适用于单片机配置。

用单片机配置 FPGA 器件，关键在于产生合适的时序。图 2-44 就是一个典型的应用示例。图中的单片机采用常见的 89S52，配置模式选为 PS 模式。由于 89S52 的程序存储器是内建于芯片的 Flash ROM，还有很大的扩展余地，如果把图中的"其他功能模块"换成无线接收模块，可以实现系统的无线升级。

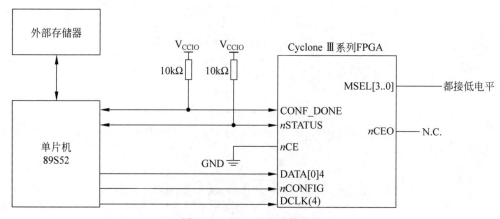

图 2-44　用 89S52 进行配置

利用单片机或 CPLD 对 FPGA 进行配置，除了可以取代昂贵的专用 OTP 配置 ROM 外，还有许多其他实际应用，如可对多家厂商的单片机进行仿真的仿真器设计、多功能虚拟仪器设计、多任务通信设备设计或 EDA 实验系统设计等。方法是在图 2-44 中的 ROM 内按不同地址放置多个针对不同功能要求设计好的 FPGA 的配置文件，然后由单片机接收不同的命令，以选择不同的地址控制，从而使所需要的配置文件下载于 FPGA 中。这就是"多任务电路结构重配置"技术，这种设计方式可以极大地提高电路系统的硬件功能灵活性。因为从表面上看，同一电路系统没有发生任何外在结构上的改变，但通过来自外部不同的命令信号，系统内部将对应的配置信息加载于系统中的 FPGA，电路系统的结构和功能将在瞬间发生巨大的改变，从而使单一电路系统具备许多不同电路的功能。

2.6.5 使用 CPLD 配置 FPGA

使用单片机进行配置的缺点有：①速度慢，不适用于大规模 FPGA 和高可靠的应用；②容量小，单片机引脚少，不适合接大的 ROM 以存储较大的配置文件；③体积大，成本和功耗都不利于相关的设计。因此，如果将 CPLD 直接取代单片机将是一个好的选择，原来单片机中的配置控制程序可以用状态机来取代。图 2-45 是一个用 CPLD 作为配置控制器件的 FPGA 配置电路，此电路能很好地解决单片机配置存在的问题。

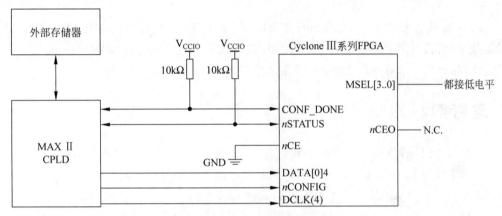

图 2-45　用 MAX II CPLD 进行配置

2.7 CPLD/FPGA 开发应用选择

FPGA 和 CPLD 器件在电路设计中应用已十分广泛，已成为电子系统设计的重要手段。FPGA 是一种高密度的可编程逻辑器件。其集成密度最高达 100 万门/片，系统性能可达 200MHz。CPLD 是由 GAL 发展起来的，其主体结构仍是与或阵列，具有 ISP 功能的 CPLD 器件由于具有同 FPGA 器件相似的集成度和易用性，在速度上还有一定的优势，使其在可编程逻辑器件技术的竞争中与 FPGA 并驾齐驱，成为两支领导可编程器件技术发展的力量之一。

虽然 CPLD 和 FPGA 同属于可编程 ASIC 器件，都具有用户现场可编程特性，都支持边界扫描技术，但由于 CPLD 和 FPGA 在结构上的不同，决定了 CPLD 和 FPGA 在性能上各有特点。

（1）集成度。FPGA 可以达到比 CPLD 更高的集成度，同时也具有更复杂的布线结构和逻辑实现。

（2）FPGA 更适合于触发器丰富的结构，而 CPLD 更适合于触发器有限而积项丰富的结构。

（3）CPLD 通过修改具有固定内连电路的逻辑功能来编程，FPGA 主要通过改变内部连线的布线来编程；FPGA 可在逻辑门下编程，而 CPLD 是在逻辑块下编程，在编程上 FPGA 比 CPLD 具有更大的灵活性。

（4）从功率消耗上看，CPLD 的缺点比较突出。一般情况下，CPLD 功耗要比 FPGA

大,且集成度越高越明显。

（5）从速度上看,CPLD 优于 FPGA。FPGA 是门级编程,且 CLB 之间采用分布式互连；而 CPLD 是逻辑块级编程,且其逻辑块互连是集总式的。因此,CPLD 比 FPGA 有较高的速度和较大的时间可预测性,产品可以给出引腿到引腿的最大延迟时间。

（6）从编程方式来看,目前的 CPLD 主要是基于 E^2 PROM 或 Flash 存储器编程,编程次数达 1 万次。其优点是在系统断电后,编程信息不丢失。FPGA 大部分是基于 SRAM 编程,其缺点是编程数据信息在系统断电时丢失,每次上电时,需从器件的外部存储器或计算机中将编程数据写入 SRAM 中。

（7）从使用方便性上看,CPLD 比 FPGA 要好。CPLD 的编程工艺采用 E^2 PROM 或 Flash 技术,无需外部存储器芯片,使用简单,保密性好。而基于 SRAM 编程的 FPGA,其编程信息需存放在外部存储器上,需外部存储器芯片,且使用方法复杂,保密性差。

思考题与习题

1. 简单 PLD 器件包括哪几种类型的器件？它们之间有什么相同点和不同点？
2. CPLD 与 FPGA 在结构上有何异同？编程配置方法有何不同？
3. Altera 公司 MAX7000 系列 CPLD 有什么特点？
4. MAX7128E 的结构主要由哪几部分组成？它们之间有什么联系？
5. Altera 公司的 Cyclone IV 器件主要由哪几部分组成？
6. 简述 PLD 的开发流程。
7. 与传统的测试技术相比,边界扫描技术有何特点？
8. 解释编程与配置这两个概念。

第 3 章

原理图输入设计方法

利用 EDA 工具进行原理图输入,设计者能够利用原有的电路知识迅速入门,完成较大规模的电路系统设计,而不必具备许多诸如编程技术、硬件语言等新知识。Quartus Prime 的图形编辑器为用户提供所见即所得的设计环境,提供了功能强大、直观便捷和操作灵活的原理图输入设计功能,同时还配备了适用于各种需要的元件库,更为重要的是,Quartus Prime 还提供了原理图输入的多层次设计功能,使用户能设计更大规模的电路系统。与传统的数字电路设计相比,Quartus Prime 提供的原理图输入设计功能具有显著的优势。

3.1 原理图设计方法

以原理图进行设计的主要内容在于元件的引入与线的连接。当设计系统比较复杂时,应采用自顶向下的设计方法,将整个电路划分为若干相对独立的模块来分别设计。当对系统很了解且对系统速率要求较高时,或设计大系统中对时间特性要求较高的部分时,可以采用原理图输入方法。这种输入方法效率较低,但对于初学者来说入门方便,容易实现仿真,便于直观地对电路进行调整。

3.1.1 内附逻辑函数

在安装 Quartus Prime 软件时已有数种常用的逻辑函数安装在目录内,这些逻辑函数被称为原语(Primitive)和符号(Symbol),也称为元件。在电路图编辑窗口中以元件引入的方式将需要的逻辑函数引入,各设计电路的信号输入引脚与信号输出引脚也需要以这种方式引入。有 megafunctions、others 和 primitives 3 个不同的目录分别放有不同种类的逻辑函数文件。

目录 megafunctions 下存放的是一些比较大的并可做参数设置的元件,使用中需要对其参数进行设置,在一些特殊的应用场合,可以调用该目录下的元件。目录 megafunctions 下还包括 IO、arithmetic、gates 和 storage 4 个子目录。

(1) IO 子目录下存放光纤通信接口(alt4gxb)、lvds 输入接口(altlvds_rx)、lvds 输出接口(altlvds_tx)等常用高速外设接口。

(2) arithmetic 子目录下存放整数加减乘除、开方等运算器,以及浮点数加减乘除、开方、倒数、对数、指数等运算器,如常用的整数的乘法器(lpm_mult)和除法器(lpm_divide)、浮点数的对数器(altfp_log)和倒数器(altfp_div)。

（3）gates 子目录下存放总线型的多位数据选择器（busmux）、三态门（lpm_bustri）等。

（4）storage 子目录下存放功能更多的 D 触发器（lpm_dff）、移位寄存器（lpm_shiftreg）等。

目录 megafunctions 下部分元件与 IP 目录下的核元件功能相同，名称上大小写不同，如移位寄存器，在 megafunctions→storage 子目录下有 lpm_shiftreg，而在 IP 目录下也有 LPM_SHIFTREG。在使用上，IP 目录下的核元件必须经过参数设定例化后才能使用，而 lpm_shiftreg 可以直接在原理图或 HDL 程序中调用，只要传递必要的参数即可。

目录 others 下存放的是数字电路中一些中规模器件库，包括常用的 74 系列逻辑器件等。将这些逻辑电路直接运用在逻辑电路图的设计上，可以简化许多设计工作。

目录 primitives 下存放的是数字电路中一些常用的基本元件库，primitives 下又包括 buffer、logic、other、pin 和 storage 5 个子目录。

（1）buffer 子目录下包含输入缓冲器（alt_in_buf）、输出缓冲器（alt_out_buf）、双向缓冲器（alt_inout_buf），以及三态门（tri）和连线（wire）。

（2）logic 子目录下有各种逻辑门电路，如与（and2）、或（or2）、非（not）、与非（nand2）、异或（xor）等，还有多输入端的门电路可选，如 4 输入的与非门（nand4）。

（3）other 子目录下包含高电平（vcc）、地（gnd）、标题（title）等元件或标识。

（4）pin 子目录下有双向（bidir）、输入（input）、输出（output）3 种端口。

（5）storage 子目录下包含各种触发器，如 D 触发器（dff）、JK 触发器（jkff）等。

3.1.2　编辑规则

在进行原理图设计时，经常需要对一些引脚、文件等进行编辑与命名，进行命名时必须按一定的规则进行。

1. 引脚（pin）名称

利用原理图进行设计时，经常需要用到输入/输出信号，就需要使用输入/输出引脚，此时必须对输入/输出引脚进行命名，命名时可采用英文字母 A～Z 或 a～z，阿拉伯数字 0～9，或是一些特殊符号如"/""_""—"等。例如，abc、d1、123_abc 等都可以命名。要注意英文字母的大小写代表的意义是相同的，也就是说，abc 与 ABC 所代表的是同样的引脚名称；还要注意名称所包括的英文字母长度不可以超过 32 个字符；另外，在同一个设计文件中不同的引脚名称不能重复。

2. 节点（node）名称

节点在图形编辑窗口中显示一条细线，它负责在不同的逻辑器件之间传送信号。也可以对节点进行命名，其命名规则与引脚名称相同，注意事项也相同。

3. 总线（bus）名称

总线在图形编辑窗口中显示一条粗线。一条总线代表很多节点的组合，可以同时传送多个信号。总线命名时，必须要在名称后面加上 $[m..n]$ 表示一条总线内所含有的节点编号，m 和 n 都必须是整数，但谁大谁小均可，并无原则性规定。

4. 文件名称

原理图的文件名可以用任何英文名，扩展名为".bdf"，文件名称小于或等于 32 个字符，扩展名并不包括在 32 个字符的限制之内。

5. 项目名称

一个项目(Project)包括所有从电路设计文件编译后产生的文件,这些文件是由 Quartus Prime 程序所产生的,有共同的文件名称,但其扩展名称各不相同,而项目名称必须与最高层的电路设计文件名称相同。

3.1.3　原理图编辑工具

下面介绍的是在原理图编辑时所用到的快捷工具按钮,熟悉这些工具的基本性能,可大幅提高设计时的速度。

(1) 选择工具:可以选取、移动、复制对象,为最基本且最常用的功能。

(2) 放大/缩小工具:可以放大/缩小所编辑的图形。

(3) 拖动工具:按住鼠标左键可以拖动整张原理图。

(4) 文字工具:可以输入或编辑文字,例如,在指定名称或批注时使用。

(5) 添加元件工具:可以添加 megafunctions、others 和 primitives 目录下的或者本工程中自定义的元件。

(6) 添加输入/输出端口工具:可以添加输入、输出、双向端口,单击下拉三角可以选择不同端口。

(7) 画 block 工具:用于框图设计。

(8) 画直角节点连线工具:可以画出一条直角细线。

(9) 画直角总线连线工具:可以画出一条直角粗线。

(10) 画直角导管连线工具:可以画出一条直角空心粗线。

(11) 画节点斜线工具:可以画出一条任意斜率的细斜线。

(12) 画总线斜线工具:可以画出一条任意斜率的粗斜线。

(13) 画导管斜线工具:可以画出一条任意斜率的空心粗斜线。

(14) 画矩形工具:可以画出一个任意大小的矩形。

(15) 画椭圆工具:可以画出一个任意大小的椭圆。

(16) 画直线工具:可以画出一条任意长短的斜线。

(17) 画弧线工具:可以画出一条任意长短的弧线。

(18) 部分连线选择功能:使用选择工具选择连线时,可以选择部分连线。

(19) 使用橡皮筋绑定功能:可以使连线如橡皮筋一样,此时移动同连线相接的模块,连线也会随着移动而不会断开。

(20) 镜像/旋转功能:可以使某个元件左右镜像、上下镜像,以及逆时钟旋转 90°。

3.1.4　原理图编辑流程

Quartus Prime 18 的原理图编辑流程如下。

1. 建立工程

任何一项设计都是一项工程(Project),都必须首先为此工程建立一个放置与此工程相关文件的文件夹,此文件夹被 EDA 软件默认为工作库(Work Library)。一般而言,不同的设计项目最好放在不同的文件夹中。一个设计项目可以包含多个设计文件,这些文件包括

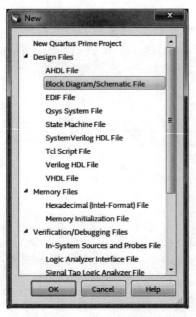

图 3-1　New 对话框

所有的层次设计文件和由设计者或 Quartus Prime 18 软件产生的副文件。必须注意文件夹名称不能用中文，且不可带空格。

2. 进入原理图设计系统

在主菜单上选择 File→New，或单击工具栏上的 ☐ 图标，或利用快捷键 Ctrl＋N，在弹出的 New 菜单中选择 Block Diagram/Schematic File 后单击 OK 按钮，如图 3-1 所示。这时将会出现一个 Block1.bdf 的无标题图形编辑窗口。

3. 输入元件

对于 Quartus Prime 18 软件而言，系统本身自带了不少元件，可以直接调用。调用方法如下。

（1）首先用鼠标左键选择工具栏上的 ⬠ 工具，或双击原理图空白处，将出现如图 3-2 所示的对话框。

（2）在对话框左上方的 Libaries 库中将出现 megafunctions、others 和 primitives 3 个目录，各目录下存放的主要元件已在 3.1.1 节中介绍。

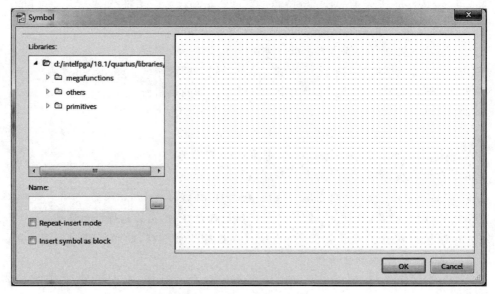

图 3-2　输入元件对话框

（3）选择要输入的元件，然后单击 OK 按钮确定。

若要输入的是 74 系列元件，则在 others→maxplus2 子目录下查找，也可以直接在 Name 文本框中输入型号名称，如要添加 4 位二进制计数器，在 Name 文本框中输入 74161，在对话框右侧元件图形框中将出现 74161 元件外形图（包含输入、输出引脚），单击 OK 按钮即可添加到原理图上。

对于参数可设置的元件，在原理图上添加该元件后，在元件的右上角会出现可重置的参数列表,双击某参数,在弹出的对话框中即可进行参数设置。

4. 元件的编辑

元件被放置到原理图中后,还需要调整它们的位置,使其布局合理。常采用以下方法进行调整。

(1) 移动:用鼠标左键选中待移动的元件后,出现一个蓝色选择框,然后将其拖到合适的位置松开即可。若要同时移动多个元件,则在空白处按住鼠标左键后画出一个矩形框,把要移动的元件置于其中,然后用鼠标拖动即可;也可以按住 Ctrl 键同时选中多个元件后移动,移动时要松开 Ctrl 键,否则在移动的同时会复制出被选中元件。

(2) 旋转:当元件的摆放方向不理想时,可以通过旋转对其进行调整。其方法是用鼠标左键选中该元件后,右击出现快捷菜单,选择 ⚊ 工具(水平镜像)、◀ 工具(上下镜像)、⬔ 工具(逆时针旋转 90°)进行调整,也可以在菜单 Edit 下进行同样的操作。

(3) 删除:选中要删除的元件后按 Delete 键即可,也可以在菜单操作方式下用 Edit→Delete 操作。如果要同时删除多个元件时,按上面讲的方法同时选中多个元件后按 Delete 键即可。

(4) 复制:当要放置多个相同的元件符号时,一般采用复制的方法。一种方法是选择菜单操作方式,用 Edit→Copy 进行复制,用 Edit→Paste 进行粘贴;另一种方法是选中要复制的元件后,按住 Ctrl 键再用鼠标进行拖动,这时元件边会出现一个小"＋"号;还可以通过右击弹出菜单来完成,或者利用快捷键 Ctrl＋C 复制、Ctrl＋V 粘贴。

5. 连线

放置好元件后,接下来就要实现对功能模块间逻辑信号的连接。有两种方法可以将元件的相应管脚连接起来,第 1 种方法是直接连接法,即通过导线将模块间对应的管脚直接连接起来。具体方法如下。

(1) 如果需要连接两个端口,将鼠标移到其中的一个端口,则鼠标变为"＋"形状。

(2) 一直按住鼠标的左键,将鼠标拖到待连接的另一个端口上。

(3) 放开左键,则一条连线画好了。

(4) 如果需要删除一根线,单击这根连线并按 Delete 键。

这种方法的优点是直观,但当模块比较多、管脚比较多时,会使原理图中连线繁杂,看起来很混乱。为了使图形文件连线明了简洁,就需要采用另一种方法,即标注连接法,在要连接的元件的管脚上做相同的标注,系统在编译时,会认为标注相同的地方在逻辑关系上是连接在一起的。

6. 命名

连线完成后,可以给引线端子和节点命名。

(1) 给引线端子命名:可以在引线端子的 PIN_NAME 处双击,然后输入名字。也可以在引线端子符号任意处右击,在弹出的快捷菜单中选择 Properties,然后输入名字,注意如果是总线型端子,则在名称后面要加上 $[m..n]$。

(2) 给节点命名:选中需命名的线,右击,在弹出的快捷菜单中选择 Properties,然后输入名字即可,同样地,总线型节点在名称后面需加上 $[m..n]$。

7. 总线

总线是一组相关的连线,总线的建立可以通过画线方式,只要在工具栏上选择 ⌐ 即可。

对 n 位宽的总线命名可以右击总线,在弹出的菜单中选择 Properties 并在弹出的对话框中进行命名,一般采用 $A[n-1..0]$ 形式,其中,单个信号用 $A_{n-1}, \cdots, A_2, A_1, A_0$ 形式,A_{n-1} 代表最高有效位,A_0 代表最低有效位。

8. 保存文件

选择 File→Save As 子菜单,或单击工具栏上的 🖫 图标,将出现"另存为"对话框,如图 3-3 所示,在"文件名"文本框内输入设计文件名,默认文件名为工程名,后缀名默认为 bdf,默认保存路径为当前工程文件夹,Add file to current project 复选框保持默认勾选状态,然后单击"保存"按钮即可保存文件。此时,保存文件的同时,也将该文件加入工程中,启动编译时会对加入工程的每个文件进行编译。

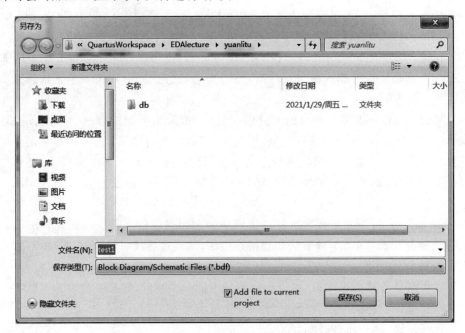

图 3-3 "另存为"对话框

9. 将当前设计文件设置成工程的顶层设计实体

设计文件既可以是原理图也可以是 HDL 程序,将当前设计文件设定为工程的顶层设计实体有以下两个途径。

(1) 选择 Project→Set as Top-Level Entity,即将当前设计文件设置为顶层设计实体,如图 3-4(a)所示。

(2) 如果设计文件未打开,可先将工程导航区切换为 Files,然后从文件列表中找到已加入该工程的设计文件,右击该文件,从弹出的快捷菜单中选择 Set as Top-Level Entity,如图 3-4(b)所示,设定之前要确保该设计文件已经加入本工程。顶层设计名称在工程建立之初与工程名同名,指定了新的顶层设计实体后,顶层设计名称将跟随顶层设计文件名变换。

10. 创建元件

创建元件是建立一个新符号来代表当前设计文件,在其他高层设计文件中可以像调用一般元件一样直接调用它,类似其他软件的子电路生成功能。创建前,要首先用 File→Create/Update→Create Symbol File for Current File 子菜单,检查设计是否有错误,若正确

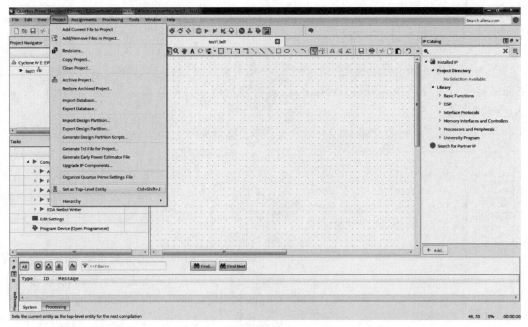

(a)

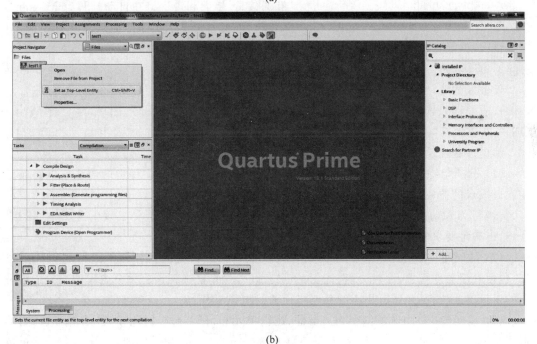

(b)

图 3-4　将当前设计文件设置成工程文件

无误,即可在当前工程路径文件夹中创建一个设计符号文件,扩展名为.bsf。创建完成后可以发现所设计的电路变成了一个具有输入和输出端口的元件,下次要用的时候直接调用就可以了。调用方法与添加元件相同,用鼠标左键选择工具栏上的 工具,或双击原理图空白处,弹出的对话框中左上方 Libaries 列表中不仅有 Quartus 自带的库元件,还有本工程中自建的元件。这样可以大大减轻设计者的工作量，缩短设计开发周期。

3.1.5　设计项目的处理

Quartus Prime 18 编译器是一个高速自动化的设计处理器，能完成对设计项目的编译。它能够将设计文件转换成器件编程、仿真、定时分析所需的输出文件，是 Quartus Prime 18 系统的核心。

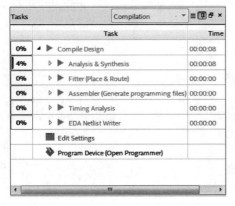

图 3-5　Quartus Prime 18 编译器窗口

1．项目编译

1）启动编译器

在 Quartus Prime 18 菜单中选择 Processing→Start Compilation 项或单击工具栏上的 ▶ 按钮，则在主界面左中区域的 Tasks 区中看到编译进度条，如图 3-5 所示。

Quartus Prime 18 编译器将检查项目是否有错误，并对项目进行逻辑综合，然后配置到一个 Altera 器件中，同时产生编译文件、报告文件和仿真输出文件等。在编译器编译项目过程中，所有的信息、错误和警告将在自动打开的 Messages 信息处理窗口中显示出来。如果发现有错误，双击该错误，就能直接在设计编辑区域找到该错误在设计文件中所处的位置。

2）编译器的编译过程

任务区的编译窗口中的五个进程模块分别是：Analysis & Synthesis（分析与综合）、Fitter（适配器）、Assembler（装配器）、Timing Analysis（时序分析）、EDA Netlist Writer（EDA 网表生成器）。

编译过程描述如下。

（1）分析与综合：分析主要是检查 HDL 程序和原理图设计文件中的语法或电路设计错误。综合的任务是根据设计者逻辑功能的描述及约束条件如速度、功耗、成本、器件类型等，将用行为和功能层次表达的电子系统转换为低层次的、便于具体实现的逻辑电路的组合，给出满足要求的最佳实现方案，生成网表文件。

（2）适配器：将由综合器产生的网表文件针对某一指定的目标器件进行逻辑映射操作，包括底层器件配置、逻辑分割、优化、布局布线等操作。适配器将每个逻辑功能分配给最佳的逻辑单元位置，并选定相应的互连路径和引脚分配。

（3）装配器：将由适配器得到的器件、逻辑单元和引脚分配转换为器件的编程镜像，其形式是目标器件的在系统编程文件 SRAM Object File（.sof）和固化配置文件 Programmer Object File（.pof）。

（4）时序分析：分析寄存器到寄存器、寄存器到输出端、输入端到寄存器等路径上的延时。经过布局布线后的时序逻辑电路，其最佳状态应使各触发器的时钟信号上升沿到来之前和到来之后的一小段时间内，数据保持稳定不变，特别是总线上的各条路径。时序分析报告将给出布局布线后逻辑电路中各信号的延时情况及警告，用以给设计人员评估若有延时过大的路径是否会带来致命性的功能故障。

（5）EDA 网表生成器：生成与其他 EDA 工具配合使用的网表文件和其他输出文件，如用于功能或时序仿真的 VHDL Output 文件（. vho）和 Verilog Output 文件（. vo），以及使用 EDA 仿真工具进行时序仿真时所需的 Standard Delay Format Output 文件（. sdo）。

3）选择器件

在新建工程时即可指定目标器件，在工程建立完成后，在开始编译前，还可以更改目标器件，其方法是：在主界面 Assignments 菜单内选择 Device 项，或者双击主界面左上方工程导航区中当前选定的目标器件，将出现 Device 对话框，如图 3-6 所示；然后选择一个器件系列；再选择某一器件或 AUTO 自动选择；最后单击 OK 按钮。

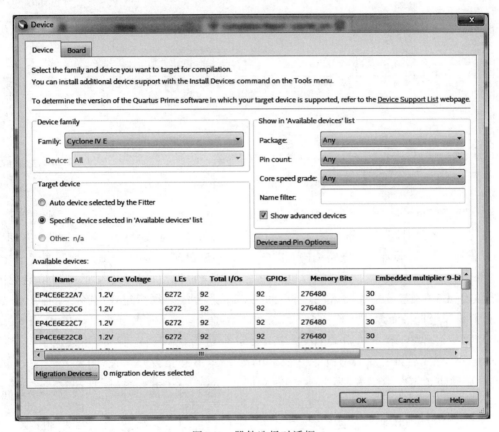

图 3-6　器件选择对话框

2. 引脚锁定

为了能对某设计进行硬件验证，应将顶层设计实体中的输入、输出、双向信号锁定在芯片确定的引脚上，并编译下载到 FPGA 上。在 Quartus Prime 18 已经打开某一工程并且完成第一次编译后，选择 Assignment→Pin Planner 子菜单，即可打开如图 3-7 所示的引脚锁定编辑窗口。

在 Pin Planner 窗口最下方的表格中即可完成引脚锁定的编辑。表中 Fitter Location 列已经显示锁定好的引脚，这只是在 Quartus Prime 对工程编译后自动对电路的输入、输出端给出引脚位置，并不是设计人员给出的引脚。双击表中 Location 栏对应的信号位置，手动输入对应的引脚，以"PIN_"开头并在其后跟引脚号，输入引脚号后按 Enter 键即可将一

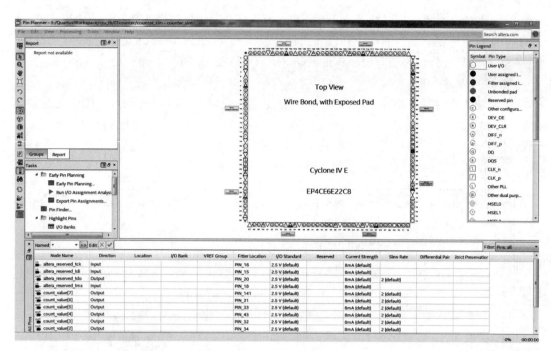

图 3-7 Pin Planner 编辑窗口

个端口的引脚锁定。注意,当输入所希望的引脚编号时,若发现其显示不出来,则说明此引脚不存在,或者此引脚只能作为输入口,不能作为输出口,再或者此引脚已被占用。带有 ARM 核的 FPGA,既有逻辑电路侧的 GPIO 引脚,也有处理器侧的 GPIO 引脚,两者不能混用。Pin Planner 即使接受此引脚名,也有可能在编译时报错,因为违反了引脚锁定规则。例如,一组 LVDS 差分总线输入端,同组的 LVDS 差分线必须指定在 FPGA 的同一 bank 内,否则编译会报错而无法生成 sof 下载文件。因此,建议开发人员在设计搭载 FPGA 的 PCB 电路板过程中,事先利用 Quartus Prime 软件进行引脚锁定实验,并完成编译,以免 PCB 板设计完成后再发现引脚锁定违反规则,导致 PCB 板报废。

只要引脚锁定发生变更,都必须重新编译后才能将引脚锁定信息编译进下载文件中。引脚数较少的 FPGA,其引脚号是纯数字,如图 3-7 所示的 Cyclone IV EP4CE6E22C8 型号芯片,共 144 个引脚,引脚号最大的是 PIN_144。而引脚数较多的 FPGA,尤以 BGA 封装的芯片,引脚号是字母加数字的组合,如 PIN_AB12 等。另外,在列表的 I/O Standard 列还可以设定引脚的电压标准,默认为 2.5V,最高 3.3V,最低 1.2V,如图 3-8(a) 所示。同时,还可以在 Current Strength

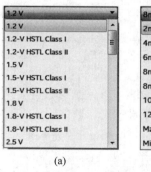
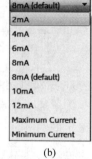

(a)　　　　(b)

图 3-8 引脚电压和电流编辑窗口

列设定引脚的输出电流大小,默认为 8mA,基本可以点亮各种颜色的普通 LED 指示灯。这里,可以根据引脚外接电路的实际需要调节电流大小,如图 3-8(b) 所示。

上面提到在编译过程中的时序分析会分析寄存器的数据走线和时钟走线上的延时,为了尽量减少时钟走线的延时,Quartus 提供了全局时钟走线的功能,即将设计中最主要使用的参考时钟设定为全局时钟,这样该时钟信号会通过 FPGA 片上的全局时钟网络走线,从而减少时钟线上延时,设定全局时钟的方法如下。

（1）首先,在如图 3-7 所示的 Pin Planner 窗口指定时钟的引脚。

（2）其次,单击 Assignments→Assignment Editor 子菜单,在 Assignment Editor 窗口列表中,将时钟的 Assignment Name 属性指定为 Auto Global Clock,如图 3-9 所示。

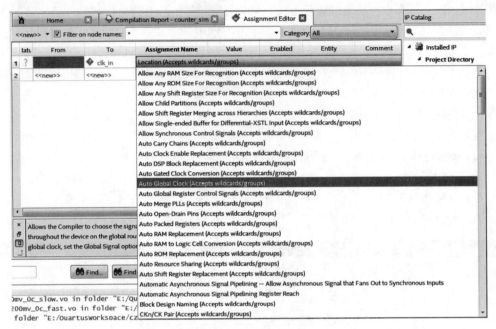

图 3-9　设定全局时钟

将设计中的参考时钟指定为全局时钟是最常用,也是最有效的时序约束方法。

3.1.6　设计项目的校验

Quartus Prime 的设计项目的校验包括设计项目的仿真（Simulation）和时序分析（Timing Analysis）两个部分。

1. 仿真

Quartus Prime 的仿真器（Simulator Waveform Editor）是一个测试电路的逻辑功能和内部时序的强大工具,可灵活地建立单个或多个器件的设计模型。一个设计项目完成输入和编译后只能保证为项目创建了一个编程文件,但还不能保证是否真正达到了设计要求,如逻辑功能和内部时序要求等,所以在器件编程之前还应进行全面模拟检测,以确保它在各种可能情况下的正确响应,这就是 Quartus Prime 的仿真器的作用。

仿真包括功能仿真和时序仿真,这两项工作在设计处理过程中同时进行。

功能仿真是在设计输入完成后,选择具体器件进行编译之前的逻辑功能验证,因此又称为前仿真。仿真前,要先利用波形编辑器或硬件描述语言等建立波形文件或测试向量,仿真结果将会生成报告文件和输出信号波形,从中便可以观察到各个节点的信号变化,若发现错误,则返回设计输入修改逻辑设计。

时序仿真是在选择了器件并完成布局、布线之后进行的时序关系仿真，因此又称为后仿真或延时仿真。由于不同器件的内部延时不一样，不同的布局、布线方案也给延时造成不同的影响，因此在设计处理后，对系统和各功能模块进行时序仿真，分析其时序关系，实际上也是与实际器件工作情况基本相同的仿真。

设计人员可利用 Quartus Prime 的仿真器进行功能和时序仿真。功能仿真是在不考虑器件延时的理想情况下仿真项目的逻辑功能，时序仿真是在考虑设计项目具体适配器件的各种延时情况下仿真设计项目的验证方法，不仅测试逻辑功能，还测试目标器件最差情况下的时间关系。在仿真过程中，需要给仿真器提供输入信号，仿真器将产生对应用于这些输入激励的输出信号，在时序仿真时，仿真结果与实际的可编程器件在同一条件下的时序关系完全相同。

使用 Quartus Prime 18 软件自带的仿真工具 Simulation Waveform Editor 进行仿真，其具体步骤如下。

1）创建仿真波形文件

（1）首先，打开设计项目。

（2）创建一个波形文件。选择 Quartus Prime 18 主界面的 File→New 子菜单，在弹出的对话框中找到验证与调试文件（Verification/Debugging Files）分类下的 University Program VMF，单击 OK 按钮打开仿真工具 Simulation Waveform Editor，将创建一个新的无标题波形文件，如图 3-10 所示。

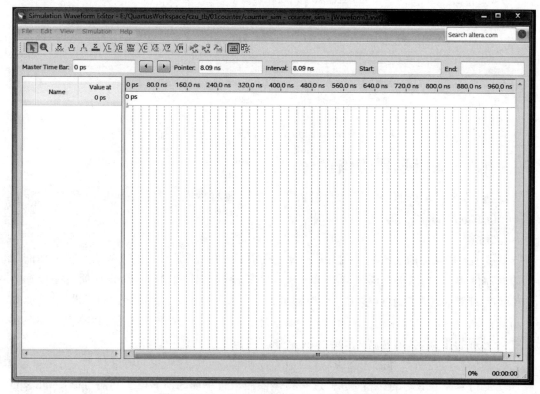

图 3-10　Simulation Waveform Editor 主界面

（3）存储波形文件。选择 Simulation Waveform Editor 主界面的 File→Save As 子菜

单,在 File Name 框中输入相应文件名,单击 OK 按钮存盘,文件后缀名为.vwf。

(4) 设定时间轴网格大小。选择 Simulation Waveform Editor 主界面的 Edit→Grid Size 子菜单,输入时间间隔(如 20ns),单击 OK 按钮。通常用网格大小来表示在仿真过程中系统的最小单位时间。在对仿真波形文件中的输入时钟信号添加激励源时,对时钟的赋值是以网格时间为最小参考单位的,设计者只需填写时钟周期相对网格时间的倍数就行了。

(5) 设定时间轴长度。选择 Simulation Waveform Editor 主界面的 Edit→Set End Time 子菜单,并输入文件的结束时间,它决定在仿真过程中仿真器何时终止施加输入向量。对于比较简单的电路,取系统默认的仿真终止时间 $1\mu s$ 就可以了,因为此时只需判断电路的逻辑功能关系是否正确。但对于一个复杂的电路而言,有时需要经过很多帧,这样,在进行时序仿真时就要设定较长的仿真时间。

2) 选择欲仿真的节点或总线

(1) 选择 Simulation Waveform Editor 主界面的 Edit→Insert→Insert Node or Bus 子菜单,出现如图 3-11(a)所示对话框。也可以在 Simulation Waveform Editor 主界面的左侧空白处右击,在弹出的快捷菜单中选择 Insert Node or Bus 选项,或者直接在该空白处双击鼠标左键。

(2) 在如图 3-11(a)所示对话框中,单击 Node Finder 按钮,弹出 Node Finder 对话框,如图 3-11(b)所示。

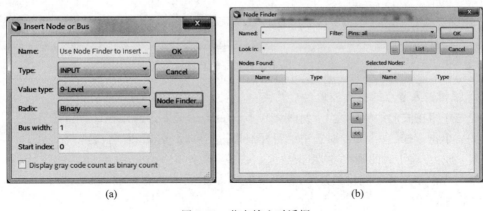

(a)   (b)

图 3-11 节点输入对话框

(3) 在如图 3-11(b)所示对话框中选择要仿真的节点,先单击 List 按钮,在左边的 Nodes Found 列表中列出相关节点;如果单击 List 按钮后没有出现任何节点,则需重新选择 Filter 下拉框中的选项,Pin:all 表示只列出所有的输入/输出端子,此时可选择 Design Entity(all names)再单击 List 按钮。

(4) 在 Nodes Found 列表中选择需要仿真的节点,单击右移按钮(>)将它们移到右边的 Selected Nodes 列表中。

(5) 连续单击 Node Finder 对话框的 OK 按钮和 Insert Node or Bus 对话框的 OK 按钮,所要仿真的端子将出现在 Simulation Waveform Editor 主界面的左侧列表中,如图 3-12 所示。

如图 3-12 所示,所有未编辑的输入节点的波形都默认为逻辑低电平(0),所有输出和隐含节点波形都默认为未定义（×）逻辑电平。

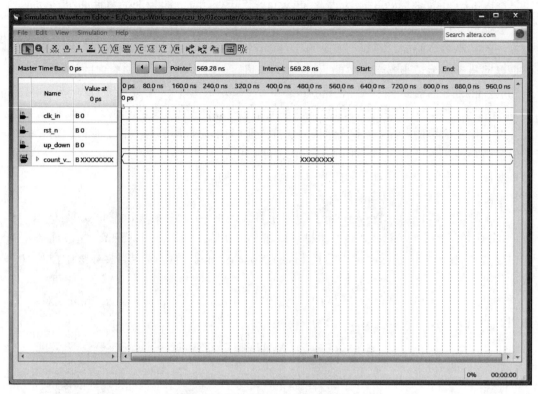

图 3-12　编辑仿真文件的端口和节点

3）编辑输入节点的仿真波形

首先介绍在波形编辑环境下，如图 3-10 所示的界面最左边常用控件按钮的功能。

▶：单击该按钮后，可以对选中的目标波形进行移动、剪切、复制、删除等操作。

✎：放大/缩小时间轴尺寸，单击放大，右击缩小。

⬚：先单击选择要编辑的波形，然后单击该按钮，可将选择的波形赋值为低电平（即逻辑"0"）。

⬚：先单击选择要编辑的波形，然后单击该按钮，可将选择的波形赋值为高电平（即逻辑"1"）。

⬚：先单击选择要编辑的波形，然后单击该按钮，可将选择的波形赋值为弱低电平。

⬚：先单击选择要编辑的波形，然后单击该按钮，可将选择的波形赋值为弱高电平。

⬚：先单击选择要编辑的波形，然后单击该按钮，可将选择的波形赋为不定态。

⬚：先单击选择要编辑的波形，然后单击该按钮，可将选择的波形赋为高阻态。

⬚：先单击选择要编辑的波形，然后单击该按钮，可将选择的波形进行逻辑取反操作。

⬚：先单击选择要编辑的波形，然后单击该按钮，可将选择的波形赋时钟信号。

⬚：类似时钟赋值，先单击选择要编辑的波形，然后单击该按钮，可对选择的波形赋予指定周期的周期信号。

⬚：先单击选择要编辑的波形，然后单击该按钮，可将选择的总线赋任意值。

⬚：先单击选择要编辑的波形，然后单击该按钮，可将选择的波形赋随机值。

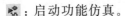：启动功能仿真。

：启动时序仿真。

：生成 ModelSim TestBench 文件（.vt）和脚本文件（.do），".do"脚本文件可以在 ModelSim 中使用 do 命令调用。

将输入节点的某段用鼠标选中（变蓝）后，单击左边工具栏的有关按钮，即可进行低电平、高电平、任意、高阻态、反相和总线数据等各种设置。图 3-13 是进行节点波形输入的一个具体实例。

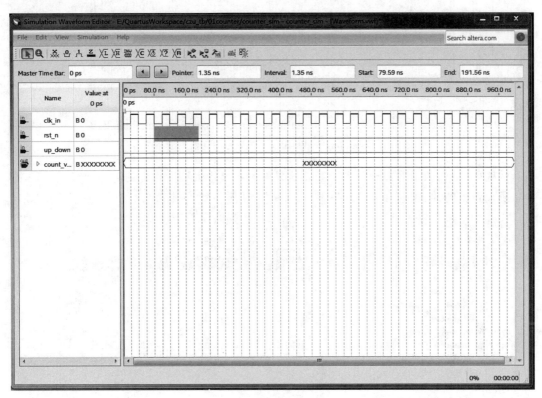

图 3-13　节点波形输入

4）仿真

保存.vwf 文件后，在 Simulation Waveform Editor 主界面上单击工具栏上的 或 按钮，出现启动仿真进度条，如图 3-14 所示，若正确无误，将得到仿真波形。

5）分析仿真结果

启动仿真后，若仿真过程各环节正确无误，将在另一个只读的 Simulation Waveform Editor 界面上得到仿真后的波形。在这里，主要观察输入和输出之间的逻辑关系是否符合设计要求。

2. 时序约束与时序分析

如前文所述，工程编译过程中已经包含时序分析（Timing Analysis）的环节，编译报告会给出时序分析的相关结果。如果工程中没有加任何时序约束，对于大部分设计来说，时序分析报告的分类标题通常会标红色，表示有时序方面的警告，如图 3-15 所示。这是因为，在默认情况下，Quartus Prime 软件会给所有没有被约束的时钟都设定为 1GHz 的时钟频率，

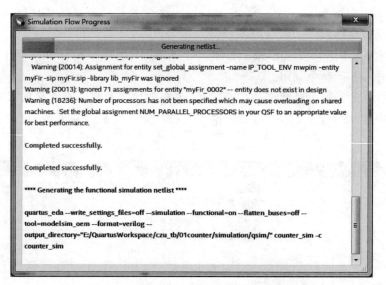

图 3-14　Simulation Waveform Editor 仿真器进度条窗口

所有的输入/输出的延迟都按 0 来计算。这显然不符合绝大多数设计的时序要求，所以有必要根据设计的特性，添加必要的时序约束。注意，在进行时序约束与分析之前，必须对顶层设计实体中的所有输入/输出端口进行引脚锁定，否则时序分析没有意义。

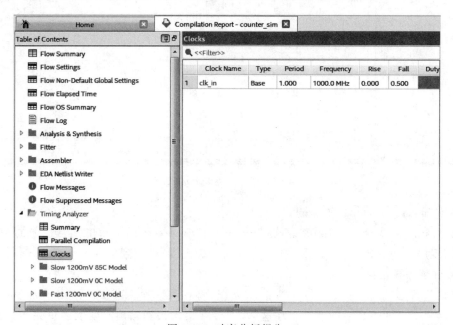

图 3-15　时序分析报告

时序分析支持 SDC（Synopsys Design Constraint）脚本输入，这种格式广泛引用于 ASIC 设计，它包含如下命令：Create_clock、Create_generated_clock、Set_input_delay、Set_output_delay、Set_false_path、Set_multicycle_path。每条命令都有详细的语法格式，用户不用去记住这些烦琐的语法，因为 Quartus Prime 的时序分析工具对每条命令都给出了图形

界面,用户只需要填写一些相应的参数,工具将自动生成对应的命令,而后可以写入 SDC 脚本文件。

在工程编译完成之后,可以利用 Quartus Prime 主界面上的 Tools→Timing Analyzer 来确定项目的性能。时序分析器是一个功能强大的、ASIC-style 的时序分析工具。采用 SDC 工业标准的约束、分析和报告方法来验证设计是否满足时序设计的要求。Timing Analyzer 主界面分成 5 个子窗口：Set Operating Conditions、Report、Task、Console、View panel,如图 3-16 所示。

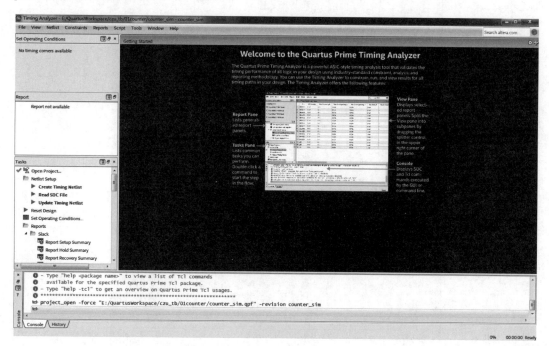

图 3-16　Timing Analyzer 主界面

在 Timing Analyzer 主界面上进行图形化时序约束的步骤如下。

(1) 单击 Tasks 子窗口中的 Create Timing Netlist,或者从 Timing Analyzer 主界面上的 Netlist→Create Timing Netlist 创建时序网表;创建时序网表后,Set Operating Conditions 子窗口会显示若干个选项,它们分别表示如下含义。

① Slow 1200mV 85C Model：芯片内核供电电压 1200mV,工作温度 85℃情况下的慢速传输模型。

② Slow 1200mV 0C Model：芯片内核供电电压 1200mV,工作 0℃情况下的慢速传输模型。

③ Fast 1200mV 0C Model：芯片内核供电电压 1200mV,工作温度 0℃下快速传输模型。

(2) 建立时钟约束,主要是给定时钟的频率、上升下降沿、占空比等参数,选择 Timing Analyzer 主界面上的 Constraints→Create Clock 子菜单,在弹出的对话框中进行设置,如图 3-17 所示。例如,设定 clk_in 时钟为 50MHz,占空比为 50%,关联顶层设计实体中的 clk_in 端口,SDC 脚本在 SDC command 文本框中同步生成,设定完成后点击 Run 按钮。

(3) 设定输入/输出延时,选择 Constraints→Set Input Delay 子菜单,图 3-18 为复位输入信号的输入延时设定对话框,设定输入延时为 1ns;同样地,利用 Set Output Delay 设定

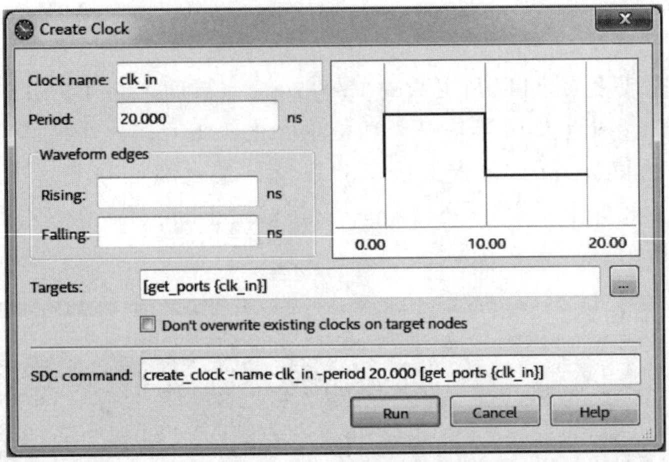

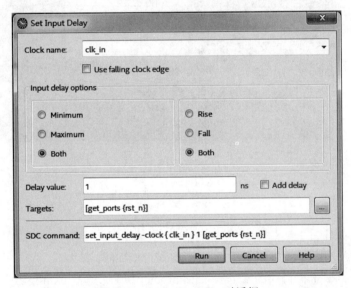

图 3-17　Create Clock 对话框

图 3-18　Set Input Delay 对话框

各输出端口的输出延时。

（4）对时钟和输入/输出延时约束设定完成后，选择 Constraints→Write SDC File 子菜单，指定文件名（后缀为.sdc），将上述约束项保存到文件中。SDC 文件为文本文件，可通过记事本或写字板等文本编辑查看写入 SDC 文件中的约束命令。

（5）通过 Tasks 子窗口中的 report 查看时序分析结果，如 Report→Slack 下的建立、保持时间梗概，Report→Datasheet 下的最高频率（Fmax）梗概，以及 Report→Custom Reports→Create Slack Histogram，选择 clk_in 后显示如图 3-19 所示的余量（Slack）直方图。

图 3-19 所示的直方图中，横轴为余量值，纵轴为路径数，该图中的 Slack 全是正值，表示在 clk_in 时钟下没有不满足约束的路径，若有 Slack 为负值的情况，则对应的纵向方块将用红色显示。

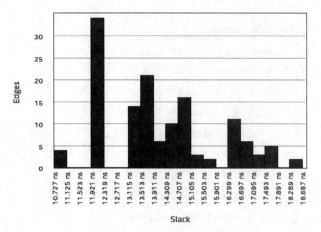

图 3-19　时序分析报告中的余量直方图

（6）完成时序约束后，通过 Quartus Prime 主界面 Assignments→Settings 对话框中的 Timing Analyzer 选项指定.sdc 约束文件，如图 3-20（a）所示，再重新编译，即可在编译报告中看到"Timing Analyzer"不再显示红字，说明完全满足约束条件，如图 3-20（b）所示。

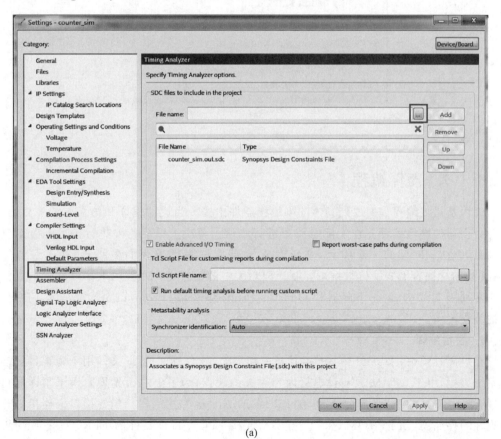

(a)

图 3-20　指定约束文件后时序分析检查全部通过

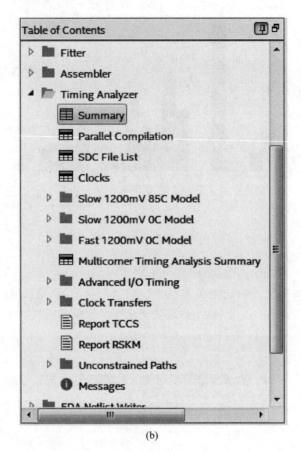

(b)

图 3-20 （续）

3.1.7 器件编程

编程是指将编程数据放到具体的可编程器件中去。当成功编译和仿真一个项目后，可以对一个器件进行编程并在实际电路中进行测试。每次上电后需要进行编程配置是基于SRAM 工艺 FPGA 的一个特点，在 FPGA 内部有许多可编程的多路器、互连线节点和RAM 初始化内容需要配置数据来控制。FPGA 中的配置 RAM 就用来存放配置数据的内容。常利用 USB-Blaster 下载器和 Quartus Prime 编程器（Programmer）完成对 FPGA 器件的编程工作。

1. 项目编译

在编译过程中，Assemble 将自动生成一个 SRAM 目标文件，此文件用于为某目标器件在系统编程，由于 SRAM 具有掉电后内容丢失的缺点，为了上电后无须人为干预即能自动配置 FPGA，通常在电路板设计时，在 FPGA 的 Altera 专用的串行配置接口上连接一片非易失性的存储器，如 EPROM 芯片。若要给连接 FPGA 目标器件的 EPROM 芯片配置程序，需利用 File→Convert Programming File 子菜单，将根据已有的. sof 文件手动生成一个编程目标文件（. pof），如图 3-21 所示。

需要进行如下几步操作来完成. pof 文件的生成。

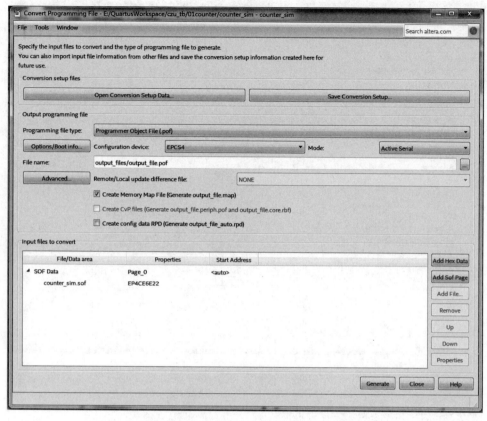

图 3-21　生成.pof 文件用于 EPROM 配置

（1）在 Programming file type 选项中选择 Programmer Object File(. pof)。

（2）在 Configuration device 选项中选择 PCB 上使用 EPROM 芯片,File name 文本框中自动生成路径和 output_file. pof 文件名。

（3）在最下方的 Input files to convert 栏中,单击 SOF Data,然后单击右侧的 Add File 按钮选中在本工程路径\output_files 下已生成的. sof 文件。

（4）最后单击右下方的 Generate 按钮,将弹出消息框完成. pof 文件的生成。

2. 安装 USB-Blaster 下载器驱动程序

将 USB-Blaster 下载器电缆一端安装在计算机 USB 接口上,USB-Blaster 下载器另一端的双排针(5×2)插头安装在装有可编程器件 PCB 板的相应物理接口上,PCB 板上的物理接口通常有金手指缺口,避免排针接反。PCB 板上用于 USB-Blaster 下载器的常见接口有 JTAG 和主动串行(AS)接口,JTAG 口用于对 FPGA 的 SRAM 在系统编程,下载. sof 文件;AS 接口则用于对 EEPROM 芯片进行配置,下载. pof 文件。USB-Blaster 下载器电缆第一次连接计算机 USB 口时,操作系统将提示发现新硬件,如图 3-22(a)所示。此时,需手动安装 USB-Blaster 下载器的驱动程序,将其驱动程序的路径指定为如图 3-22(b)所示文件夹。

3. 打开编程器

选择 Quartus Prime 主界面上的 Tools→Programmer 子菜单,或单击工具栏上的 按

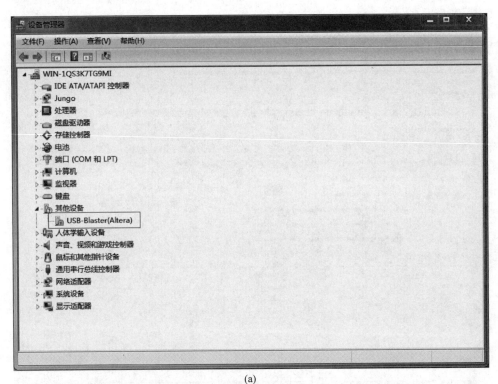

(a)

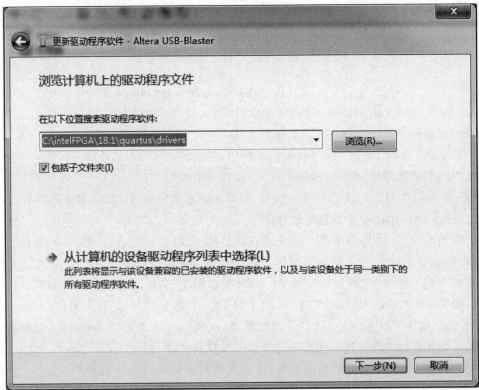

(b)

图 3-22　USB-Blaster 安装驱动程序

钮,打开编程器,如图 3-23 所示。编程模式默认为 JTAG 方式,编程文件默认为在系统编程的. sof 文件。

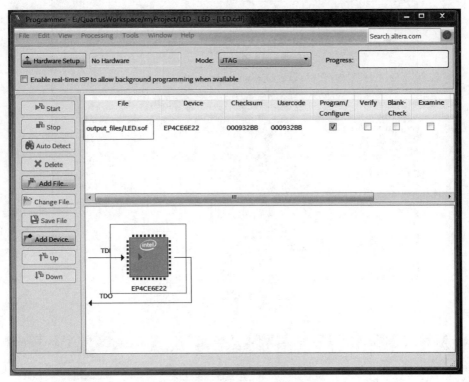

图 3-23　Quartus Prime 编程器窗口

编程器窗口中常用的功能说明如下。

Program/Configure:将一个编程文件中的数据编程到一个 FPGA 或 EPROM 器件中。

Verify:校验器件中的内容是否与当前编程数据内容相同。

Blank-Check:检查器件是否是空的或者已被擦除。

Examine:从器件中读取编程数据,勾选此选项时,其他选项均不能使用。

Security Bit:防止器件被读取编程数据或被再次编程,此选项仅针对 MAX3000 和 MAX7000 系列器件可用。

Erase:擦除 EPROM 器件中的数据。

ISP CLAMP:在系统编程时将所有 I/O 口钳制于静态状态。

4. 选择编程下载器

单击左上角的 Hardware Setup 按钮选择下载器,将出现 Hardware Setup 对话框,如图 3-24 所示,在该对话框中的 Currently selected hardware 下拉列表中选择 USB-Blaster [USB0]后,单击 OK 按钮。一台计算机可以连接多个 USB-Blaster 下载器。

5. 用 JTAG 在系统编程

将 USB-Blaster 下载器连接到 PCB 上的 JTAG 物理接口,完成 Hardware 选择以后,单击 Programmer 界面上的 Start 按钮,即可开始在系统编程,如图 3-25 所示。当 Progress 显示 100%时表示编程成功。

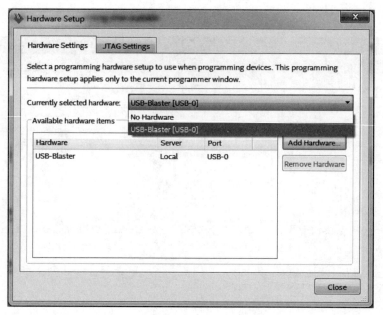

图 3-24　设定编程硬件对话框

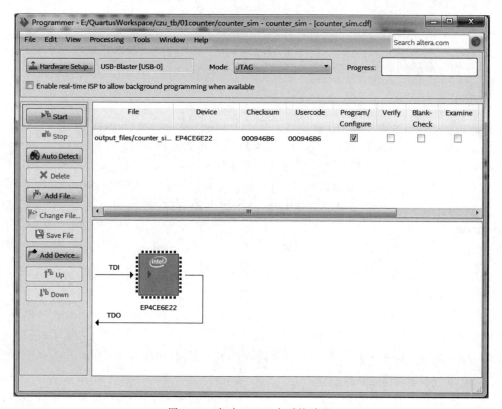

图 3-25　启动 JTAG 在系统编程

6. JTAG 口间接编程（用于 EPROM 芯片的编程配置）

由于 AS 直接模式下载设计文件时，需要复杂的保护电路，为了简化电路，省去 AS 物理接口，利用 JTAG 口将 FPGA 作为中转站也可以对 FPGA 上外挂的 EPROM 芯片进行编程配置，以实现 FPGA 上电自动配置的功能。为此，需首先根据 .sof 文件生成 JTAG 间接配置文件（.jic）。同样地，先选择 File→Convert Programming File 子菜单，在弹出的对话框中进行如下设置，如图 3-26 所示。

（1）在 Programming file type 选项中选择 JTAG Indirect Configuration File(.jic)。

（2）在 Configuration device 选项中选择 PCB 上使用 EPROM 芯片，File name 文本框中自动生成路径和 output_file.jic 文件名。

（3）在最下方的 Input files to convert 栏中，单击 Flash Loader，然后单击右侧的 Add Device 按钮，在弹出的 Select Devices 对话框中选中本工程中使用的 FPGA 芯片基本型号。

（4）在最下方的 Input files to convert 栏中，单击 SOF Data，然后单击右侧的 Add Files 按钮，在弹出的 Select Input File 对话框中选中在本工程路径\output_files 下已生成的 .sof 文件。

（5）在最下方的 Input files to convert 栏中，单击在 SOF Data 下方已添加的 .sof 文件，然后单击右侧的 Properties 按钮，在弹出的 SOF Properties 对话框中勾选 Compression，单击 OK 按钮，实现文件压缩功能。

（6）最后单击右下方的 Generate 按钮，将弹出消息框完成 .jic 文件的生成。

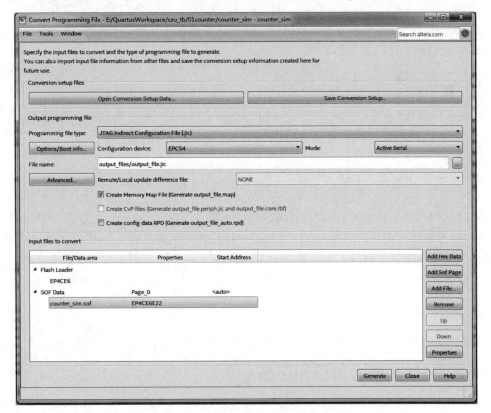

图 3-26 生成 JTAG 间接配置文件

生成.jic 文件后,启动工具栏上的 Programmer 编程器,在 Programmer 界面上进行如下设置,如图 3-27 所示。

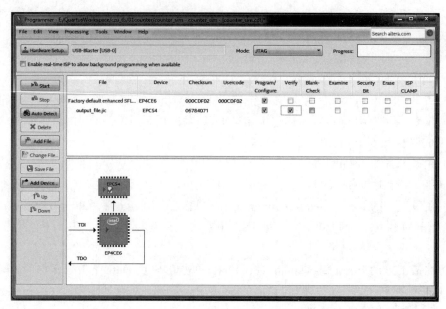

图 3-27　JTAG 间接配置文件的编程

（1）删除默认的.sof 文件,鼠标左键选中.sof 文件,单击左侧的 Delete 按钮。

（2）添加.jic 文件,单击左侧 Add File 按钮,选中刚刚生成的.jic 文件,添加后在界面下方会自动显示 FPGA 外挂 EPROM 的框图。

（3）勾选 output_file.jic 所在行的 Program/Configure 和 Verify,然后单击左侧 Start 按钮。下载完成后,界面右上角的进度（Progress）会显示 100%。

（4）可选步骤:选择 File→Save 子菜单,以将当前状态保存为.cdf 文件,下次再打开 Programmer 工具时不用再重复以上操作。

3.2　1位全加器设计

通过 3.1 节的介绍,对原理图设计方法有了一定的了解,下面通过一个 1 位全加器的实例,进一步介绍原理图设计方法。1 位全加器可以用两个半加器及一个或门连接而成,因此需要首先完成半加器的设计。以下将给出使用原理图输入的方法进行半加器底层元件设计和层次化设计全加器的主要步骤与方法,其主要流程与数字系统设计的一般流程基本一致。

3.2.1　建立文件夹

假设本项设计的文件夹取名为 MY_PRJCT,在 E 盘中,路径为 E:\MY_PRJCT。

3.2.2　输入设计项目和存盘

（1）打开 Quartus Prime 18,首先利用新工程向导 File→New Project Wizard 新建工程。其次,选择 File→New 子菜单,在弹出对话框中选择框图/原理图文件（Block Diagram/

Schematic File)，单击 OK 按钮后将打开原理图编辑窗口。

（2）在原理图编辑窗口中分别调入元件 1 个 and 与门、1 个 xor 异或门、2 个 input 端子和 2 个 output 端子，并按图 3-28 连接好。然后用鼠标分别在 input 和 output 的 PIN-NAME 上双击使其变蓝色，再用键盘分别输入各引脚名：a、b、so 和 co，如图 3-28 所示。

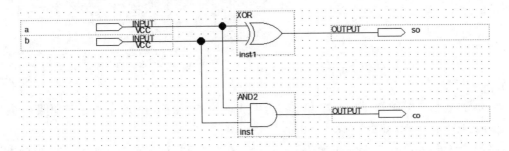

图 3-28　半加器 h_adder 原理图

（3）选择 File→Save As 子菜单，将已设计好的原理图文件取名为 h_adder.bdf，该文件将自动保存在刚才建立的目录 E:\MY_PRJCT 下，并选择 Project→Add Current File to Project 将该原理图文件加入本工程。

3.2.3　将设计项目设置成工程文件

选择 Project→Set As Top-Level Entity 将设计项目 h_adder.bdf 设定为工程的顶层设计实体，此时工程导航区中 FPGA 器件型号下的顶层设计名会变更为 h_adder。

3.2.4　选择目标器件并编译

在新建工程时的新工程向导中就可以设定所选择的 FPGA 器件，新建完工程以后若想修改 FPGA 器件，可以选择 Assignments→Device 子菜单，或者直接双击在器件工程导航区中的 FPGA 器件型号，在弹出的对话框中更改 FPGA 器件型号。目标器件设定后，启动编译器，单击工具栏上的 ▶ 编译工具，或选择 Processing→Start Compilation 子菜单，此编译器的功能包括分析与综合、布局布线、生成编程文件、时序分析、生成 EDA 网表等所有环节。

3.2.5　时序仿真

接下来测试设计项目的正确性，即逻辑仿真，具体步骤如下。

（1）建立波形测试文件。选择 File→New 子菜单，再选择 New 对话框中的 University Program VWF 项，打开 Simulation Waveform Editor 波形编辑窗口。

（2）输入信号节点。在波形编辑窗口的 Edit→Insert→Insert Node or Bus 下拉菜单中单击 Node Finder 按钮，选择所需仿真的节点。在弹出的窗口中单击 List 按钮，这时左栏中将列出该项设计所有的引脚名称。利用中间的"＞＞"按钮将所有查找到的引脚添加到右栏中，然后单击 OK 按钮即可，如图 3-29 所示。

（3）设置波形参量。如图 3-29 所示的波形编辑窗口中已经调入了半加器的所有节点信号，在为编辑窗口的半加器输入信号 a 和 b 设定必要的测试电平之前，首先设定相关的仿

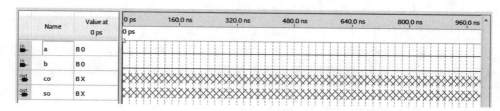

图 3-29　输入信号节点

真参数。在 Options 选项中取消勾选 Snap to Grid，以便能够任意设置输入电平位置，或设置输入时钟信号的周期。

（4）设定仿真时间宽度。选择 File 项及其 End time 选项，在 End time 选择窗口中选择适当的仿真时间域，如可选 $4\mu s$，以便有足够长的观察时间。

（5）加上输入信号。现在可以为输入信号 a 和 b 设定测试电平了。如图 3-30 中标出的那样，利用必要的功能键为 a 和 b 加上适当的电平，单击 时序仿真工具，以便仿真后能测试 so 和 co 输出信号。

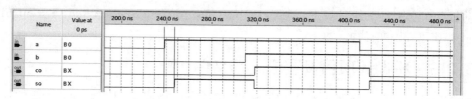

图 3-30　半加器 h_adder.bdf 的仿真波形

（6）仿真波形出现后，Simulation Waveform Editor 会给波形文件自动存盘，可以在工程文件夹中的\simulation\qsim 子文件夹中找到以"工程名＋当前系统时间.sim.vwf"方式命名的文件。

（7）观察分析波形。可以看出，图 3-30 显示的半加器的时序波形是正确的。还可以进一步了解信号的延时情况。图 3-30 中的两条竖线之间的时间间隔就是输入与输出波形间的延时量，延时大概在 10ns 左右。

为了精确测量半加器输入与输出波形间的延时量，可打开时序分析器，方法是选择 Tools→ Timing Analyzer 选项，双击 Tasks 子窗口中的 Reports→Datasheet→Report Datasheet 项，传输延时信息即刻显示在图表中，如图 3-31 所示。其中，RR 表示从上升沿到上升沿的最大延时，RF 表示从上升沿到下降沿的最大延时，FF 表示从下降沿到下降沿的最大延时，FR 表示从下降沿到上升沿的最大延时。

Propagation Delay						
	Input Port	Output Port	RR	RF	FR	FF
1	a	co	9.030			9.116
2	a	so	10.446	10.348	10.638	10.617
3	b	co	8.722			8.791
4	b	so	10.076	9.995	10.303	10.215

图 3-31　延时时序分析窗口

（8）包装元件入库。在原理图文件 h_adder.bdf 打开的情况下，选择 File→ Create/

Update→Create Symbol Files for Current File 子菜单,生成 h_adder.bsf 图标文件,即将当前文件变成了一个包装好的单一元件,并被放置在当前工程路径指定的目录中,这样就可以在其他设计文件中调用 h_adder。

3.2.6　引脚锁定

如果以上的仿真测试正确无误,就应该将所进行的设计下载进选定的目标器件中,如目标器件为 EP4CE6E22C8,做进一步的硬件测试,以便最终了解设计项目的正确性。这就必须根据评估板、开发电路系统或 EDA 实验板的要求对设计项目输入/输出引脚赋予确定的引脚,以便能够对其进行实测。这里假设根据实际需要,要将半加器的 4 引脚 a、b、co 和 so 分别与目标器件 EP4CE6E22C8 的第 10、11、30 和 31 脚相接,操作如下。

（1）选择 Assignments→Pin Planner 子菜单。

（2）在 Pin Planner 窗口下方的 All pins 列表的 Location 项中将 a、b、co 和 so 分别设定为 PIN_10、PIN_11、PIN_30 和 PIN_31 引脚号,既可以手动输入,也可以从下拉列表中选定,如图 3-32 所示。

Node Name	Direction	Location	I/O Bank	VREF Group	Fitter Location	I/O Standard	Reserved	Current Strength	Slew Rate
in a	Input	PIN_10	1	B1_N0	PIN_10	2.5 V		8mA (default)	
in b	Input	PIN_11	1	B1_N0	PIN_11	2.5 V		8mA (default)	
out co	Output	PIN_30	2	B2_N0	PIN_30	2.5 V		8mA (default)	2 (default)
out so	Output	PIN_31	2	B2_N0	PIN_31	2.5 V		8mA (default)	2 (default)

图 3-32　半加器引脚锁定

（3）特别需要注意的是,在锁定引脚后,必须再通过 Quartus Prime 18 的 Compiler 选项对工程重新编译一次,以便将引脚信息编入下载文件中。

3.2.7　编程下载

引脚锁定并重新编译后,就可进行编程下载,具体步骤如下。

（1）用 USB-Blaster 的下载电缆插入计算机的 USB 口,USB-Blaster 的 JTAG 口（5×2 排针）与目标板连接好,并打开目标板电源,注意,为了更好地保护 FPGA 的 JTAG 口不被烧坏,应先插 JTAG 口,再给目标板上电。

（2）选择 Quartus Prime 18 工具栏上的 ⬚ Programmer 编程器工具,弹出编程器窗口,然后单击 Programmer 窗口左上角的 Hardware Setup 按钮,在 Hardware 设定下拉菜单中选择 USB-Blaster[USB0]。

（3）单击 Programmer 编程窗口中自动出现的 *.sof 文件,并单击窗口左侧上方的 Start 按钮,向 EP4CE6E22C8 在系统下载配置文件,如果连线无误,程序下载完成后,窗口右上角的 Progress 会显示绿色的 100%。

3.2.8　设计顶层文件

可以将前面的工作看成是完成了一个底层元件的设计和功能检测,并被包装入库。现在利用已设计好的半加器,完成顶层项目全加器的设计,详细步骤可参考以下设计流程。

（1）在原工程基础上,新建一个原理图文件,然后向新原理图中添加两个半加器元件 h_adder 和一个 2 输入端的或门 or2。这时,如果双击已添加的半加器元件 h_adder,即可弹出半加器元件内部的原理图。

（2）完成全加器原理图设计，如图 3-33 所示，并以文件名 f_adder.bdf 存在同一工程目录中。

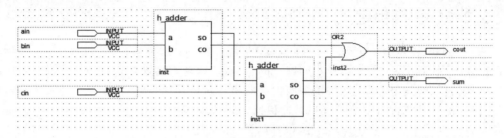

图 3-33　在顶层编辑窗口中设计全加器

（3）选择 Project→Add Current File to Project 子菜单，将当前文件 f_adder.bdf 加入 Project。

（4）选择 Project→Set As Top-Level Entity 子菜单，将 f_adder.bdf 设为顶层设计文件。

（5）重新编译工程，编译无误后建立波形仿真文件。

（6）对应 f_adder.bdf 的波形仿真文件如图 3-34 所示，参考图中设置输入信号 ain、bin 和 cin 的波形，启动功能仿真，观察输出波形的情况。

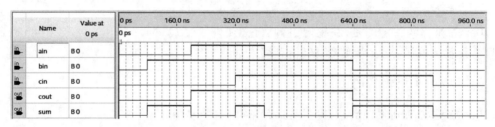

图 3-34　1 位全加器的时序仿真波形

（7）锁定引脚、编译并编程下载，可以硬件实测此全加器的逻辑功能。

3.3　数字电子钟设计

数字电子钟为计数器的综合应用，数字电子钟的秒针部分由六十进制计数器组成，分针部分也由六十进制计数器所组成。时针部分则可分为两种情况，12 小时制的为十二进制计数器，24 小时制的则为二十四进制计数器，在本例中采用十二进制计数器，分别说明如下。

3.3.1　六十进制计数器设计

1. 六进制计数器设计

要构成六十进制计数器，需要应用十进制计数器和六进制计数器，十进制计数器在基本的元件库中可以找到，而六进制计数器在基本的库中没有，所以首先介绍用 D 触发器设计具有使能与预置功能的六进制计数器。当使能输入端"en"为"1"时，计数器开始计数，当使能输入端"en"为"0"时,计数器停止计数,保持原值。将具有使能功能的六进制计数器配合多路选择器的运用,可设计出含同步预置功能的六进制计数器,当预置控制端"load"为"0"时,会将输入数据送至触发器输入端,当预置控制端"load"为"1"时,计数器会停止预置。此计数器另有一串接进位端"co"可供多个计数器串接时进位使用。

1) 数据选择器设计

数据选择器是一种数据处理的逻辑电路,可以在许多输入数据中选取一个并将它送至单一的输出线上。它主要分为三部分:控制线,数据线与输出线。例如,16 对 1 的数据选择器有 4 条控制线,16 条数据线,1 条输出线。在此,对 2 选 1 的数据选择器进行介绍。

2 选 1 的数据选择器的输入/输出引脚如下。

控制线 1 条定义为 s;数据输入线 2 条定义为 d0,d1;数据输出线 1 条定义为 y;其真值表如表 3-1 所示。

表 3-1　2 选 1 数据选择器真值表

控制线	输出线
s	y
0	d0
1	d1

新建一原理图文件,双击原理图空白处,添加参数化 MUX 元件,MUX 元件如图 3-35 所示,参数可重新配置,WIDTH 为输入数据端 data[] 的位宽,WIDTHS 为输入选择端 sel[] 的位宽。双击 Parameter 列表里的参数即可在弹出的对话框中设定参数。这里,只需设定 data[] 的位宽为 2,sel[] 的位宽通过 LOG2(WIDTH) 自动算得为 1,再添加 d[1..0] 和 s 的 input 端口和 y 输出端口即可构成 2 选 1 数据选择器。将该原理图文件保存为 mux2.bdf,并选择 File→Create/Update→Create Symbol File for Current File 子菜单为当前设计文件建立图标文件,即可在其他设计文件中调用 mux2 元件。

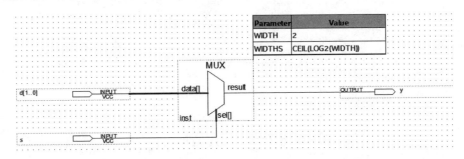

图 3-35　位宽可参数化的 2 选 1 数据选择器电路图

如果所需的数据选择器的数据输入端只有 1b 位宽,那么在原理图中可以直接添加库中"21mux"元件,21mux 的数据输入端为 A 和 B,选择端为 S,输出端为 Y,请读者自行尝试应用。

2) 六进制计数器的真值表

六进制计数器的输入/输出引脚介绍如下。

脉冲输入端:clk。清除控制端:clrn。预置控制端:load。使能端:en。预置输入端:d_2、d_1、d_0。输出端:q_2、q_1、q_0。串接进位端 co。其真值表如表 3-2 所示。

表 3-2　六进制计数器真值表

上周期输出			控制线				输入值			输出		
q_2	q_1	q_0	clk	clrn	load	en	d_2	d_1	d_0	q_2	q_1	q_0
×	×	×	×	0	×	×	×	×	×	0	0	0
×	×	×	↑	1	0	×	a	b	c	a	b	c
q_2	q_1	q_0	↑	1	1	0	×	×	×	q_2	q_1	q_0
0	0	0	↑	1	1	1	×	×	×	0	0	1
0	0	1	↑	1	1	1	×	×	×	0	1	0
0	1	0	↑	1	1	1	×	×	×	0	1	1
0	1	1	↑	1	1	1	×	×	×	1	0	0
1	0	0	↑	1	1	1	×	×	×	1	0	1
1	0	1	↑	1	1	1	×	×	×	0	0	0

3) 六进制计数器设计

在此利用 D 触发器设计，先设计含有使能输入的同步六进制计数器，再与 2 选 1 的多路选择器组合成含有预置与使能功能的六进制计数器。利用数字电路设计方法可设计出各触发器的 D 输入端的驱动方程分别为：

$$d_2 = E_n Q_1 Q_0 + \overline{E_n} Q_2 + Q_2 \overline{Q_0}$$

$$d_1 = Q_1 \overline{Q_0} + \overline{E_n} Q_1 + E_n \overline{Q_2} \cdot \overline{Q_1} Q_0$$

$$d_0 = E_n \overline{Q_0} + \overline{E_n} Q_0$$

$$co = Q_2 Q_0 E_n$$

根据以上驱动方程可设计出如图 3-36 所示的电路图。图中很多连线使用标注的方式进行连接，如 clk、load、clrn 等。另外，mux2 的总线型输入端可以组合输入，如使用"d0,dx[0]"的方式，表示 mux2 的输入端 d[1..0]＝{d0,dx[0]}。

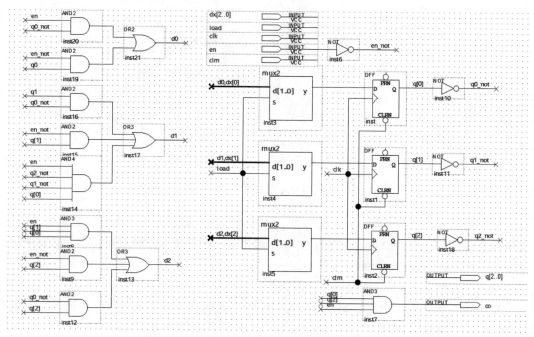

图 3-36　六进制计数器原理图 enldncout6_g.bdf

4) 仿真六进制计数器

建立波形仿真文件,设置输入信号,得到如图 3-37 所示的仿真结果,可以看出,输出信号符合设计要求。

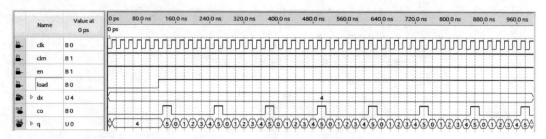

图 3-37 六进制计数器仿真结果

2. 六十进制计数器设计

1) 六十进制计数器的真值表

六十进制计数器的输入/输出引脚介绍如下。

计数时钟输入端:clk。清零端(低电平使能):clrn。预置控制端(低电平使能):ldn。使能端:en。数据预置端:da[3..0]、db[2..0]。输出端:qa[3..0]、qb[2..0]。进位输出端 rco。其真值表如表 3-3 所示。

表 3-3 六十进制计数器真值表

控制端				十位预置	个位预置	十位输出	个位输出
clk	clrn	ldn	en	db[2..0]	da[3..0]	qb[2..0]	qa[3..0]
×	0	×	×	×	×	0	0
↑	1	0	×	b	a	b	a
↑	1	1	0	×	×	q(不变)	
↑	1	1	1	×	×	q=q+1(最高数到 59)	

2) 六十进制计数器设计

利用十进制计数器 74160 组件与前面完成的六进制计数器 enldncout6_g 完成六十进制计数器电路图编辑结果如图 3-38 所示。

3) 仿真六十进制计数器

建立波形仿真文件,设置输入信号,得到仿真结果如图 3-39 所示,可以看出,输出信号符合设计要求。

3.3.2 十二进制计数器设计

1. 十二进制计数器真值表

十二进制计数器的输入/输出引脚介绍如下。

计数时钟输入端:clk。清零端(低电平使能):clrn。预置控制端(低电平使能):ldn。使能端:en。数据预置端:da[3..0]、db。输出端:qa[3..0]、qb。其真值表如表 3-4 所示。

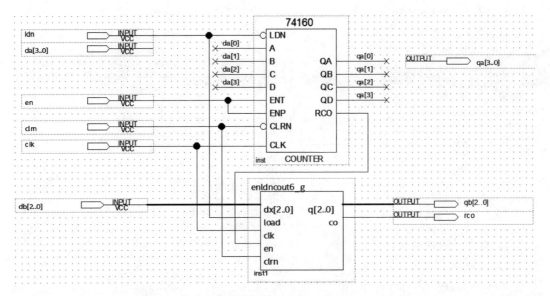

图 3-38　六十进制计数器原理图 enldncout60_g. bdf

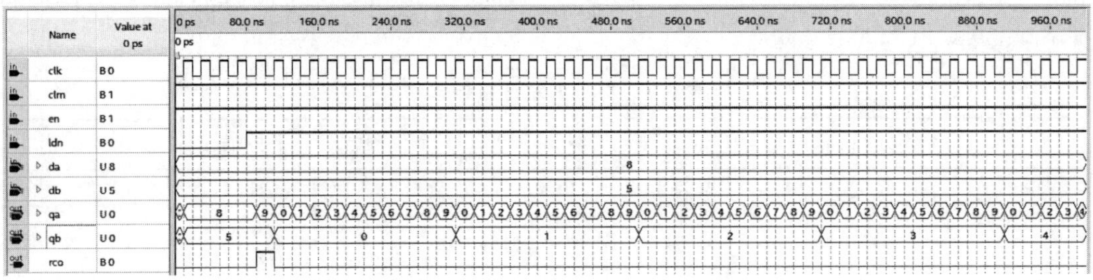

图 3-39　六十进制计数器仿真结果

表 3-4　十二进制计数器真值表

控制端				十位预置	个位预置	十位输出	个位输出
clk	clrn	ldn	en	db	da[3..0]	qb	qa[3..0]
×	0	×	×	×	×	0	0
↑	1	0	×	b	a	b	a
↑	1	1	0	×	×	q(不变)	
↑	1	1	1	×	×	q(不变)	
↑	1	1	1	×	×	q=q+1	

2. 十二进制计数器设计

1) 二进制计数器的设计

十二进制计数器的十位需要二进制计数器,为此首先设计二进制计数器,如图 3-40 所示。

2) 十二进制计数器的设计

运用十进制计数器 74160 器件与二进制计数器 enldncout2_g 可以完成十二进制计数

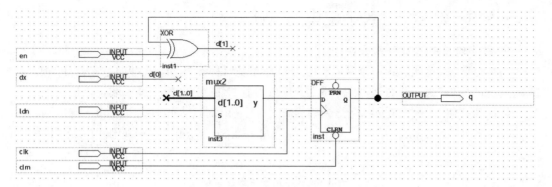

图 3-40 二进制计数器原理图 enldncout2_g. bdf

器的设计,电路图编辑如图 3-41 所示。

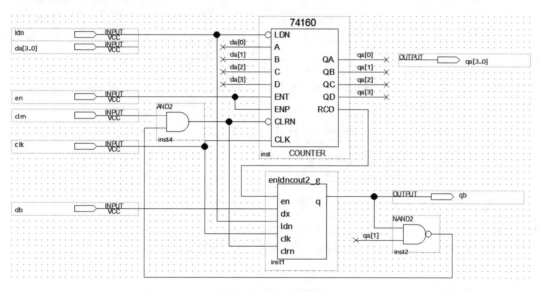

图 3-41 十二进制计数器原理图 enldncout12_g. bdf

3. 仿真十二进制计数器

建立波形仿真文件,设置输入信号,得到仿真结果如图 3-42 所示,可以看出,输出信号符合设计要求。

	Name	Value at 0 ps															
			0 ps	80.0 ns	160.0 ns	240.0 ns	320.0 ns	400.0 ns	480.0 ns	560.0 ns	640.0 ns	720.0 ns	800.0 ns	880.0 ns	960.0 ns	
in	clk	B 0														
in	ldn	B 0														
in	clrn	B 1														
in	en	B 1														
in	▷ da	U 7							7							
in	db	B 0														
out	▷ qa	U 0														
out	qb	U 0														

图 3-42 十二进制计数器仿真结果

3.3.3 数字电子钟顶层电路设计

1. 数字电子钟顶层电路设计

为简单起见,在此设计一个从 0 点 0 分 0 秒数到 11 点 59 分 59 秒的数字电子钟电路。其输入/输出引脚为:计数时钟输入端:clk。预置控制端:ldn。清零端:clrn。使能端:en。数据预置端:sa[3..0]、sb[2..0]、ma[3..0]、mb[2..0]、ha[3..0]、hb。输出端:qsa[3..0]、qsb[2..0]、qma[3..0]、qmb[2..0]、qha[3..0]、qhb。各引脚作用介绍如表 3-5 所示。

表 3-5 数字电子钟数据脚位

	时针十位	时针个位	分针十位	分针个位	秒针十位	秒针个位
数据预置端	hb	ha[3..0]	mb[2..0]	ma[3..0]	sb[2..0]	sa[3..0]
时钟输出端	qhb	qha[3..0]	qmb[2..0]	qma[3..0]	qsb[2..0]	qsa[3..0]
计数器进制	十二进制计数器		六十进制计数器		六十进制计数器	
显示数字	00~11		00~59		00~59	

制作数字电子钟时、分、秒电路图如图 3-43 所示。

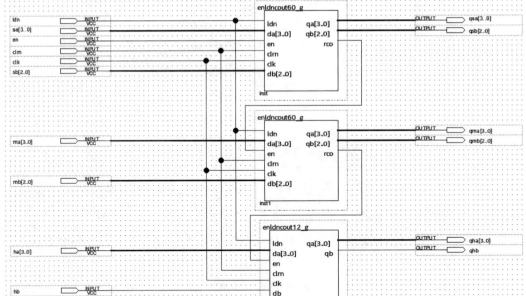

图 3-43 电子钟时分秒计数器原理图 watch.bsf

2. 仿真数字钟

建立波形仿真文件,设置输入信号,得到仿真结果如图 3-44 所示,可以看出,输出信号符合设计要求。

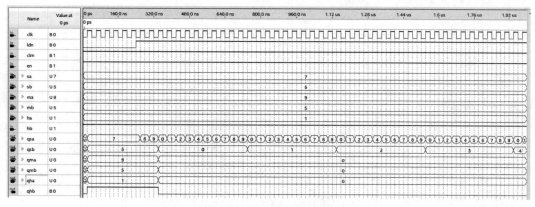

图 3-44 数字钟仿真结果

3.4 利用 LPM 兆功能块的电路设计

LPM(Library of Parameterized Modules,参数可设置模块库)是优秀的原理图设计人员智慧的结晶。具体地讲,一些模块的各种参数是由电路设计者为了适应设计电路的要求而定制的,通过修改 LPM 器件的某些参数,从而达到设计要求,使得基于 EDA 技术的电子设计的效率和可靠性有了很大的提高。

3.4.1 常用 LPM 兆功能块

作为 EDIF(电子设计交换格式)标准的一部分,LPM 形式得到了 EDA 工具的良好支持,LPM 中功能模块的内容丰富。Quartus Prime 对老版本的开发软件 Max+Plus II 和 Quartus II 提供的 LPM 中多种实用的 LPM 兆功能块进行了重新分类与整理。表 3-6 列出了 Quartus Prime 软件提供的主要的 LPM 兆功能块,功能比较复杂的兆功能块则划入了 IP 核中。常用的兆功能模块都可以在 mega-lpm 库中看到,每一模块的功能、参数含义、使用方法、硬件描述语言模块参数设置及调用方法都可以在 Quartus Prime 中的 Help 中查阅到,方法是在浏览器地址栏中输入 file:///C:/intelfpga/18.1/quartus/common/help/webhelp/index.htm#hdl/mega/mega_list_mega_lpm.htm,或者直接从文件系统中找到 Quartus 安装路径下的 htm 文件。以下将以基于 LPM_COUNTER 的数控分频器的设计为例说明 LPM 模块的原理图使用方法。

表 3-6 常用兆功能块

分 类	子 类	宏 单 元	注 释
兆功能函数（megafunctions）	IO	alt4gxb	光纤接口
		altlvds_rx	LVDS 输入接口
		altlvds_tx	LVDS 输出接口
		sld_virtual_jtag	虚拟 JTAG 接口
	算术运算（arithmetic）	altera_mult_add	乘加器
		altfp_abs	浮点求绝对值
		altmult_complex	复数乘法器

续表

分　　类	子　　类	宏　单　元	注　　释
兆功能函数 （megafunctions）	算术运算 （arithmetic）	lpm_counter	计数器
		lpm_divide	除法器
	门电路 （gate）	busmux	总线选择器
		lpm_bustri	总线三态门
		lpm_or	按位或
		mux	数据选择器
其他 （others）	maxplus2	161mux	16 选 1 数据选择器
		4count	4 位二进制计数器
		7400	2 输入端与非门
		74160	十进制计数器
		7474	双路 D 触发器
	Opencore_plus	ocp_timeout_indicator	ocp 超时指示器
原语 （primitives）	缓冲器 （buffer）	alt_inbuf	输入缓冲器
		alt_outbuf	输出缓冲器
		alt_iobuf	双向缓冲器
		tri	三态门
	逻辑门 （gate）	and12	12 输入端与门
		nand4	4 输入端与非门
		not	非门
		xor	异或门
	其他 （other）	constant	常量
		vcc	高电平
		gnd	低电平
	引脚 （pin）	bidir	双向端
		input	输入端
		output	输出端
	存储 （storage）	dff	D 触发器
		dffea	带使能端和置数端的 D 触发器
		jkff	JK 触发器
		tff	T 触发器

3.4.2　基于 lpm_counter 的数据分频器设计

数控分频器的功能要求当在其输入端给定不同的数据时，其输出脉冲具有相应的对输入时钟的分频比。设计流程是首先按照 3.1.4 节的设计步骤，通过在原理图编辑窗口中调入兆功能元件，并按照图 3-45 的方式连接起来，其中，计数器 lpm_counter 元件的参数设置可按照以下介绍的方法进行。

用鼠标双击如图 3-45 所示的 LPM_COUNTER 右上角的参数显示文字，然后在弹出参数设置对话框中选择合适的参数，在窗口的 Ports 和 Parameters 栏中计数器各端口/参数的含义如下。

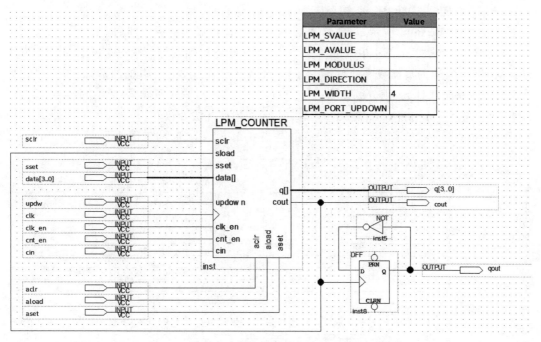

图 3-45 数控分频器电路原理图

1. Ports

sclr：同步清零。

sload：同步置数（置数值为 data[]）。

sset：同步置位（计数器所有位全1）。

data[]：置数的并行数据输入。

updown：计数器加减控制输入。

clock：上升沿触发计数时钟输入。

clk_en：高电平使能所有同步操作输入信号。

cnt_en：计数使能控制。

cin：最低进位输入，要使计数器正常计数，cin 必须为1。

aclr：异步清零。

aload：异步置数（置数值为 data[]）。

aset：异步置位（计数器所有位全1）。

q[]：计数输出。

cout：计数进位或借位输出。

2. Parameters

LPM_SVALUE：sset 输入端值。

LPM_AVALUE：aset 输入端值。

LPM_MODULUS：计数器模值。

LPM_DIRECTION：计数器默认加计数/减计数。

LPM_WIDTH：计数器位宽。

LPM_PORT_UPDOWN：是否使能 updown 输入端。

设置情况如图 3-45 所示，计数器宽为 4，即 4 位计数器。工作原理如下。

当计数器计满"1111"时，由 cout 发出进位信号给并行加载控制信号 sload，使得 4 位并行数据 d[3..0]数据被加载进计数器中，此后计数器将在 d[3..0]数据的基础上进行加/减计数。如果是加法计数，则分频比为 $R=$"1111"$-$d[3..0]$+1$，即如果 d[3..0]$=12$，则 $R=$ 4，即 clk 每进入 4 个脉冲，cout 输出一个脉冲；而如果作减法计数时，分频比为 $R=$d[3..0]$+$ 1，即如果 d[3..0]$=12$，则 $R=13$。图 3-46 是当 d[3..0]$=12$ 时的工作波形。

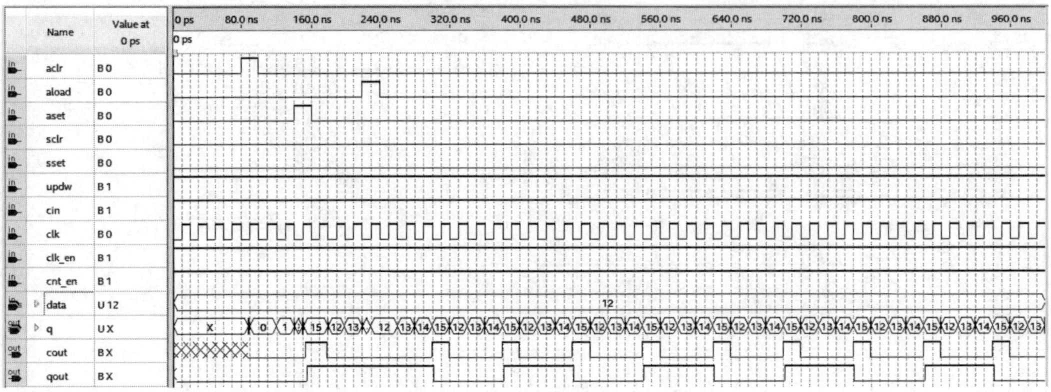

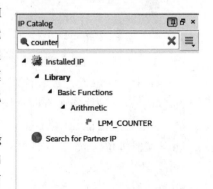

图 3-46　数控分频器工作波形

3.4.3　制作一个兆功能模块

Quartus Prime 把过去的 Max＋Plus II 和 Quartus II 软件版本中的兆功能库重新进行了整理，部分兆功能元件划入了 IP 核类中，IP 核使用时必须例化，也即根据 IP 核的模板，设定必要的参数，制作一个兆功能模块。下面以 LPM_COUNTER 为例，介绍该 IP 核例化的具体步骤。

（1）在 Quartus Prime 18 主界面右侧的 IP catalog 子窗口上，输入"counter"，查找能匹配到的 IP 核，如图 3-47 所示，匹配到 LPM_COUNTER。如果主界面右侧没有 IP catalog 子窗口，选择主界面上 View→ Utility→IP catalog 子菜单，调出 IP Catalog 子窗口。

图 3-47　创建一个新的兆功能块

（2）双击 LPM_COUNTER，弹出如图 3-48 所示的 IP 实例命名对话框，输入实例名称后，单击 OK 按钮进入参数设置界面。

（3）LPM_COUNTER 的参数设置界面是流水线式设置向导，图 3-49(a)为计数器位宽和加/减控制设置，图 3-49(b)为计数器模值与计数使能、低位进位输入等设置，图 3-49(c)为清零、置位、置数端的设置，如图 3-49 所示。

（4）所有参数设置完成后，单击 Next 按钮继续，弹出如图 3-50 所示的生成相关文件的对话框。".inc"文件用于在 AHDL 程序中调用该计数器所需文件，如果不使用 AHDL 编

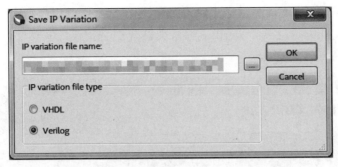

图 3-48 选择兆功能模块的类型并定义名称

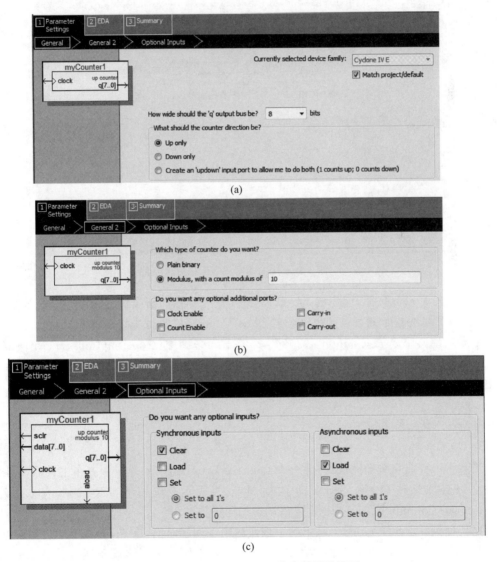

图 3-49 LPM_COUNTER 的参数设置界面

程，不用生成该文件；". cmp"文件是 VHDL 程序的元件宣言文件，是 VHDL 程序中调用该计数器所需文件；". bsf"文件为图标文件，原理图设计文件中调用该计数器时需要该文件；"＊_inst. v"和"＊_bb. v"这两个 verilog 程序文件分别是生成的实例文件和黑匣子文件。建议初学者全部勾选这些文件。

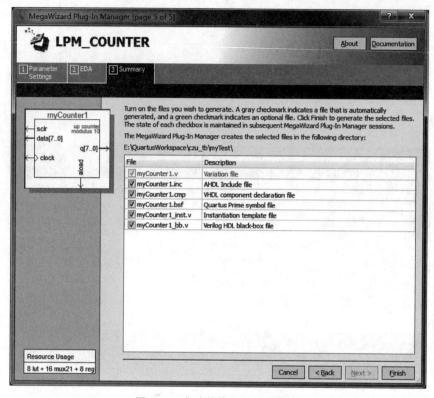

图 3-50　兆功能模块的汇总信息

（5）单击 Finish 按钮，即完成了计数器 IP 实例或称兆功能模块的制作。以后原理图设计和 HDL 代码编辑时就可以调用这个名为"myCounter1"的兆功能模块了。

如果后期要修改 myCounter1 的参数，若在某原理图中已添加 myCounter1 元件，双击 myCounter1 即可打开参数设置界面，或者从主界面左上角的工程导航区的下拉菜单中选择 IP 元件找到 myCounter1，双击即可打开其参数设置界面。

3.5　编译报告

当某个工程成功编译完成后，会得到 Quartus Prime 给出编译报告。在主界面，可以得到一个报告的梗概（Flow Summary），如图 3-51 所示。按 Ctrl ＋ R 快捷键或者选择 Processing→Compilation Report 也可以调出编译报告。

报告梗概（Flow Summary）从上到下依次给出了编译时间、Quartus 版本、工程名、顶层实体名、器件家族（Family）、器件具体型号（Device）、时序模型、总逻辑单元（LEs）使用量、总寄存器数（registers）、总管脚（pins）使用量、总虚拟管脚、总内存位使用量、嵌入式乘法器

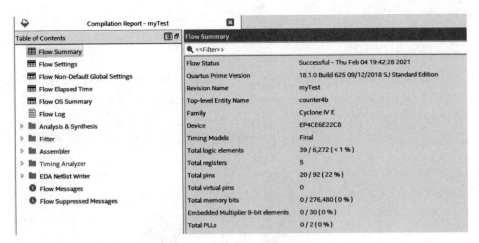

图 3-51　编译报告梗概

(9b)使用量、总锁相环(PLL)使用量等信息,需要特别关注片上逻辑资源的使用量,若某项资源不足时,则要对设计进行优化,以尽量适应所选择的 FPGA 器件。

　　Quartus 还给出了分类的详细报告(图 3-51 左侧 Table of Contents)。Flow Settings 给出了编译开始时间、任务、工程名等信息。Flow Non-Default Global Settings 列出了工程中一些全局设置值,如 testbench 文件名、testbench 的模块名等。Flow Elasped Time 给出了大编译过程中各个环节所用的时间,如分析与综合、适配、组合、时序分析等。Flow OS Summary 给了计算机操作系统的版本以及处理器类型。我们重点应该关注仿真与综合项(Analysis & Synthesis)下的详细信息,仿真与综合项下包含各个实体的资源使用情况、片上 RAM 使用情况、IP 核使用情况等重要信息。根据顶层设计文件上各个实体的资源使用情况,可以有的放矢地进行裁剪,以达到减少片上资源的目标。图 3-52 为 3.4.2 节中的设计实例经过编译后查找表(LUT)、逻辑寄存器(LE)、片上 RAM(Memory bits)等各类资源使用量。

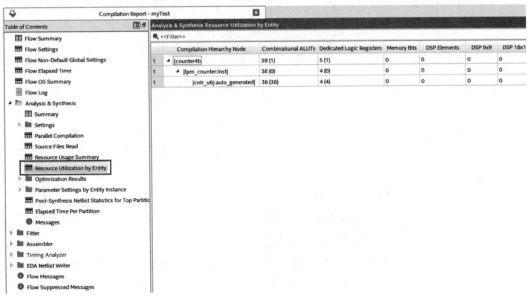

图 3-52　编译报告

编译报告中的 Timing Analyzer 分项通常以红色显示，表明时序不满足通常的约束条件，其原因已经在 3.1.6 节中说明，这时需要利用 Tools 下的 Timing Analyzer 工具进行必要的时序约束，这里不再赘述。

另外，设计者还可以通过 RTL Viewer 工具观察经过编译以后得到的寄存器传输级的实现电路图，选择 Tools→Netlist Viewer→RTL Viewer 子菜单，可以得到 3.4.3 节中实例的顶层设计的框图，如图 3-53(a)所示。双击 LPM_COUNTER：inst 还可以观察下一层的 RTL 图，如图 3-53(b)所示，在该层中便能够看到复杂的门级实现电路。

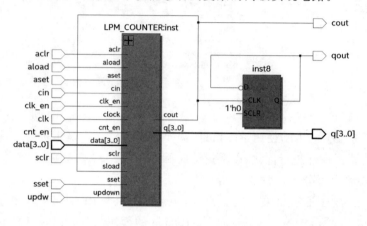

(a)

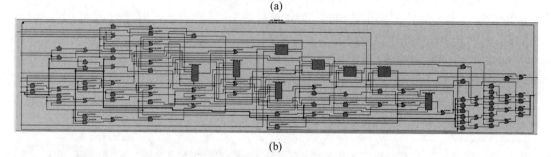

(b)

图 3-53　RTL 原理图

思考题与习题

1. 简述用原理图输入方式设计电路的详细流程。

2. 功能仿真和时序仿真有何区别？如何利用 Quartus Prime 18 进行这些仿真？

3. 如何设置仿真栅格时间及仿真终止时间？

4. 如何进行多层次的电路系统设计？

5. 设计一个 4 选 1 多路选择器，当选择输入端信号分别取"00""01""10"和"11"时，输出信号分别与一路输入信号相连。

6. 设计一个 7 人表决电路，参加表决者 7 人，同意为 1，不同意为 0，同意者过半则表决通过，绿指示灯亮；表决不通过则红指示灯亮。

7. 设计一个 8 位加法器电路。

8. 设计一个 4 位寄存器电路。

9. 设计一个异步清除 4 位同步加计数器电路。

10. 设计一个具有预置功能的三位数的十进制计数器电路。

11. 设计一个由两级 D 触发器组成的四分频电路。

12. 用 74194、74273、D 触发器等器件组成 8 位串入并出的转换电路,要求在转换过程中数据不变,只有当 8 位一组数据全部转换结束后,输出才变化一次。

13. 设计两位十进制频率计,F_IN 是待测频率信号(设其频率周期为 410ns);CNT_EN 是对待测频率脉冲计数允许信号(设其频率周期为 $32\mu s$),CNT_EN 高电平时允许计数,低电平时禁止计数。

14. 用两片 74160 设计计数长度为 60 的计数器 cnt60.bdf,并进行功能仿真。

15. 利用 LPM 模块,即 lpm_add_sub、busmux、lpm_latch 及其他模块构成一个可预置初值的减法计数器。

第 4 章

VHDL 设计初步

本章通过数个简单、完整而典型的 VHDL 设计实例,帮助读者初步了解用 VHDL 描述和设计电路的方法,力图使读者能迅速地从整体上把握 VHDL 程序的基本结构和设计特点,达到快速入门的目的。

4.1 概述

VHDL 是随着集成电路系统化和高度集成化的发展而逐步发展起来的,是一种用于数字系统的设计和测试的硬件描述语言。对于小规模的数字集成电路,通常可以用传统的设计输入方法(如原理图输入)来完成,并进行模拟仿真。但纯原理图输入方式对于大型、复杂的系统,由于种种条件和环境的制约,其工作效率较低,而且容易出错,暴露出种种弊端。在信息技术高速发展的今天,对集成电路提出高集成度、系统化、微尺寸、微功耗的要求,因此,高密度可编程逻辑器件和 VHDL 便应运而生。

VHDL 的英文全名是 Very-High-Speed Integrated Circuit Hardware Description Language,诞生于 1982 年。1987 年年底,VHDL 被 IEEE(The Institute of Electrical and Electeronics Engineers) 和美国国防部认定为标准硬件描述语言。自 IEEE 公布了 VHDL 的标准版本(IEEE 1076)之后,各 EDA 公司相继推出了自己的 VHDL 设计环境或宣布自己的设计工具可以和 VHDL 接口,此后,VHDL 在电子设计领域得到了广泛的接受,并逐步取代了原有的非标准硬件描述语言。1993 年,IEEE 对 VHDL 进行了修订,从更高的抽象层次和系统描述能力上扩展 VHDL 内容,公布了新版本的 VHDL,即 IEEE 标准的 1076—1993 版本。现在,VHDL 和 Verilog 作为 IEEE 的工业标准硬件描述语言,又得到了众多 EDA 公司的支持,在电子工程领域,已成为事实上的通用硬件描述语言,有专家认为,在 21 世纪,VHDL 与 Verilog 语言将承担起几乎全部的数字系统设计任务。

4.1.1 常用硬件描述语言简介

常用硬件描述语言有 VHDL、Verilog 和 ABEL。VHDL 起源于美国国防部的 VHSIC,Verilog 起源于集成电路的设计,ABEL 则来源于可编程逻辑器件的设计。下面从使用方面将三者进行对比。

(1) 逻辑描述层次:一般的硬件描述语言可以在三个层次上进行电路描述,其层次由高到低依次可分为行为级、RTL 级和门电路级。VHDL 是一种高级描述语言,适用于行为

级和 RTL 级的描述,最适于描述电路的行为;Verilog 语言和 ABEL 是一种较低级的描述语言,适用于 RTL 级和门电路级的描述,最适合描述门电路级。

（2）设计要求：VHDL 进行电子系统设计时可以不了解电路的内部结构,设计者所做的工作较少;Verilog 和 ABEL 进行电子系统设计时需了解电路的详细结构,设计者需做大量的工作。

（3）综合过程：任何一种语言源程序,最终都要转换成门电路级才能被布线器或适配器所接受。因此,VHDL 源程序的综合通常要经过行为级-RTL 级-门电路级的转化,VHDL 几乎不能直接控制门电路的生成。而 Verilog 语言和 ABEL 源程序的综合过程较为简单,即经过 RTL 级-门电路级的转化,易于控制电路资源。

（4）对综合器的要求：VHDL 描述层次较高,不易控制底层电路,因而对综合器的性能要求较高,Verilog 和 ABEL 对综合器的性能要求较低。

4.1.2　VHDL 的特点

VHDL 主要用于描述数字系统的结构、行为、功能和接口。除了含有许多具有硬件特征的语句外,VHDL 的语言形式和描述风格与句法十分类似于一般的计算机高级语言。应用 VHDL 进行工程设计的优点是多方面的,主要有以下几点。

（1）与其他的硬件描述语言相比,VHDL 具有更强的行为描述能力。强大的行为描述能力是避开具体的器件结构,从逻辑行为上描述和设计大规模电子系统的重要保证。就目前流行的 EDA 工具和 VHDL 综合器而言,将基于抽象的行为描述风格的 VHDL 程序综合成为具体的 FPGA 和 CPLD 等目标器件的网表文件已不成问题,只是在综合与优化效率上略有差异。

（2）VHDL 具有丰富的仿真语句和库函数,使得在任何大系统的设计早期,就能查验设计系统的功能可行性,随时可对系统进行仿真模拟,使设计者对整个工程的结构和功能的可行性做出判断。

（3）用 VHDL 完成一个确定的设计,可以利用 EDA 工具进行逻辑综合和优化,并自动把 VHDL 描述设计转变成门级网表（根据不同的实现芯片）。这种方式突破了门级设计的瓶颈,极大地减少了电路设计的时间和可能发生的错误,降低了开发成本。利用 EDA 工具的逻辑优化功能,可以自动地把一个综合后的设计变成一个更小、更高速的电路系统。反过来,设计者还可以容易地从综合和优化的电路获得设计信息,返回去更新修改 VHDL 设计描述,使之更加完善。

（4）VHDL 对设计的描述具有相对独立性。设计者可以不懂硬件的结构,也不必管最终设计的目标器件是什么,而进行独立的设计。正因为 VHDL 的硬件描述与具体的工艺技术和硬件结构无关,所以 VHDL 设计程序的硬件实现目标器件有广阔的选择范围,其中包括各种系列的 CPLD、FPGA 及各种门阵列器件。

（5）由于 VHDL 具有类属描述语句和子程序调用等功能,对于完成的设计,在不改变源程序的条件下,只需改变类属参量或函数,就能轻易地改变设计的规模和结构。

（6）VHDL 本身的生命周期长。因为 VHDL 的硬件描述与工艺无关,不会因工艺变化而使描述过时。而与工艺技术有关的参数可通过 VHDL 提供的属性加以描述,当生产工艺改变时,只需要修改相应程序中的属性参数即可。

4.1.3　VHDL 程序设计约定

为了便于程序的阅读,本书对 VHDL 程序设计特做如下约定。

(1) 语句结构描述中方括号"[]"内的内容为可选内容。

(2) 对于 VHDL 的编译器和综合器来说,程序文字的大小写是不加区分的。本书一般采用如下方式,对于 VHDL 中使用的关键词用大写,对于由用户自己定义的名称等用小写。

(3) 程序中的注释使用双横线"--"。在 VHDL 程序的任何一行中,双横线"--"后的文本都不参加编译和综合。

(4) 为了便于程序的阅读与调试,书写和输入程序时,使用层次缩进格式,同一层次的对齐,低层次的描述较高层次的描述缩进两个字符。

(5) 考虑到 Quartus II 要求源程序文件的名字与实体名必须一致,因此为了使同一个 VHDL 源程序文件能适应各个 EDA 开发软件上的使用要求,各个源程序文件的命名均与其实体名一致。

4.2　VHDL 的基本单元及其构成

一个完整的 VHDL 程序通常包含实体、结构体等几个不同的部分,本节通过对一个 2 选 1 多路选择器的 VHDL 描述,介绍 VHDL 的基本单元及其构成。

4.2.1　2 选 1 多路选择器的 VHDL 描述

1. 设计思路

图 4-1 是一个 2 选 1 的多路选择器的逻辑图,a 和 b 分别是两个数据输入信号,s 为选择控制信号,q 为输出信号。其逻辑功能可表述为：若 s＝0 则 q＝a;若 s＝1 则 q＝b。

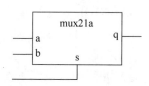

图 4-1　2 选 1 多路选择器逻辑图

2. VHDL 源程序

例 4-1 是 2 选 1 多路选择器的 VHDL 完整描述,即可以直接综合出实现相应功能的逻辑电路及其功能器件。

【例 4-1】 多路选择器 VHDL 描述方式 1

```
ENTITY mux21 IS                -- 实体描述
  PORT(a,b: IN BIT;
       s: IN BIT;
       q: OUT BIT);
END ENTITY mux21;

ARCHITECTURE connect OF mux21 IS  -- 结构体描述
  BEGIN
    q<= a WHEN s = '0' ELSE
        b;
END ARCHITECTURE connect;
```

3. 说明及分析

由例 4-1 可见,此电路的 VHDL 描述由以下两大部分组成。

（1）由关键词 ENTITY 引导，以 END ENTITY mux21 结尾的语句部分，称为实体。实体描述电路器件的外部情况及各信号端口的基本性质。图 4-1 可以认为是实体的图形表达。

（2）由关键词 ARCHITECTURE 引导，以 END ARCHITECTURE connect 结尾的语句部分，称为结构体。结构体描述电路器件的内部逻辑功能或电路结构。图 4-2 是此结构体的原理图表达。

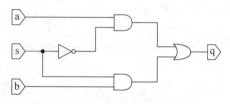

图 4-2　2 选 1 多路选择器结构体

在 VHDL 结构体中用于描述逻辑功能和电路结构的语句分为顺序语句和并行语句两部分。顺序语句的执行方式十分类似于普通软件语言的程序执行方式，都是按照语句的前后排列顺序执行的。而在结构体中的并行语句，无论有多少行，都是同时执行的，与语句的前后次序无关。VHDL 的一条完整语句结束后，必须为它加上“；”，作为前后语句的分界。

4.2.2　VHDL 程序的基本结构

从前面的设计实例可以看出，一个相对完整的 VHDL 程序（或称为设计实体）至少应包括两个基本组成部分：实体说明和实体对应的结构体说明。实际上，一个完整的 VHDL 程序应具有如图 4-3 所示的比较固定的结构，它包括四个基本组成部分：库、程序包使用说明，实体说明，实体对应的结构体说明和配置语句说明。其中，库、程序包使用说明用于打开（调用）本设计实体将要用到的库、程序包；实体说明用于描述该设计实体与外界的接口信号，是可视部分；结构体说明用于描述该设计实体内部工作的逻辑关系，是不可视部分。在一个实体中，可以含有一个或一个以上的结构体，而在每一个结构体中又可以含有一个或多个进程以及其他的语句。根据需要，实体还可以有配置说明语句。配置说明语句主要用于在层次化方式中对特定的设计实体进行元件例化，或是为实体选定某个特定的结构体。

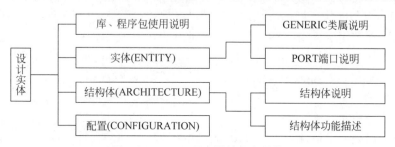

图 4-3　VHDL 程序设计基本结构

如何才算一个完整的 VHDL 程序，并没有完全一致的结论，因为不同的程序设计目的可以有不同的程序结构。通常认为，一个完整的设计实体的最低要求应该能为 VHDL 综合器所接受，并能作为一个独立设计单元，即以元件的形式存在的 VHDL 程序。这里所谓的元件，既可以被高层次的系统所调用，成为该系统的一部分，也可以作为一个电路功能块而独立存在和独立运行。

4.2.3　实体

实体（ENTITY）是一个设计实体的表层设计单元，其功能是对这个设计实体与外部电路进行接口描述。它规定了设计单元的输入/输出接口信号或引脚，是设计实体经封装后对外的一个通信界面。

1. 实体语句结构

实体说明单元的常用语句结构如下。

```
ENTITY 实体名 IS
[GENERIC(类属表); ]
[PORT(端口表); ]
END    ENTITY 实体名;
```

实体说明单元必须以语句"ENTITY 实体名 IS"开始，以语句"END ENTITY 实体名;"结束，其中的实体名由设计者自由命名，用来表示被设计电路芯片的名称，也可作为其他设计调用该设计实体时的名称。中间在方括号内的语句描述，在特定的情况下并非都是必需的。结束语句中的关键词"ENTITY"可以省略。

2. 类属说明语句

类属（GENERIC）变量是一种端口界面常数，常以一种说明的形式放在实体或块结构体前的说明部分。类属为设计实体和其外部环境通信的静态信息提供通道，特别是用来规定端口的大小、实体中子元件的数目、实体的定时特性等。类属的值可以由设计实体外部提供。因此，设计者可以从外面通过类属变量的重新设定而容易地改变一个设计实体或一个元件的内部电路结构和规模。

类属说明的一般格式为：

```
GENERIC(常数名 : 数据类型[: = 设定值];
            ...
         常数名: 数据类型[: = 设定值]);
```

类属变量以关键词 GENERIC 引导一个类属变量表，类属说明在所定义环境中的地位十分接近常数，但却能从环境（设计实体）外部动态地接受赋值，其行为又有点儿类似于端口PORT。因此，在实体定义语句中，经常将类属说明放在其中，并且放在端口说明语句的前面。

例如： `GENERIC(wide: integer: = 32);`   -- 说明宽度为 32 位
     `GENERIC(tpd_hl,tpd_lh : time: = 5ns)`   -- 典型延迟

3. 端口说明语句

由 PORT 引导的端口说明语句是对一个设计实体界面的说明。端口为设计实体和外部环境的动态通信提供通道，实体端口说明的一般书写格式如下。

```
PORT(端口名:端口模式 数据类型;
        ...
      端口名:端口模式 数据类型);
```

1）端口名

其中，端口名是设计者为实体的每一个对外通道所取的名字；端口模式是指这些通道上的数据流动方式，如输入或输出等；数据类型是指端口上流动的数据的表达格式。由于VHDL 是一种强类型语言，它对语句中的所有操作数的数据类型都有严格的规定。一个实体通常有一个或多个端口。端口类似于原理图部件符号上的管脚。实体与外界交流的信息

必须通过端口通道流入或流出。

2）端口模式

IEEE 1076 标准包中定义了 4 种常用的端口模式,分别为输入、输出、缓冲及双向,如果端口的模式没有指定,则该端口处于默认的输入模式。各端口模式说明如下。

输入(IN)：只读模式,将变量或信号通过该端口读入。它主要用于时钟输入、控制输入(如复位和使能)和单向的数据输入。

输出(OUT)：单向赋值模式,将信号通过该端口输出。输出模式不能用于反馈,因为这样的端口不能看作在实体内可读。它主要用于计数输出。

缓冲(BUFFER)：具有读功能的输出模式,即信号输出到实体外部,但同时也在内部反馈使用。缓冲模式不允许作为双向端口使用。

双向(INOUT)：信号是双向的,既可以进入实体,也可以离开实体。双向模式也允许用于内部反馈。

3）数据类型

VHDL 作为一种强类型语言,任何一种数据对象(信号、变量、常数)必须严格限定其取值范围,即对其传输或存储的数据类型做明确的界定。这对于大规模电路描述的排错是十分有益的。在 VHDL 中,预定义好的数据类型有多种,如整数数据类型 INTEGER、布尔数据类型 BOOLEAN、标准逻辑位数据类型 STD_LOGIC 和位数据类型 BIT 等。

BIT 数据类型的取值范围是逻辑位 1 和 0。在 VHDL 中,逻辑 0 和 1 的表达必须加单引号,否则 VHDL 综合器将 0 和 1 解释为整数数据类型 INTEGER。

BIT 数据类型可以参与逻辑运算,其结果仍是位的数据类型。VHDL 综合器用一个二进制位表示 BIT。例 4-1 中的端口信号 a、b、s 和 y 的数据类型都定义为 BIT,即表示 a、b、s 和 y 的取值范围,或者说数据范围被限定在逻辑位 1 和 0 之间。

BIT 数据类型的定义包含在 VHDL 标准程序包 STANDARD 中,而程序包 STANDARD 包含于 VHDL 标准库 STD 中。有关程序包更详细的情况在第 5 章中介绍。

例如,全加器的端口如图 4-4 所示,则其端口的 VHDL 描述如下。

```
ENTITY fadder Is
  PORT(a,b,c: IN  BIT;
       Sum,carry: OUT  BIT);
END ENTITY fadder;
```

在 VHDL 中,预先定义好的数据类型有多种,BIT 数据类型的信号规定的取值范围是 1 位的二进制数 1 和 0。BIT 数据类型的定义包含在 VHDL 标准程序包 STANDARD 中,而程序包 STANDARD 包含于 VHDL 标准库 STD 中。更详细的情况在后面介绍。

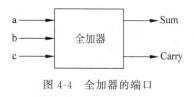

图 4-4　全加器的端口

4.2.4　结构体

结构体用来描述设计实体的结构或行为,即描述一个实体的功能,把设计实体的输入和输出之间的联系建立起来。一般情况下,一个完整的结构体由以下两个基本层次组成。

（1）对数据类型、常数、信号、子程序和元件等元素的说明部分。

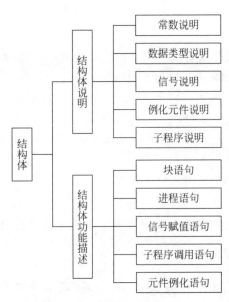

图 4-5　结构体的基本组成

（2）描述实体逻辑行为，以各种不同的描述风格表达的功能描述语句。

结构体的内部构造的描述层次和描述内容可以用图 4-5 来说明。

结构体将具体实现一个实体。每个实体可以有多个结构体，每个结构体对应着实体不同结构和算法实现方案，其间的各个结构体的地位是同等的，它们完整地实现了实体的行为，但同一结构体不能为不同的实体所拥有，而且结构体不能单独存在，它必须有一个界面说明，即一个实体。对于具有多个结构体的实体，必须用 CONFIGURATION 配置语句进行说明。在电路中，如果实体代表一个器件，则结构体描述了这个器件的内部行为。当把这个器件例化成一个实际的器件安装到电路上时，则需用配置语句为这个例化的器件指定一个结构体（即指定一种实现方案），或由编译器自动选一个结构体。

1．结构体的一般语句格式

结构体的语句格式如下。

```
ARCHITECTURE 结构体名 OF 实体名 IS
     ［说明语句］
BEGIN
     ［功能描述语句］
END ARCHITECTURE 结构体名;
```

其中，实体名必须是所在设计实体的名字，而结构体名可以由设计者自己选择，但当一个实体具有多个结构体时，结构体的取名不可重复。

2．结构体说明语句

结构体中的说明语句是对结构体的功能描述语句中将要用到的信号（SIGNA）、数据类型（TYPE）、常数（CONSTANT）、元件（COMPONENT）、函数（FUNCTION）和过程（PROCEDURE）等加以说明的语句。但在一个结构体中说明和定义的数据类型、常数、元件、函数和过程只能用于这个结构体中，若希望其能用于其他的实体或结构体中，则需要将其作为程序包来处理。

3．功能描述语句结构

如图 4-5 所示的功能描述语句结构可以含有五种不同类型的，以并行方式工作的语句结构。而在每一语句结构的内部可能含有并行运行的逻辑描述语句或顺序运行的逻辑描述语句。各语句结构的基本组成和功能分别如下。

（1）块语句是由一系列并行执行语句构成的组合体，它的功能是将结构体中的并行语句组成一个或多个模块。

（2）进程语句定义顺序语句模块，用以将从外部获得的信号值，或内部的运算数据向其他的信号进行赋值。

（3）信号赋值语句将设计实体内的处理结果向定义的信号或界面端口进行赋值。

（4）子程序调用语句用于调用一个已设计好的子程序。

（5）元件例化语句对其他的设计实体做元件调用说明，并将此元件的端口与其他的元件、信号或高层次实体的界面端口进行连接。

例4-1中出现的是条件信号赋值语句，这是一种并行信号赋值语句，其表达式如下。

```
赋值目标<= 表达式 WHEN 赋值条件 ELSE
            表达式 WHEN 赋值条件 ELSE
            …
            表达式;
```

在执行条件信号语句时，每一"赋值条件"是按书写的先后关系逐项测定，一旦发现赋值条件为真，立即将"表达式"的值赋给"赋值目标"信号。

符号"<="表示信号传输或赋值符号，表达式 q<=a 表示输入端口 a 的数据向输出端口 q 传输；也可解释为信号 a 向信号 q 赋值。VHDL 要求赋值符"<="两边的数据类型必须一致。

也可以用其他的语句形式来描述以上相同的逻辑行为。例 4-2 中的 VHDL 功能描述语句都是并行语句，是用布尔方程的表达式来描述的。其中的"AND""OR""NOT"分别是逻辑"与""或""非"的意思。

【例 4-2】　多路选择器 VHDL 描述方式 2

```
ENTITY mux21a IS
  PORT(a,b: IN BIT;
         s: IN BIT;
         q: OUT BIT);
END ENTITY mux21a;
ARCHITECTURE behave OF mux21a IS
BEGIN
  q<= (a AND (NOT s)) OR (b AND s);
END ARCHITECTURE behave;
```

例 4-2 中出现的文字 AND、OR 和 NOT 是逻辑操作符号。VHDL 共有 7 种基本逻辑操作符，它们是 AND(与)、OR(或)、NAND(与非)、NOR(或非)、XOR(异或)、XNOR(同或)和 NOT(取反)。信号在这些操作符的作用下，可构成组合电路。逻辑操作符所要求的操作数的数据类型有 3 种，即 BIT、BOOLEAN 和 STD_LOGIC。

例 4-3 则给出了用顺序语句 IF_THEN_ELSE 表达的功能描述。

【例 4-3】　多路选择器 VHDL 描述方式 3

```
ENTITY mux21b IS
  PORT(a,b: IN BIT;
         s: IN BIT;
         q: OUT BIT);
END ENTITY mux21b;
ARCHITECTURE behave OF mux21b IS
BEGIN
```

```
    PROCESS(a,b,s)
      BEGIN
      IF s = '0' THEN
        q < = a;
      ELSE
        q < = b;
      END IF;
    END PROCESS;
END ARCHITECTURE behave;
```

例 4-3 中利用 IF_THEN_ELSE 表达的 VHDL 顺序语句的方式,描述了同一多路选择器的电路行为。IF 条件语句的执行类似于软件语言,具有条件选择功能,例 4-3 中的 IF 语句首先判断如果 s 为低电平,则执行 q<=a 语句,否则执行语句 q<=b。由此可见,VHDL的顺序语句同样能描述并行运行的组合电路。IF 语句必须以语句"END IF;"结束。

从例 4-3 还可以看出,顺序语句"IF_THEN"是放在由"PROCESS…END PROCESS"引导的语句中的,由 PROCESS 引导的语句称为进程语句。在 VHDL 中,所有合法的顺序描述语句都必须放在进程语句中。

PROCESS 旁的(a,b,s)称为进程的敏感信号表,通常要求将进程中所有的输入信号都放在敏感信号表中。例如,例 4-3 中的输入信号是 a、b 和 s,所以将它们全部列入敏感信号表中。PROCESS 语句的执行依赖于敏感信号的变化,当某一敏感信号(如 a)发生变化时,就将启动此进程语句,而在执行一遍整个进程的顺序语句后,便进入等待状态,直到下一次敏感信号表中某一信号的跳变才再次进入"启动-运行"状态。

在一个结构体中可以包含任意个进程语句,所有的进程语句都是并行语句,而由任一进程 PROCESS 引导的语句结构属于顺序语句。

4.3 VHDL 文本输入设计方法初步

虽然本节介绍是基于 Quartus(Quartus Prime 18.1) Standard Edition 的文本输入设计方法,但其基本流程具有一般性,因而,设计的基本方法也完全适用于其他 EDA 工具软件。整个设计流程与第 3 章介绍的原理图输入设计方法基本相同,只是在一开始的原文件创建上稍有不同。以下对文本输入设计方法做简要说明。

4.3.1 项目建立与 VHDL 源文件输入

与原理图设计方法一样,首先应该建立好工作库目录,以便设计工程项目的存储。作为示例,在此设立目录为 E:\muxfile,作为工作库,以便将设计过程中的相关文件存储在此处。

接下来是打开 Quartus(Quartus Prime 18.1) Standard Edition,在主菜单上选择 File→New,或单击工具栏上的 ▯ 图标,或利用快捷键 Ctrl+N,在弹出的 New 菜单中选择 VHDL File 后单击 OK 按钮,如图 4-6 所示。这时将会出现一个 Vhdl1.vhd. 的无标文本窗口。

选择 File→New 菜单,在出现的对话框中选中 Text Editor File,单击 OK 按钮,即选中了文本编辑方式。

在文本编辑窗口中输入例 4-1 的 VHDL 程序(2 选 1 多路选择器),输入完毕后,选择 File→Save 菜单,即出现如图 4-7 所示的"另存为"对话框。首先在目录框中选择自己已建好的存放本文件的目录 E:\muxfile(用鼠标双击此目录,使其打开),然后在"文件名"文本框中输入文件名母线 mux21.vhd,单击"保存"按钮,即把输入的文件放在目录 E:\muxfile 中了。

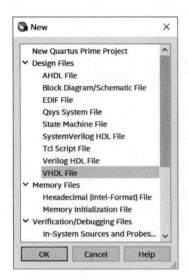

图 4-6 建立文本编辑器

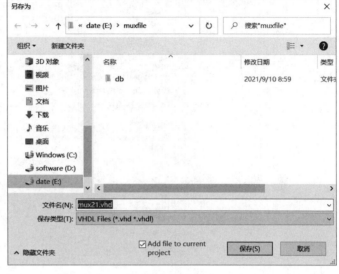

图 4-7 保存文本

注意,原理图输入设计方法中,存盘的原理图文件名可以是任意的,但 VHDL 程序文本存盘的文件名必须与文件的实体名一致,如 mux21.vhd。

特别应该注意,文件的后缀将决定使用的语言形式,在 Quartus(Quartus Prime 18.1) Standard Edition 中,后缀为.VHD 表示 VHDL 文件;后缀为.TDF 表示 AHDL 文件;后缀为.V 表示 Verilog 文件。如果后缀正确,存盘后对应该语言的文件中的所有关键词都会改变颜色。

4.3.2 将当前设计设定为工程

在编译/综合 mux21.vhd 之前,需要设置此文件为顶层文件,或称工程文件 Project,或者说将此项设计设置成工程。顶层设计有两种途径:①选择 Project→Set as Top-Level Entity 或者按快捷键 Ctrl+Shift+J,即将当前设计文件设置顶层设计实体,如图 4-8(a)所示。②如果设计文件未打开,可先将工程导航区切换为 Files,然后从文件列表中找到已加入该工程的设计文件,右击该文件,从弹出的快捷菜单中选择 Set as Top-Level Entity 或按快捷键 Ctrl+Shift+V,如图 4-8(b)所示,设定之前要确保该设计文件已经加入本工程。顶层设计名称在工程建立之初与工程名同名,指定了新的顶层设计实体后,顶层设计名称将跟随顶层设计文件名变换。

在设定工程文件后,应该选择用于编程的目标芯片:选择 Assignments→Device 菜单,或者双击主界面左上方工程导航区中当前选定的目标器件,在弹出的对话框的 Device

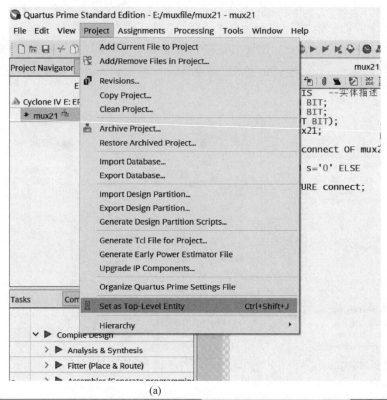

(a)

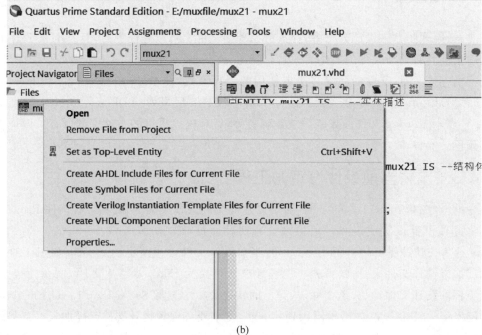

(b)

图 4-8　将当前设计文件设置成工程文件

Family 下拉菜单中，例如可以选择 Cyclone IV E 系列，然后在 Devices 列表框中选择芯片型号 EP4CE6F17C8，单击 OK 按钮。

在设计中,设定某项 VHDL 设计为工程应该注意以下 3 方面的问题。

(1) 如果设计项目由多个 VHDL 文件组成,如本章后面给出的全加器,应先对各低层次文件(元件),如或门或半加器分别进行编辑、设置成工程、编译、综合、乃至仿真测试,并存盘以备后用。

(2) 最后将顶层文件(存在同一目录中)设置为工程,统一处理,这时顶层文件能根据例化语句自动调用底层设计文件。

(3) 在设定顶层文件为工程后,底层设计文件原来设定的元件型号和引脚锁定信息自动失效。元件型号的选定和引脚锁定情况始终以工程文件(顶层文件)的设定为准。同样,仿真结果也是针对工程文件的。所以在对最后的顶层文件处理时,仍然应该对它重新设定元件型号和引脚锁定(引脚锁定只有在最后硬件测试时才是必须的)。如果需要对特定的底层文件(元件)进行仿真,只能将某底层文件(元件)暂时设定为工程,进行功能测试或时序仿真。

4.3.3 选择 VHDL 文本编译版本号和排错

选择 Assignments→Settings 菜单,出现编译窗口如图 4-9 所示,然后根据自己输入的 VHDL 文本格式选择 VHDL 文本编译版本号。

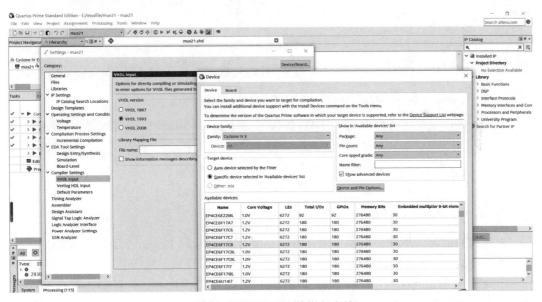

图 4-9 设定 VHDL 编译版本号

选择如图 4-9 所示界面上方的 Compiler Settings→VHDL Input,在弹出的窗口中选择 VHDL'1987 或 VHDL'1993 或 VHDL'2008。这样,编译器将支持 1987 或 1993 或 2008 版本的 VHDL。这里,文件 MUX21A.VHD 属于 1993 版本的表述。

由于综合器的 VHDL'1993 版本兼容 VHDL'1987 版本的表述,所以如果设计文件含有 VHDL'1987 或混合表述,都应该选择 VHDL'1993 项。最后单击 OK 按钮,完成配置。

如果所设计的 VHDL 程序有错误,在编译时会出现出错信息指示,如图 4-10 所示。有时尽管只有一两个小错,却会出现大量的出错信息,确定错误所在的最好办法是找到最上一排错误信息指示，用鼠标双击错误信息行，就能在文本编译窗口中闪动的光标附近找到错误所在。纠正后再次编译，直至排除所有错误。

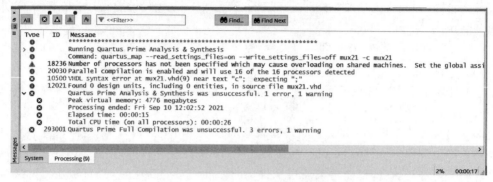

图 4-10   确定设计文件中的错误

注意闪动的光标指示错误所在只是相对的，有的错误比较复杂，很难用此定位。

如果所编辑的 VHDL 程序无语法错误，但在 VHDL 文本编辑中还可能出现许多其他典型错误，常见的错误有以下几种。

（1）错将设计文件存入了根目录，并将其设定成工程，由于没有了工作库，报错信息如下。

Error：Can't open VHDL "WORK"。

（2）错将设计文件的后缀写成 .tdf 而非 .vhd，在设定工程后编译时，报错信息如下。

Error：Line1，File e:\muxfile\mux21a.tdf: TDF syntax error:…。

（3）未将设计文件名存为其实体名，如错写为 muxa.vhd，设定工程编译时，报错信息如下。

Error：Line1，…VHDL Design File "muxa.vhd" must contain …。

4.3.4   时序仿真

时序仿真的详细步骤必须参考第 3 章。这里仅给出针对例 4-1 进行仿真的简要过程。对例 4-2 和例 4-3 的仿真结果也一样。

首先选择 File→New 菜单，打开如图 4-6 所示的对话框，选择 University Program VMF，单击 OK 按钮后进入仿真波形编辑窗口。接下来选择 Simulation Waveform Editor 主界面的 Edit→Insert→Insert Node or Bus 子菜单，单击 Node Finder 按钮，再单击 List 按钮，在左边的 Nodes Found 列表中列出相关节点，将测试信号 s(I)、b(I)、a(I) 和 q(O) 输入仿真波形编辑窗口。

选择 Edit 项，取消勾选 Snap to Grid 复选框；选择 Edit→Set End Time，设定仿真时间区域，如设 30μs。给出输入信号后，在 Simulation Waveform Editor 主界面上单击工具栏上的 🔧 按钮，启动 Simulator 进行功能仿真运算，波形如图 4-11 所示。输入信号详细的加入方法参考第 3 章。

在图 4-11 仿真波形中，多路选择器 mux21a 的输入端口 a 和 b 分别输入时钟周期为

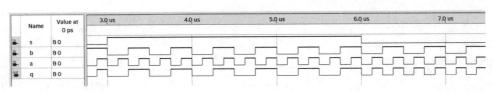

图 4-11 mux21a仿真波形

50ns 和 200ns 的时变信号。由图可见,当控制端 s 为高电平时,q 的输出为 b 的低频率信号,而当 s 为低电平时,q 的输出为 a 的高频率信号。

仿真波形文件的建立,一定要十分注意仿真时间区域的设定,以及时钟信号的周期设置,否则即使设计正确也无法获得正确的仿真结果。如图 4-11 所示,设定了比较合理的仿真时间区域和信号频率。即仿真时间区域不能太小,仿真频率不能太高,信号周期不能小到与器件的延时相比拟。

仿真测试完成以后,还可以在实验系统上完成对器件的编程,验证设计的正确性,完成硬件测试。与第 3 章介绍的器件编程方法类似,具体硬件测试步骤要根据具体的实验系统来完成。

4.4 VHDL 程序设计举例

为了使读者在较短的时间内,初步了解用 VHDL 表达和设计电路的方法,以及由此而引出的 VHDL 现象和语法规则,首先给出一些读者熟悉的简单电路设计实例及相应的 VHDL 描述,然后对描述中出现的语句含义做较简要的解释,力图使读者迅速地从整体上把握 VHDL 程序的基本结构和设计特点,达到快速入门的目的。VHDL 语法规则将在第 5 章做较为详细的解释。

4.4.1 D 触发器的 VHDL 描述

与其他硬件描述语言相比,在时序电路的描述上,VHDL 具有许多独特之处,最明显的是 VHDL 主要通过对时序器件功能和逻辑行为的描述,而非结构上的描述即能由计算机综合出符合要求的时序电路,从而充分体现了 VHDL 描述电路系统行为的强大功能。

1. D 触发器的 VHDL 描述

最简单并最具代表性的时序电路是 D 触发器,它是现代可编程 ASIC 设计中最基本的时序元件和底层元件。D 触发器的描述包含 VHDL 对时序电路的最基本和典型的表达方式,同时也包含 VHDL 中许多最具特色的语言现象。例 4-4 是对 D 触发器元件的 VHDL 描述。

【例 4-4】 D 触发器的 VHDL 描述

```
LIBRARY IEEE ;
USE IEEE.STD_LOGIC_1164.ALL ;
ENTITY dff1 IS                    --D触发器的实体描述
  PORT (clk: IN STD_LOGIC;
        d: IN STD_LOGIC;
        q: OUT STD_LOGIC );
  END dff1;
```

```
ARCHITECTURE bhv OF dff1 IS              -- D 触发器的结构体描述
SIGNAL q1: STD_LOGIC;                    -- 类似于在芯片内部定义一个数据的暂存节点
  BEGIN
    PROCESS (clk)
    BEGIN
    IF  CLK'EVENT AND CLK = '1'
        THEN  q1 <= d ;
    END IF;
        q <= q1;                         -- 将内部的暂存数据向端口输出
    END PROCESS ;
END bhv;
```

与例 4-1～例 4-3 相比，从 VHDL 的语言现象上看，例 4-4 的描述多了以下 5 个部分。

（1）由 LIBRARY 引导的库的说明部分。

（2）使用了另一种数据类型 STD_LOGIC。

（3）定义了一个内部节点信号 SIGNAL。

（4）出现了上升沿检测表达式和信号属性函数 EVENT。

（5）使用了一种新的条件判断表达式。

除此之外，虽然例 4-1～例 4-3 描述的是组合电路，而例 4-4 描述的是时序电路，如果不详细分析其中的表述含义，两种例题在语句结构和语言应用上没有明显的差异，也不存在如其他硬件描述语言（如 ABEL、AHDL）那样用于表示时序和组合逻辑的特征语句，更没有与特定的软件或硬件相关的特征属性语句。这充分表明了 VHDL 电路描述与设计平台和硬件实现对象无关性的显著特点。

2. D 触发器 VHDL 描述的语言现象说明

以下对例 4-4 中出现的新的语言现象做出说明。

1）标准逻辑位数据类型 STD_LOGIC

从例 4-2 可见，D 触发器的 3 个信号端口 clk、d 和 q 的数据类型都被定义为 STD_LOGIC。就数字系统设计来说，类型 STD_LOGIC 比 BIT 包含的内容丰富和完整得多。它们较完整地概括了数字系统中所有可能的数据表现形式。所以例 4-2 中的 clk、d 和 q 比例 4-1 中的 a、b、q 具有更宽的取值范围，从而实际电路有更好的适应性。

在仿真和综合中，将信号或其他数据对象定义为 STD_LOGIC 数据类型是非常重要的，它可以使设计者精确地模拟一些未知的和具有高阻态的线路情况。对于综合器，高阻态 'Z' 和忽略态 '-'（有的综合器对 'X'），可用于三态的描述。但就目前的综合器而言，STD_LOGIC 型数据能够在数字器件中实现的只有其中的四种值，即 '-'（或 'X'）、'0'、'1' 和 'Z'。

2）设计库和标准程序包

STD_LOGIC 的类型定义在被称为 STD_LOGIC_1164 的程序包中，此包由 IEEE 定义，而且此程序包所在的程序库的库名也称为 IEEE。由于 IEEE 库不属于 VHDL 标准库，所以在使用其库中的内容前，必须事先给予声明。例 4-2 最上面的两句语句：

```
LIBRARY  IEEE ;
USE IEEE.STD_LOGIC_1164.ALL ;
```

第 1 句中的 LIBRARY 是关键词，LIBRARY IEEE 表示打开 IEEE 库；第 2 句中的 USE 和 ALL 是关键词，USE IEEE. STD_LOGIC_1164. ALL 表示允许使用 IEEE 库中

STD_LOGIC_1164 程序包中的所有内容(. ALL)。

正是出于需要,定义端口信号的数据类型为 STD_LOGIC,当然也可以定义为 BIT 类型或其他数据类型,但一般应用中推荐定义 STD_LOGIC 类型。

3) SIGNAL 信号定义和数据对象

例 4-2 中的语句"SIGNAL q1: STD_LOGIC;"表示在描述的器件 DFF1 内部定义标识符 q1 的数据对象为信号 SIGNAL,其数据类型为 STD_LOGIC。由于 q1 被定义为器件的内部接点信号,数据的进出不像端口信号那样受限制,所以不必定义其端口模式(如 IN、OUT 等)。定义 q1 的目的是在今后更大的电路设计中使用由此引入的时序电路的信号,这是一种常用的时序电路设计的方式。

语句"SIGNAL q1: STD_LOGIC;"中的 SIGNAL 是定义某标识符为信号的关键词。在 VHDL 中,数据对象(Data Objects)类似于一种容器,它接收不同数据类型的赋值。数据对象有三类,即信号(SIGNAL)、变量(VARIABLE)和常量(CONSTANT)。关于数据对象的详细解释将在后文中给出。VHDL 中,被定义的标识符必须确定为某类数据对象,同时还必须被定义为某种数据类型,如例 4-2 中的 q1,对它规定的数据对象是信号,数据类型是 STD_LOGIC(规定 q1 的取值范围),前者规定了 q1 的行为方式和功能特点,后者限定了 q1 的取值范围。根据 VHDL 规定,q1 作为信号,它可以如同一根连线那样在整个结构体中传递信息,也可以根据程序的功能描述构成一个时序元件;但 q1 传递或存储的数据类型只能包含在 STD_LOGIC 的定义中。需要注意的是,语句"SIGNAL q1: STD_LOGIC;"仅规定了 q1 的属性特征,而其功能定位需要由结构体中的语句描述具体确定。

当然单就例 4-4 的一个 D 触发器的描述,并不一定需要引入信号,如果其结构体如例 4-5那样,同样能综合出相同的结果。

【例 4-5】　D 触发器的另一种描述

```
ARCHITECTURE bhv OF DFF1 IS
  BEGIN
    PROCESS (clk)
    BEGIN
    IF  CLK'EVENT AND CLK = '1'
        THEN  q <= d ;
    END IF;
    END PROCESS ;
END bhv;
```

4) 上升沿检测表达式和信号属性函数 EVENT

例 4-4 中的条件语句的判断表达式"CLK'EVENT AND CLK＝'1'"是用于检测时钟信号 CLK 的上升沿的,即如果检测到 CLK 的上升沿,此表达式将输出"true"。

关键词 EVENT 是信号属性,VHDL 通过以下表达式来测定该信号的跳变边沿。

<信号名>'EVENT

短语"clock'EVENT"就是对 clock 标识符的信号在当前的一个极小的时间段 δ 内发生事件的情况进行检测。所谓发生事件,就是 clock 的电平发生变化,从一种电平方式转变到另一种电平方式。如果 clock 的数据类型定义为 STD_LOGIC,则在 δ 时间段内,clock 从其

数据类型允许的各种值中的任何一个值向另一值跳变,如由'0'变成'1'、由'1'变成'0'或由'Z'变成'0',都认为发生了事件,于是此表达式将输出一个布尔值 TRUE,否则为 FALSE。

如果将以上短语"clock'EVENT"改成语句"clock 'EVENT AND clock＝'1'",则一旦"clock'EVENT"在 δ 时间内测得 clock 有一个跳变,而小时间段 δ 之后又测得 clock 为高电平'1',从而满足此语句右侧的"clock＝'1'"条件,而两者相与(AND)后返回 TRUE,由此便可以从当前的"clock＝'1'"推断在此前的 δ 时间段内,clock 必为 0(假设 clock 的数据类型为 BIT)。因此,以上表达式可以用来对信号 clock 的上升沿进行检测。

5) 不完整条件语句与时序电路

现在来分析例 4-4 中对 D 触发器功能的描述。

首先当时钟信号 CLK 发生变化时,PROCESS 语句被启动,IF 语句将测定条件表达式"CLK'EVENT AND CLK＝'1'"是否满足条件(即 CLK 的上升沿是否到来),如果为"true",则执行语句 q1<＝d,即将 d 的数据向内部信号 q1 赋值,并结束 IF 语句,最后将 q1 的值向端口信号 q 输出,即执行 q<＝q1。

如果 CLK 没有发生变化,或是非上升沿方式的变化,IF 语句都不满足条件,即条件表达式给出"false",于是将跳过赋值表达式 q1<＝d,结束 IF 语句的执行。由于此 IF 语句中没有利用 ELSE 明确指出当 IF 语句不满足条件时做何操作,显然这是一种不完整的条件语句,即在条件语句中,没有将所有可能发生的条件给出对应的处理方式。对于这种语言现象,VHDL 综合器将"理解"为当不满足条件时,不能执行语句 q1<＝d,即应保持 q1 的原值不变。这就意味着必须引进时序元件来保存 q1 中的原值,直到满足 IF 语句的判断条件后才能更新 q1 中的值。

利用这种不完整的条件语句的描述引进寄存器元件,从而构成时序电路的方式是 VHDL 描述时序电路最重要的途径。通常,完整的条件语句只能构成组合逻辑电路。如例 4-1 中,IF_THEN_ELSE 语句指明了 s 为 1 和 0 全部可能的条件下的赋值操作,从而产生了多路选择器组合电路模块。

3. D 触发器的工作时序

例 4-4 和例 4-5 的综合结果是相同的,其工作时序如图 4-12 所示,图中 q 显示的波形取决于输入信号 d 的波形,q 变化的时刻要在时钟输入的上升沿。

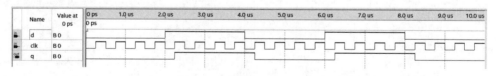

图 4-12　D 触发器工作时序

4.4.2　1位二进制全加器的 VHDL 描述

1 位二进制全加器可以由两个 1 位的半加器和一个或门连接而成,如图 4-13 所示。而 1 位半加器可以由若干门电路组成,如图 4-14 所示,半加器也可以用真值表来描述,如表 4-1 所示。为此,可以利用图 4-14 或表 4-1 来进行半加器的 VHDL 描述。然后根据图 4-13 写出全加器的顶层 VHDL 描述例。

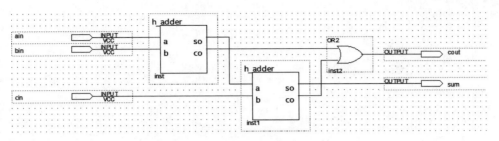

图 4-13　半加器电路图

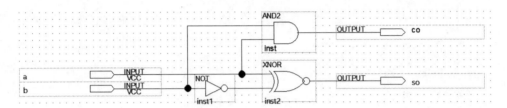

图 4-14　全加器电路图

表 4-1　半加器逻辑功能表

a	b	so	co
0	0	0	0
0	1	1	0
1	0	1	0
1	1	0	1

1. 半加器的 VHDL 描述

1位半加器的端口信号 a 和 b 分别是 2 位相加的二进制输入信号, so 是相加和的输出信号, co 是进位输出信号。例 4-6 是根据图 4-14 电路图写出的, 是用并行赋值语句表达的, 其中逻辑操作符 XOR 是异或操作符。

【例 4-6】　半加器 VHDL 描述方式 1

```
LIBRARY IEEE;
USE IEEE.STD_LOGIC_1164.ALL;
ENTITY h_adder1 IS
  PORT(a,b: IN STD_LOGIC;
       co,so: OUT STD_LOGIC);
END ENTITY h_adder1;
ARCHITECTURE fh1 OF h_adder1 IS
BEGIN
  so <= NOT(a XOR (NOT b));
  co <= a AND b;
END ARCHITECTURE fh1;
```

例 4-7 的 VHDL 表达与半加器的真值表(表 4-1)十分相似。利用 CASE 语句来直接表达电路的逻辑真值表是一种十分有效和直观的方法。

【例 4-7】　半加器 VHDL 描述方式 2

```
LIBRARY IEEE;
USE IEEE.STD_LOGIC_1164.ALL;
ENTITY h_adder2 IS
  PORT(a,b: IN STD_LOGIC;
        co,so: OUT STD_LOGIC);
END ENTITY h_adder2;
ARCHITECTURE fh2 OF h_adder2 IS
SIGNAL abc: STD_LOGIC_VECTOR(1 DOWNTO 0);
BEGIN
abc <= a&b;
PROCESS(abc)
BEGIN
CASE abc IS
  WHEN "00" => so <= '0'; co <= '0';
  WHEN "01" => so <= '1'; co <= '0';
  WHEN "10" => so <= '1'; co <= '0';
  WHEN "11" => so <= '0'; co <= '1';
  WHEN  OTHERS  => NULL;
END CASE;
END PROCESS;
END ARCHITECTURE fh2;
```

2. 全加器的 VHDL 描述

为了设计一个全加器，还需要设计一个或门电路，其 VHDL 描述见例 4-8。

【例 4-8】 或门描述

```
LIBRARY IEEE;
USE IEEE.STD_LOGIC_1164.ALL;
ENTITY or2a IS
  PORT(a,b: IN STD_LOGIC;
        c: OUT STD_LOGIC);
END ENTITY or2a;
ARCHITECTURE one OF or2a IS
  BEGIN
  c <= a OR b;
END ARCHITECTURE one;
```

例 4-9 是按照图 4-13 的连接方式完成的全加器的 VHDL 顶层文件。为了达到连接底层元件形成更高层次的电路设计结构，文件中使用了元件例化语句。文件在实体中首先定义了全加器顶层设计元件的端口信号，然后在 ARCHITECTURE 和 BEGIN 之间利用 COMPONENT 语句对准备调用的元件或（门和半加器）做了声明，并定义了 d、e、f 三个信号作为器件内部的连接线（见图 4-13）。最后利用端口映射语句 PORT MAPO 将两个半加器和一个或门连接起来构成一个完整的全加器。

【例 4-9】 1 位二进制全加器顶层设计描述

```
LIBRARY  IEEE;
USE IEEE.STD_LOGIC_1164.ALL;
ENTITY f_adder IS
  PORT (ain,bin,cin  : IN STD_LOGIC;
```

```
                cout,sum    : OUT STD_LOGIC );
END ENTITY f_adder;
ARCHITECTURE fd1 OF f_adder IS
   COMPONENT h_adder1
     PORT (   a,b :    IN STD_LOGIC;
          co,so :    OUT STD_LOGIC);
   END COMPONENT;
   COMPONENT or2a
      PORT (a,b : IN STD_LOGIC;
                 c : OUT STD_LOGIC);
   END COMPONENT;
SIGNAL d,e,f   :    STD_LOGIC;
   BEGIN
     u1 : h_adder1 PORT MAP(a = > ain,b = > bin,
         co = > d,so = > e);
     u2 : h_adder1 PORT MAP(a = > e,b = > cin,
         co = > f,so = > sum);
     u3 : or2a PORT MAP(a = > d,b = > f,c = > cout);
   END ARCHITECTURE fd1 ;
```

3. 全加器 VHDL 描述的语言现象说明

在全加器的 VHDL 描述中,出现了一些新的语言现象,以下将对一些新的语言现象给予说明。

1) CASE 语句

CASE 语句属于顺序语句,必须放在进程语句中使用,CASE 语句的一般表达式是:

```
CASE<表达式>IS
When<选择值或标识符> = <顺序语句>; …; <顺序语句>;
When<选择值或标识符> = <顺序语句>; …; <顺序语句>;
…
END CASE
```

当执行到 CASE 语句时,首先计算〈表达式〉的值,然后根据 WHEN 条件句中与之相同的〈选择值或标识符〉,执行对应的〈顺序语句〉,最后结束 CASE 语句。条件中的"＝"不是操作符,它的含义相当于"THEN"(或于是)。CASE 语句使用中应注意以下几点。

(1) WHEN 条件句中的选择值或标识符所代表的值必须在表达式的取值范围内。

(2) 除非所有条件句中的选择值能完整覆盖 CASE 语句中表达式的取值,否则最后一个条件句中的选择必须如例 4-5 那样用关键词 OTHERS 表示以上已列的所有条件句中未能列出的其他可能的取值。使用 OTHERS 的目的是使条件句中的所有选择值能涵盖表达式的所有取值,以免综合器会插入不必要的锁存器。关键词 NULL 表示不做任何操作。

(3) CASE 语句中的选择值只能出现一次,不允许有相同选择值的条件语句出现。

(4) CASE 语句执行中必须选中,且只能选中所列条件语句。

2) 标准逻辑矢量数据类型 STD_LOGIC_VECTOR

STD_LOGIC_VECTOR 类型与 STD_LOGIC 一样,都定义在 STD_LOGIC_1164 程序包中,STD_LOGIC_VECTOR 被定义为标准一维数组,数组中的每一个元素的数据类型都是标准逻辑位。使用 STD_LOGIC_VECTOR 可以表达电路中并列的多通道端口或节点,或表达总线。

3）并置操作符 &

在例 4-5 中的操作符 & 表示将操作数或是数组合并起来形成新的数组。例如，"VH" & "DL"的结果为"VHDL"；显然语句 abc <= a&b 的作用是令 abc(1) <= a；abc(0) <= b。

4）元件例化语句

元件例化就是引入一种连接关系，将预先设计好的设计实体定义为一个元件，然后利用特定的语句将此元件与当前的设计实体中的指定端口相连接，从而为达到当前设计实体引进一个新的低一级的设计层次。在这里，当前设计实体（如例 4-6 描述的全加器）相当于一个较大的电路系统，所定义的例化元件相当于一个要插在这个电路系统上的芯片，而当前设计实体中指定的端口则相当于这块电路板上准备接受此芯片的一个插座。元件例化是使 VHDL 设计实体构成自上而下层次化设计的一种重要途径。

元件例化可以是多层次的，一个调用了较低层次元件的顶层设计实体本身也可以被更高层次设计实体所调用，成为该设计实体中的一个元件。任何一个被例化语句声明并调用的设计实体可以以不同的形式出现，它可以是一个设计好的 VHDL 设计文件（一个设计实体），可以是来自 FPGA 元件库中的元件或是 FPGA 中器件中的嵌入式元件功能块，或是以别的硬件描述于语言，如 AHDL 或 Verilog 设计的元件，还可以是 IP 核。

元件例化语句由两部分组成，第一部分是对一个现成的设计实体定义为一个元件，语句的功能是对待调用的元件做出调用声明，它的最简表达式如下。

```
COMPONENT
    PORT(端口名表);
END COMPONENT;
```

这一部分可以称为元件定义语句，相当于对一个现成的设计实体进行封装，使其只流出对外的接口界面。就像一个集成芯片只留几个引脚在外一样，端口名表需要列出该元件对外通信的各端口名。命名方式与实体中的 PORT( ) 语句一致。元件定义语句必须放在结构体的 ARCHITECTURE 和 BEGIN 之间。

元件例化语句的第二部分则是此元件与当前设计实体（顶层文件）中元件间及端口的连接说明。语句的表达式如下。

```
例化名: 元件名 PORT MAP([端口名 =>]连接端口名, … );
```

其中的例化名是必须存在的，它类似于标在当前系统（电路板）中的一个插座名，而元件名是准备在此插座上插入的、已定义好的元件名，即为待调用的 VHDL 设计实体的实体名。对应于例 4-9 中的元件名 h_adder 和 or2a，其例化名分别为 u1、u2 和 u3。PORT MAP 是端口映射的意思，也就是端口连接的意思。其中的"端口名"是在元件定义语句中的端口名表中已定义好的元件端口的名字，或者说是顶层文件中待连接的各个元件本身的端口名；"连接端口名"则是顶层系统中，准备与接入的元件的端口相连的通信线名。这里的符号"=>"是连接符号，其左面放置内部元件的端口名，右面放置内部元件以外的端口名或信号名，这种位置排列方式是固定的，但连接表达式（如 co=>）在 PORT MAP 语句中的位置是任意的。

4. 全加器的工作时序

例 4-9 的工作时序如图 4-15 所示，图中 ain、bin 和 cin 是输入信号，sum 代表输出的和，cout 代表输出进位。从图中可以看出，输出波形取决于输入信号，输出信号和输入信号之间的关系符合全加器的逻辑功能。

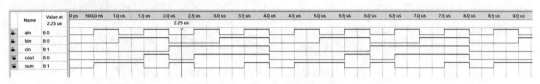

图 4-15　全加器的工作时序

4.4.3　4 位加法计数器的 VHDL 描述

在了解了 D 触发器和 1 位全加器的 VHDL 基本语言现象和设计方法后，对于计数器的设计就比较容易理解了。下面就两种方法设计 4 位加法计数器，并对其中出现的一些新的语法现象做一些说明。

1. 4 位加法计数器的 VHDL 描述举例

例 4-10 所示就是 4 位二进制加法计数器的 VHDL 描述。其中，clk 为输入时钟信号，q 为 4 位二进制信号。

【例 4-10】　4 位二进制加法计数器的 VHDL 描述

```
ENTITY cnt4_1 IS
  PORT(clk: IN BIT;
       q: BUFFER INTEGER RANGE 15 DOWNTO 0);
END cnt4_1;
ARCHITECTURE behave OF cnt4_1 IS
  BEGIN
  PROCESS(clk)
    BEGIN
      IF clk'EVENT AND clk = '1' THEN
        q <= q + 1;
      END IF;
  END PROCESS;
END behave;
```

2. 4 位加法计数器 VHDL 描述的语言现象说明

此电路的输入端口只有一个：计数时钟信号 CLK；数据类型是二进制逻辑位 BIT；输出端口 Q 的端口模式定义为 BUFFER，其数据类型定义为整数数据类型 INTEGER。以下对例 4-8 中新出现的语言现象做一些说明。

1) BUFFER 端口模式

由例 4-10 中的计数器累加表达式 q<=q+1 可见，在传输符号"<="的两边都出现了 q，表明 q 应当具有输入和输出两种端口模式特性，同时它的输入特性应该是反馈方式，即传输符"<="右边的 q 来自左边的 q（输出信号）的反馈。显然，q 的端口模式与 BUFFER 是最吻合的，因而定义 q 为 BUFFER 模式。

应当注意的是,形式上 BUFFER 具有双向端口 INOUT 的功能,但实际上其输入功能是不完整的,它只能将自己输出的信号再反馈回来。

2）整数数据类型 INTEGER

整数数据类型 INTEGER 的元素包含正整数、负整数和零。在使用整数时,VHDL 综合器要求必须用"RANGE"子句为所定义的数限定范围,然后根据所限定的范围来决定表示此信号或变量的二进制数的位数。

与 BIT、BIT_VECTOR 一样,整数数据类型 INTEGER 也定义在 VHDL 标准程序包 STANDARD 中。由于是默认打开的,所以在例 4-8 中,没有显式打开 STD 库和程序包 STANDARD。有关整数数据类型的详细说明见第 5 章。

3）整数和位的表达方式

在语句中表达数据时,整数的表达方式和逻辑位的表达方式是不一样的,整数的表达不加单引号,如 0、1 及 9 等,而逻辑位的数据必须加引号,如'0''1'"1001"等。

4）算术符的适用范围

VHDL 规定,加、减等算术操作符(+、-)对应的操作数的数据类型只能是整数(除非对算术操作符有一些特殊的说明,如重载函数的利用等)。因此如果定义 q 为 INTEGER,表达式 q<=q+1 的运算和数据传输都能满足 VHDL 基本要求,即表达式中的 q 和 1 都是整数,满足符号"<="两边都是整数、加号"+"两边也都是整数的条件。

注意:表达式 q<=q+1 的右项与左项并非处于相同的时刻内,前者的结果出现于当前的时钟周期;后者,即左项要获得当前的 q+1,需要等待下一个时钟周期。

3. 4 位加法计数器的另一种表达方式

例 4-11 是一种更为常用的计数器表达方式,主要表现在电路所有端口的数据类型都定义为标准逻辑位或位矢量,这种设计方式比较容易与其他电路模块接口。

【例 4-11】 计数器的另一种描述

```
LIBRARY IEEE;
USE IEEE.STD_LOGIC_1164.ALL;
USE IEEE.STD_LOGIC_UNSIGNED.ALL;
ENTITY cnt4_2 IS
PORT(clk: IN STD_LOGIC;
     q: OUT STD_LOGIC_VECTOR(3 DOWNTO 0));
END cnt4_2;
ARCHITECTURE behave OF cnt4_2 IS
  SIGNAL q1: STD_LOGIC_VECTOR(3 DOWNTO 0);
BEGIN
  PROCESS(clk)
  BEGIN
    IF clk'EVENT AND clk = '1' THEN
        q1 <= q1 + 1;
    END IF;
    q <= q1;
  END PROCESS;
END behave;
```

4. 有关语言现象说明

与例 4-8 相比,例 4-11 有如下一些新的内容。

1）标准逻辑位与标准逻辑位矢量类型

输入信号 clk 定义为标准逻辑位 STD_LOGIC,输出信号 q 的数据类型明确定义为 4 位标准逻辑位矢量 STD_LOGIC_VECTOR(3 DOWNTO 0),因此,必须利用 LIBRARY 语句和 USE 语句,打开 IEEE 库的程序包 STD_LOGIC_1164。

2）OUT 端口模式

输出信号 q 的端口模式是 OUT,由于它没有输入端口模式特性,因此 q 不能如例 4-8 那样直接用在表达式 q<=q+1 中。但考虑到计数器必须建立一个用于计数累加的寄存器,因此在计数器内部先定义一个信号 SIGNAL(类似于节点),语句表达上可以在结构体的 ARCHITECTURE 和 BEGIN 之间定义一个信号 q1。

由于 q1 是内部的信号,不必像端口信号那样需要定义它们的端口模式,即 q1 的数据流动是不受方向限制的。因此可以在 q1<=q1+1 中用信号 q1 来完成累加的任务,然后将累加的结果用表达式 q<=q1 向端口 q 输出。于是在例 4-9 中的不完整的 IF 条件语句中,q1 变成了内部加法计数器的数据端口。

3）重载函数的应用

考虑到 VHDL 不允许在不同数据类型的操作数间进行直接操作或运算,而表达式 q1<=q1+1 中数据传输符"<="右边加号的两个操作数分属不同的数据类型:q1 为逻辑矢量类型,1 为整数类型,不满足算术符"+"对应的操作数必须是整数类型,且相加和也为整数类型的要求,因此必须对表达式 q1<=q1+1 中的加号(+)赋予新的功能,以便使之允许不同数据类型的数据可以相加,且相加和为标准逻辑矢量。方法之一就是调用一个函数,以便赋予加号(+)新的数据类型的操作功能,这就是所谓的运算符重载,这个函数称为运算符重载函数。

为了方便各种不同数据类型间的运算操作,VHDL 允许用户对原有的基本操作符重新定义,赋予新的含义和功能,从而建立一种新的操作符。事实上,VHDL 的 IEEE 库中的 STD_LOGIC_UNSIGNED 程序包中预定义的操作符如"+""-""*""=""=="">="""<="">""<""/=""AND""MOD"等,对相应的数据类型 INTEGR、STD_LOGIC 和 STD_LOGIC_VECTOR 的操作做了重载,赋予了新的数据类型操作功能,即通过重新定义运算符的方式,允许被重载的运算符对新的数据类型进行操作,或者允许不同的数据类型之间用此运算符进行运算。

例 4-9 中使用语句 UDE IEEE. STD_LOGIC_UNSIGNED. ALL 的目的就在于此。使用此程序包就是允许当遇到此例中的"+"号时,调用"+"号的运算符重载函数。

5. 4 位加法计数器的工作时序

例 4-10 和例 4-11 的综合结果是相同的,其工作时序如图 4-16 所示,图中的 q 显示的波形是以总线方式表达的,其数据格式是十六进制,是 q3、q2、q1、q0 时序的迭加,如十六进制数值"A"即为"1010"。

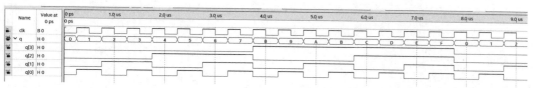

图 4-16　4 位加法计数器工作时序

思考题与习题

1. 什么是 VHDL？采用 VHDL 进行数字系统设计有哪些特点？

2. VHDL 的基本结构是什么？各部分的功能分别是什么？

3. 画出与下列实体描述对应的原理图符号。

（1）ENTITY buf3s IS
  PORT(input : IN STD_LOGIC;
   enable : IN STD_LOGIC;
   output : OUT STD_LOGIC);
 END buf3s;

（2）ENTITY mux21 IS
  PORT (in0,in1,sel : IN STD_LOGIC;
   output : OUT STD_LOGIC);
 END mux21;

4. 写出 3 输入与非门的实体描述。

5. 例 4-1 是 2 选 1 的多路选择器的 VHDL 描述，在结构体的描述中使用了"WHEN-ELSE"语句，但也可以用其他语句进行描述，试描述之。

6. 试写出 4 选 1 多路选择器的 VHDL 描述。选择控制信号为 s1 和 s0，输入信号为 a，b，c，d，输出信号为 y。

7. 试给出 1 位全减器的 VHDL 描述，要求首先设计 1 位半减器，然后用例化语句将它们连接起来。设 x 为被减数，y 为减数，sub_in 是借位输入，diff 是输出差，sub_out 是借位输出。

第 5 章

VHDL 设计进阶

第 4 章中,通过几个典型的实例,对 VHDL 的结构、某些语言规则和语句类型等做过部分针对性的介绍,本章将对 VHDL 的语言规则和语句类型等做出更系统的叙述,对于在第 4 章中已出现过的内容,本章根据实际需要仅做简要介绍或归纳。

5.1 VHDL 要素

VHDL 具有计算机编程语言的一般特性,其语言要素是编程语句的基本单元,是 VHDL 作为硬件描述语言的基本结构元素,反映了 VHDL 重要的语言特征。准确无误地理解和掌握 VHDL 的语言要素的基本含义和用法,对于正确地完成 VHDL 程序设计十分重要。

VHDL 的语言要素主要有 VHDL 文字规则、数据对象(Data Objects)、数据类型(Data Type)、各类操作数(Operands)和运算操作符(Operator)等。

5.1.1 VHDL 文字规则

VHDL 除了具有类似于计算机高级语言所具有的一般文字规则外,还包含许多特有的文字规则和表达方式,在编程中需认真遵循。

1. 数字

数字型文字的值有多种表达方式,现列举如下。

(1) 整数文字:整数文字都是十进制的数。例如:

5,678,0,156E2(= 15600),12_345_678(= 12345678)

注意:数字间的下画线仅仅是为了提高文字的可读性,相当于一个空的间隔符,而没有其他的意义,因而不影响文字本身的数值。

(2) 实数文字:实数文字也都是十进制的数,但必须带有小数点。例如:

188.993,88_670_551.453_909(= 88670551.453909),1.0,44.99E − 2(= .4499)

(3) 以数制基数表示的文字:用这种方式表示的数由五个部分组成,可以表示为:

基数 ♯ 基于该基的整数[.基于该基的整数]♯E 指数

其中,第一部分是用十进制数标明数制进位的基数;第二部分是数制隔离符号"♯";

第三部分是表达的文字，可以为整数，也可以为实数；第四部分是指数隔离符号"♯"；第五部分用字符"E"加十进制表示的指数部分，这一部分的数如果是 0 则可以省去不写。现举例如下：

```
10♯254♯              ——(十进制数表示,等于 254)
2♯1111_1110♯         ——(二进制数表示,等于 254)
16♯FE♯               ——(十六进制数表示,等于 254)
8♯376♯               ——(八进制数表示,等于 254)
```

（4）物理量文字(VHDL 综合器不接受此类文字)。例如：

60s(60 秒),100m(100 米),1kΩ(1000 欧姆),10A(10 安培)

2. 字符与字符串

字符是用单引号引起来的 ASCII 字符，可以是数值，也可以是符号或字母，如 'R'，'A'，'＊'，'0'。而字符串则是一维的字符数组，须放在双引号中。VHDL 中有两种类型的字符串：文字字符串和数位字符串。

（1）文字字符串：文字字符串是用双引号引起来的一串文字。例如：

"ERROR","BOTH S AND Q EQUAL TO L","X","BB $ CC"

（2）数位字符串：数位字符串也称位矢量，是用字符形式表示的多位数码，它们所代表的是二进制、八进制或十六进制的数组，其位矢量的长度即为等值的二进制数的位数。数位字符串的表示首先要有计数基数，然后将该基数表示的值放在双引号中，基数符以 B、O 和 X 表示，并放在字符串的前面。它们的含义分别如下。

B：二进制基数符号，表示二进制数位 0 或 1，在字符串中每一个位表示一个 BIT。

O：八进制基数符号(0~7)，在字符串中的每一个数代表一个八进制数，即代表一个 3 位(BIT)的二进制数。

X：十六进制基数符号(0~F)，在字符串中的每一个数代表一个十六进制数，即代表一个 4 位的二进制数。

例如：

```
B"1_1101_1110"       —— 二进制数数组,位矢数组长度是 9
O"15"                —— 八进制数数组,位矢数组长度是 6
X"AD0"               —— 十六进制数数组,位矢数组长度是 12
```

3. 标识符

标识符是 VHDL 中各种成分的名称，这些成分包括常量、变量、信号、端口、子程序或参数等。定义标识符需要遵循以下规则。

（1）有效的字符：包括 26 个大小写英文字母，数字 0~9 以及下画线"_"。

（2）任何标识符必须以英文字母开头。

（3）必须是单一下画线"_"，且其前后都必须有英文字母或数字。

（4）标识符中的英文字母不分大小写。

（5）允许包含图形符号(如回车符、换行符等)，也允许包含空格符。

（6）VHDL 的保留字不能用作标识符。

以下是几种合法和非法标识符的示例。

合法的标识符：Decoder_1,FFT,abc123。

非法的标识符：

```
_Decoder_1                    -- 起始为非英文字母
2 FET                         -- 起始为数字
Not - RST                     -- 符号"-"不能作为标识符的构成
RyY_RST_                      -- 标识符的最后不能是下画线
Data_ _BUS                    -- 标识符中不能有双下画线
Begin                         -- 关键字不能作为标识符
resΩ                          -- 使用了无效字符"Ω"
```

4. 下标名及下标段名

下标名用于指示数组型变量或信号的某一元素,而下标段名则用于指示数组型变量或信号的某一段元素,其语句格式如下。

数组类型信号名或变量名(表达式 1[TO/DOWNTO 表达式 2]);

表达式的数值必须在数组元素下标范围以内,并且必须是可计算的。TO 表示数组下标序列由低到高,如" 2 TO 8";DOWNTO 表示数组下标序列由高到低,如" 8 DOWNTO 2"。

如果表达式是一个可计算的值,则此操作数可很容易地进行综合。如果是不可计算的,则只能在特定的情况下综合,且耗费资源较大。

下面是下标名及下标段名使用示例。

```
SIGNAL a,b,c: BIT_VECTOR(0 TO 7);
SIGNAL m:     INTEGER RANGE 0 TO 3;
SIGNAL y,z: BIT;
y < = a(m);                   -- m 是不可计算型下标表示
z < = b(3);                   -- 3 是可计算型下标表示
c(0 TO 3)< = a(4 TO 7);       -- 以段的方式进行赋值
c(4 TO 7)< = a(0 TO 3);       -- 以段的方式进行赋值
```

5.1.2 VHDL 数据对象

尽管信号和变量在第 4 章的示例中已出现多次,但没有做更详细的解释,为了更好地理解 VHDL 程序,以下对它们做进一步的说明。

在 VHDL 中,凡是可以赋予一个值的对象就称为数据对象(Data Objects),它类似于一种容器,可接受不同数据类型的赋值。在 VHDL 中,数据对象有三种,即常量(CONSTANT)、变量(VARIABLE)和信号(SIGNAL)。前两种数据对象可以从传统的计算机高级语言中找到对应的数据类型,其语言行为与高级语言中的常量和变量十分相似。但信号的表现较为特殊,它是具有更多的硬件特征的特殊数据对象,是 VHDL 中最有特色的语言要素之一。

1. 常量

常量(CONSTANT)就是指在设计实体中不会发生变化的值,它可以在很多部分进行说明,并且可以是任何的数据类型。常量的定义和设置主要是为了使设计实体中的常数更容易阅读和修改。例如,将逻辑位的宽度定义为一个常量,只要修改这个常量就能很容易改变宽度,从而改变硬件结构。在程序中,常量是一个恒定不变的值,一旦做了数据类型的赋值定义后,在程序中不能再改变,因而具有全局意义。常量的定义形式如下。

CONSTANT 常量名: 数据类型[: = 表达式];

例如:

CONSTANT   fbt: STD_LOGIC_VECTOR : = "010110";   -- 标准位矢类型
CONSTANT   vcc: REAL: = 5.0;   -- 实数类型
CONSTANT dely: TIME: = 25ns;   -- 时间类型

VHDL 要求所定义的常量数据类型必须与表达式的数据类型一致。如果常量的定义形式写成:

CONSTANT   vcc: REAL: = 25ns;

这样的定义显然是错误的。

常量定义语句所允许的设计单元有实体、结构体、程序包、块、进程和子程序。在程序包中定义的常量可以暂不设具体数值,它可以在程序包体中设定。

使用时,注意常量的可视性,即常量的使用范围取决于它被定义的位置。在程序包中定义的常量具有最大全局化特征,可以用在调用此程序包的所有设计实体中;定义在设计实体中的常量,其有效范围为这个实体定义的所有结构体;定义在设计实体的某一结构体中的常量,则只能用于此结构体;定义在结构体的某一单元的常量,如一个进程中,则这个常量只能用在这一进程中。这就是常量的可视性规则。

2. 变量

变量(VARIABLE)是指在设计实体中会发生变化的值。在 VHDL 语法规则中,变量是一个局部量,只能在进程和子程序中使用。变量不能将信息带出对它做出定义的当前结构体。变量的赋值是理想化的数据传输,是立即发生的,不存在任何延时的行为。变量的主要作用是在进程中作为临时的数据存储单元。定义变量的语法格式如下。

VARIABLE 变量名: 数据类型[: = 初始值];

例如:

VARIABLE   a : INTEGER   RANGE   0 TO 15;
VARIABLE   b,c : INTEGER: = 2;
VARIABLE   d : STD_LOGIC;

分别定义a的取值范围为 $0 \sim 15$ 的整数型变量;b 和 c 为初始值为 2 的整型变量;d 为标准位类型的变量。

变量作为局部量,其适用范围仅限于定义了变量的进程或子程序的顺序语句中,在这些语句结构中,同一变量的值将随着变量赋值语句的运算而改变。

变量定义语句中的初始值可以是一个与变量具有相同数据类型的常数值,也可以是一个全局静态表达式,这个表达式的数据类型必须与所赋值的变量一致。此初始值不是必需的,由于硬件电路上电后的随机性,因此综合器并不支持设置初始值。变量赋值的一般表达式如下。

目标变量名: = 表达式;

注意: 变量赋值符号是": =", 变量数值的改变是通过变量赋值来实现的。赋值语句右方的"表达式"必须是一个与"目标变量名"具有相同数据类型的数值, 这个表达式可以是一个运算表达式, 也可以是一个数值。通过赋值操作, 新的变量值的获得是立刻发生的。变量赋值语句左边的目标变量可以是单值变量, 也可以是一个变量的集合, 如位矢量类型的变量。例如:

```
VARIABLE x,y: REAL;
VARIABLE a,b: STD_LOGIC_VECTOR(7 DOWNTO 0)
  x: = 100.0;                    -- 实数赋值,x 是实数变量
  y: = 1.5 + x;                  -- 运算表达式赋值,y 也是实数变量
  a: = "10111011";              -- 位矢量赋值
  a(0 TO 5): = b(2 TO 7);       -- 段赋值
```

3. 信号

信号(SIGNAL)是描述硬件系统的基本数据对象, 它类似于电子电路内部的连接线。信号可以作为设计实体中并行语句模块间的信息交流通道。在 VHDL 中, 信号及其相关的信号赋值语句、决断函数、延时语句等很好地描述了硬件系统的许多基本特征。如硬件系统运行的并行性、信号传输过程中的惯性延时特性、多驱动源的总线行为等。

信号作为一种数值容器, 不但可以容纳当前值, 也可以保持历史值。这一属性与触发器的记忆功能有很好的对应关系。信号的定义格式如下。

```
SIGNAL 信号名: 数据类型[: = 初始值];
```

信号初始值的设置不是必需的, 而且初始值仅在 VHDL 的行为仿真中有效。与变量相比, 信号的硬件特征更为明显, 它具有全局性特征。例如, 在程序包中定义的信号, 对于所有调用此程序包的设计实体都是可见的; 在实体中定义的信号, 在其对应的结构体中都是可见的。

事实上, 除了没有方向说明以外, 信号与实体的端口概念是一致的。对于端口来说, 其区别只是输出端口不能读入数据, 输入端口不能被赋值。信号可以看成是实体内部的端口。反之, 实体的端口只是一种隐形的信号, 端口的定义实际上是做了隐式的信号定义, 并附加了数据流动的方向。信号本身的定义是一种显式的定义, 因此, 在实体中定义的端口, 在其结构体中都可以看成一个信号, 并加以使用而不必另做定义。以下是信号的定义示例。

```
SIGNAL s1: STD_LOGIC: = '0';    -- 定义了一个标准位的单值信号 s1,初始值为低电平
SIGNAL s2,s3: BIT;              -- 定义了两个位(BIT)的信号 s2 和 s3
SIGNAL s4: STD_LOGIC_VECTOR(15 DOWNTO 0);
   -- 定义了一个标准位矢的位矢量(数组、总线)信号,共有 16 个信号元素
```

信号的使用和定义范围是实体、结构体和程序包。在进程和子程序中不允许定义信号。在进程中, 只能将信号列入敏感表, 而不能将变量列入敏感表。可见进程只对信号敏感, 而对变量不敏感。

当信号定义了数据类型和表达方式后, 在 VHDL 中就能对信号进行赋值了。信号的赋

值语句表达式如下。

目标信号名<=表达式;

这里的"表达式"可以是一个运算表达式,也可以是数据对象(变量、信号或常量)。数据信息的传入可以设置延时量,因此目标信号获得传入的数据并不是即时的。即使是零延时(不做任何显式的延时设置),也要经历一个特定的延时,即 δ 延时。因此,符号"<="两边的数值并不总是一致的,这与实际器件的传播延迟特性是吻合的,因此,信号赋值与变量赋值的过程有很大差别。

下面列举了几个信号赋值的语句。

```
a <= y;
a <= '1';
s1 <= s2 AFTER 10ns;
```

这里 a、s1、s2 均为信号。AFTER 后面是延迟时间,即 s2 经过 10ns 的延迟后,其值才赋值到 s1 中,这一点是与变量完全不同的。

信号的赋值可以出现在一个进程中,也可以出现在结构体的并行语句结构中,但它们运行的含义是不一样的。前者属于顺序信号赋值,这时的信号赋值操作要视进程是否已被启动。后者属于并行信号赋值,其赋值操作是各自独立并行地发生的。

在进程中,可以允许同一信号有多个驱动源,即在同一进程中存在多个同名的信号被赋值,其结果只有最后的赋值语句被启动,并进行赋值操作,例如:

```
SIGNAL a,b,c,x,y: INTEGER;
…
PROCESS(a,b,c)
BEGIN
  x <= a * b;
  y <= c - a;
  x <= b;
```

上例中,信号 a、b、c 被列入进程表,当进程被启动后,信号赋值将自上而下顺序执行,但第一项赋值操作并不会发生,这是因为 x 的最后一项驱动源是 b,因此 x 被赋值为 b。但在并行赋值语句中,不允许同一信号有多个驱动源的情况。

4. 信号与变量的区别

信号与变量都是 VHDL 中的重要对象,由于它们存在某些相似之处,因此,人们在使用时常常将两者混淆。下面讨论两者之间存在的区别。

(1) 信号赋值至少有 δ 延时,而变量赋值没有延时。

(2) 信号除当前值外有许多相关的信息,而变量只有当前值。

(3) 进程对信号敏感而对变量不敏感。

(4) 信号可以是多个进程的全局信号,而变量只在定义它们的顺序域可见(共享变量除外)。

(5) 信号是硬件中连线的抽象描述,它们的功能是保存变化的数据和连接子元件,信号在元件的端口连接元件。变量在硬件中没有类似的对应关系,它们用于硬件特性的高层次建模所需要的计算中。

（6）信号赋值和变量赋值分别使用不同的赋值符号"＜＝"和"：＝"，信号类型和变量类型可以完全一致，也允许两者之间相互赋值，但要保证两者的类型相同。

关于信号和变量赋值的区别的具体示例见5.2节。

5.1.3　VHDL 数据类型

VHDL 有很强的数据类型，它对运算关系与赋值关系中各操作数的数据类型有严格要求，它要求设计实体中的每一个常量、信号、变量、函数以及设定的各种参量都必须具有确定的数据类型，只有相同数据类型的量才能相互传递和作用。VHDL 作为强类型语言的好处是使 VHDL 编译或综合工具很容易找出设计中的各种常见错误。VHDL 中的数据类型可以分成以下四大类。

（1）标量类型（Scalar Type）：是最基本的数据类型，通常用于描述一个单值数据对象，包括实数类型、整数类型、枚举类型和物理类型。

（2）复合类型（Composite Type）：可以由小的数据类型复合而成，如可由标量类型复合而成。复合类型主要有数组型和记录型。

（3）存取类型（Access Type）：为给定的数据类型的数据对象提供存取方式。

（4）文件类型（File Type）：用于提供多值存取类型。

这些数据类型又可分成在现成程序包中可以随时获得的预定义数据类型和用户自定义数据类型两大类别。预定义的 VHDL 的数据类型是 VHDL 最常用、最基本的数据类型。这些数据类型都已在 VHDL 的标准程序包 STANDARD 和 STD_LOGIC_1164 及其他的标准程序包中做了定义，并可在设计中随时调用。

VHDL 还允许用户自己定义其他的数据类型及子类型。通常，新定义的数据类型和子类型的基本元素一般仍属于 VHDL 的预定义类型。

1. VHDL 的预定义数据类型

VHDL 的预定义数据类型都是在 VHDL 标准程序包 STANDARD 中定义的，在实际使用中，它会自动包含进 VHDL 的源文件中，因而不必通过 USE 语句以显式调用。

1）布尔（BOOLEAN）数据类型

布尔数据类型常用来表示信号的状态或者总线上的情况，它实际上是一个二值枚举型数据类型，它的取值有 FALSE 和 TRUE 两种。综合器将用一个二进制位表示 BOOLEAN 型变量或信号。布尔量没有数值含义，不能进行算术运算，但可以进行关系运算。

例如，当 a 大于 b 时，在 IF 语句中的关系运算表达式（a＞b）的结果是布尔量 TRUE，反之为 FALSE。综合器将其变为 1 或 0 信号值。

程序包 STANDARD 中定义布尔数据类型的源代码如下。

```
TYPE BOOLEAN IS(FALSE,TRUE);
```

2）位（BIT）数据类型

位数据类型也属于枚举型，取值只能是'1'或'0'。这与整数中的 1 或 0 不同，'1'和'0'只表示一个位的两种取值。位数据类型的数据对象，如变量、信号等，可以参与逻辑运算，运算结果仍是位的数据类型。VHDL 综合器用一个二进制位表示 BIT。在程序包 STANDARD 中定义的源代码是：

```
TYPE BIT   IS('0','1');
```

下面是几个关于位类型的例子。

```
CONSTANT c: BIT : = '1';           -- 值为 1 的位类型常量 c
VARIABLE q: BIT : = '0';           -- 值为 0 的位类型变量 q
SIGNAL a,b: BIT;                   -- 两个位类型的信号
```

3）位矢量（BIT_VECTOR）数据类型

位矢量只是基于 BIT 数据类型的数组，它是使用双引号括起来的一组位数据，如"10110101"。在程序包 STANDARD 中定义的源代码是：

```
TYPE BIT_VECTOR IS ARRAY(Natural Range <>)OF BIT;
```

使用位矢量必须注明位宽，即数组中的元素个数和排列，例如：

```
SIGNAL a: BIT_VECTOR(7 TO 0);
```

信号 a 被定义为一个具有 8 位位宽的矢量，它的最左位是 a(7)，最右位是 a(0)。

使用位矢量数据可以形象地表示总线的状态。

4）字符（CHARACTER）数据类型

字符类型通常用单引号引起来，如'A'。字符类型区分大小写，如'B'不同于'b'。字符类型也已在 STANDARD 程序包中做了定义，在 VHDL 程序设计中，标识符的大小写一般是不分的，但用了单引号的字符的大小是有区别的。

5）整数（INTEGER）数据类型

整数类型的整数与数学中的定义相同，但是它的描述是有范围的。在 VHDL 中，整数的取值范围是 $-2\,147\,483\,647\sim+2\,147\,483\,647$，即可用 32 位有符号的二进制数表示，范围为 $-(2^{31}-1)\sim(2^{31}-1)$。在实际应用中，VHDL 仿真器通常将 INTEGER 类型作为有符号数处理，而 VHDL 综合器则将 INTEGER 作为无符号数处理。在使用整数时，VHDL 综合器要求用 RANGE 子句为所定义的数限定范围，然后根据所限定的范围来决定表示此信号或变量的二进制数的位数，因为 VHDL 综合器无法综合未限定的整数类型的信号或变量。

如语句"SIGNAL type1：INTEGER RANGE 0 TO 15;"规定整数 type1 的取值范围是 0～15 共 16 个值，可用 4 位二进制数来表示，因此，type1 将被综合成由 4 条信号线构成的信号。

不同进制整数常量的书写方式示例如下。

```
2                          -- 十进制整数
10E4                       -- 十进制整数
16#D2#.                    -- 十六进制整数
2#11011010#                -- 二进制整数
```

6）自然数（NATURAL）和正整数（POSITIVE）数据类型

自然数是整数的一个子类型，非负的整数，即零和正整数；正整数也是整数的一个子类型，包括整数中非零和非负的数值。它们在 STANDARD 程序包中定义的源代码如下。

```
SUBTYPE NATURAL IS INTEGER RANGE 0 TO INTEGER'HIGH;
```

```
SUBTYPE POSITIVE IS INTEGER RANGE 1 TO INTEGER'HIGH;
```

7) 实数(REAL)数据类型

VHDL 的实数类型类似于数学上的实数,或称浮点数。实数的取值范围为$-1.0E38$~$+1.0E38$。通常情况下,实数类型仅能在 VHDL 仿真器中使用,VHDL 综合器不支持实数,因为实数类型的实现相当复杂,目前在电路规模上难以承受。

不同进制实数常量的书写方式举例如下。

```
-1.0                        -- 十进制实数
65971.333333                -- 十进制实数
8#43.6#E+4                   -- 八进制实数
43.6E-4                     -- 十进制实数
```

有些数可以用整数表示也可以用实数表示。例如,数字 1 的整数表示为 1,而用实数表示则为 1.0。两个数的值是一样的,但数据类型却不一样。在实际应用中不能把一个实数赋予一个整数变量,这样会造成数据类型不匹配。

8) 字符串(STRING)数据类型

字符串数据类型是字符数据类型的一个非约束型数组,或称为字符串数组。字符串必须用双引号标明,VHDL 综合器支持字符串数据类型。字符串数据类型示例如下。

```
VARIABLE string_var : STRING(1 TO 7);
...
string_var: "a b c d";
```

9) 时间(TIME)数据类型

VHDL 中唯一的预定义物理类型是时间。完整的时间类型包括整数和物理量单位两部分。整数和单位之间至少留一个空格,如 55ms、20ns。STANDARD 程序包中也定义了时间,定义如下。

```
TYPE time IS RANGE -2147483647 TO 2147483647
    units
    fs:                     -- 飞秒,VHDL 中的最小时间单位
    ps = 1000fs;            -- 皮秒
    ns = 1000ps;            -- 纳秒
    us = 1000ns;            -- 微秒
    ms = 1000us;            -- 毫秒
    sec = 1000ms;           -- 秒
    min = 60sec;            -- 分
    hr = 60min;             -- 时
    end units;
```

在系统仿真时,利用时间类型数据表示信号延时,可以使模型更接近系统的运行环境。

10) 错误等级(Severity Level)

错误等级类型数据用来表征系统的状态,它共有 4 种：NOTE(注意)、WARNING(警告)、ERROR(出错)和 FAILURE(失败)。在系统仿真过程中可以用这 4 种状态来提示系统当前的工作情况。这样可以使操作人员随时了解当前系统工作的情况,并根据系统的不

同状态采取相应的对策。

11）综合器不支持的数据类型

下面列举的这些数据类型虽然仿真器支持，但是综合器是不支持的。

（1）物理类型：综合器不支持物理类型的数据，如具有量纲型的数据，包括时间类型。这些类型只能用于仿真过程。

（2）浮点型：如 REAL 型。

（3）Access 型：综合器不支持存取型结构，因为不存在这样对应的硬件结构。

（4）File 型：综合器不支持磁盘文件型，硬件对应的文件仅为 RAM 和 ROM。

2. IEEE 预定义标准逻辑位与矢量

在 IEEE 库的程序包 STD_LOGIC_1164 中，定义了两个非常重要的数据类型，即标准逻辑位（STD_LOGIC）数据类型和标准逻辑矢量（STD_LOGIC_VECTOR）数据类型。

1）标准逻辑位（STD_LOGIC）数据类型

以下是定义在 IEEE 库程序包 STD_LOGIC_1164 中的 STD_LOGIC 数据类型。

```
TYPE STD_LOGIC IS('U','X','0','1','Z','W','L','H','-');
```

各值的含义是：'U'——未初始化的，'X'——强未知的，'0'——强 0，'1'——强 1，'Z'——高阻态，'W'——弱未知的，'L'——弱 0，'H'——弱 1，'—'——忽略。

由定义可见，STD_LOGIC 是标准的 BIT 数据类型的扩展，共定义了 9 种值，这意味着，对于定义为数据类型是标准逻辑位 STD_LOGIC 的数据对象，其可能的取值已非传统的 BIT 那样只有 0 和 1 两种取值，而是如上定义的那样有 9 种可能的取值。目前在设计中一般只使用 IEEE 的 STD_LOGIC 标准逻辑的位数据类型，BIT 型则很少使用。

由于标准逻辑位数据类型的多值性，在编程时应当特别注意。因为在条件语句中，如果未考虑到 STD_LOGIC 的所有可能的取值情况，综合器可能会插入不希望的锁存器。

在程序中使用此数据类型前，需加入下面的语句。

```
LIBRARY IEEE;
USE IEEE.STD_LOGIC_1164.ALL;
```

程序包 STD_LOGIC_1164 中还定义了 STD_LOGIC 型逻辑运算符 AND、NAND、OR、NOR、XOR 和 NOT 的重载函数及多个转换函数用于不同数据类型间的相互转换。

在仿真和综合中，STD_LOGIC 值是非常重要的，它可以使设计者精确模拟一些未知和高阻态的线路情况。对于综合器，高阻态和"—"忽略态可用于三态的描述。但就综合而言，STD_LOGIC 型数据能够在数字器件中实现的只有其中的 4 种值，即"—""0""1"和"Z"。当然，这并不表明其余的 5 种值不存在。这 9 种值对于 VHDL 的行为仿真都有重要意义。

2）标准逻辑矢量（STD_LOGIC_VECTOR）数据类型

STD_LOGIC_VECTOR 类型定义如下。

```
TYPE STD_LOGIC_VECTOR IS ARRAY (NATURAL RANGE <>) OF STD_LOGIC;
```

显然，STD_LOGIC_VECTOR 是定义在 STD_LOGIC_1164 程序包中的标准一维数组，数组中的每一个元素的数据类型都是以上定义的标准逻辑位 STD_LOGIC。

STD_LOGIC_VECTOR 数据类型的数据对象赋值的原则是：同位宽、同数据类型的矢量间才能进行赋值。

使用 STD_LOGIC_VECTOR 描述总线信号是很方便的,但需注意的是总线中的每一根信号线都必须定义为同一种数据类型 STD_LOGIC。

3. 其他预定义标准数据类型

VHDL 综合工具配带的扩展程序包中,定义了一些有用的类型。如 Synopsys 公司在 IEEE 库中加入的程序包 STD_LOGIC_ARITH 中定义了如下的数据类型：无符号型(UNSIGNED)、有符号型(SIGNED)、小整型(SMALL_INT)等。

如果将信号或变量定义为这几个数据类型,就可以使用本程序包中定义的运算符。在使用之前,请注意必须加入下面的语句。

```
LIBRARY IEEE;
USE IEEE.STD_LOGIC_ARITH.ALL;
```

UNSIGNED 类型和 SIGNED 类型是用来设计可综合的数学运算程序的重要类型,UNSIGNED 用于无符号数的运算,SIGNED 用于有符号数的运算。在实际应用中,大多数运算都需要用到它们。

在 IEEE 程序包中,NUMERIC_STD 和 NUMERIC_BIT 程序包中也定义了 UNSIGNED 型及 SIGNED 型,NUMERIC_STD 是针对 STD_LOGIC 型定义的,而 NUMERIC_BIT 是针对 BIT 型定义的。在程序包中还定义了相应的运算符重载函数。有些综合器没有附带 STD_LOGIC_ARITH 程序包,此时只能使用 NUMBER_STD 和 NUMERIC_BIT 程序包。

在 STANDARD 程序包中没有定义 STD_LOGIC_VECTOR 的运算符,而整数类型一般只在仿真的时候用来描述算法,或作数组下标运算,因此 UNSIGNED 和 SIGNED 的使用率是很高的。

1) 无符号数据类型(UNSIGNED TYPE)

UNSIGNED 数据类型代表一个无符号的数值,在综合器中,这个数值被解释为一个二进制数,这个二进制数的最左位是其最高位。例如,十进制的 8 可以做如下表示。

```
UNSIGNED("1000")
```

如果要定义一个变量或信号的数据类型为 UNSIGNED,则其位矢长度越长,所能代表的数值就越大。如一个 4 位变量的最大值为 15,一个 8 位变量的最大值则为 255,0 是其最小值,不能用 UNSIGNED 定义负数。以下是两个无符号数据定义的示例。

```
VARIABLE var: UNSIGNED(0 TO 10):
SIGNAL sig: UNSIGNED(5 TO 0):
```

其中,变量 var 有 11 位数值,最高位是 var(0),而非 var(l0)；信号 sig 有 6 位数值,最高位是 sig(5)。

2) 有符号数据类型(SIGNED TYPE)

SIGNED 数据类型表示一个有符号的数值,综合器将其解释为补码,此数的最高位是符号位,用 0 代表正数,1 代表负数。例如：

```
SIGNED("0101")代表 + 5,SIGNED("1011")代表 - 5。
```

若将上例的 var 定义为 SIGNED 数据类型,则数值意义就不同了,例如:

```
VARIABLE var: SIGNED(0 TO 10);
```

其中,变量 var 有 11 位,最左位 var(0)是符号位。

4. 用户自定义数据类型

除了上述一些标准的预定义数据类型外,VHDL 还允许用户自行定义新的数据类型。由用户定义的数据类型可以有多种,如枚举类型(Enumeration Types)、整数类型(Integer Types)、数组类型(Array Types)、记录类型(Record Types)、时间类型(Time Types)、实数类型(Real Types)等。用户自定义数据类型是用类型定义语句 TYPE 来实现的。

TYPE 语句语法结构如下。

```
TYPE 数据类型名 IS 数据类型定义 OF 基本数据类型;
```

或

```
TYPE 数据类型名 IS 数据类型定义;
```

利用 TYPE 语句进行数据类型自定义有两种不同的格式,但方法是相同的。其中,数据类型名由设计者自定,此名将作为数据类型定义之用,方法与以上提到的预定义数据类型的用法一样;数据类型定义部分用来描述所定义的数据类型的表达方式和表达内容;关键词 OF 后的基本数据类型是指数据类型定义中所定义的元素的基本数据类型,一般都是已有的预定义数据类型,如 BIT、STD_LOGIC 或 INTEGER 等。

例如:

```
TYPE state0 IS ARRAY(0 TO 15) OF STD_LOGIC;
```

句中定义的数据类型 state0 是一个具有 16 个元素的数组型数据类型,数组中的每个元素的数据类型都是 STD_LOGIC 型。

下面对常用的几种用户定义的数据类型进行具体介绍。

1) 枚举类型

VHDL 中的枚举数据类型是一种特殊的数据类型,它们是用文字符号来表示一组实际的二进制数。例如,状态机的每一状态在实际电路中是以一组触发器的当前二进制数位的组合来表示的,但设计者在状态机的设计中,为了更利于阅读、编译和 VHDL 综合器的优化,往往将表征每一状态的二进制数组用文字符号来代表,即所谓状态符号化。

枚举类型数据的定义格式如下。

```
TYPE 枚举数据类型名 IS(枚举元素 1,枚举元素 2,…);
```

在综合过程中,枚举类型文字元素的编码通常是自动设置的,综合器根据优化情况、优化控制的设置或设计者的特殊设定来确定各元素具体编码的二进制位数、数值及元素间编码顺序。一般情况下,编码顺序是默认的,如一般将第一个枚举量(最左边的量)编码为'0'或"0000"等,以后的编码值依次加 1。综合器在编码过程中自动将每一枚举元素转变成位矢量,位矢量的长度根据实际情况决定。

例如:

TYPE state1 IS(st0,st1,st2,st3);

该例中用于表达 4 个状态的位矢量长度可以为 2,编码默认值为 st0＝"00",st1＝"01",st2＝"10",st3＝"11"。

一般地,编码方式也会因综合器及综合控制方式不同而不同,为了某些特殊的需要,编码顺序也可以人为设置。

2）整数与实数类型

这里说的是用户所定义的整数类型,而不是在 VHDL 中已存在的整数类型。实际上这里介绍的是整数的一个子类。

整数或实数用户定义数据类型的格式为:

TYPE 数据类型名 IS 数据类型定义 约束范围

由于标准程序包中预定义的整数和实数的取值范围太大,在综合过程中,综合器很难或者无法进行综合。因此对于需要定义的整数或实数必须由用户根据需要重新定义其数据类型,限定取值范围,从而提高芯片资源的利用率。

3）数组类型

数组类型是将一组具有相同数据类型的元素集合在一起,作为一个数据对象来处理的数据类型。数组可以是每个元素只有一个下标的一维数组,也可以是每个元素有多个下标的多维数组。VHDL 仿真器支持多维数组,但 VHDL 综合器只支持一维数组,故在此不讨论多维数组。

数组的定义格式如下。

TYPE 数组类型名 IS ARRAY 约束范围 OF 数据类型;

VHDL 允许定义两种不同类型的数组,即限定性数组和非限定性数组。它们的区别是,限定性数组下标的取值范围在数组定义时就被确定了,而非限定性数组下标的取值范围需留待随后确定。

限定性数组定义语句的格式如下。

TYPE 数组名 IS ARRAY 约束范围 OF 数据类型;

其中,数组名是新定义的限定性数组类型的名称,可以是任何标识符,约束范围明确指出数组元素的定义数量和排序方式,以整数来表示其数组的下标,数据类型即指数组各元素的数据类型。

以下是限定性数组定义示例。

TYPE stb IS ARRAY (7 DOWNTO 0) OF STD_LOGIC;

这个数组类型的名称是 stb,它有 8 个元素,数组元素是 STD_LOGIC 型的,各元素的排序是 stb(7)、stb(6)、…、stb(0)。

非限定性数组定义语句的格式如下。

TYPE 数组名 IS ARRAY(数组下标名 RANGE <>)OF 数据类型;

其中,数组名是定义的非限定数组类型的取名,数组下标名是以整数类型设定的一个数组下标名称,其中符号"<>"是下标范围待定符号,用到该数组类型时,再填入具体的数值范围。注意符号"<>"间不能有空格。数据类型是数组中每一元素的数据类型。

以下是非限定性数组的例子。

```
TYPE word IS ARRAY (NATURAL RANGE <>) OF BIT;
VARIABLE va: word(1 to 6);          -- 将数组取值范围定在 1～6
```

对数组赋值可以按照下标对每一个数组元素进行赋值,也可以对整个数组做一次性赋值。例如,进行如下的定义:

```
TYPE example IS ARRAY (0 TO 7) OF BIT;
SIGNAL a: example;
```

那么在源代码中,对信号 a 进行赋值可以采用以下两种方法。

可以对整个数组进行一次赋值:

```
a <= "01000111";
```

也可以按照下标对每一个数组元素进行赋值:

```
a(7) <= '0';
a(6) <= '1';
…
a(0) <= '1';
```

在引用数组时也有两种方法:引用数组元素和引用整个数组。仍以上面的数组为例,假设 b 也是 example 类型的信号,c、d 都为位类型的信号。

可以引用整个数组:

```
b <= a;
```

也可以引用数组元素:

```
c <= a(0);
d <= a(7);
```

4) 记录类型

记录类型与数组类型都属于数组,由相同数据类型的元素构成的数组称为数组类型,由不同数据类型的元素构成的数组称为记录类型。构成记录类型的各种不同的数据类型可以是任何一种已定义过的数据类型,也包括数组类型和已定义的记录类型。显然具有记录类型的数据对象的数值是一个复合值,这些复合值是由这个记录类型的元素决定的。

定义记录类型的语句格式如下。

```
TYPE    记录类型名          IS    RECORD
        元素名:元素数据类型;
        元素名:元素数据类型;
…
END    RECORD  [记录类型名];
```

记录类型定义示例如下。

```
TYPE example IS RECORD
    Year: INTEGER RANGE 0 TO 3000;
    Month: INTEGER RANGE 1 TO 12;
    Data: INTEGER RANGE 1 TO 31;
    Addr: STD_LOGIC_VECTOR(7 DOWNTO 0);
    Data: STD_LOGIC_VECTOR(15 DOWNTO 0);
END RECODE;
```

一个记录的每一个元素要由它的记录元素名来进行访问。对于记录类型的对象的赋值与数组类似,可以对记录类型的对象进行整体赋值,也可以对它的记录元素进行分别赋值。

5. 用户定义的子类型

在用 VHDL 对硬件电路进行描述的时候,有时一个对象可能取值的范围是某个类型说明定义范围的子集,那么就要用到子类型的概念。

子类型 SUBTYPE 只是由 TYPE 所定义的原数据类型的一个子集,它满足原数据类型的所有约束条件,原数据类型称为基本数据类型。子类型 SUBTYPE 的语句格式如下。

SUBTYPE 子类型名 IS 基本数据类型 RANGE 约束范围;

子类型的定义只在基本数据类型上做一些约束,并没有定义新的数据类型,这是与 TYPE 最大的不同之处。子类型定义中的基本数据类型必须在前面已有过 TYPE 定义的类型,包括已在 VHDL 预定义程序包中用 TYPE 定义过的类型。例如:

SUBTYPE digits IS INTEGER RANGE 0 to 9;

上例中,INTEGER 是标准程序包中已定义过的数据类型,子类型 digits 只是把 INTEGER 约束到只含 10 个值的数据类型。

事实上,在程序包 STANDARD 中,已有两个预定义子类型,即自然数类型(Natural Type)和正整数类型(Positive Type),它们的基本数据类型都是 INTEGER。

由于子类型与其基本数据类型属同一数据类型,因此属于子类型的和属于基本数据类型的数据对象间的赋值和被赋值可以直接进行,不必进行数据类型的转换。

利用子类型定义数据对象可以提高程序可读性,而且其实质性的好处还在于有利于提高综合的优化效率,这是因为综合器可以根据子类型所设的约束范围,有效地推出参与综合的寄存器的最合适的数目。

6. 数据类型的转换

在 VHDL 中,数据类型的定义是相当严格的,不同类型的数据是不能进行运算和直接代入的。为了实现正确的代入操作,必须将要代入的数据进行类型转换。数据类型的转换有三种方法:函数转换法、类型标记转换法和常数转换法。下面分别进行介绍。

1) 函数转换法

变换函数通常由 VHDL 的程序包提供。例如,在 STD_LOGIC_1164、STD_LOGIC_ARITH 和 STD_LOGIC_UNSIGNED 的程序包中提供了如表 5-1 所示的数据类型变换函数。引用时,先打开库和相应的程序包。例 5-1 就是由 STD_LOGIC_VECTOR 变换成 INTEGER 的实例。

表 5-1　类型变换函数

程 序 包	函 数 名	功　　能
STD_LOGIC_1164	TO_STDLOGICVECTOR (A)	由 BIT_VECTOR 转换为 STD_LOGIC_VECTOR
	TO_BITVECTOR(A)	由 STD_LOGIC_VECTOR 转换为 BIT_VECTOR
	TO_STDLOGIC(A)	由 BIT 转换为 STD_LOGIC
	TO_BIT(A)	由 STD_LOGIC 转换为 BIT
STD_LOGIC_ ARITH	CONV_STD_LOGIC_ VECTOR(A,位长)	由 INTEGER、UNSIGNED、SIGNED 转换成 STD_ LOGIC_VECTOR
	CONV_INTEGER(A)	由 UNSIGNED,SIGNED 转换成 INTEGER
STD_LOGIC_ UNSIGNED	CONV_INTEGER(A)	由 STD_LOGIC_VECTOR 转换成 INTEGER

【例 5-1】 数据类型转换

```
LIBRARY IEEE;
USE IEEE STD_LOGIC_1164.ALL;
USE IEEE STD_LOGIC_UNSIGNED.ALL;
ENTITY zhh IS
PORT(num: IN STD_LOGIC_VECTOR(2 DOWNTO 0);
…
);
END zhh;
ARCHITECTURE behave OF zhh IS
SIGNAL in_num: INTEGER RANGE 0 TO 5;
…
BEGIN
  In_num <= CONV_INTEGER(num);          -- 变换式
…
END behave;
```

此外,由"BIT_VECTOR"变换成"STD_LOGIC_VECTOR"也非常方便。代入"STD_LOGIC_VECTOR"的值只能是二进制数,而代入"BIT_VECTOR"的值除二进制数以外,还可能是十六进制及八进制数。不仅如此,"BIT_VECTOR"还可以用"_"来分隔数值位。下面给出"BIT_VECTOR"和"STD_LOGIC_VECTOR"的赋值语句。

```
SIGNAL a: BIT_VECTOR( 11 DOWNTO 0);
SIGNAL b: STD_LOGIC_VECTOR(11 DOWNTO 0);
a <= X"A8";                       -- 十六进制值可赋予位矢量
b <= X"A8";                       -- 语法错误。十六进制值不能赋予逻辑矢量
b <= TO_STDLOGICVECTOR(X"AF7");
b <= TO_STDLOGICVECTOR(O"5177");  -- 八进制变换
b <= TO_STDLOGICVECTOR(B"1010_1111_0111");
```

2) 类型标记转换法

在 VHDL 中的类型标记转换法是直接使用类型名进行数据类型的转换,这与高级语言中的强制类型转换类似。

类型标记就是类型的名称。类型标记转换法是那些关系密切的标量类型之间的类型转换,即整数和实数类型的转换。其语句格式如下。

数据类型标志符(表达式);

下面几个语句说明了标记类型转换的例子。

```
VARIABLE a: INTEGER;
VARIABLE b: REAL;
a: = INTEGER(b);
b: = REAL(a);
```

在上面的语句中。当把浮点数转换为整数时会发生舍入现象。如果某浮点数的值恰好处于两个整数的正中间,转换的结果可能向任意方向靠拢。

类型标记转换法必须遵循以下原则。

(1) 所有的抽象数据类型是可以互相转换的类型(如整型、浮点型),如果浮点数转换为整数,则转换结果是最接近的一个整型数。

(2) 如果两个数组有相同的维数,且两个数组的元素是同一种类型,并且在各自的下标范围内索引是同一种类型或者是非常接近的类型,那么,这两个数组是可以进行类型转换的。

(3) 枚举类型不能被转换。

3) 常数转换法

常数转换法是指在程序中用常数将一种数据类型转换成另一种数据类型。就转换效率而言,该方法是比较高的,但由于这种方法不经常使用,这里就不详细介绍了。

7. 数据类型的限定

在 VHDL 中,有时可以用所描述的文字的上下文关系来判断某一数据的数据类型。例如:

```
SIGNAL a: STD_LOGIC_VECTOR(7 DOWNTO 0);
a< = "01101010";
```

联系上下文关系,可以断定"01101010"不是字符串,也不是位矢量,而是"STD_LOGIC_VECTOR"。但是,有时也有判断不出来的情况,例如:

```
CASE(a & b & c)IS
  WHEN "001" = > y< = "01111111";
  WHEN "010" = > y< = "10111111";
  …
END CASE;
```

在该例中,a&b&c 的数据类型如果不确定就会发生错误。在这种情况下,就要对数据进行类型限定,这类似于 C 语言中的强制方式。数据类型限定的方式是在数据前加上"类型名"。例如:

```
a< = STD_LOGIC_VECTOR'("01101010");
SUBTYPE STD3BIT IS STD_LOGIC_VECTOR( 0 TO 2);
CASE STD3BIT'(a&b&c)IS
  WHEN "000" = > y< = "01111111";
  WHEN "001" = > y< = "10111111";
  …
```

类型限定方式与数据类型变换很相似,这一点要引起注意。

5.1.4　VHDL 操作符

VHDL 的各种表达式由操作数和操作符组成，其中，操作数是各种运算的对象，而操作符则规定运算的方式。

1. 操作符种类及对应的操作数类型

在 VHDL 中有四类操作符，即逻辑操作符（Logical Operator）、关系操作符（Relational Operator）、算术操作符（Arithmetic Operator）和符号操作符（Sign Operator），此外还有重载操作符（Overloading Operator）。前三类操作符是完成逻辑和算术运算的最基本的操作符的单元，重载操作符是对基本操作符做了重新定义的函数型操作符。各种操作符所要求的操作数的类型详见表 5-2。操作符是有优先级的，各操作符之间的优先级别见表 5-3。

表 5-2　VHDL 操作符列表

类　　型	操作符	功　　能	操作数数据类型
算术操作符	+	加	整数
	−	减	整数
	&	并置	一维数组
	*	乘	整数和实数（包括浮点数）
	/	除	整数和实数（包括浮点数）
	MOD	取模	整数
	REM	取余	整数
	SLL	逻辑左移	BIT 或布尔型一维数组
	SRL	逻辑右移	BIT 或布尔型一维数组
	SLA	算术左移	BIT 或布尔型一维数组
	SRA	算术右移	BIT 或布尔型一维数组
	ROL	逻辑循环左移	BIT 或布尔型一维数组
	ROR	逻辑循环右移	BIT 或布尔型一维数组
	**	乘方	整数
	ABS	取绝对值	整数
	+	正	整数
	−	负	整数
关系操作符	=	等于	任何数据类型
	/=	不等于	任何数据类型
	<	小于	枚举与整数类型及对应的一维数组
	>	大于	枚举与整数类型及对应的一维数组
	<=	小于或等于	枚举与整数类型及对应的一维数组
	>=	大于或等于	枚举与整数类型及对应的一维数组
逻辑操作符	AND	与	BIT,BOOLEAN,STD_LOGIC
	OR	或	BIT,BOOLEAN,STD_LOGIC
	NAND	与非	BIT,BOOLEAN,STD_LOGIC
	NOR	或非	BIT,BOOLEAN,STD_LOGIC
	XOR	异或	BIT,BOOLEAN,STD_LOGIC
	XNOR	异或非	BIT,BOOLEAN,STD_LOGIC
	NOT	非	BIT,BOOLEAN,STD_LOGIC

表 5-3　VHDL 操作符优先级

运　算　符	优先级
NOT,ABS,**	最高优先级
*,/,MOD,REM	
+(正号),-(负号)	
+,-,&	↑
SLL,SLA,SRL,SRA,ROL,ROR	
=,/=,<,<=,>,>=	
AND,OR,NAND,NOR,XOR,XNOR	最低优先级

2. 各种操作符的使用说明

（1）必须严格遵循在基本操作符之间的操作数是相同数据类型的规则；操作数的数据类型也必须与操作符所要求的数据类型完全一致。

（2）注意操作符之间的优先级别。当一个表达式中有两个以上的运算符时，可使用括号将这些运算分组。

（3）VHDL 共有 7 种基本逻辑操作符，对于数组类型（如 STD_LOGIC_VECTOR）数据对象的相互作用是按位进行的。一般情况下，信号或变量在这些操作符的直接作用下，可构成组合电路。逻辑操作符所要求的操作数的基本数据类型有三种，即 BIT、BOOLEAN 和 STD_LOGIC。操作数的数据类型也可以是一维数组，其基本数据类型则必须为 BIT_VECTOR 或 STD_LOGIC_VECTOR。

通常，在一个表达式中有两个以上的逻辑运算符时，需要使用括号将这些运算分组。如果一串运算中的算符相同，且是 AND、OR、XOR 这三个算符中的一种，则不需要使用括号；如果一串运算中的算符不同或有除这三种算符之外的算符，则必须使用括号。例 5-2 是一组逻辑运算操作示例，请注意它们的运算表达方式和不加括弧的条件。

【例 5-2】 逻辑运算 VHDL 描述

```
...
SIGNAL a,b,c: STD_LOGIC_VECTOR( 3 DOWNTO 0);
SIGNAL d,e,f,g: STD_LOGIC_VECTOR( 1 DOWNTO 0);
SIGNAL h,i,j,k: STD_LOGIC;
SIGNAL l,m,n,o,p: BOOLEAN;
...
a<= b AND c;                    --b、c 相与后向 a 赋值
d<= e OR f OR g;                -- 两个操作符 OR 相同,不需要括号
h<= (i NAND j) NAND k;          -- NAND 不属于上述三种算符中的一种,必须加括号
l<= (m XOR n) AND(o XOR p);     -- 操作符不同,必须加括号
h<= i AND j AND k;             -- 操作符相同,不必加括号
h<= i AND j OR k;             -- 两个操作符不同,未加括号,表达错误
a< b AND e;                    -- 操作数 b 和 e 的位矢长度不一致,表达错误
h<= i OR l;                   -- 不同数据类型不能相互作用,表达错误
...
```

（4）关系操作符的作用是将相同数据类型的数据对象进行数值比较（=、/=）或关系排序判断（<、<=、>、>=），并将结果以布尔类型的数据表示出来，即 TRUE 或 FALSE 两

种。对于数组类型的操作数，VHDL 编译器将逐位比较对应位置各位数值的大小而进行比较或关系排序。

就综合而言，简单的比较运算（＝和/＝）在实现硬件结构时，比排序操作符构成的电路芯片资源利用率要高。

同样是对 4 位二进制数进行比较，例 5-3 使用了"＝"操作符，例 5-4 使用了"＞＝"操作符，除了这两个操作符不同外，两个程序是完全相同的。综合结果表明，例 5-4 所耗用的逻辑门比例 5-3 多出近三倍。

【例 5-3】 4 位二进制数比较程序 1

```
ENTITY relational_ops_1 IS
   PORT(a,b: IN BIT_VECTOR(0 TO 3);
         output: OUT BOOLEAN);
END relational_ops_1;
ARCHITECTURE behave OF relational_ops_1 IS
BEGIN
   output < = (a = b);
END behave;
```

【例 5-4】 4 位二进制数比较程序 2

```
ENTITY relational_ops_2 IS
   PORT(a,b: IN BIT_VECTOR(0 TO 3);
         output: OUT BOOLEAN);
END relational_ops_2;
ARCHITECTURE behave OF relational_ops_2 IS
BEGIN
   output < = (a > = b);
END behave;
```

（5）算术操作符可以分为求和操作符、求积操作符、符号操作符、混合操作符、移位操作符五类。

求和操作符包括加减操作符和并置操作符。加减操作符的运算规则与常规的加减法是一致的，VHDL 规定它们的操作数的数据类型是整数。对于大于位宽为 4 的加法器和减法器，VHDL 综合器将调用库元件进行综合。

在综合后，由加减运算符（＋，－）产生的组合逻辑门电路所耗费的硬件资源的规模都比较大，但当加减运算符的其中一个操作数或两个操作数都为整型常数，则运算只需很少的电路资源。例 5-5 就是一个整数加法运算电路的 VHDL 描述。

【例 5-5】 整数加法运算电路

```
ENTITY arithmetic IS
   PORT(a,b: IN INTEGER;
         c: OUT INTEGER);
END arithmetic;
ARCHITECTURE behave OF arithmetic IS
BEGIN
   c < = a + b;
END behave;
```

　　并置运算符(&)的操作数的数据类型是一维数组,可以利用并置符将普通操作数或数组组合起来形成各种新的数组。例如,"VH"&"DL"的结果为"VHDL";"0"&"1"的结果为"01",连接操作常用于字符串。但在实际运算过程中,要注意并置操作前后的数组长度应一致。

　　求积操作符包括*(乘)、/(除)、MOD(取模)和REM(取余)四种操作符。VHDL规定,乘与除的数据类型是整数和实数(包括浮点数)。在一定条件下,还可对物理类型的数据对象进行运算操作。但需注意的是,虽然在一定条件下,乘法和除法运算是可综合的,但从优化综合、节省芯片资源的角度出发,最好不要轻易使用乘除操作符。对于乘除运算可以用其他变通的方法来实现。

　　操作符MOD和REM的本质与除法操作符是一样的,因此,可综合的取模和取余的操作数必须是以2为底数的幂。MOD和REM的操作数数据类型只能是整数,运算操作结果也是整数。

　　取余运算(a rem b)的符号与a相同,其绝对值为小于b的绝对值。例如:

(-5) rem 2 = (-1);　　5 rem (-2) = 1

　　取模运算(a mod b)的符号与b相同,其绝对值为小于b的绝对值。例如:

(-5) mod 2 = 1; 5 mod (-2) = (-1)

　　符号操作符"+"和"-"的操作数只有一个,操作数的数据类型是整数,操作符"+"对操作数不做任何改变,操作符"-"作用于操作数后的返回值是对原操作数取负,在实际使用中,取负操作数需加括号。例如"Z：=X*(-Y)；"。

　　混合操作符包括乘方"**"操作符和取绝对值"ABS"操作符两种。VHDL规定,它们的操作数数据类型一般为整数类型。乘方运算的左边可以是整数或浮点数,但右边必须为整数,而且只有在左边为浮点数时,其右边才可以为负数。一般地,VHDL综合器要求乘方操作符作用的操作数的底数必须是2。

　　六种移位操作符号SLL、SRL、SLA、SRA、ROL和ROR都是VHDL93标准新增的运算符。VHDL93标准规定移位操作符作用的操作数的数据类型应是一维数组,并要求数组中的元素必须是BIT或BOOLEAN的数据类型,移位的位数则是整数。在EDA工具所附的程序包中重载了移位操作符以支持STD_LOGIC_VECTOR及INTEGER等类型。移位操作符左边可以是支持的类型,右边则必定是INTEGER型。如果操作符右边是INTEGER型常数,移位操作符实现起来比较节省硬件资源。

　　其中,SLL是将位矢量向左移,右边跟进的位补零;SRL的功能恰好与SLL相反;ROL和ROR的移位方式稍有不同,它们移出的位将用于依次填补移空的位,执行的是自循环式移位方式;SLA和SRA是算术移位操作符,其移空位用最初的首位来填补。

　　移位操作符的语句格式是:

标识符　移位操作符　移位位数;

　　例如:

```
"1011" SLL 1 = "0110"     "1011" SRL 1 = "0101"
"1011" SLA 1 = "0111"     "1011" SRA 1 = "1101"
```

"1011" ROL 1 = "0111"　　"1011" ROR 1 = "1101"

操作符可以用以产生电路。就提高综合效率而言，使用常量值或简单的一位数据类型能够生成较紧凑的电路，而表达式复杂的数据类型（如数组）将相应地生成更多的电路。如果组合表达式的一个操作数为常数，就能减少生成的电路。

3. 重载操作符

为了方便各种不同数据类型间的运算，VHDL 允许用户对原有的基本操作符重新定义，赋予新的含义和功能，从而建立一种新的操作符，这就是重载操作符，定义这种操作符的函数称为重载函数。事实上，在程序包 STD_LOGIC_UNSIGNED 中已定义了多种可供不同数据类型间操作的运算符重载函数。

Synopsys 的程序包 STD_LOGIC_ARITH、STD_LOGIC_UNSIGNED 和 STD_LOGIC_SIGNED 中已经为许多类型的运算重载了算术运算符和关系运算符，因此只要引用这些程序包，SIGNED、UNSIGNED、STD_LOGIC 和 INTEGER 之间即可混合运算；INTEGER、STD_LOGIC 和 STD_LOGIC_VECTOR 之间也可以混合运算。在第 4 章已举过相应的例子。

5.2　VHDL 顺序语句

顺序语句和并行语句是 VHDL 程序设计中两类基本描述语句。在逻辑系统的设计中，这些语句从多侧面完整地描述了数字系统的硬件结构和基本逻辑功能，其中包括通信的方式、信号的赋值、多层次的元件例化以及系统行为等。

顺序语句是相对于并行语句而言的，其特点是每一条顺序语句的执行（指仿真执行）顺序是与它们的书写顺序基本一致的，但其相应的硬件逻辑工作方式未必如此。顺序语句只能出现在进程（Process）和子程序中，子程序又包括函数和过程。在 VHDL 中，一个进程是由一系列顺序语句构成的，而进程本身属于并行语句，这就是说，在同一设计实体中，所有的进程是并行执行的。然而任一给定的时刻内，在每一个进程内，只能执行一条顺序语句。一个进程与其设计实体的其他部分进行数据交换的方式只能通过信号或端口。如果要在进程中完成某些特定的算法和逻辑操作，也可以通过依次调用子程序来实现，但子程序本身并无顺序和并行语句之分。利用顺序语句可以描述逻辑系统中的组合逻辑、时序逻辑或它们的综合体。

VHDL 有如下六类基本顺序语句：赋值语句、转向控制语句、等待语句、子程序调用语句、返回语句和空操作语句等。

5.2.1　赋值语句

赋值语句的功能就是将一个值或一个表达式的运算结果传递给某一数据对象，如信号或变量，或由此组成的数组。VHDL 设计实体内的数据传递以及对端口界面外部数据的读写都必须通过赋值语句的进行来实现。

1. 信号和变量的赋值

赋值语句有两种，即信号赋值语句和变量赋值语句。每一种赋值语句都由三个基本部分组成，即赋值目标、赋值符号和赋值源。赋值目标是所赋值的受体，它的基本元素只能是信号或变量,但表现形式可以有多种,后面将详细介绍。赋值源是赋值的主体,它可以是一个数值,也可以是一个逻辑或运算表达式。VHDL 规定,赋值目标与赋值源的数据类型必须严格一致。

变量赋值语句和信号赋值语句的语法格式如下。

```
变量赋值目标 : = 赋值源;
信号赋值目标 < = 赋值源;
```

变量赋值与信号赋值的区别在于,变量具有局部特征,它的有效范围只局限于所定义的一个进程中,或一个子程序中,它是一个局部的、暂时性的数据对象。对于它的赋值是立即发生的(假设进程已启动),即是一种时间延迟为零的赋值行为。

信号则不同,信号具有全局性特征,它不但可以作为一个设计实体内部各单元之间数据传送的载体,而且可通过信号与其他的实体进行通信(端口本质上也是一种信号)。信号的赋值并不是立即发生的,它发生在一个进程结束时。赋值过程总是有某种延时的,它反映了硬件系统的重要特性,综合后可以找到与信号对应的硬件结构,如一根传输导线、一个输入/输出端口或一个 D 触发器等。

但是,必须注意,在某些条件下变量赋值行为与信号赋值行为所产生的硬件结果是相同的,如都可以向系统引入寄存器等。

在信号赋值中,需要注意的是,当在同一进程中,可以允许同一信号有多个驱动源(赋值源),当同一信号赋值目标有多个赋值源时,信号赋值目标获得的是最后一个赋值源的赋值,其前面相同的赋值目标不做任何变化。

例 5-6 说明了信号与变量赋值的特点及它们的区别。当在同一赋值目标处于不同进程中时,其赋值结果就比较复杂了,这可以看作多个信号驱动源连接在一起,可以发生线与、线或或者三态等不同结果。

【例 5-6】　信号与变量的赋值

```
SIGNAL s1,s2: STD_LOGIC;
SIGNAL svec: STD_LOGIC_VECTOR(0 TO 3);
  …
PROCESS(s1,s2)
VARIABLE v1,v2: STD_LOGIC;
BEGIN
  v1: = '1';          -- 立即将变量 v1 置位为 1
  v2: = '1';          -- 立即将变量 v2 置位为 1
  s1 < = '1';         -- 信号 s1 被赋值为 1
  s2 < = '1';         -- 由于在本进程中,这里的 s2 不是最后一个赋值语句故不做任何赋值操作
  svec(0)< = v1;      -- 将变量 v1 在上面的赋值 1,赋给 svec(0)
  svec(1)< = v2;      -- 将变量 v2 在上面的赋值 1,赋给 svec(1)
  svec(2)< = s1;      -- 将信号 s1 在上面的赋值 1,赋给 svec(2)
  svec(3)< = s2;      -- 将最下面的赋予 s2 的值'0',赋给 svec(3)
  v1: = '0';          -- 将变量 v1 置入新值 0
  v2: = '0';          -- 将变量 v2 置入新值 0
  s2: < = '0';        -- 由于这是信号 s2 最后一次赋值,赋值有效,此'0'将
                      -- 上面准备赋入的'1'覆盖掉
END PROCESS;
```

2. 赋值目标

赋值语句中的赋值目标有两大类四种类型。

1）标识符赋值目标及数组单元素赋值目标

标识符赋值目标是以简单的标识符作为被赋值的信号或变量名。

数组单元素赋值目标的表达形式为：

数组类信号或变量名(下标名)

下标名可以是一个具体的数字，也可以是一个文字表示的数字名，它的取值范围在该数组元素个数范围内。下标名若是未明确表示取值的文字即为不可计算值，则在综合时，将耗用较多的硬件资源，且一般情况下不能被综合。例 5-6 即为标识符赋值目标及单元素赋值目标的使用示例。

2）段下标元素赋值目标及集合块赋值目标

段下标元素赋值目标可用以下方式表示：数组类信号或变量(下标 1 TO/DOWNTO 下标 2)，括号中的两个下标必须用具体数值表示，并且其数值范围必须在所定义的数组下标范围内，两个下标的排序方向要符合方向关键词 TO 或 DOWNTO，具体用法如下。

```
VARIABLE A,B: STD_LOGIC_VECTOR(0 TO 3);
A(1 TO 2): = "10";                    -- 等效于 A(1): = '1',A(2): = '0'
A(3 DOWNTO 0): = "1011";
```

集合块赋值目标是以一个集合的方式来赋值的。对目标中的每个元素进行赋值的方式，即位置关联赋值方式和名字关联赋值方式，具体用法如下。

```
SIGNAL a,b,c,d: STD_LOGIC;
SIGNAL s: STD_LOGIC_VECTOR(0 TO 3);
VARIABLE e,f: STD_LOGIC;
VARIABLE g: STD_LOGIC_VECTOR(0 TO 1);
VARIABLE h: STD_LOGIC_VECTOR(0 TO 3);
s < = "0100";
(a,b,c,d)< = s;                       -- 位置关联方式赋值,结果等效为：
                                      -- a< = '0'; b< = '1'; c< = '0'; d< = '0';
(2 = >e,3 = >f,1 = >g(0),0 = >g(1): = h); -- 名字关联方式赋值,结果等效为：
                                      -- g(1): = h(0); g(0): = h(1); e: = h(2); f: = h(3);
```

5.2.2　转向控制语句

转向控制语句通过条件控制，决定是否执行一条或几条语句，或重复执行一条或几条语句，或跳过一条或几条语句等。转向语句共有五种：IF 语句、CASE 语句、LOOP 语句、NEXT 语句和 EXIT 语句。

1. IF 语句

IF 语句是一种条件语句，它根据语句中所设置的一种或多种条件，有选择地执行指定的顺序语句，常见的 IF 语句有以下 3 种形式。

```
1) IF 条件 THEN
     语句
   END IF;
```

2) IF 条件 THEN

　　语句

　ELSE

　　语句

　END IF;

3) IF 条件 THEN

　　语句

　ELSIF　条件 THEN

　　语句

　ELSE

　　语句

　END IF;

IF 语句中至少应有一个条件句,条件句由布尔表达式构成,IF 语句根据条件句产生的判断结果 TRUE 或 FALSE,有条件地选择执行其后的顺序语句。如果布尔条件判断为 TRUE,关键词 THEN 后面的顺序语句则执行;如果条件判断为 FALSE,则 ELSE 后面的顺序语句则执行。举例如下。

例 5-7 就是使用 IF 语句来描述一个 4 位等值比较器功能的实例。

【例 5-7】　4 位等值比较器描述方式 1

```
LIBRARY IEEE;
USE IEEE.STD_LOGIC_1164.ALL;
ENTITY eqcomp4 IS
  PORT(
        a,b: IN STD_LOGIC_VECTOR(3 DOWNTO 0);
        equals: OUT STD_LOGIC);
END eqcomp4;
ARCHITECTURE behave OF eqcomp4 IS
 BEGIN
comp: PROCESS(a,b)
BEGIN
  equals < = '0';
  IF a = b THEN                    -- 第 1 种 IF 语句,也称为门闩控制语句
    equals < = '1';
  END IF;
END PROCESS comp;
END behave;
```

这个例子的描述过程指出,作为一个默认值,equals 被赋值为'0';但是,当 a = b 时,equals 就应该被赋值为'1'。

例 5-8 是用 IF-THEN-ELSE 语句描述 4 位等值比较器的功能的结构体。

【例 5-8】　4 位等值比较器描述方式 2

```
ARCHITECTURE behave OF eqcomp4 IS
 BEGIN
comp: PROCESS(a,b)
BEGIN
  IF a = b THEN                    -- 第 2 种 IF 语句,实现二选一功能
    equals < = '1';
```

```
    ELSE
       equals <= '0';
     END IF;
END PROCESS comp;
END behave;
```

例 5-9 是使用 IF-THEN-ELSIF-ELSE 语句描述 4 位宽的 4 选 1 多路选择器功能的实例。

【例 5-9】 4 选 1 多路选择器描述方式 1

```
LIBRARY IEEE;
USE IEEE.STD_LOGIC_1164.ALL;
ENTITY mux4 IS
PORT(
        a,b,c,d: IN STD_LOGIC_VECTOR (3 DOWNTO 0);
        s: IN STD_LOGIC_VECTOR(1 DOWNTO 0);
        X: OUT STD_LOGIC_VECTOR(3 DOWNTO 0));
END mux4;
ARCHITECTURE behave OF mux4 IS
BEGIN
   Mux4: PROCESS(a,b,c,d)
BEGIN
  IF s = "00" THEN                        -- 第 3 种 IF 语句,实现多选 1 功能
     X <= a;
  ELSIF s = "01" THEN
     X <= b;
  ELSIF s = "10" THEN
     X <= c;
  ELSE
     X <= d;
  END IF;
END process mux4;
END behave;
```

2. CASE 语句

CASE 语句是 VHDL 提供的另一种形式的条件控制语句,它根据所给表达式的值选择执行语句集。CASE 语句与 IF 语句的相同之处在于:它们都根据某个条件在多个语句中集中进行选择。CASE 语句与 IF 语句的不同之处在于:CASE 语句根据某个表达式的值来选择执行体。CASE 语句的一般形式为:

```
CASE 表达式 IS
    WHEN 值 1 =>   语句 A;
    WHEN 值 2 =>   语句 B;
    ...
    WHEN OTHERS =>   语句 C;
END CASE
```

根据以上 CASE 语句的形式可知,如果表达式的值等于某支路的值,那么该支路所选择的语句就要被执行。表达式可以是一个整数类型或枚举类型的值,也可以是由这些数据类型的值构成的数组。条件句中的"=>"不是操作符,它只相当于"THEN"的作用。在

CASE 语句中的选择必须是唯一的,即计算表达式所得的值必须且只能是 CASE 语句中的一支。CASE 语句中支路的个数没有限制,各支的次序也可以任意排列,但关键词 OTHERS 的分支例外,一个 CASE 语句最多只能有一个 OTHERS 分支,而且,如果使用了 OTHERS 分支,那么该分支必须放在 CASE 语句的最后一个分支的位置上。

CASE 语句使用中应注意以下几点。

(1) WHEN 条件句中的选择值或标识符所代表的值必须在表达式的取值范围内。

(2) 除非所有条件句中的选择值能完整覆盖 CASE 语句中表达式的取值,否则最后一个条件句中的选择必须用关键词 OTHERS 表示以上已列的所有条件句中未能列出的其他可能的取值。使用 OTHERS 的目的是为了使条件句中的所有选择值能涵盖表达式的所有取值,以免综合器会插入不必要的锁存器。关键词 NULL 表示不做任何操作。

(3) CASE 语句中的选择值只能出现一次,不允许有相同选择值的条件语句出现。

(4) CASE 语句执行中必须选中,且只能选中所列条件语句中的一条。

例如,使用 CASE-WHEN 语句描述一个 4 选 1 多路选择器如例 5-10 所示。其中,s1、s2 为控制信号,a、b、c、d 为 4 个输入端口,z 为输出端口。通过 s1 与 s2 的取值来选择输出哪一个端口。

【例 5-10】　4 选 1 多路选择器描述方式 2

```
LIBRARY IEEE;
USE IEEE.STD_LOGIC_1164.ALL;
ENTITY test_case IS
PORT(
s1,s2: IN STD_LOGIC;
a,b,c,d: IN STD_LOGIC;
z: OUT STD_LOGIC
);
END test_case;
ARCHITECTURE behave OF test_case IS
SIGNAL s: STD_LOGIC_VECTOR(1 DOWNTO 0);
  BEGIN
  S <= s1 & s2;
    PROCESS(s1,s2,a,b,c,d)
      BEGIN
        CASE s IS                    -- CASE - WHEN 语句
          WHEN "00" => z <= a;
          WHEN "01" => z <= b;
          WHEN "10" => z <= c;
          WHEN "11" => z <= d;
          WHEN  OTHERS => z <= 'x';
        END CASE;
    END PROCESS;
END behave;
```

注意本例的 WHEN OTHERS 语句是必需的,因为对于定义 STD_LOGIC_VECTOR 数据类型的 s,在 VHDL 综合过程中,它可能的选择值除了 00、01、10 和 11 以外,还可以有其他定义于 STD_LOGIC 的选择值。

与 IF 语句相比,CASE 语句组的程序可读性比较好,这是因为它把条件中所有可能出现的情况全部列出来了，可执行条件比较清晰。而且CASE语句的执行过程不像IF语句那样有一个逐项条件顺序比较的过程。CASE语句中条件句的次序是不重要的，它的执行过程更接近于并行方式。但是在一般情况下，经过综合后，对相同的逻辑功能，CASE语句比IF语句的描述耗用更多的硬件资源，而且有的逻辑功能，CASE语句无法描述，只能用IF语句来描述。

3. LOOP 语句

LOOP语句就是循环语句，用于实现重复的操作，由FOR循环或WHILE循环组成。FOR语句的执行根据控制值的规定数目重复；WHILE语句将连续执行操作，直到控制逻辑条件判断为TRUE。下面给出FOR循环语句和WHILE循环语句的一般形式。

1）FOR 循环

FOR循环语句的一般形式为：

```
[循环标号: ] FOR 循环变量 IN 循环次数范围 LOOP
            顺序处理语句
            END LOOP[循环标号];
```

FOR循环语句中的循环变量的值在每次循环中都将发生变化，而IN后面的循环次数范围则表示循环变量在循环过程中依次取值的范围。

例5-11就是利用FOR LOOP语句实现8位奇偶校验电路的VHDL程序。

【例 5-11】 8位奇偶校验电路

```
LIBRARY IEEE;
USE IEEE.STD_LOGIC_1164.ALL;
ENTITY p_check IS
  PORT(a: IN STD_LOGIC_VECTOR(7 DOWNTO 0);
       y: OUT STD_LOGIC);
END p_check;
ARCHITECTURE behave OF p_check IS
  SIGNAL tmp: STD_LOGIC;
  BEGIN
  PROCESS(a)
  BEGIN
    tmp < = '0';
    FOR n IN 0 TO 7 LOOP                -- FOR 循环语句
     tmp < = tmp XOR a(n);
    END LOOP;
    y < = tmp;
  END PROCESS;
END behave;
```

FOR LOOP语句中的n无论在信号说明和变量说明中都未涉及，是一个循环变量，它是一个整数变量，当然也可以是其他类型，只要保证数值是离散的即可。

2）WHILE 循环

WHILE循环语句的一般形式为：

```
[循环标号: ]WHILE 条件 LOOP
            顺序处理语句
```

```
      END LOOP[循环标号];
```

在 WHILE 循环中,如果条件为"真",则进行循环;如果条件为"假",则结束循环。

例 5-12 描述的仍然是 8 位奇偶校验电路,但是以 WHILE LOOP 循环语句来进行描述的。

【例 5-12】 8 位奇偶校验电路

```
LIBRARY IEEE;
USE IEEE.STD_LOGIC_1164.ALL;
ENTITY p_check2 IS
  PORT(a: IN STD_LOGIC_VECTOR(7 DOWNTO 0);
       y: OUT STD_LOGIC);
END p_check2;
ARCHITECTURE behave OF p_check2 IS
  SIGNAL tmp: STD_LOGIC;
  BEGIN
  PROCESS(a)
  VARIABLE i: INTEGER: = 0;
  BEGIN
    tmp < = '0';
    WHILE i < 8 LOOP                    -- WHILE 循环
      tmp < = tmp XOR a(i);
      i: = i + 1;
    END LOOP;
    y < = tmp;
  END PROCESS;
END behave;
```

WHILE 循环语句在这里可用于替代 FOR 循环语句,但需要有附加的说明、初始化和递增循环变量的操作。

请注意:一般的综合工具可以对 FOR LOOP 循环语句进行综合;而对 WHILE LOOP 循环语句来说,只有一些高级的综合工具才能对它进行综合,所以,一般使用 FOR LOOP 循环语句,而很少使用 WHILE LOOP 循环语句。

4. NEXT 语句

有时由于某种情况需要跳出循环,而去执行另外的操作,这就需要采用跳出循环的操作。VHDL 提供了两种跳出循环的操作,一种是 NEXT 语句,另一种是 EXIT 语句。NEXT 语句主要用于在 LOOP 语句执行中有条件的或无条件的转向控制。它的语句格式有以下三种。

(1) NEXT;

(2) NEXT LOOP 标号;

(3) NEXT LOOP 标号 WHEN 条件表达式。

对于第一种格式,当 LOOP 内的顺序语句执行到 NEXT 语句时,即可无条件终止当前的循环,跳回到本次循环 LOOP 语句处,开始下一次循环。

对于第二种语句格式,即在 NEXT 旁加"LOOP 标号"后的语句功能,与未加 LOOP 标号的功能是基本相同的,只是当有多重 LOOP 语句嵌套时,前者可以跳转到指定标号的

LOOP 语句处,重新开始执行循环操作。

第三种语句格式中,分句"WHEN 条件表达式"是执行 NEXT 语句的条件,若条件表达式的值为 TRUE,则执行 NEXT 语句,进入跳转操作,否则继续向下执行。但当只有单层 LOOP 循环语句时,关键词 NEXT 与 WHEN 之间的"LOOP 标号"可以如例 5-13 那样省去。

【例 5-13】 NEXT 语句的应用情况 1

```
...
L1: FOR cnt_value IN 1 TO 8 LOOP
S1: a(cnt_value): = '0';
NEXT WHEN (b = c);
S2: a(cnt_value + 8): = '0';
END LOOP L1;
```

本例中,当程序执行到 NEXT 语句时,如果条件判断式(b=c)的结果为 TRUE,将执行 NEXT 语句,并返回到 L1,使 cnt_value 加 1 后执行 S1 开始赋值语句,否则将执行 S2 开始的赋值语句。

在多重循环中,NEXT 语句必须如例 5-14 那样,加上跳转标号。

【例 5-14】 NEXT 语句的应用情况 2

```
...
L_X: FOR cnt_value IN 1 TO 8 LOOP
  S1: a(cnt_value): = '0';
    K: = 0;
L_Y: LOOP
  S2: b(k): = '0';
    NEXT L_X WHEN (e > f);
  S3: b(k + 8): = '0';
    K: = k + 1;
      NEXT LOOP L_Y;
      NEXT LOOP L_X;
        ...
```

当 e>f 为 TRUE 时执行语句 NEXT L_X,跳转到 L_X,使 cnt_value 加 1,从 S1 处开始执行语句,若为 FALSE,则执行 S3 后使 k 加 1。

5. EXIT 语句

EXIT 语句与 NEXT 语句具有十分相似的语句格式和跳转功能,它们都是 LOOP 语句的内部循环控制语句。EXIT 的语句格式也有三种:

(1) EXIT;

(2) EXIT LOOP 标号;

(3) EXIT LOOP 标号 WHEN 条件表达式。

这里,每一种语句格式与对应的 NEXT 语句格式和操作功能非常相似,唯一的区别是 NEXT 语句跳转的方向是 LOOP 标号指定的 LOOP 语句处,当没有 LOOP 标号时,跳转到当前的 LOOP 语句的循环起始点,而 EXIT 语句跳转的方向是 LOOP 标号指定的 LOOP 循环结束处,即完全跳出指定的循环,并开始执行循环外的语句。这就是说,NEXT 语句是转向 LOOP 语句的起始点,而 EXIT 语句则是转向 LOOP 语句的终点。

例 5-15 是一个两元素位矢量值比较程序。在程序中,当发现比较值 a 和 b 不同时,由 EXIT 语句跳出循环比较程序,并报告比较结果。

【例 5-15】　EXIT 语句应用实例

```
SIGNAL a,b: STD_LOGIC_VECTOR(1 DOWNTO 0);
SIGNAL a_less_then_b: BOOLEAN;
...
a_less_then_b<= FLASE;                －－设初始值
FOR i IN DOWNTO 0 LOOP
   IF(a(i) = '1'AND b(i) = '0')THEN
     a_less_then_b<= FALSE;           －－a>b
     EXIT;
   ELSIF(a(i) = '0'AND b(i) = '1')THEN
     A_less_then_b<= TRUE;            －－a<b
     EXIT;
   ELSE NULL;
   END IF;
END LOOP;                            －－当 i=1 时返回 LOOP 语句继续比较
```

NULL 为空操作语句,是为了满足 ELSE 的转换。此程序先比较 a 和 b 的高位,高位是 1 者为大,输出判断结果 TRUE 或 FALSE 后中断比较程序,当高位相等时,继续比较低位,这里假设 a 不等于 b。

5.2.3　WAIT 语句

在进程中(包括过程中),当执行到 WAIT(等待)语句时,运行程序将被挂起,直到满足此语句设置的结束挂起条件后,将重新开始执行进程(或过程)中的程序。但 VHDL 规定,已列出敏感量的进程中不能使用任何形式的 WAIT 语句。WAIT 语句的格式如下。

WAIT[ON 信号表][UNTIL 条件表达式][FOR 时间表达式];

WAIT 语句有以下几种形式。

(1) 单独的 WAIT,未设置停止挂起的条件,表示永远挂起。

(2) WAIT ON 信号表,即敏感信号等待语句,当敏感信号变化时,结束挂起。例如:

WAIT ON　a,b;

表示当 a 或 b 信号中任一信号变化时,就结束挂起,继续执行此语句后面的语句。

(3) WAIT UNTIL 条件表达式,即条件等待语句,当条件表达式中所含的信号发生了变化,并且条件表达式为真时,进程才能脱离挂起状态,继续执行此语句后面的语句。例如:

WAIT UNTIL((x * 10)< 100);

表示当信号量 x 的值大于或等于 10 时,进程执行到该语句,将被挂起,当 x 的值小于 10 时,进程再次被启动,继续执行此语句后面的语句。

(4) WAIT FOR 时间表达式,直到指定的时间到时,挂起才结束。

例如,语句 WAIT FOR 20ns;表示执行到该语句时需等待 20ns 后再继续执行下一条语句。

（5）多条件 WAIT 语句，即上述条件中有多个同时出现，此时只要多个条件中有一个成立，则终止挂起。

例 5-16 所描述的两个进程的描述是等效的。

【例 5-16】 WAIT 语句应用情况 1

```
PROCESS(a,b)                              --进程 1
    BEGIN
       Y < = a AND b;
END PROCESS;
PROCESS                                   --进程 2
    BEGIN
       Y < = a AND b;
    WAIT ON a,b;
END PROCESS;
```

注意：已列出敏感信号的进程中不能使用任何形式的 WAIT 语句，一般情况下，只有 WAIT UNTIL 格式的等待语句可以被综合器所接受，其余语句格式只能在 VHDL 仿真器中使用。

例 5-17 描述的一个进程中，有一个无限循环的 LOOP 语句，其中用 WAIT 语句描述了一个具有同步复位功能的电路。

【例 5-17】 WAIT 语句应用情况 2

```
PROCESS
BEGIN
   rst_loop: LOOP
   WAIT UNTIL clock = '1' AND clock'EVENT;      --等待时钟信号
   NEXT rst_loop WHEN (rst = '1');              --检测复位信号
   x < = a;                                     --无复位信号,执行赋值操作
   WAIT UNTIL clock = '1' AND clock'EVENT;      --等待时钟信号
   NEXT rst_loop WHEN (rst = '1');              --检测复位信号
   y < = b;                                     --无复位信号,执行赋值操作
   END LOOP rst_loop;
END PROCESS;
```

例 5-17 中每一时钟上升沿的到来都将结束进程的挂起，继而检测电路的复位信号"rst"是否为高电平。如果是高电平，则返回循环的起始点；如果是低电平，则执行正常的顺序语句操作。

一般情况下，在一个进程中使用了 WAIT 语句后，经综合即产生时序逻辑电路。

5.2.4 子程序调用语句

子程序包括过程和函数，可以在 VHDL 的结构体或程序包中的任何位置对子程序进行调用。从硬件角度讲，一个子程序的调用类似于一个元件模块的例化，也就是说，VHDL 综合器为子程序的每一次调用都生成一个电路逻辑块。所不同的是，元件的例化将产生一个新的设计层次，而子程序调用只对应于当前层次的一部分。子程序的结构详见 5.4 节，它包括子程序首和子程序体。

1. 过程调用

过程调用就是执行一个给定名字和参数的过程。调用过程的语句格式如下。

过程名[([形参名 =>]实参表达式
　　　　　{,[形参名 =>]实参表达式})];

其中,形参为欲调用过程中已说明的参数名,实参是当前调用程序中过程形参的接受体。被调用中的形参与调用语句中的实参可以采用位置关联法和名字关联法进行对应,位置关联可以省去形参名。一个过程的调用有以下三个步骤。

(1) 将 IN 和 INOUT 模式的实参值赋给欲调用的过程中与它们对应的形参。

(2) 执行这个过程。

(3) 将过程中 IN 和 INOUT 模式的形参值返回给对应的实参。

实际上,一个过程对应的硬件结构中,其标识形参的输入/输出是与其内部逻辑相连的。在例 5-18 中定义了一个名为 swap 的局部过程(没有放在程序包中的过程),这个过程的功能是对一个数组中的两个元素进行比较,如果发现这两个元素的排列不符合要求,就进行交换,使得左边的元素值总是大于右边的元素值。连续调用三次 swap 后,就能将一个三元素的数组元素从左至右按序排列好,最大值排在左边。

【例 5-18】 过程的应用

```
PACKAGE data_types IS                          -- 定义程序包
SUBTYPE data_element IS INTEGER RANGE 0 TO 3;   -- 定义数据类型
TYPE data_array IS array(1 TO 3) OF data_element;
END data_types;
USE WORK.data_types.ALL;                        -- 打开以上建立在当前工作库的程序包 data_types
ENTITY sort IS
   PORT( in_array: IN data_array;
         out_array: OUT data_array);
END sort;
  ARCHITECTURE behave OF sort IS
  BEGIN
  PROCESS(in_array)                             -- 进程开始,设 data_types 为敏感信号
    PROCEDURE swap(data: INOUT data_array;      -- swap 的形参名为 data、low、high
                   low, high: IN INTEGER) IS
    VARIABLE  temp: data_element;
    BEGIN                                       -- 开始描述本过程的逻辑功能
      IF (data(low)> data(high)) THEN           -- 检测数据
          temp: = data(low);
          data(low): = data(high);
          data(high): = temp;
      END IF;
    END swap;                                   -- 过程 swap 定义结束
  VARIABLE my_array: data_array;                -- 在本进程中定义变量 my_array
  BEGIN                                         -- 进程开始
    my_array: = in_array;                       -- 将输入值读入变量
    swap(my_array,1,2);                         -- my_array、1、2 是对应于 data、low、high 的实参
    swap(my_array,2,3);                         -- 位置关联调用,第 2、第 3 元素交换
    swap(my_array,1,2);                         -- 位置关联调用,第 1、第 2 元素再次交换
    out_array < = my_array;
```

```
      END PROCESS;
   END behave;
```

2. 函数调用

函数调用与过程调用十分相似，不同之处是，调用函数将返回一个指定数据类型的值，函数的参量只能是输入值。

5.2.5 返回语句

返回语句只能用于子程序中，并用来结束当前子程序的执行。其语句有以下两种格式。

（1）RETURN。

（2）RETURN 表达式。

第一种语句格式只能用于过程，它只是结束过程，并不返回任何值；第二种语句格式只能用于函数，并且必须返回一个值。每一个函数必须至少包含一个返回语句，并可以拥有多个返回语句，但是在函数调用时，只有其中一个返回语句可以将值返回。

例 5-19 是一个过程定义语句，它将完成一个 RS 触发器的功能。注意其中的时间延迟语句和 REPORT 语句是不可综合的。

【例 5-19】 过程的返回

```
PROCEDURE rsff (SIGNAL s,r: IN STD_LOGIC;
                SIGNAL q,nq: INOUT STD_LOGIC) IS
BEGIN
   IF(s = '1' AND r = '1')THEN
      REPORT "Forbidden state: s and r quual to '1'";
      RETURN;
   ELSE
      q < = s NAND nq AFTER 5 ns;
      nq < = r NAND q AFTER 5 ns;
   END IF;
END PROCEDURE rsff;
```

当信号 r 和 s 同时为 1 时，在 IF 语句中的 RETURN 语句将中断过程。

例 5-20 是在一个函数体中使用 RETURN 语句的示例。

【例 5-20】 函数的返回

```
LIBRARY IEEE;
USE IEEE.STD_LOGIC_1164.ALL;
ENTITY max21 IS
   PORT(a,b: IN INTEGER;
         q: OUT INTEGER);
END max21;
ARCHITECTURE behave OF max21 IS
BEGIN
   PROCESS(a,b)
   FUNCTION max(a,b: INTEGER) RETURN INTEGER IS
   VARIABLE temp: INTEGER;
   BEGIN
      IF(a > b)THEN
```

```
        temp: = a;
    ELSE
        temp: = b;
    END IF;
    RETURN(temp);
  END max;
BEGIN
  q < = max(a,b);
END PROCESS;
END behave;
```

例 5-20 实现的是对两个输入整数取最大值,在结构体的进程中定义了一个取最大值的函数。在函数体中,通过 RETURN 语句将比较得到的最大值返回,而且结束该函数体的执行。

5.2.6　NULL 语句

空操作语句不完成任何操作,它唯一的功能就是使程序执行下一个语句。NULL 常用于 CASE 语句中,利用 NULL 来表示所有的不用的条件下的操作行为,以满足 CASE 语句对条件值全部列举的要求。

空操作语句格式如下。

```
NULL;
```

在例 5-21 的 CASE 语句中,NULL 语句用于排除一些不用的条件。

【例 5-21】　NULL 语句的应用

```
CASE opcode IS
WHEN "001" = > tmp: = rega AND regb;
WHEN "101" = > tmp: = rega OR regb;
WHEN "110" = > tmp: = NOT rega;
WHEN OTHERS = > NULL;
END CASE;
```

此例类似于一个 CPU 内部的指令译码器的功能,“001”“101”“110”分别代表指令操作码,对于它们所对应寄存器中的操作数的操作算法,CPU 只对这三种指令码做反应,当出现其他码时,不做任何操作。

5.2.7　其他语句

1. 属性描述与定义语句

属性描述与定义语句有许多实际的应用。VHDL 中具有属性的项目有:类型、子类型、过程、函数、信号、变量、常量、实体、结构体、配置、程序包、元件和语句标号等。

属性就是这些项目的特性,某一项目的属性可以通过一个值或一个表达式来表示,通过 VHDL 的预定义属性描述语句就可以加以访问。

属性的值与对象(信号、变量和常量)的值完全不同,在任一给定的时刻,一个对象只能有一个值,但却可以有多个属性,VHDL 还允许设计者自己定义属性,即用户自定义属性。

综合器支持的属性有 LEFT、RIGHT、HIGH、LOW、RANGE、REVERS_RANGE、

LENGTH、EVENT 及 STABLE 等。

预定义属性描述语句实际上是一个内部预定义函数，其语句格式是：

属性测试项目名'属性标识符

其中，属性测试项目即属性对象，可由相应的标识符表示，属性标识符即属性名。以下对可以综合的属性项目的使用方法做一说明。

1）信号类属性

信号类属性中，最常用的当属 EVENT，这在第 4 章已进行了详细说明。

属性 STABLE 的测试功能恰与 EVENT 相反，它是信号在 δ 时间内无事件发生，则返回 TRUE 值。以下两个语句的功能是一样的。

```
NOT(clock'STABLE AND clock = '1')
(clock'EVENT AND clock = '1')
```

注意：语句"NOT(clock'STABLE AND clock＝'1')"的表达方式是不可综合的。因为对于 VHDL 综合器来说，括号中的语句等效于一条时钟信号边沿测试专用语句，它已不是普通的操作数，所以不能以操作数方式来对待。

在实际使用中，'EVENT 比 'STABLE 更常用。对于目前常用的 VHDL 综合器来说，EVENT 只能用于 IF 和 WAIT 语句中。

2）数据区间类属性

数据区间类属性有'RANGE[(n)]和'REVERSE_RANGE[(n)]。这类属性函数主要是对属性项目取值区间进行测试，返回的内容不是一个具体值，而是一个区间。对于同一属性项目，'RANGE 和'REVERSE_RANGE 返回的区间次序相反，前者与原项目次序相同，后者相反。例如：

```
…
SIGNAL rangel: IN STD_LOGIC_VECTOR(0 TO 7);
…
FOR I IN rangel'RANGE LOOP
…
```

此例中的 FOR LOOP 语句与语句"FOR I IN 0 TO 7 LOOP"的功能是一样的，这说明 rangel'RANGE 返回的区间即为位矢量 rangel 定义的元素范围。如果用 'REVERSE RANGE，则返回的区间正好相反，是(7 DOWNTO 0)。

3）数值类属性

在 VHDL 中的数值类属性测试函数主要有'LEFT、'RIGHT、'HIGH 及 'LOW。这些属性函数主要用于对属性测试目标一些数值特性进行测试。例如：

```
…
PROCESS(clk,a,b);
TYPE obj IS ARRAY(0 TO 15) OF BIT;
SIGNAL s1,s2,s3,s4: INTEGER;
BEGIN
  S1 < = obj'RIGHT;
  S2 < = obj'LEFT;
```

```
    S3 < = obj'HIGH;
    S4 < = obj'LOW;
…
```

信号 s1、s2、s3 和 s4 获得的赋值分别为 0、15、0 和 15。

4）数组属性

数组属性'LENGTH 的用法同前,只是对数组的宽度或元素的个数进行测定。例如:

```
…
TYPE arry1 ARRAY(0 TO 7) OF BIT;
VARIABLE wth: INTEGER;
…
wth1: = arry1'LENGTH;                          -- wth1 = 8
…
```

5）用户自定义属性

属性与属性值的定义格式如下。

```
ATTRIBUTE 属性名: 数据类型;
ATTRIBUTE 属性名 OF 对象名: 对象类型 IS 值;
```

VHDL 综合器和仿真器通常使用自定义的属性实现一些特殊的功能,由综合器和仿真器支持的一些特殊的属性一般都包含在 EDA 工具厂商的程序包里,例如,Synplify 综合器支持的特殊属性都在 synplify. attributes 程序包中,使用前加入以下语句即可。

```
LIBRARY synplify;
USE synplicity.attributes.all;
```

2. 文本文件操作

在 VHDL 中提供了一个预先定义的包集合是文本输入/输出包集合(TEXTIO),在该 TEXTIO 中包含对文本文件进行读写的过程和函数。文件操作只能用于 VHDL 仿真器中,VHDL 综合器将忽略程序中所有与文件操作有关的部分。在完成较大的 VHDL 程序的仿真时,由于输入信号很多,输入数据复杂,这时可以采用文件操作的方式设置输入信号。将仿真时输入信号所需要的数据用文本编辑器写到一个磁盘文件中,然后在 VHDL 程序的仿真驱动信号生成模块中调用 STD. TEXTIO 程序包中的子程序,读取文件中的数据,经过处理后或直接驱动输入信号端。

仿真的结果或中间数据也可以用 STD. TEXTIO 程序包中提供的子程序保存在文本文件中,这对复杂的 VHDL 设计的仿真尤为重要。

VHDL 仿真器 ModelSim 支持许多操作子程序,附带的 STD. TEXTIO 程序包源程序是很好的参考文件。

下面简要说明一下 TEXTIO 中读、写文件的语句的书写格式。

1）从文件中读一行

```
READLINE(文件变量,行变量);
```

READLINE 用于从指定的文件中读一行的语句。

2）从一行中读一个数据

```
READ(行变量,数据变量);
```

利用 READ 语句可以从一行中取出一个字符，放到所指定的数据变量（信号）中。

3）写一行到输出文件

```
WRITELINE(文件变量,行变量);
```

该行写语句与行读语句相反，将行变量中存放的一行数据写到文件变量所指定的文件中去。

4）写一个数据至行

```
WRITE(行变量,数据变量);
```

该写语句将一个数据写到某一行中。

5）文件结束检查

```
ENDFILE(文件变量);
```

该语句检查文件是否结束，如果检查出文件结束标志，则返回"真"值，否则返回"假"值。

TEXTIO 常用于测试图的输入和输出。在使用 TEXTIO 的包集合时，首先要进行必要的说明，例如：

```
LIBRARY STD;
USE STD.TEXTIO.ALL;
```

在 VHDL 的标准格式中，TEXTIO 只能使用"BIT"和"BIT_VECTOR"两种数据类型。如果要使用"STD_LOGIC"和"STD_LOGIC_VECTOR"，就要调用"STD_LOGIC_TEXTIO"，即：

```
USE IEEE.STD_LOGIC_TEXTIO.ALL;
```

3. ASSERT 语句

断言语句主要用子程序仿真、调试中的人机对话，它可以给出一个文字串作为警告和错误信息。其一般格式为：

```
ASSERT 条件表达式 [REPORT 信息][SEVERITY 级别];
```

其中：条件表达式为布尔表达式，如果表达式值是真，ASSERT 语句任何事不做；如果表达式值是假，则输出错误信息和错误严重程度的级别。信息是文字串，通常用以说明错误的原因。文字串应用双引号""括起来。级别是指错误严重程度的级别。在 VHDL 中错误严重程度分为四个级别：失败（FAILURE）、出错（ERROR）、警告（WARING）和注意（NOTE）。

例如：

```
ASSERT NOT (reset = '0') AND (preset = '0')
REPORT" Control error" SEVERITY Error;      -- 断言语句,检查是否有置位和清零同时
                                            -- 作用的错误
```

ASSERT 语句可以作为顺序语句使用，也可以作为并行语句使用。作为并行语句时，

ASSERT 语句可看作一个被动进程。

4. REPORT 语句

REPORT 语句类似于 ASSERT 语句,区别是它没有条件。其语句格式如下。

```
REPORT 信息[SEVERITY 级别];
```

例如:

```
WHILE COUNTER < = 100 LOOP
   IF COUNTER > 50
      THEN REPORT "THE COUNTER OVER 50";
   END IF;
   …
END LOOP;
```

在 VHDL'93 标准中,REPORT 语句相当于前面省略了 ASSERT FALSE 的 ASSERT
语句,而在 1987 标准中不能单独使用 REPORT 语句。

5.3　VHDL 并行语句

相对于传统的软件描述语言,并行语句结构是最具 VHDL 特色的。在 VHDL 中,并行
语句具有多种语句格式,各种并行语句在结构体中的执行是同步进行的,或者说是并行运行
的,其执行方式与书写的顺序无关。在执行中,并行语句之间可以有信息交流,也可以是互
为独立、互不相关、异步运行的(如多时钟情况)。每一并行语句内部的语句运行方式可以有
两种不同的方式,即并行执行方式(如块语句)和顺序执行方式(如进程语句)。结构体中的
并行语句主要有进程语句、并行信号赋值语句、块语句、元件例化语句、生成语句、并行过程
调用语句等。

并行语句在结构体中的使用格式如下。

```
ARCHITECTURE 结构体名 OF   实体名 IS
   说明语句
   BEGIN
     并行语句
END ARCHITECTURE 结构体名
```

5.3.1　进程语句

进程(PROCESS)语句是最具 VHDL 特色的语句。因为它提供了一种算法(顺序语句)
描述硬件行为的方法。进程实际上是用顺序语句描述的一种进行过程,也就是说,进程用于
描述顺序事件。一个结构体中可以有多个并行运行的进程结构,而每一个进程的内部结构
却是由一系列顺序语句来构成的。

1. PROCESS 语句格式

PROCESS 语句的表达格式如下。

```
[进程标号:]PROCESS[(敏感信号参数表)][IS]
[进程说明部分]
```

```
BEGIN
   顺序描述语句
END PROCESS[进程标号];
```

进程说明部分用于定义该进程所需的局部数据环境。

顺序描述语句部分是一段顺序执行的语句,描述该进程的行为。PROCESS 中规定了每个进程语句在它的某个敏感信号(由敏感信号参量表列出)的值改变时都必须立即完成某一功能行为。这个行为由进程顺序语句定义,行为的结果可以赋给信号,并通过信号被其他的 PROCESS 或 BLOCK 读取或赋值。当进程中定义的任一敏感信号发生更新时,由顺序语句定义的行为就要重复执行一次,当进程中最后一个语句执行完成后,执行过程将返回到第一个语句,以等待下一次敏感信号变化,如此循环往复以至无限。但当遇到 WAIT 语句时,执行过程将被有条件地终止,即所谓的挂起(Suspention)。

一个结构体中可含有多个 PROCESS 结构,每个进程可以在任何时刻被激活或者称为启动。而所有被激活的进程都是并行运行的,这就是为什么 PROCESS 结构本身是并行语句的道理。

2. PROCESS 组成

PROCESS 语句结构是由三个部分组成的,即进程说明部分、顺序描述语句部分和敏感信号参数表。

(1) 进程说明部分主要定义一些局部量,可包括数据类型、常数、属性、子程序等。但需注意,在进程说明部分中不允许定义信号和共享变量。

(2) 顺序描述语句部分可分为赋值语句、进程启动语句、子程序调用语句、顺序描述语句和进程跳出语句等。

① 信号赋值语句:即在进程中将计算或处理的结果向信号赋值。

② 变量赋值语句:即在进程中以变量的形式存储计算的中间值。

③ 进程启动语句:当 PROCESS 的敏感信号参数表中没有列出任何敏感量时,进程的启动只能通过进程启动语句 WAIT 语句。这时可以利用 WAIT 语句监视信号的变化情况,以便决定是否启动进程。WAIT 语句可以看作一种隐式的敏感信号表。

④ 子程序调用语句:对已定义的过程和函数进行调用,并参与计算。

⑤ 顺序描述语句:包括 IF 语句、CASE 语句、LOOP 语句和 NULL 语句等。

⑥ 进程跳出语句:包括 NEXT 语句和 EXIT 语句。

(3) 敏感信号参数表需列出用于启动本进程可读入的信号名(当有 WAIT 语句时例外)。

3. 进程设计要点

进程的设计需要注意以下几方面的问题。

(1) 虽然同一结构体中的进程之间是并行运行的,但同一进程中的逻辑描述语句则是顺序运行的,因而在进程中只能设置顺序语句。

(2) 进程的激活必须由敏感信号表中定义的任一敏感信号的变化来启动,否则必须有一显式的 WAIT 语句来激活。这就是说,进程既可以由敏感信号的变化来启动,也可以由满足条件的 WAIT 语句来激活。反之,在遇到不满足条件的 WAIT 语句后,进程将被挂起。因此,进程中必须定义显式或隐式的敏感信号。如果一个进程对一个信号集合总是敏感的,那么,可以使用敏感表来指定进程的敏感信号。但是,在一个使用了敏感表的进程(或者由该进程所调用的子程序)中不能含有任何等待语句。

（3）结构体中多个进程之所以能并行同步运行,一个很重要的原因是进程之间的通信是通过传递信号和共享变量值来实现的。所以相对于结构体来说,信号具有全局特性。它是进程间进行并行联系的重要途径。因此,在任一进程的进程说明部分不允许定义信号(共享变量是 VHDL'93 增加的内容)。

（4）进程是重要的建模工具。进程结构不但为综合器所支持,而且进程的建模方式将直接影响仿真和综合结果。需要注意的是,综合后对应于进程的硬件结构,对进程中的所有可读入信号都是敏感的,而在 VHDL 行为仿真中并非如此,除非将所有的读入信号列为敏感信号。

进程语句是 VHDL 程序中使用最频繁和最能体现 VHDL 特点的一种语句,其原因是由于它的并行和顺序行为的双重性,以及行为描述风格的特殊性。为了使 VHDL 的软件仿真与综合后的硬件仿真对应起来,应当将进程中的所有输入信号都列入敏感表中。不难发现,在对应的硬件系统中,一个进程和一个并行赋值语句确实有十分相似的对应关系,并行赋值语句就相当于一个将所有输入信号隐性地列入结构体监测范围的(即敏感表的)进程语句。

综合后的进程语句所对应的硬件逻辑模块,其工作方式可以是组合逻辑方式的,也可以是时序逻辑方式的。例如,在一个进程中,一般的 IF 语句,在一定条件下综合出的多为组合逻辑电路;若出现 WAIT 语句,在一定条件下,综合器将引入时序元件,如触发器。

例 5-22 中有两个进程:p_a 和 p_b,它们的敏感信号分别为 a、b、selx 和 temp、c、sely。除 temp 外,两个进程完全独立运行,除非两组敏感信号中的一对同时发生变化,两个进程才被同时启动。

【例 5-22】 *进程的应用*

```
ENTITY mul IS
PORT(a,b,c,selx,sely: IN BIT;
      data_out: OUT BIT);
END mul;
ARCHITECTURE ex OF mul IS
  SIGNAL temp: BIT;
BEGIN
p_a: PROCESS(a,b,selx)
    BEGIN
      IF(SELX = '0')THEN temp < = a;
      ELSE temp < = b;
      END IF;
END PROCESS p_a;
p_b: PROCESS(temp,c,sely)
    BEGIN
      IF (sely = '0') THEN data_out < = temp;
      ELSE data_out < = c;
      END IF;
END PROCESS p_b;
END ex;
```

5.3.2 并行信号赋值语句

并行信号赋值语句有三种形式：简单信号赋值语句、条件信号赋值语句和选择信号赋值语句。这三种信号赋值语句的共同点是赋值目标必须都是信号，所有赋值语句与其他并行语句一样，在结构体内的执行是同时发生的，与它们的书写顺序和是否在块语句中没有关系。每一信号赋值语句都相当于一条缩写的进程语句，而这条语句的所有输入信号都被隐性地列入此过程的敏感信号表中。因此，任何信号的变化都将启动相关并行语句的赋值操作，而这种启动完全是独立于其他语句的，它们都可以直接出现在结构体中。

1. 简单信号赋值语句

简单信号赋值语句是 VHDL 并行语句结构的最基本的单元，它的语句格式如下。

赋值目标<＝表达式

式中赋值目标的数据对象必须是信号，它的数据类型必须与赋值符号右边表达式的数据类型一致。例 5-23 结构体中的五条信号赋值语句的执行是并行发生的。

【例 5-23】 简单信号赋值语句

```
ARCHITECTURE curt OF bcl IS
SIGNAL s,e,f,g,h: STD_LOGIC;
BEGIN
    Output1 <＝ a AND b ;
    Output2 <＝ c + d;
    g <＝ e OR f ;
    h <＝ e XOR f ;
    s1 <＝ g;
END ARCHITECTURE curt;
```

2. 条件信号赋值语句

作为另一种并行赋值语句，条件信号赋值语句的表达方式如下。

```
赋值目标<＝表达式 1 WHEN 赋值条件 1 ELSE
         表达式 2 WHEN 赋值条件 2   ELSE
         …
         表达式 n;
```

在结构体中条件信号赋值语句的功能与在进程中的 IF 语句相同，在执行条件信号语句时，每一赋值条件是通过书写的先后关系逐项测定的，一旦发现赋值条件为 TRUE，立即将表达式的值赋给目标变量。从这个意义上讲，条件赋值语句与 IF 语句具有十分相似的顺序性（注意，条件赋值语句中的 ELSE 不可省略），这意味着，条件信号赋值语句将第一个满足关键词 WHEN 后的赋值条件所对应的表达式中的值，赋给赋值目标信号，这里的赋值条件的数据类型是布尔量，当它为真时表示满足赋值条件，最后一项表达式可以不跟条件子句，用于表示以上各条件都不满足时，则将此表达式赋予赋值目标信号。由此可知，条件信号语句允许有重叠现象，这与 CASE 语句有很大的不同，应注意辨别。

例 5-24 就是条件信号赋值语句的应用例子。应该注意，由于条件测试的顺序性，第一子句具有最高赋值优先级，第二句其次，第三句最后。这就是说，当 P1 和 P2 同时为 1 时，Z

获得的赋值是 a。

【例 5-24】 条件信号赋值

```
ENTITY mux IS
  PORT(a,b,c: IN BIT;
        p1,p2: IN BIT;
           z: OUT BIT);
END mux;
ARCHITECTURE behave OF mux IS
  BEGIN
  z < = a WHEN p1 = '1' ELSE
      b WHEN p2 = '1' ELSE
      c;
END;
```

3. 选择信号赋值语句

选择信号赋值语句的语句格式如下。

```
WITH 选择表达式 SELECT
赋值目标信号<= 表达式 1 WHEN 选择值 1,
              表达式 2 WHEN 选择值 2,
              …
              表达式 n  WHEN 选择值 n;
```

选择信号赋值语句本身不能在进程中应用,但其功能却与进程中的 CASE 语句的功能相似。CASE 语句的执行依赖于进程中敏感信号的改变,而且要求 CASE 语句中各子句的条件不能有重叠,必须包容所有的条件。

选择信号语句中也有敏感量,即关键词 WITH 旁的选择表达式,每当选择表达式的值发生变化时,就将启动此语句对各子句的选择值进行测试对比,当发现有满足条件的子句时,就将此子句表达式中的值赋给赋值目标信号。与 CASE 语句相类似。选择赋值语句对子句各选择值的测试具有同期性,不像条件信号赋值语句那样是按照子句的书写顺序从上至下逐条测试的,因此,选择赋值语句不允许有条件重叠的现象,也不允许存在条件涵盖不全的情况。

例 5-25 是一个简化的指令译码器,对应有 a、b、c 三个位构成的不同指令码,由 data1 和 data2 输入的两个值将进行不同的逻辑操作,并将结果从 dataout 输出,当不满足所列的指令时,将输出高阻态。

【例 5-25】 选择信号赋值

```
LIBRARY IEEE;
USE IEEE.STD_LOGIC_1164.ALL;
USE IEEE.STD_LOGIC_UNSIGNED.ALL;
ENTITY decoder IS
  PORT(a,b,c: IN STD_LOGIC;
       data1,data2: IN STD_LOGIC;
       dataout: OUT STD_LOGIC);
END decoder;
ARCHITECTURE concunt OF decoder IS
  SIGNAL instruction: STD_LOGIC_VECTOR(2 DOWNTO 0);
```

```
BEGIN
    instruction < = c&b&a;
    WITH instruction SELECT
    dataout < = data1 AND data2 WHEN "000",
              data1 OR data2 WHEN "001",
              data1 NAND data2 WHEN "010",
              data1 NOR data2 WHEN "011",
              data1 XOR data2 WHEN "100",
              data1 XNOR data2 WHEN "101",
                        'Z' WHEN  OTHERS;
END concunt;
```

注意：选择信号赋值语句的每一个子句结尾是逗号，最后一句是分号；而条件赋值语句每一子句的结尾没有任何标点，只有最后一句为分号。

5.3.3　块语句结构

块（BLOCK）的应用类似于利用 PROTEL 画电路原理时，可将一个总的原理图分成多个子模块，则这个总的原理图成为一个由多个子模块原理连接而成的顶层模块图，而每一个模块可以是一个具体的电路原理图。但是，如果子模块的原理图仍然太大，还可将它变成更低层次的原理图模块的连接图（BLOCK 嵌套）。显然，按照这种方式划分结构体仅是形式上的，而非功能上的改变。事实上，将结构体以模块方式划分的方法有多种，使用元件例化语句也是一种将结构体并行描述分成多个层次的方法，其区别只是后者涉及多个实体和结构体，且综合后硬件结构的逻辑层次有所增加。

实际上，结构体本身就等价于一个 BLOCK，或者说是一个功能块。BLOCK 是 VHDL 中具有的一种划分机制，这种机制允许设计者合理地将一个模块分为数个区域，在每个块都能对其局部信号、数据类型和常量加以描述和定义。任何能在结构体的说明部分进行说明的对象都能在 BLOCK 说明部分中进行说明。BLOCK 语句应用只是一种将结构体中的并行描述语句进行组合的方法，客观存在的主要目的是改善并行语句及其结构的可读性，或是利用 BLOCK 的保护表达式关闭某些信号。BLOCK 语句的表达式如下。

```
块标号: BLOCK[(块保护表达式)]
        说明语句
        BEGIN
        并行语句
END BLOCK 块标号;
```

作为一个 BLCOK 语句结构，在关键词"BLOCK"的前面必须设置一个块标号，并在结尾语句"END BLOCK"右侧也写上此标号（此处的块标号不是必需的）。

其中说明语句又包括类属说明语句和端口说明语句，类属语句主要用于参数的定义，而端口说明语句主要用于信号的定义，它们通常是通过 GENERIC 语句、GENERIC MAP 语句、PORT 语句和 PORT MAP 语句来实现的。说明语句主要是对 BLOCK 的接口设置以及外界信号的连接状态加以说明。

块的类属说明部分和接口说明部分的适用范围仅限于当前 BLOCK。所以，所有这些在 BLOCK 内部的说明对于这个块的外部来说是完全不透明的，即不能适用于外部环境，或由外部环境所调用,但对于嵌套于更内层的块却是透明的,即可将信息向内部传递。块的说明部分可以定义的项目主要有:USE语句、子程序、数据类型、子类型、常数、信号和元件。

　　块中的并行语句部分可包含结构体中的任何并行语句结构。BLOCK语句本身属于并行语句,BLOCK语句中所包含的语句也是并行语句。BLOCK的应用可使结构体层次鲜明,结构明确。利用BLOCK语句可以将结构体中的并行语句划分为多个并列方式的BLOCK,每一个BLOCK都像一个独立的设计实体,具有自己的类属参数说明和界面端口,以及与外部环境的衔接描述。在较大的VHDL程序的编程中,恰当的块语句的应用对于技术交流、程序移植、排错和仿真都是有益的。

　　例5-26是一个广泛使用的微处理器的VHDL源代码,在其中就使用了多层块嵌套。

【例5-26】 块的应用

```
LIBRARY IEEE;
USE IEEE.STD_LOGIC_1164.ALL;
PACKAGE bit32 IS
  TYPE tw32 IS ARRAY(31 DOWNTO 0)OF STD_LOGIC;
END bit32;
LIBRARY IEEE;
USE IEEE.STD_LOGIC_1164.ALL;
USE WORK.bit32.ALL;
ENTITY cpu IS
  PORT(clk,interrupt: IN STD_LOGIC;
        add: OUT tw32;
        data: INOUT tw32);
END cpu;
ARCHITECTURE behave OF cpu IS
SIGNAL ibus,dbus: tw32;
BEGIN
  alu: BLOCK
  SIGNAL qbus: tw32;
  BEGIN
    -- ALU 行为描述
  END BLOCK alu;
  reg8: BLOCK
  SIGNAL zbus: tw32;
  BEGIN
    reg1: BLOCK
    SIGNAL qbus: tw32;
    BEGIN
     -- REG 行为描述
    END BLOCK reg1;
     -- 其他 REG 行为描述语句
  END BLOCK reg8;
END behave;
```

　　在例5-26中,CPU模块有四个端口;输入端口clk和interrupt;输出端口add;双向端口data。在CPU的结构体中使用BLOCK语句描述了ALU模块和REG模块,相对于这些块,以上四个端口是可见的,可以在块内使用。

在结构体中定义了 ibus 和 dbus，它们是该结构体的内部信号。在此结构体内部的块都可以使用这两个信号。

在 reg8 中说明了信号 zbus，这个信号可以在 reg8 内部使用，包括其中的 regl。但是对 reg8 块外部是不透明的，即对于 ALU 块是不能使用的。

内层嵌套块 regl 中说明了信号 qbus，虽然它与 ALU 中说明的信号是同名的，但是它属于内部信号，仅在此块范围内有效，但以后为了避免不必要的错误，在编程中尽量不要出现这种命名。

5.3.4　并行过程调用语句

并行过程调用语句可以作为一个并行语句直接出现在结构体或块语句中。并行过程调用语句的功能等效于一个只有一个过程调用的进程，过程参数的模式只能为 IN、OUT 或 INOUT，当参数之一改变时，过程调用就会被激活。并行过程调用语句的语句调用格式与顺序过程调用语句是相同的，即：

[过程标号：]过程名(关联参量名);

例 5-27 就是并行过程调用的应用实例，它的主要功能是取出三个输入中值最大的那一个。

【例 5-27】　并行过程的调用

```
LIBRARY IEEE;
USE IEEE.STD_LOGIC_1164.ALL;
USE IEEE.STD_LOGIC_UNSIGNED.ALL;
ENTITY mft IS
  PORT(a: IN STD_LOGIC;
       b: IN STD_LOGIC;
       C: IN STD_LOGIC;
       q: OUT STD_LOGIC);
END mft;
ARCHITECTURE behave OF mft IS
  PROCEDURE max(ina,inb: IN STD_LOGIC;        -- 定义过程 max
                SIGNAL ouc: OUT STD_LOGIC)IS
  VARIABLE temp: STD_LOGIC;
  BEGIN
    IF(ina < inb) THEN
      temp: = inb;
    ELSE
      temp: = ina;
    END IF;
    ouc < = temp;
  end max;
SIGNAL temp1,temp2: STD_LOGIC;
BEGIN
  max(a,b,temp1);                        -- 调用过程 max
  max(temp1,c,temp2);                    -- 调用过程 max
  q < = temp2;
END behave;
```

5.3.5　元件例化语句

在第 4 章曾对此语句做了简要介绍,本节将做进一步介绍。元件例化是可以多层次的,在一个设计实体中被调用安插的元件本身也可以是一个低层次的当前设计实体,因而可以调用其他的元件,以便构成更低层次的电路模块。因此元件例化就意味着在当前结构体内定义了一个新的设计层次,这个设计层次的总称叫作元件,但它可以以不同的形式出现,这个元件可以是已设计好的一个 VHDL 设计实体,可以是来自 FPGA 元件库中的元件,它们可能是以别的硬件描述语言,如 Verilog 设计的实体;元件还可以是 IP 核,或者是 FPGA 中的嵌入式硬 IP 核。

元件例化语句由两部分组成,前一部分是把一个现成的设计实体定义为一个元件,第二部分则是此元件与当前设计实体中的连接说明,它们的完整的语句格式如下。

```
COMPONENT   元件名  IS                --元件定义语句
GENERIC   (类属表);
PORT(端口名表);
END COMPONENT  元件名;
例化名: 元件名  PORT MAP(              --元件例化语句
      [端口名=>]连接端口名,…);
```

以上两部分语句在元件例化时都是必须存在的,第一部分语句是元件定义语句,相当于对一个现成的设计实体进行封装,使其只留出对外的接口界面,就像一个集成芯片只留几个引脚在外面一样,它的类属表可列出端口的数据类型和参数,端口名表可列出对外通信的各端口名。元件例化的第二部分语句即为元件例化语句,其中的例化名是必须存在的,它类似于标在当前系统(电路板)中的一个插座名,而元件名则是准备在此插座上插入的、已定义好的元件名。PORT MAP 是端口映射的意思,其中的端口名是在元件定义语句中的端口名表中已定义好的元件端口的名字,连接端口名则是当前系统与准备接入的元件对应端口相连的通信端口,相当于插座上各插针的引脚名。

元件例化语句中所定义的元件的端口名与当前系统的连接端口名的接口表达有两种方式,一种是名字关联方式。在这种关联方式下,例化元件的端口名和关联符号"=>"两者都是必须存在的。这时,端口名与连接端口名的对应式,在 PORT MAP 句中的位置可以是任意的。另一种是位置关联方式,在使用这种方式时,端口名和关联连接符号都可省去,在 PORT MAP 子句中,只要列出当前系统中的连接端口名就行了,但要求连接端口名的排列方式与所需例化的元件端口定义中的端口名一一对应。

例 5-28 以一个 4 位移位寄存器为例,进一步说明元件例化语句应用,它由 4 个相同的 D 触发器组成。

【例 5-28】 元件例化语句

```
ENTITY shifter IS
  PORT(din,clk: IN BIT;
       dout: OUT BIT);
END shifter;
ARCHITECTURE a OF shifter IS
  COMPONENT dff
```

```
        PORT(d,clk: IN BIT;
              q: OUT BIT);
    END COMPONENT;
SIGNAL d: BIT_VECTOR(0 TO 4);
  BEGIN
      d(0)< = din;                                    -- 并行信号赋值
U0: dff PORT MAP(d(0),clk,d(1));                       -- 位置关联方式
U1: dff PORT MAP(d(1),clk,d(2));
U2: dff PORT MAP(d = > d(2),clk = > clk,q = > d(3));   -- 名字关联方式
U3: dff PORT MAP(d = > d(3),clk = > clk,q = > d(4));
dout < = d(4);
END a;
```

例 5-28 所描述的 4 位移位寄存器实际电路如图 5-1 所示。

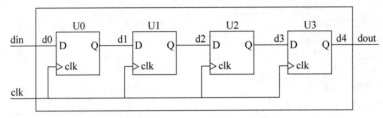

图 5-1　4 位移位寄存器结构图

元件例化语句是一种应用十分广泛的 VHDL 语句，它使得在进行 VHDL 描述时可以使用以前建立的 VHDL 模块，避免大量的重复工作。

5.3.6　生成语句

生成语句可以简化有规则设计结构的逻辑描述，适用于高重复性的电路设计。生成语句有一种复制作用，在设计中，只要根据某些条件，设定好某一元件或设计单位，就可以利用生成语句复制一组完全相同的并行元件或设计单元电路结构，生成语句的语句格式有如下两种形式。

（1）[标号：]FOR 循环变量　IN 取值范围 GENERATE
　　　说明
　　　BEGIN
　　　并行语句
　　　END GENERATE [标号]；

（2）[标号：] IF 条件 GENERATE
　　　说明
　　　BEGIN
　　　并行语句
　　　END GENERATE [标号]；

这两种语句格式都是由如下四部分组成的。

（1）生成方式：由 FOR 或 IF 语句结构构成，用于规定并行语句的复制方式。

（2）说明部分：包括对元件数据类型、子程序、数据对象做一些局部说明。

（3）并行语句：对被复制的元件的结构和行为进行描述。主要包括元件、进程语句、块语句、并行过程用语句、并行信号赋值语句，甚至生成语句，这表示生成语句允许存在嵌套结

构,因而可用于生成元件的多维阵列结构。它是用来进行"Copy"的基本单元。

(4) 标号:其中的标号并非必需,但如果在嵌套式生成语句结构中就是十分重要的。

1. FOR 格式的生成语句

FOR 格式的生成语句主要是用来描述设计中一些有规律的单元结构,其生成参数及其取值范围的含义和运行方式与 LOOP 语句十分相似,但是在生成语句中使用的是并行处理语句,因此在结构内部的语句不是按书写顺序执行的,而是并发执行的。FOR_GENERATE 语句结构中不能使用 EXIT 语句和 NEXT 语句。

生成参数(循环变量)是自动产生的,它是一个局部变量,根据取值范围自动递增或递减。取值范围的语句格式与 LOOP 语句是相似的,有以下两种形式。

```
表达式     TO    表达式;        -- 递增方式,如 1   TO    5
表达式   DOWNTO   表达式;        -- 递减方式,如 5   DOWNTO   1
```

其中的表达式必须是整数。

例 5-29 和例 5-30 将利用元件例化语句和 FOR GENERATE 生成语句完成一个 8 位三态锁存器的设计。示例仿照 74373 的工作逻辑进行设计。例 5-29 是一个一位的锁存器,例 5-30 为顶层文件,端口信号 d 为数据输入端,q 为数据输出端,ena 为输出使能端,若 ena=1,则 q8~q1 的输出为高阻态,若 ena=0,则输出保存在锁存器中;g 为数据锁存控制端,若 g=1,d8~d1 输入端的信号进入 74373 中的 8 位锁存器中,若 g=0,74373 中的 8 位锁存器将保持原先锁入的信号值不变。

【例 5-29】 1 位锁存器

```
LIBRARY IEEE;
USE IEEE.STD_LOGIC_1164.ALL;
ENTITY latch IS
  PORT(d: IN STD_LOGIC;
        ena: IN STD_LOGIC;
        q: OUT STD_LOGIC);
END ENTITY latch;
ARCHITECTURE one OF latch IS
  SIGNAL sig_save: STD_LOGIC;
  BEGIN
    PROCESS(d,ena)
      BEGIN
        IF ena = '1' THEN sig_save < = d;
        END IF;
        q < = sig_save;
    END PROCESS;
END one;
```

【例 5-30】 顶层文件

```
LIBRARY IEEE;
  USE IEEE.STD_LOGIC_1164.ALL;
  ENTITY SN74373 IS
    PORT(d: IN STD_LOGIC_VECTOR(8 DOWNTO 1);
        oen,g: IN STD_LOGIC;
```

```
          q: OUT STD_LOGIC_VECTOR(8 DOWNTO 1));
     END ENTITY SN74373;
     ARCHITECTURE two OF SN74373 IS
       SIGNAL sigvec_save: STD_LOGIC_VECTOR(8 DOWNTO 1);
        BEGIN
        PROCESS(d,oen,g,sigvec_save)
          BEGIN
            IF oen = '0' THEN q < = sigvec_save;
            ELSE   q < = "ZZZZZZZZ";
            END IF;
            IF g = '1' THEN sigvec_save < = d;
            END IF;
        END PROCESS;
      END ARCHITECTURE two;
     ARCHITECTURE one OF SN74373 IS
       COMPONENT latch
         PORT(d,ena: IN STD_LOGIC;
               q: OUT STD_LOGIC);
         END COMPONENT;
         SIGNAL sig_mid: STD_LOGIC_VECTOR(8 DOWNTO 1);
         BEGIN
           gelatch: FOR inum IN 1 to 8 GENERATE
           latchx: latch PORT MAP(d(inum),g,sig_mid(inum));
         END GENERATE;
           q < = sig_mid WHEN oen = '0' ELSE
               "ZZZZZZZZ";
       END ARCHITECTURE one;
```

由例 5-30 可以看出：

（1）程序中安排了两个结构体，以不同的电路来实现相同的逻辑，即一个实体可以对应多个结构体，每个结构体对应一种实现方案。在例化这个器件的时候，需要利用配置语句指定一个结构体，即指定一种实现方案，否则 VHDL 综合器会自动选择最新编译的结构体，在本例中即为结构体 one。

（2）COMPONENT 语句对将要例化的器件进行了接口声明，它对应一个已设计好的实体（例 5-29）。VHDL 综合器根据 COMPONENT 指定的器件名和接口信息来装配器件。

（3）在 FOR GENERATE 语句使用中，gelatch 为标号，inum 为变量，从 1 到 8 共循环了 8 次。

（4）语句"latchx：latch PORT MAP(d(inum),g,sig_mid(inum))；"是一条含有循环变量 inum 的例化语句，且信号的连接方式采用的是位置关联方式，安装后的元件标号是 latchx。latch 的引脚 d 连在信号线 d(inum)上，引脚 ena 连在信号线 g 上，引脚 q 连在信号线 sig_mid(inum)上。inum 的值为 1～8，latch 从 1 到 8 共例化了 8 次，即共安装了 8 个 latch。信号线 d(1)～d(8)，sig_mid(1)～sig_mid(8)都分别连在这 8 个 latch 上。

2. IF 格式的生成语句

IF 格式的生成语句主要是用来描述产生例外的情况。当执行到该语句时，首先进行条件的判断，如果条件为 Ture，则执行生成语句中的并行处理语句，否则不执行该语句。

IF 格式的生成语句与普通的 IF 语句有着很大的不同，普通的 IF 语句中的处理语句是顺序执行的,而 IF 格式的生成语句中的并行语句却是并行执行的。另外,IF 格式的生成语句中是不能出现 ELSE 语句的。现以例 5-28 介绍过的移位寄存器为例来介绍 IF 格式的生成语句的使用。首先描述 D 触发器,如例 5-31 所示。

【例 5-31】 D 触发器

```
LIBRARY IEEE;
USE IEEE.STD_LOGIC_1164.ALL;
ENTITY d_ff IS
  PORT(clk,d: IN STD_LOGIC;
       q: OUT STD_LOGIC);
END d_ff;
ARCHITECTURE behave OF d_ff IS
  SIGNAL q_in: STD_LOGIC;
  BEGIN
    q < = q_in;
    PROCESS(clk)
    BEGIN
      IF(clk'EVENT AND clk = '1')THEN
        q_in < = d;
      END IF;
    END PROCESS;
END behave;
```

然后生成 4 位移位寄存器,如例 5-32 所示。

【例 5-32】 4 位移位寄存器

```
LIBRARY IEEE;
USE IEEE.STD_LOGIC_1164.ALL;
ENTITY shift_reg IS
  PORT(d1: IN STD_LOGIC;
       cp: IN std_LOGIC;
       d0: OUT STD_LOGIC);
END shift_reg;
ARCHITECTURE behave OF shift_reg IS
  COMPONENT d_ff
    PORT(d: IN STD_LOGIC;
         clk: IN STD_LOGIC;
         q: OUT STD_LOGIC);
  END COMPONENT;
SIGNAL q: STD_LOGIC_VECTOR(3 DOWNTO 1);
BEGIN
  l: FOR i IN 0 TO 3 GENERATE              -- FOR 格式的生成语句
    m: IF(i = 0) GENERATE                  -- IF 格式的生成语句
      dffx: d_ff PORT MAP(d1,cp,q(i + 1));
    END GENERATE m;
    n: IF(i = 3) GENERATE                  -- IF 格式的生成语句
      dffx: d_ff PORT MAP(q(i),cp,d0);
    END GENERATE n;
    o: IF((i/ = 0) AND (i/ = 3)) GENERATE  -- IF 格式的生成语句
      dffx: d_ff PORT MAP(q(i),cp,q(i + 1));
```

```
    END GENERATE o;
  END GENERATE l;
END behave;
```

在例 5-32 中,FOR 格式的生成语句中使用了 IF 格式的生成语句。IF 格式的生成语句首先进行条件判断,判断所使用的 D 触发器是第一个还是最后一个。可以使用 IF 格式的生成语句来解决硬件电路中输入/输出端口的不规则问题。

在实际应用中可以把两种格式混合使用,设计中,可以根据电路两端的不规则部分形成的条件用 IF GENERATE 语句来描述,而用 FOR GENERATE 语句描述电路内部的规则部分。使用这种描述方法的好处是,使设计文件具有更好的通用性、可移植性和易改性。实用中,只要改变几个参数,就能得到任意规模的电路结构。

5.4 子程序

子程序是一个 VHDL 程序模块,它是利用顺序语句来定义和完成算法的,应用它能更有效地完成重复性的设计工作。子程序不能像进程那样可以从所在结构体的其他块或进程结构中读取信号值或者向信号赋值,而只能通过子程序调用及与子程序的界面端口进行通信。

子程序有两种类型,即过程(PROCEDURE)和函数(FUNCTION)。过程和函数的区别在于:过程的调用可通过其界面获得多个返回值,而函数只能返回一个值;在函数入口中,所有参数都是输入参数,而过程有输入参数、输出参数和双向参数;过程一般被看作一种语句结构,而函数通常是表达式的一部分;过程可以单独存在,而函数通常作为语句的一部分调用。

子程序可以在 VHDL 程序的三个不同的位置进行定义,即在程序包、结构体和进程中定义。但由于只有在程序包中定义的子程序可被其他不同的设计所调用,所以一般应该将子程序放在程序包中。VHDL 子程序有一个非常有用的特性,就是具有可重载性的特点,即允许有许多重名的子程序,但这些子程序的参数类型及返回值数据类型是不同的。

在实用中必须注意,综合后的子程序将映射于目标芯片中的一个相应的电路模块,且每一次调用都将在硬件结构中产生具有相同结构的不同模块,这一点与在普通的软件中调用子程序有很大的不同,因此,在 VHDL 的编程过程中,要密切关注和严格控制子程序的调用次数,每调用一次子程序都意味着增加了一个硬件电路模块。

5.4.1 函数

在 VHDL 中有多种函数(FUNCTION)形式,如在库中现成的具有专用功能的预定义函数和用于不同目的的用户自定义函数。函数的表达式如下。

```
FUNCTION   函数名(参数表)  RETURN   数据类型;   -- 函数首
FUNCTION   函数名(参数表)   RETURN   数据类型 IS -- 函数体开始
[说明部分];
BEGIN
顺序语句;
END  FUNCTION    函数名;
```

一般地,函数定义由两部分组成,即函数首和函数体。

1. 函数首

函数首是由函数名、参数表和返回值的数据类型三部分组成的。函数首的名称即为函数的名称,需放在关键词 FUNCTION 之后,它可以是普通的标识符,也可以是运算符,这时必须加上双引号,这就是所谓的运算符重载。函数的参数表是用来定义输出值的,它可以是信号或常数。参数名需放在关键词 CONSTANT 或 SIGNAL 之后,若没有特别说明,则参数被默认为常数。如果要将一个已编制好的函数并入程序包,函数首必须在程序包的说明部分,而函数体需放在程序包的包体内。如果只是在一个结构体中定义并调用函数,则仅需函数体即可。由此可见,函数首的作用只是作为程序包的有关此函数的一个接口界面。下面是四个不同的函数首,它们都放在某一程序包的说明部分。

```
FUNCTION   max(a,b: IN STD_LOGIC_VECTOR)
           RETURN STD_LOGIC_VECTOR;
FUNCTION func1(a,b,c: REAL)
           RETURN   REAL;
FUNCTION " * "(a,b: INTEGER)
           RETURN   INTEGER;
FUNCTION   as2 (SIGNAL in1,in2: REAL)
           RETURN   REAL;
```

2. 函数体

函数体包括对数据类型、常数、变量等的局部说明,以及用以完成规定算法或转换顺序语句,并以关键词 END FUNCTION 以及函数名结尾。一旦函数被调用,就将执行这部分语句。

例 5-33 在一个结构体中定义了一个函数 sam,功能是完成输入总线各位的运算操作,然后将结果输出到输出总线的各位上。在进程 PROCESS 中调用了此函数,这个函数没有函数首。在进程中,输入端口信号位矢 a 被列为敏感信号,当 a 的 3 个输入元素 a(0)、a(1) 和 a(2)中的任何一位有变化时,将启动对函数 sam 的调用,并将函数的返回值赋给 m 输出。

【例 5-33】　函数的应用

```
LIBRARY IEEE;
USE IEEE.std_LOGIC_1164.ALL;
ENTITY func IS
  PORT(a: IN STD_LOGIC_VECTOR(0 TO 2);
       m: OUT STD_LOGIC_VECTOR(0 TO 2));
END ENTITY func;
ARCHITECTURE demo OF func IS
  FUNCTION sam(x,y,z: STD_LOGIC) RETURN STD_LOGIC IS
   --定义函数 sam,该函数无函数首
  BEGIN
    RETURN(x AND y) OR z;
  END FUNCTION sam;
  BEGIN
    PROCESS(a)
    BEGIN
```

```
        m(0)< = sam(a(0),a(1),a(2));      -- 当 3 个位输入元素 a(0),a(1),a(2)中的任何
        m(1)< = sam(a(2),a(0),a(1));      -- 一位有变化时,将启动对函数 sam 的调用,并
        m(2)< = sam(a(1),a(2),a(0));      -- 将函数的返回值赋给 m 输出
    END PROCESS;
END ARCHITECTURE demo;
```

例 5-33 中是在结构体中定义函数的例子。在通常情况下,函数是定义在程序包中的。在程序包的说明和包体中,可以分别描述函数的说明和函数的定义,这样可以将各种实用函数写入一个程序包中,并将其编译到库中以便在其他设计中使用。

5.4.2　重载函数

VHDL 允许以相同的函数名定义函数,即重载函数(OVERLOADED FUNCTION)。但这时要求函数中定义的操作数具有不同的数据类型,以便调用时用以分辨不同功能的同名函数,即同样名称的函数可以用不同的数据类型作为此函数的参数定义多次,以此定义的函数称为重载函数。函数还可以允许用任意位矢长度来调用。在具有不同数据类型操作数构成的同名函数中,以运算符重载函数最为常用。这种函数为不同数据类型间的运算带来极大的方便,例 5-34 中以加号"+"为函数名的函数即为运算符重载函数。VHDL 的 IEEE库中的 STD_LOGIC_UNSIGNED 程序包中预定义的操作符如＋、－、*、＝＞、＜＝、＞、＜、/＝、AND 和 MOD 等,对相应的数据类型 INTEGRE、STD_LOGIC 和 STD_LOGIC_VECTOR 的操作做了重载,赋予了新的数据类型操作功能,即通过重新定义运算符的方式,允许被重载的运算符能够对新的数据类型进行操作,或者允许不同的数据类型之间用此运算符进行运算。例 5-34 是程序包 STD_LOGIC_UNSIGNED 中的部分函数结构,其说明部分只列出了四个函数的函数首,在程序包体部分只列出了对应的部分内容,程序包体部分的 UNSIGNED 函数是从 IEEE. STD_LOGIC_ARITH 库中调用的,在程序包体中的最大整型数检出函数 MAXIUM 只有函数体,没有函数首,这是因为它只是在程序包内调用。

【例 5-34】　程序包 STD_LOGIC_UNSIGNED 中的部分函数结构

```
LIBRARY IEEE;                   -- 程序包首
USE IEEE.STD_LOGIC_1164.ALL;
USE IEEE.STD_LOGIC_ARITH.ALL;
PACKAGE STD_LOGIC_UNSIGNED IS
function " + "(l: STD_LOGIC_VECTOR; r: INTEGER)
              RETURN STD_LOGIC_VECTOR;
function " + "(l: INTEGER; r: STD_LOGIC_VECTOR)
              RETURN STD_LOGIC_VECTOR;
function " + "(l: STD_LOGIC_VECTOR; r: STD_LOGIC)
              RETURN STD_LOGIC_VECTOR;
function   SHR (arg: STD_LOGIC_VECTOR;
                count: STD_LOGIC_VECTOR)
              RETURN STD_LOGIC_VECTOR;
...
END STD_LOGIC_UNSIGNED;

LIBRARY IEEE;                   -- 程序包体
USE IEEE.STD_LOGIC_1164.ALL;
```

```
USE IEEE.STD_LOGIC_ARITH.ALL;
PACKAGE body STD_LOGIC_UNSIGNED IS
function maximum(l,r: INTEGER) RETURN INTEGER IS
BEGIN
   IF l > r THEN RETURN l;
   ELSE           RETURN r;
   END IF;
END;
function " + "(l: STD_LOGIC_VECTOR; r: INTEGER)
RETURN STD_LOGIC_VECTOR IS
VARIABLE result: STD_LOGIC_VECTOR(l'range);
BEGIN
   result: = UNSIGNED(L) + r;
   RETURN STD_LOGIC_VECTOR(result);
end;
…
END STD_LOGIC_UNSIGNED:
```

通过此例,不但可以从中看到在程序包中完整的函数置位形式,而且还将注意到,在函数首的三个函数名都是同名的,即都是以加法运算符"＋"作为函数名。以这种方式定义函数即所谓运算符重载。对运算符重载(即对运算符重新定义)的函数称作重载函数。

实用中,如果已用"USE"语句打开了程序包 STD_LOGIC_VECTOR 位和一个整数相加,程序就会自动调用第一个函数,并返回位类型的值。若是一个位与 STD_LOGIC 数据相加,则调用第三个函数,并以位矢类型的值返回。例 5-35 为重载函数使用实例,其功能是实现 4 位二进制加法计数器。

【例 5-35】　重载函数使用

```
LIBRARY IEEE;
USE IEEE.STD_LOGIC_1164.ALL;
USE IEEE.STD_LOGIC_UNSIGNED.ALL;
ENTITY CNT4 IS
PORT(clk: IN STD_LOGIC;
     q: BUFFER STD_LOGIC_VECTOR(3 DOWNTO 0));
END cnt4;
ARCHITECTURE one OF cnt4 IS
  BEGIN
  PROCESS(clk)
  BEGIN
    IF clk'EVENT AND clk = '1' THEN
      IF q = 15 THEN           -- q两边的数据类型不一致,程序自动调用了重载函数
         q < = "0000";
      ELSE
         q < = q + 1;          -- 程序自动调用了加号" + "的重载函数
      END IF;
    END IF;
  END PROCESS;
END ARCHITECTURE;
```

5.4.3 过程

VHDL 中,子程序的另外一种形式是过程(PROCEDURE),过程的语句格式是:

```
PROCEDURE 过程名(参数表);              -- 过程首
PROCEDURE 过程名(参数表)IS            -- 过程体开始
[说明部分];
BEGIN
顺序语句;
END PROCEDURE 过程名;                 -- 过程体结束
```

与函数一样,过程由过程首和过程体两部分组成,过程首不是必需的,过程体可以独立存在和使用。

1. 过程首

过程首由过程名和参数表组成。参数表用于对常数、变量和信号三类数据对象目标做出说明,并用关键词 IN、OUT 和 INOUT 定义这些参数的工作模式,即信息的流向。如果没有指定模式,则默认为 IN。以下是三个过程首的定义示例。

```
PROCEDURE pro1(VARIABLE  a,b: INOUT   REAL);
PROCEDURE pro2(CONSTANT  a1: IN   INTEGER;
              VARIABLE  b1: OUT INTEGER);
PROCEDURE pro3(SIGNAL  sig : INOUT  BIT);
```

过程 pro1 定义了两个实数双向变量 a 和 b;过程 pro2 定义了两个参量。第一个是常数,它的数据类型为整数,信号模式是 IN,第二个参量是变量,信号模式和数据类型分别是 OUT 和整数;过程 pro3 中只定义了一个信号参量,即 sig,它的信号模式是双向 INOUT,数据类型是 BIT。一般情况下,可在参数表中定义三种信号模式,即 IN、OUT 和 INOUT。如果只定义了 IN 模式而未定义目标参数类型,则默认为常数量;若只定义了 INOUT 或 OUT,则默认目标参数类型是变量。

2. 过程体

过程体是由顺序语句组成的,过程的调用即启动了对过程体的顺序语句的执行,过程体中的说明部分只是局部的,其中的各种定义只能适用于过程体内部,过程体的顺序语句部分可以包含任何顺序执行的语句,包括 WAIT 语句,但如果一个过程是在进程中调用的,且这个进程已列出了敏感参量表,则不能在此过程中使用 WAIT 语句。

根据调用环境的不同,过程调用有两种方式,即顺序语句方式和并行语句方式。在一般的顺序语句自然执行过程中,一个过程被执行,则属于顺序语句方式,当某个过程处于并行语句环境中时其过程体中定义的任一 IN 或 INOUT 的目标参量发生改变时,将启动过程的调用,这时的调用是属于并行语句方式的,过程与函数一样可以重复调用或嵌套式调用,综合器一般不支持含有 WAIT 语句的过程,例 5-36 和例 5-37 是两个过程体的使用示例。

【例 5-36】 过程体使用示例 1

```
PROCEDURE shift (din,s: IN STD_LOGIC_VECTOR;
          SIGNAL dout: OUT STD_LOGIC_VECTOR) IS
VARIABLE sc: INTEGER;
BEGIN
```

```
   sc: = conv_integer(s);                -- 确定左移的位数
   FOR i IN din'range LOOP
     IF(sc + i < = din'left) THEN          -- 完成循环左移
       dout(sc + i) < = din(i);
     ELSE
       dout(sc + i - din'left) < = din(i);
     END IF;
   END LOOP
END shift;
```

此过程将根据输入 S 值完成循环左移的功能。

【例 5-37】　过程体使用示例 2

```
PROCEDURE comp(a, r: IN REAL;
               m: IN INTEGER;
               v1, v2: OUT REAL) IS
VARIABLE cnt: INTEGER;
BEGIN
v1: = 1.6 * a;                        -- 赋初始值
v2: = 1.0;
q1: FOR cnt IN 1 TO m LOOP
    v2: = v2 * v1;
    EXIT q1 WHEN v2 > v1;             -- 如果 v2 > v1,则跳出循环 LOOP
 END LOOP q1;
ASSERT (v2 < v1);
    REPORT "OUT OF RANGE"            -- 输出错误报告
      SEVERITY ERROR;
 END PROCEDURE comp;
```

在以上过程 comp 的参量表中,定义 a 和 r 为输入模式,数据类型为实数；m 为输入模式,数据类型为整数。这三个参量都没有显式定义它们的目标参量类型,显然它们的默认类型都是常数。由于 v1、v2 定义为输入模式的实数,因此默认类型是变量。在过程 comp 的 LOOP 语句中,对 v2 进行循环计算到 v2 大于 r,EXIT 语句中断运算,并由 REPORT 语句给出错误报告。

5.4.4　重载过程

两个或两个以上有相同的过程名和互不相同的参数量及数据类型的过程为重载过程,对于重载过程,也是靠参数类型来辨别究竟调用哪一个过程。例如：

```
PROCEDURE calcu (v1, v2: IN REAL;
                SIGNAL out1: INOUT INTEGER);
PROCEDURE calcu (v1, v2: IN INTEGER;
                SIGNAL out1: INOUT REAL);
...
calcu(20.15, 1.42, sign1);           -- 调用第一个重载过程
calcu(23, 320, sign2);               -- 调用第二个重载过程
…
```

此例中定义了两个重载过程,它们的过程名、参量数目及各参量的模式是相同的,但参

量的数据类型是不同的。第一个过程中定义的两个输入参量 v1 和 v2 为实数型常数,out1 为 INOUT 模式的整数信号;而第二个过程中 v1、v2 则为整数常数,out1 为实数信号。

如前所述,在过程结构中的语句是顺序执行的,调用者在调用过程前应将初始值传递给过程的输入参数,一旦调用,即启动过程语句,按顺序自上而下执行过程中的语句,执行结束后,将输出值返回到调用者 OUT 和 INOUT 定义的变量或信号中。

5.5 库、程序包及其配置

在 VHDL 中,除了设计实体和结构体可以独立编译外,还有另外三个可以进行独立编译的源设计单元:库、程序包和配置。其中,库主要用来存放已经编译的实体、结构体、程序包和配置;程序包主要用来存放各个设计都能共享的数据类型、子程序说明、属性说明和元件说明等部分;配置用来从库中选取所需的各个模块来完成硬件电路的描述。

5.5.1 库

在利用 VHDL 进行工程设计时,为了提高设计效率以及使设计遵循某些统一的语言标准或数据格式,有必要将一些有用的信息汇集在一个或几个库中以供调用。这些信息可以是预先定义好的数据类型、子程序等设计单元的集合体(程序包),或预先设计好的各种设计实体(元件库程序包)。因此,可以把库(LIBRARY)看成是一种用来存储预先完成的程序包和数据集合体的仓库。

正如 C 语言中头文件的说明总是放在程序的最前面一样,在 VHDL 中,库的说明总是放在设计单元的最前面。使用库的语句格式如下。

LIBRARY 库名;

这一语句即相当于为其后的设计实体打开了以此库名命名的库,以便设计实体可以利用其中的程序包,如语句"LIBRARY IEEE;"表示打开了 IEEE 库。

1. 库的种类

VHDL 程序设计中常用的库有 4 种。

1) IEEE 库

IEEE 库是 VHDL 设计中最为常见的库,它包含 IEEE 标准的程序包和其他一些支持工业标准的程序包。IEEE 库中的标准程序包主要包括 STD_LOGIC_1164、NUMERIC_BIT 和 NUMERIC_STD 等。其中的 STD_LOGIC_1164 是最重要且最常用的程序包,大部分基于数字系统设计的程序包都是以此程序包中设定的标准为基础的。

此外,还有一些程序包虽非 IEEE 标准,但由于其已成事实上的工业标准,也都并入了 IEEE 库。在这些程序包中,最常用的是 Synopsys 公司的 STD_LOGIC_ARITH、STD_LOGIC_SIGNED 和 STD_LOGIC_UNSIGNED 程序包。目前流行于我国的大多数 EDA 工具都支持 Synopsys 公司的程序包。一般基于大规模可编程逻辑器件的数字系统设计,IEEE 库中的 4 个程序包 STD_LOGIC_1164、STD_LOGIC_ARITH、STD_LOGIC_SIGNED 和 STD_LOGIC_UNSIGNED 已经足够使用。另外需要注意的是,在 IEEE 库中符合 IEEE 标准的程序包并非符合 VHDL 标准,如 STD_LOGIC_1164 程序包。因此在使用 VHDL 设计实体的前面必须显式表达出来。

2）STD 库

VHDL 标准定义了两个标准程序包，即 STANDARD 和 TEXTIO 程序包，它们都被收入在 STD 库中。只要在 VHDL 应用环境中，可随时调用这两个程序包中的所有内容，即在编译和综合过程中，VHDL 的每一项设计都自动地将其包含进去了。由于 STD 库符合 VHDL 标准，在应用中不必如 IEEE 库那样显式表达出来。

3）WORK 库

WORK 库是用户进行 VHDL 设计的现行工作库，用于存放用户设计和定义的一些设计单元和程序包，因而是用户自己的仓库，用户设计项目的成品、半成品模块，以及先期已设计好的元件都放在其中。WORK 库自动满足 VHDL 标准，在实际调用中，不必显式预先说明。在计算机上利用 VHDL 进行项目设计，不允许在根目录下进行，而是必须为此设定一个目录，用于保存所有此项目的设计文件，VHDL 综合器将此目录默认为 WORK 库。但是必须注意，工作库并不是这个目录的目录名，而是一个逻辑名。

4）VITAL 库

使用 VITAL 库，可以提高 VHDL 门级时序模拟的精度，因而只在 VHDL 仿真器中使用。库中包含时序程序包 VITAL_TIMING 和 VITAL_PRIMITIVES。VITAL 程序包已经成为 IEEE 标准，在当前的 VHDL 仿真器的库中，VITAL 库中的程序包都已经并到 IEEE 库中。实际上，由于各 FPGA/CPLD 生产厂商的适配工具都能为各自的芯片生成带时序信息的 VHDL 门级网表，用 VHDL 仿真器仿真该网表可以得到精确的时序仿真结果，因此 FPGA/CPLD 设计开发过程中，一般并不需要 VITAL 库中的程序包。

5）用户定义库

用户为自身设计需要所开发的共用包集合和实体等，也可以汇集在一起定义成一个库，这就是用户定义库或称用户库。在使用时同样要首先说明库名。

2. 库的用法

在 VHDL 中，库的说明语句总是放在实体单元前面，而且库语言一般必须与 USE 语句同用。库语言关键词为 LIBRARY，指明所使用的库名。USE 语句指明库中的程序包。一旦说明了库和程序包，整个设计实体都可进入访问或调用，但其作用范围仅限于所说明的设计实体。VHDL 要求一项含有多个设计实体的更大的系统，每一个设计实体都必须有自己完整的库说明语句和 USE 语句。

USE 语句的使用将使所说明的程序包对本设计实体部分全部开放，即可视的。USE 语句的使用有以下两种常用格式。

```
USE 库名.程序包名.项目名;
USE 库名.程序包名.ALL;
```

第一个语句格式的作用是，向本设计实体开放指定库中的特定程序包内所选定的项目。第二个语句格式的作用是，向本设计实体开放指定库中的特定程序包内所有的内容。

例如：

```
LIBRARY IEEE;
USE IEEE.STD_LOGIC_1164.ALL;
```

```
USE IEEE.STD_LOGIC_UNSIGNED.ALL;
```

以上三条语句表示打开 IEEE 库，再打开此库中的 STD_LOGIC_1164 程序包和 STD_LOGIC_UNSIGNED. ALL 程序包的所有内容。

又例如：

```
LIBRARY IEEE:
USE IEEE.STD_LOGIC_1164.STD_ULOGIC;
USE IEEE.STD_LOGIC_1164.RISING_EDGE;
```

此例中向当前设计实体开放了 STD_LOGIC_1164 程序包中的 RISING_EDGE 函数。但由于此函数需要用到数据类型 STD_ULOGIC，所以在上一条 USE 语句中开放了同一程序包中的这一数据类型。

5.5.2　程序包

为了使已定义的常数、数据类型、元件调用说明以及子程序能被更多的 VHDL 设计实体方便地访问和共享，可以将它们收集在一个 VHDL 程序包（PACKAGE）中。多个程序包可以并入一个 VHDL 库中，使之适用于更一般的访问和调用范围。这一点对于大系统开发、多个或多级开发人员并行工作显得尤为重要。

程序包的说明就像 C 语言中的 include 语句一样，要使用程序包中的某些说明和定义，可以用 USE 语句来进行说明。

程序包的内容主要由如下 4 种基本结构组成，因此一个程序包中至少应包含以下结构中的一种。

（1）常数说明：主要用于预定义系统的宽度，如数据总线通道的宽度。

（2）数据类型说明：主要用于说明在整个设计中通用的数据类型，例如通用的地址总线数据类型定义等。

（3）元件定义：主要规定在 VHDL 设计中参与元件例化的文件接口界面。

（4）子程序说明：用于说明在设计中任一处可调用的子程序。

程序包由两部分组成：程序包首和程序包体。程序包首为程序包定义接口，声明包中的类型、元件、函数和子程序，其方式和实体定义模块接口非常相似。程序包体规定程序包的实际功能，存放说明中的函数和子程序，其方式与结构体语句模块方式相同。一个完整的程序包中，程序包首名与程序包体名是同一个名字。

1. 程序包首

程序包首的说明部分可收集多个不同的 VHDL 设计所需的公共信息，其中包括数据类型说明、信号说明、子程序说明及元件说明等。

定义程序包首的一般语句结构如下。

```
PACKAGE  程序包名  IS                    --程序包首
    程序包首说明部分
END  程序包名;
```

程序包结构中，程序包体并非总是必需的，程序包首可以独立定义和使用。例 5-38 就是一个程序包首定义的示例。

【例 5-38】　*程序包首定义示例*

```
PACKAGE pacl IS
    TYPE byte IS RANGE 0 TO 255;
    SUBTYPE nibble IS byte RANGE 0 TO 15;
CONSTANT byte_ff : byte: = 255;
SIGNAL addend: nibble;
COMPONENT byte_adder
PORT(a, b: IN byte;
C: OUT byte;
Overflow: OUT BOOLEAN);
END COMPONENT;
FUNCTION my_function(a: IN byte) RETURN byte;
END pacl;
```

例 5-38 中,其程序包名是 pacl,在其中定义了一个新的数据类型 byte 和一个子类型 nibble;接着定义了一个数据类型为 byte 的常数 byte_ff 和一个数据类型为 nibble 的信号 addend;还定义了一个元件和函数。由于元件和函数必须有具体的内容,所以将这些内容 安排在程序包体中。如果要使用这个程序包中的所有定义,可利用 USE 语句按如下方式获 得访问此程序包的方法。

```
LIBRARY WORK;
USE WORK.pacl.ALL;
ENTITY...
ARCHITECTURE...
...
```

由于 WORK 库是默认打开的,所以可省去 LIBRARY WORK 语句,只要加入相应的 USE 语句即可。

2. 程序包体

程序包体用于定义在程序包首中已定义的子程序的子程序体。程序包体说明部分的组 成可以是 USE 语句(允许对其他程序包的调用)、子程序定义、子程序体、数据类型说明、子 类型说明和常数说明等。对于没有子程序说明的程序包体可以省去。

定义程序包体的一般语句结构如下。

```
PACKAGE BODY   程序包名   IS            --程序包体
    程序包体说明部分以及包体内容
END 程序包名;
```

如上例所示,如果仅仅是定义数据类型或定义数据对象等内容,程序包体是不必要的, 程序包首可以独立使用;但在程序包中若有子程序说明时,则必须有对应的子程序包体。 这时,子程序体必须放在程序包体中。程序包常用来封装属于多个设计单元分享的信息。 常用的预定义的程序包有以下 4 种。

1) STD_LOGIC_1164 程序包

它是 IEEE 库中最常用的程序包,是 IEEE 的标准程序包。其中包含一些数据类型、子 类型和函数的定义,这些定义将 VHDL 扩展为一个能描述多值逻辑(即除具有"0"和"1"以 外还有其他的逻辑量,如高阻态"Z"、不定态"X"等)的硬件描述语言,很好地满足了实际数字系统的设计需求。该程序包中用得最多和最广的是定义了满足工业标准的两个数据类型 STD_LOGIC 和 STD_LOGIC_VECTOR，它们非常适合于 FPGA/CPLD 器件中逻辑设计结构。

2）STD_LOGIC_ARITH 程序包

STD_LOGIC_ARITH 预先编译在 IEEE 库中，此程序包在 STD_LOGIC_1164 程序包的基础上扩展了三个数据类型 UNSIGNED、SIGNED 和 SMALL_INT，并为其定义了相关的算术运算符和转换函数。

3）STD_LOGIC_UNSIGNED 和 STD_LOGIC_SIGNED 程序包

STD_LOGIC_UNSIGNED 和 STD_LOGIC_SIGNED 程序包都是 SynoPSyS 公司的程序包，都预先编译在 IEEE 库中。这些程序包重载了可用于 INTEGER 型及 STD_LOGIC 和 STD_LOGIC_VECTOR 型混合运算的运算符，并定义了一个由 STD_LOGIC_VECTOR 型到 INTEGER 型的转换函数。这两个程序包的区别是，STD_LOGIC_SIGNED 中定义的运算符考虑到了符号，是有符号数的运算，而 STD_LOGIC_UNSIGNED 则正好相反。

4）STANDARD 和 TEXTIO 程序包

这两个程序包是 STD 库中的预编译程序包。STANDARD 程序包中定义了许多基本的数据类型、子类型和函数。TEXTIO 程序包定义了支持文件操作的许多类型和子程序。在使用本程序包之前，需加语句 USE STD. TEXTIO. ALL。TEXTIO 程序包主要供仿真器使用。

5.5.3　配置

配置（CONFIGURATION）语句描述层与层之间的连接关系以及实体与结构体之间的连接关系。可以利用配置语句来选择不同的结构体，使其与要设计的实体相对应。配置也是 VHDL 设计实体中的一个基本单元，在综合或仿真中，可以利用配置语句为确定整个设计提供许多有用信息。例如，对以元件例化的层次方式构成的 VHDL 设计实体，就可把配置语句的设置看成是一个元件表，以配置语句指定在顶层设计中的每一元件与一特定结构体相衔接，或赋予特定属性。配置语句还能用于对元件的端口连接进行重新安排等。VHDL 综合器允许将配置规定为一个设计实体中的最高层设计单元，但只支持对最顶层的实体进行配置。

配置语句的一般格式如下。

```
CONFIGURATION 配置名 OF 实体名 IS
   配置说明
END 配置名;
```

配置主要为顶层设计实体指定结构体，或为参与例化的元件实体指定所希望的结构体，以层次方式来对元件例化做结构配置。每个实体可以拥有多个不同的结构体，而每个结构体的地位是相同的，在这种情况下，可以利用配置说明为这个实体指定一个结构体。该配置的书写格式如下。

```
CONFIGURATION 配置名 OF 实体名 IS
   FOR 选配结构体名
   END FOR;
```

END 配置名;

其中,配置名是该默认配置语句的唯一标志,实体名就是要配置的实体的名称,选配结构体名就是用来组成设计实体的结构体名。

例 5-39 是一个配置的简单方式应用,即在一个描述与非门 nand1 的设计实体中有两个以不同的逻辑描述方式构成的结构体,用配置语句来为特定的结构体需求做配置指定。

【例 5-39】　配置的简单应用

```
LIBRARY IEEE;
USE IEEE.STD_LOGIC_1164.ALL;
ENTITY nand1 IS
PORT(a: IN STD_LOGIC;
     b: IN STD_LOGIC;
     c: OUT STD_LOGIC);
END ENTITY nand1;
ARCHITECTURE one OF nand1 IS
  BEGIN
    c <= NOT(a AND b);
  END ARCHITECTURE one;
ARCHITECTURE two OF nand1 IS
  BEGIN
    c <= '1' WHEN (a = '0')AND (b = '0') ELSE
         '1' WHEN (a = '0')AND (b = '1') ELSE
         '1' WHEN (a = '1')AND (b = '0') ELSE
         '0' WHEN (a = '1')AND (b = '1') ELSE
         '0';
  END ARCHITECTURE two;
CONFIGURATION second OF nand1 IS
  FOR two
  END FOR;
END second;
CONFIGURATION first OF nand1 IS
  FOR one
  END FOR;
END FIRST;
```

在例 5-39 中,若指定配置名为 second,则为实体 nand1 配置的结构体为 two;若指定配置名为 first,则为实体 nand1 配置的结构体为 one。这两种结构体的描述方式是不同的,但具有相同的逻辑功能。

当一个设计的结构体中包含另外的元件时,配置语句应该包含更多的配置信息,此时采用元件配置语句来进行结构体中引用元件的配置。例 5-40 就是利用例 5-39 的文件实现 RS 触发器的实例。最后利用配置语句指定元件实体 nand1 中的第二个结构体 two 来构成 nand1 的结构体。

【例 5-40】　结构体内含有元件的配置

```
LIBRARY IEEE;
USE IEEE.STD_LOGIC_1164.ALL;
ENTITY rs1 IS
```

```
        PORT(r,s: IN STD_LOGIC;
              q,qf: BUFFER STD_LOGIC);
    END rs1;
    ARCHITECTURE rsf OF rs1 IS
      COMPONENT nand1
        PORT(a,b: IN STD_LOGIC;
              c: OUT STD_LOGIC);
      END COMPONENT;
      BEGIN
    u1: nand1 PORT MAP (a=>s,b=>qf,c=>q);
    u2: nand1 PORT MAP (a=>q,b=>r,c=>qf);
     END rsf;
    CONFIGURATION sel OF rs1 IS
      FOR rsf
        FOR u1,u2: nand1 USE  CONFIGURATION  WORK.first;
        END FOR;
      END FOR;
    END sel;
```

在例 5-40 中，假设与非门 nand1 的设计实体已进入工作库 WORK 中，结构体首先对要引用的元件进行说明，然后使用元件例化语句来描述 RS 触发器的功能。正如该实例中用到的配置方式一样，通常在元件配置中采用如下方式。

```
    CONFIGURATION 配置名 OF 实体名 IS
      FOR 选配结构体名
        FOR 元件例化标号：元件名 USE CONFIGURATION 库名.元件配置名；
        END FOR;
        FOR 元件例化标号：元件名 USE CONFIGURATION 库名.元件配置名；
        END FOR;
        …
      END FOR;
    END  配置名;
```

在例 5-40 的元件配置部分中，该配置是对设计实体 rs1 进行配置，该配置的名称为 sel。在配置中采用结构体 rsf 作为最顶层设计实体 rs1 的结构体。结构体 rsf 中例化的两个元件 u1 和 u2，实体是 nand1，并指定元件所用的配置是 first，它来源于 WORK 库。这样就为所有的实体指定了结构体：实体 rs1 的结构体为 rsf；元件 nand1 的实体为 nand1，结构体为低层配置 first 指定的结构体。

5.6 VHDL 描述风格

VHDL 的结构体用于具体描述整个设计实体的逻辑功能，对于所希望的电路功能行为，可以在结构体中用不同的语句类型和描述方法来表达，对于相同的逻辑行为，可以有不同的语句表达方式。在 VHDL 中，这些描述方法称为描述风格，通常可归纳为三种：行为描述、数据流描述和结构描述。这三种描述方式从不同的角度对硬件系统进行行为和功能的描述。

5.6.1 行为描述

行为描述只表示输入与输出间转换的行为,它不包含任何结构信息。行为描述主要使用函数、过程和进程语句,以算法形式描述数据的变换和传送。行为描述方式的优点在于只需要描述清楚输入与输出的行为,而不需要花费更多的精力关注设计功能的门级实现。VHDL 的行为描述能力使自顶向下的设计方式成为可能。例如,对于如图 5-2 所示的 1 位全加器,其行为描述如例 5-41 所示。

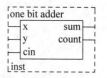

图 5-2　1 位全加器电路图

【例 5-41】　1 位全加器行为描述

```
LIBRARY IEEE;
USE IEEE.STD_LOGIC_1164.ALL;
ENTITY onebitadder IS
  PORT(x,y,cin: IN STD_LOGIC;
        sum,count: OUT STD_LOGIC);
END onebitadder;
ARCHITECTURE behave OF onebitadder IS
BEGIN
  PROCESS(x,y,cin)
    VARIABLE n: INTEGER;
    BEGIN
      n: = 0;
      IF(x = '1') THEN
        n: = n + 1;
      END IF;
      IF(y = '1') THEN
        n: = n + 1;
      END IF;
      IF(cin = '1') THEN
        n: = n + 1;
      END IF;
      IF(n = 0) THEN
        sum < = '0'; count < = '0';
      ELSIF (n = 1) THEN
        sum < = '1'; count < = '0';
      ELSIF (n = 2) THEN
        sum < = '0'; count < = '1';
      ELSE
        sum < = '1'; count < = '1';
      END IF;
  END PROCESS;
END behave;
```

在例 5-41 中,端口 cin 是低位进位的输入端口,count 是向高位进位的输出端口。在源代码的描述中,采用的是对全加器的数学模型的描述,没有涉及任何有关电路的组成结构和门级电路。在应用 VHDL 进行系统执行时,行为描述方式是最重要的逻辑描述方式,是VHDL 编程的核心,可以说,没有行为描述就没有 VHDL。

5.6.2 数据流描述

数据流描述方式,也称作 RTL 描述方式,主要使用并行的信号赋值语句,既显式地表示了该设计单元的行为,又隐含该设计单元的结构。对于上述的 1 位全加器,其数据流描述如例 5-42 所示。

【例 5-42】 1 位全加器数据流描述

```
LIBRARY IEEE;
USE IEEE.STD_LOGIC_1164.ALL;
ENTITY onebitadder1 IS
  PORT(x, y, cin: IN BIT;
        sum, count: OUT BIT);
END onebitadder1;
ARCHITECTURE dataflow OF onebitadder1 IS
BEGIN
    sum < = x XOR y XOR cin;
    count < = (x AND y)OR (x AND cin) OR (y AND cin);
 END dataflow;
```

由例 5-42 可以看到,结构体的数据流描述方式就是按照全加器的逻辑表达式来进行描述的,这要求设计人员对全加器的电路实现要有清楚的认识。实例中是采用并行赋值语句来进行功能描述的,并行赋值语句是并行执行的,与源代码书写顺序无关。

5.6.3 结构描述

结构描述是描述该设计单元的硬件结构,即该硬件是如何构成的。其主要使用元件例化语句及配置语句来描述元件的类型及元件的互连关系。在层次设计中,高层次的设计模块调用低层次的设计模块,或者直接用门电路设计单元来构成一个复杂的逻辑电路的描述方法。例如,仍以 1 位全加器为例,假设已经具有与门、或门和异或门等逻辑电路的设计单元,那么就可以将这些现成的设计单元经适当的连接构成新的设计电路,如例 5-43 所示。

【例 5-43】 1 位全加器结构描述

```
LIBRARY IEEE;
USE IEEE.STD_LOGIC_1164.ALL;
ENTITY onebitadder2 IS
  PORT(x, y, cin: IN BIT;
        sum, count: OUT BIT);
END onebitadder2;
ARCHITECTURE structure OF onebitadder2 IS
  COMPONENT xor3
    PORT(a, b, c: IN BIT;
         O: OUT BIT);
  END COMPONENT;
COMPONENT and2
    PORT(a, b: IN BIT;
         O: OUT BIT);
  END COMPONENT;
COMPONENT or3
```

```
      PORT(a,b,c: IN BIT;
             O: OUT BIT);
    END COMPONENT;
  SIGNAL s1,s2,s3: BIT;
  BEGIN
    G1: xor3 PORT MAP (x,y,cin,sum);
    G2: and2 PORT MAP (x,y,s1);
    G3: and2 PORT MAP (x,cin,s2);
    G4: and2 PORT MAP (y,cin,s3);
    G5: or3 PORT MAP (s1,s2,s3,cout);
  END STRUCTURE;
```

在这个电路中,用 component 语句指明了在本结构体中将要调用的已生成的模块电路,用 port map()语句将生成模块的端口与所设计的各模块(g1,g2,g3,g4,g5)的端口联系起来,并定义了相应的信号,以表示所设计的各模块之间的连接关系。从例 5-43 中可以看出,结构描述方式可以将已有的设计成果应用到当前的设计中,因而大大提高了设计效率。对于可分解为若干个子元件的大型设计,结构描述方式是首选。

在实际应用中,为了能兼顾整个设计的功能、资源、性能等几方面的因素,通常混合使用这三种描述方式。

5.7　常用单元的设计举例

为了能更深入地理解使用 VHDL 设计逻辑电路的具体步骤和方法,本节以常用基本逻辑电路设计为例,进一步介绍利用 VHDL 描述基本逻辑电路的方法。

5.7.1　组合逻辑电路设计

组合逻辑电路设计的应用可简单地分成以下几个方面:基本逻辑门、编码器和译码器、多路选择器和分配器、算术运算器等。

1. 基本门电路

门电路是构成所有组合电路的基本电路,常见的门电路有与门、或门、与非门、或非门、异或门及反相器等,例 5-44 用 VHDL 来描述一个二输入的与门。

【例 5-44】 二输入与门

```
LIBRARY IEEE;
USE IEEE.STD_LOGIC_1164.ALL;
ENTITY andgate IS
  PORT(a,b: IN STD_LOGIC;           --a,b 为输入端口
       c: OUT STD_LOGIC);           --c 为输出端口
END andgate;
ARCHITECTURE and_2 OF andgate IS
BEGIN
 c <= a AND b;
END and_2;
```

其他几种基本逻辑门电路只要布尔方程稍做一点儿改动即可。

例 5-44 的工作时序如图 5-3 所示。从图中可以看出，输出信号 c 实现了输入信号 a 和 b 的"逻辑与"。

图 5-3　与门工作时序

2. 8-3 线优先编码器

在实际的逻辑电路中，编码器的功能就是把两个输入转换为 N 位编码输出。目前经常使用的编码器主要有两种：普通编码器和优先编码器。其中，普通编码器对于某一给定时刻，只能对一个输入信号进行编码，而优先编码器的输入端允许同一时刻出现两个或两个以上的信号，此时，编码器已经将所有的输入信号按优先顺序排了队，当几个输入信号同时出现时，只对其中优先级最高的一个输入信号进行编码。例 5-45 用三种方法设计 8-3 线优先编码器。其输入信号为 a、b、c、d、e、f、g 和 h，输出信号为 out0、out1 和 out2，输入信号中 a 的优先级别最低，以此类推，h 的优先级别最高。

【例 5-45】　8-3 线优先编码器

```
LIBRARY IEEE;
USE IEEE.STD_LOGIC_1164.ALL;
ENTITY encoder IS
  PORT(a,b,c,d,e,f,g,h: IN STD_LOGIC;
       out0,out1,out2: OUT STD_LOGIC);
END encoder;
```

方法 1　使用条件赋值语句

```
ARCHITECTURE behave1 OF encoder IS
SIGNAL outvec: STD_LOGIC_VECTOR(2 DOWNTO 0);
BEGIN
  outvec(2 downto 0)< = "111"WHEN h = '1' ELSE      -- 条件赋值语句
  "110" WHEN g = '1' ELSE
  "101" WHEN f = '1' ELSE
  "100" WHEN e = '1' ELSE
  "011" WHEN d = '1' ELSE
  "010" WHEN c = '1' ELSE
  "001" WHEN b = '1' ELSE
  "000" WHEN a = '1' ELSE
  "000";
  out0 < = outvec(0);
  out1 < = outvec(1);
  out2 < = outvec(2);
END behave1;
```

方法 2　使用 LOOP 语句

```
LIBRARY IEEE;
USE IEEE.STD_LOGIC_1164.ALL;
```

```
USE IEEE. STD_LOGIC_ARITH. ALL;
ENTITY encoder IS
  PORT(a, b, c, d, e, f, g, h: IN STD_LOGIC;
        out0, out1, out2: OUT STD_LOGIC);
END encoder;
ARCHITECTURE behave2 OF encoder IS
BEGIN
  PROCESS(a, b, c, d, e, f, g, h)
  VARIABLE inputs: STD_LOGIC_VECTOR( 7 DOWNTO 0);
  VARIABLE i: INTEGER;
    BEGIN
      inputs: = (h, g, f, e, d, c, b, a);
      i: = 7;
      WHILE i > = 0 and inputs(i)/ = '1' LOOP        -- LOOP 循环语句
        i: = i - 1;
      END LOOP;
      (out2, out1, out0)< = CONV_STD_LOGIC_VECTOR(i, 3);   -- 将 i 转换成三位的标准信号序列，并
                                                           -- 赋值给输出
  END PROCESS;
END behave2;
```

方法 3　使用 IF 语句

```
LIBRARY IEEE;
USE IEEE. STD_LOGIC_1164. ALL;
ENTITY encoder IS
  PORT( in1: IN STD_LOGIC_VECTOR(7 DOWNTO 0);
        out1: OUT STD_LOGIC_VECTOR(2 DOWNTO 0));
END encoder;
ARCHITECTURE behave3 OF encoder IS
BEGIN
  PROCESS( in1)
  BEGIN
    IF in1(7) = '1' THEN out1 < = "111";               -- IF 语句
    ELSIF in1(6) = '1' THEN out1 < = "110";
    ELSIF in1(5) = '1' THEN out1 < = "101";
    ELSIF in1(4) = '1' THEN out1 < = "100";
    ELSIF in1(3) = '1' THEN out1 < = "011";
    ELSIF in1(2) = '1' THEN out1 < = "010";
    ELSIF in1(1) = '1' THEN out1 < = "001";
    ELSIF in1(0) = '1' THEN out1 < = "000";
    ELSE out1 < = "XXX";
    END IF;
  END PROCESS;
END behave3;
```

例 5-45 的工作时序如图 5-4 所示。从图中可以看出，输出信号 out0、out1 和 out2 实现了对输入信号 a、b、c、d、e、f、g 和 h 的优先编码，其中，a 的优先级别最低，h 的优先级别最高。

3. 七段显示译码器

七段显示译码器是对一个 4 位二进制数进行译码，并在七段显示器上显示出相应的十

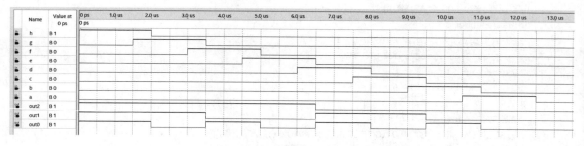

图 5-4   优先编码器工作时序

进制数。一个七段显示译码器的设计方框图如图 5-5 所示。根据图 5-5 可知，输入信号 D3、D2、D1、D0 是二进制 BCD 码的集合，可表示为 [D3…D0]。输出信号 a、b、c、d、e、f、g 也是用二进制数表示，为书写代码方便起见，输出信号用 x 的集合来表示。其 VHDL 描述如例 5-46 所示。

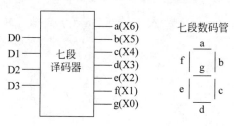

图 5-5   七段显示译码器

【例 5-46】 七段显示译码器

```
LIBRARY IEEE;
USE IEEE. STD_LOGIC_1164. ALL;
ENTITY decoder IS
  PORT( d: IN STD_LOGIC_VECTOR(3 DOWNTO 0);          -- 输入 4 位二进制数据
        x: OUT STD_LOGIC_VECTOR(6 DOWNTO 0));        -- 七段译码输出
END decoder;
ARCHITECTURE a OF decoder IS
BEGIN
  WITH d SELECT
    x < = "1111110"WHEN "0000",
        "0110000"WHEN "0001",
        "1101101"WHEN "0010",
        "1111001"WHEN "0011",
        "0110011"WHEN "0100",
        "1011011"WHEN "0101",
        "1011111"WHEN "0110",
        "1110000"WHEN "0111",
        "1111111"WHEN "1000",
        "1111011"WHEN "1001",
        "0000000"WHEN OTHERS;
END a;
```

例 5-46 的工作时序如图 5-6 所示。从图中可以看出，输出信号 x 为输入信号 d 的显示代码。

	Name	Value at 0 ps	0 ps	1.0 us	2.0 us	3.0 us	4.0 us	5.0 us	6.0 us	7.0 us	8.0 us	9.0 us	10.0 us
>	d	U 0		0	1	2	3	4	5	6	7	8	9	10	11	12	13	14	15	0	1	2	3	4	X
>	x	H 7E		7E	30	6D	79	33	5B	5F	70	7F	7B	00	7E	30	6D	79	33	X

图 5-6   七段显示译码器工作时序

4. 多路分配器

多路分配器的作用是为输入信号选择输出,在计算机和通信设备中往往用于信号的分配。一个 1-8 多路分配器如图 5-7 所示,它有 1 根输入信号线 data,3 根选择信号线 S0、S1、S2,1 根使能信号线 enable 和 8 根输出线 y0～y7。其 VHDL 描述如例 5-47 所示。

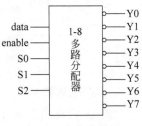

图 5-7   多路分配器

【例 5-47】 多路分配器

```vhdl
LIBRARY IEEE;
USE IEEE.STD_LOGIC_1164.ALL;
ENTITY dmux1to8 IS
  PORT(data,enable: IN STD_LOGIC;                  -- 分别为输入和使能端口
        s: IN STD_LOGIC_VECTOR(2 DOWNTO 0);        -- 选择信号端口
        y0,y1,y2,y3,y4,y5,y6,y7: OUT STD_LOGIC);   -- 输出端口
END dmux1to8;
ARCHITECTURE a OF dmux1to8 IS
BEGIN
  PROCESS(enable,s,data)
  BEGIN
    IF enable = '0' THEN
    y0 <= '1'; y1 <= '1'; y2 <= '1'; y3 <= '1'; y4 <= '1';
    y5 <= '1'; y6 <= '1'; y7 <= '1';
    ELSIF s = "000" THEN
      y0 <= NOT(data);
    ELSIF s = "001" THEN
      y1 <= NOT(data);
     ELSIF s = "010" THEN
      y2 <= NOT(data);
    ELSIF s = "011" THEN
      y3 <= NOT(data);
    ELSIF s = "100" THEN
      y4 <= NOT(data);
    ELSIF s = "101" THEN
      y5 <= NOT(data);
    ELSIF s = "110" THEN
      y6 <= NOT(data);
    ELSIF s = "111" THEN
      y7 <= NOT(data);
    END IF;
  END PROCESS;
END a;
```

例 5-47 的工作时序如图 5-8 所示。从图中可以看出,根据不同的选择信号 s,可以把输

入信号在不同的输出端输出。

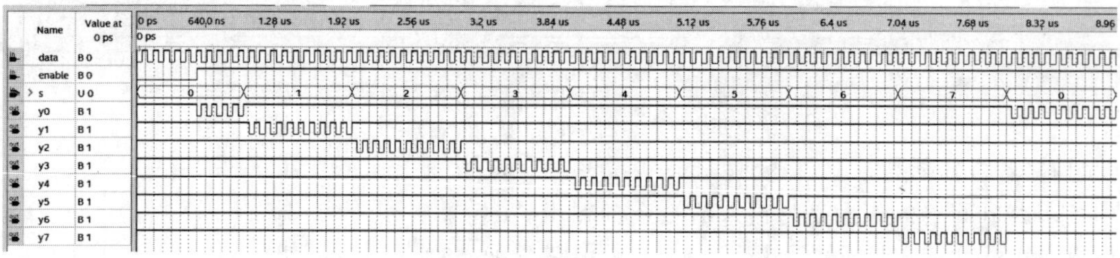

图 5-8　多路分配器工作时序

5. 多位加法运算

例 5-48 的程序实现对输入操作数 a、b 作加法运算。

【例 5-48】　多位加法运算

```vhdl
LIBRARY IEEE;
USE IEEE.STD_LOGIC_1164.ALL;
USE IEEE.STD_LOGIC_UNSIGNED.ALL;
ENTITY adder IS
    PORT(a,b: IN STD_LOGIC_VECTOR(7 DOWNTO 0);      -- 输入两个 8 位二进制数
         cin: IN STD_LOGIC;                          -- 低位来的进位
         s: OUT STD_LOGIC_VECTOR(8 DOWNTO 0));       -- 输出 8 位结果及产生的进位
END adder;
ARCHITECTURE behave OF adder IS
BEGIN
    s <= ('0'&a) + ('0'&b) + ("0000000"&cin);
END behave;
```

例 5-48 的工作时序如图 5-9 所示。从图中可以看出，输出信号 s 实现了输入信号 a、b 和 cin 的多位加法运算。

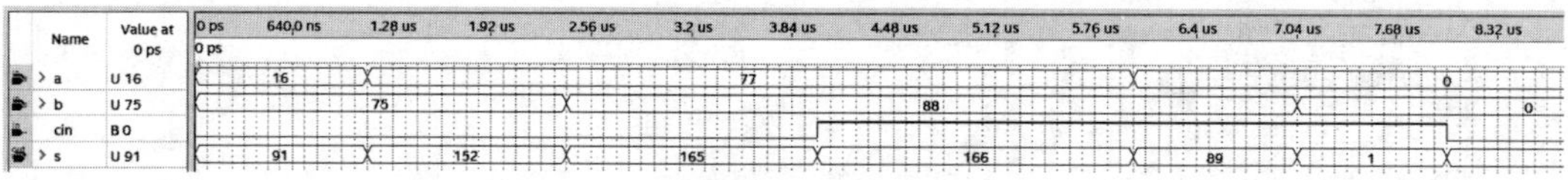

图 5-9　多位加法器工作时序

6. 三态门及总线缓冲器

三态门和总线缓冲器是驱动电路经常用到的器件。

1）三态门电路

三态门是微机应用系统经常要用到的逻辑部件，其 VHDL 描述如例 5-49 所示。

【例 5-49】　三态门电路

```vhdl
LIBRARY IEEE;
USE IEEE.STD_LOGIC_1164.ALL;
ENTITY tristate IS
    PORT(en,din: IN STD_LOGIC;          -- en 为使能端口,din 为输入端口
         dout: OUT STD_LOGIC);          -- 输出端口
END tristate;
```

```
ARCHITECTURE tri OF tristate IS
BEGIN
  PROCESS(en,din)
  BEGIN
    IF en = '1' THEN
      dout < = din;
    ELSE
      dout < = 'Z';
    END IF;
  END PROCESS;
end tri;
```

例 5-49 的工作时序如图 5-10 所示。从图中可以看出,当使能信号 en 为高电平时,输出信号为输入信号,当使能信号为低电平时,输出信号处在高阻状态。

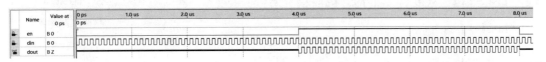

图 5-10　三态门工作时序

2) 单向总线驱动器

在微型计算机的总线驱动中经常要用到单向总线缓冲器,它通常由多个三态门组成,用来驱动地址总线和控制总线。一个 8 位的单向总线缓冲器如图 5-11 所示。其对应的 VHDL 描述如例 5-50 所示。

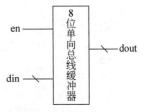

图 5-11　单向总线缓冲器

【例 5-50】 单向总线缓冲器

```
LIBRARY IEEE;
USE IEEE.STD_LOGIC_1164.ALL;
ENTITY trl_buf8 IS
  PORT(din: IN STD_LOGIC_VECTOR(7 DOWNTO 0);    -- 输入8位二进制数
       dout: OUT STD_LOGIC_VECTOR(7 DOWNTO 0);   -- 输出8位二进制数
       en: IN STD_LOGIC);                        -- 使能端口
END trl_buf8;
ARCHITECTURE behave OF trl_buf8 IS
BEGIN
  PROCESS(en,din)
  BEGIN
    IF(en = '1')THEN
      dout < = din;
    ELSE
      dout < = "ZZZZZZZZ";
    END IF;
  END PROCESS;
END behave;
```

例 5-50 的工作时序如图 5-12 所示。该图与图 5-10 类似,只是数据位较多。

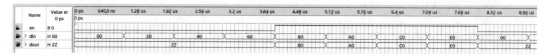

图 5-12 单向总线缓冲器工作时序

3）双向总线驱动器

双向总线缓冲器用于对数据总线的驱动和缓冲，典型的双向总线缓冲器如图 5-13 所示，图中的双向总线缓冲器有两个数据输入/输出端 a 和 b，一个方向控制端 dir 和一个选通端 en。en＝0 时双向总线缓冲器选通，若 dir＝0，则 a＝b，反之则 b＝a。其 VHDL 描述如例 5-51 所示。

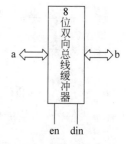

图 5-13 双向总线缓冲器

【例 5-51】 双向总线缓冲器源程序

```
LIBRARY IEEE;
USE IEEE.STD_LOGIC_1164.ALL;
ENTITY bidir IS
  PORT(a,b: INOUT STD_LOGIC_VECTOR(7 DOWNTO 0);  -- 双向端口
       en,dir: IN STD_LOGIC);                     -- 使能和方向端口
END bidir;
ARCHITECTURE bi OF bidir IS
  SIGNAL aout,bout: STD_LOGIC_VECTOR(7 DOWNTO 0);
BEGIN
  PROCESS(a,en,dir)
  BEGIN
    IF((en = '0')and(dir = '1'))THEN bout < = a;
    ELSE
      bout < = "ZZZZZZZZ";
    END IF;
      b < = bout;
  END PROCESS;
  PROCESS(b,dir,en)
  BEGIN
    IF((en = '0')and(dir = '0'))THEN aout < = b;
    ELSE
      aout < = "ZZZZZZZZ";
    END IF;
      a < = aout;
  END PROCESS;
END bi;
```

例 5-51 的工作时序如图 5-14 所示。从图中可以看出，en＝0 时双向总线缓冲器选通，若 dir＝0，则 a＝b，反之则 b＝a。

图 5-14 双向总线缓冲器工作时序

5.7.2 时序逻辑电路设计

上面介绍的组合逻辑电路中没有记忆元件,当输入信号发生变化时,输出信号随之变化。而时序电路中含有记忆元件,输出信号与时钟有关,当时钟脉冲到来之前,输出保持原来状态,只有在时钟脉冲到来之时,输出信号才发生改变;输出信号值取决于时钟有效沿来临之时激励端的输入信号值。在时序逻辑电路中,记忆元件为触发器。在 CPLD、FPGA 器件中,常用的触发器为 D 触发器,其他类型的触发器都可由 D 触发器构成。

时序电路可分为同步电路和异步电路。在同步电路中,所有触发器的时钟都接在一个时钟线上;而异步电路各触发器的时钟不接在一起。大多数可编程器件的内部结构是同步电路。

常用的时序电路有触发器、锁存器、计数器和移位寄存器等。D 触发器已在前面做了介绍,下面再介绍一些常见的时序电路。

1. JK 触发器

一个基本的 JK 触发器有两个数据输入端 j 和 k,一个时钟输入端 clk 和两个反相输出端 q 和 nq。JK 触发器的 VHDL 描述如例 5-52 所示。

【例 5-52】 JK 触发器

```
LIBRARY IEEE;
USE IEEE.STD_LOGIC_1164.ALL;
ENTITY jkff1 IS
  PORT(clk,j,k: IN STD_LOGIC;
       q,nq: OUT STD_LOGIC);
END jkff1;
ARCHITECTURE behave OF jkff1 IS
  SIGNAL q_s,nq_s: STD_LOGIC;
  BEGIN
    PROCESS(clk,j,k)
      BEGIN
        IF(clk'EVENT AND clk = '1')THEN
          IF(j = '0')AND(k = '1')THEN        -- j = '0'和 k = '1'状态
            q_s <= '0';
            nq_s <= '1';
          ELSIF(j = '1')AND(k = '0')THEN      -- j = '1'和 k = '0'状态
            q_s <= '1';
            nq_s <= '0';
          ELSIF(j = '1')AND(k = '1')THEN      -- j = '1'和 k = '1'状态
            q_s <= NOT q_s;
            nq_s <= NOT nq_s;
          END IF;
        END IF;
      q <= q_s;
      nq <= nq_s;
    END PROCESS;
END behave;
```

例 5-52 的工作时序如图 5-15 所示。从图中可以看出,当 j=0、k=0 时,JK 触发器状态保持不变；当 j、k 不相同时，触发器状态同 j 状态；当 j＝k＝1 时，每来一个时钟脉冲，触发器状态翻转一次。

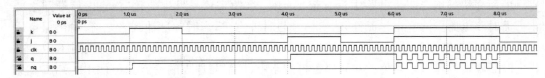

图 5-15　JK 触发器工作时序

2. 8 位锁存器

锁存器仍然是一种触发器，在控制信号有效的时候，输出信号随着数据输入的变化而变化。8 位锁存器的 VHDL 描述如例 5-53 所示。

【例 5-53】　8 位锁存器

```
LIBRARY IEEE;
USE IEEE.STD_LOGIC_1164.ALL;
ENTITY reg_8 IS
  PORT(d: IN STD_LOGIC_VECTOR(0 TO 7);
       clk: IN STD_LOGIC;
       q: OUT STD_LOGIC_VECTOR(0 TO 7));
END reg_8;
ARCHITECTURE behave OF reg_8 IS
BEGIN
  PROCESS(clk)
  BEGIN
    IF(clk'EVENT AND clk = '1')THEN      -- 时钟到来
    q <= d;                              -- 信号锁存
    END IF;
  END PROCESS;
END behave;
```

例 5-53 的工作时序如图 5-16 所示。从图中可以看出，每来一个时钟信号后，就能够把输入信号值锁存住。

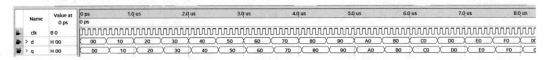

图 5-16　8 位锁存器工作时序

3. 异步复位和置位、同步预置的 4 位计数器

计数器是数字设备中的基本逻辑单元，它不仅可以用在对时钟脉冲的计数上，还可以用于分频、定时产生脉冲序列以及进行数字运算等。具有异步复位和置位、同步预置功能的 4 位计数器的 VHDL 描述如例 5-54 所示。

【例 5-54】　4 位计数器

```
LIBRARY IEEE;
USE IEEE.STD_LOGIC_1164.ALL;
USE IEEE.STD_LOGIC_ARITH.ALL;
```

```
USE IEEE.STD_LOGIC_UNSIGNED.ALL;
ENTITY cnt41 IS
    PORT(pst,clk,enable,rst,load: IN STD_LOGIC;      -- pst 为置位信号,clk 为时钟信号,enable 为
                                                      -- 使能信号,rst 为复位信号,load 为预置信号
         date: IN STD_LOGIC_VECTOR(3 DOWNTO 0);       -- 预置输入数据
         cnt: BUFFER STD_LOGIC_VECTOR(3 DOWNTO 0));   -- 计数器输出
END cnt41;
ARCHITECTURE behave OF cnt41 IS
  BEGIN
    count: PROCESS(rst,clk,pst)
    BEGIN
      IF rst = '1' THEN                               -- 异步复位
        cnt < = (OTHERS = >'0');
      ELSIF pst = '1' THEN                            -- 异步置位
        cnt < = (others = >'1');
      ELSIF(clk'EVENT AND clk = '1')THEN
        IF load = '1' THEN                            -- 同步预置
          cnt < = date;
        ELSIF enable = '1' THEN
          cnt < = cnt + 1;                            -- 计数
        END IF;
      END IF;
    END PROCESS count;
END behave;
```

上述的 4 位计数器也可用整数形式实现,描述如下。

```
LIBRARY IEEE;
USE IEEE.STD_LOGIC_1164.ALL;
ENTITY cnt41 IS
    PORT(pst,clk,enable,rst,load: IN BIT;
         date: IN INTEGER RANGE 0 to 15;
         q: OUT INTEGER RANGE 0 TO 15);
END cnt41;
ARCHITECTURE behave OF cnt41 IS
  BEGIN
    PROCESS(rst,clk,pst)
      VARIABLE cnt: INTEGER RANGE 0 TO 15;
    BEGIN
      IF rst = '1' THEN
        cnt: = 0;
      ELSIF pst = '1' THEN
        IF load = '1' THEN
          cnt: = date;
        ELSIF enable = '1' THEN
          cnt: = cnt + 1;
        END IF;
      END IF;
      q < = cnt;
  END PROCESS ;
END behave;
```

例 5-54 的工作时序如图 5-17 所示。从图中可以看出，当 rst＝1 时，输出信号清零，当 pst＝1 时，输出信号置 1，当 load＝1 时，实现预置功能，预置完毕，即可实现计数功能。

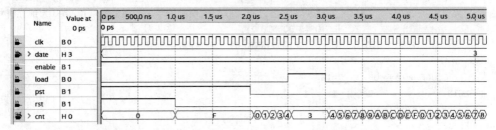

图 5-17　异步复位和置位、同步预置的 4 位计数器工作时序

4. 同步计数器

同步计数器是指在时钟脉冲的控制下，构成计数器的各触发器的状态同时发生变化的一类计数器。例 5-55 是一个模为 60，具有异步复位、同步置数功能的 8421BCD 码计数器。

【例 5-55】 同步计数器

```
LIBRARY IEEE;
USE IEEE. STD_LOGIC_1164. ALL;
USE IEEE. STD_LOGIC_UNSIGNED. ALL;
ENTITY cntm60 IS
  PORT(ci: IN STD_LOGIC;
       nreset: IN STD_LOGIC;
       load: IN STD_LOGIC;
       d: IN STD_LOGIC_VECTOR(7 DOWNTO 0);
       clk: IN STD_LOGIC;
       co: OUT STD_LOGIC;
       qh: BUFFER STD_LOGIC_VECTOR(3 DOWNTO 0);
       ql: BUFFER STD_LOGIC_VECTOR(3 DOWNTO 0));
END cntm60;
ARCHITECTURE behave OF cntm60 IS
BEGIN
  co <= '1' WHEN (qh = "0101" AND ql = "1001" AND ci = '1')ELSE '0';
  PROCESS(clk,nreset)
  BEGIN
   IF(nreset = '0') THEN                    --异步清零
     qh <= "0000";
     ql <= "0000";
   ELSIF(clk'EVENT and clk = '1') THEN
       IF(load = '1')THEN                   --同步预置
           qh <= d(7 downto 4);
           ql <= d(3 downto 0);
       ELSIF(ci = '1')THEN                  --模 60 的实现
          IF(ql = 9)THEN
             ql <= "0000";                  --低 4 位清零
              IF(qh = 5) THEN
                qh <= "0000";               --高 4 位清零
              ELSE                          --计数功能的实现
                 qh <= qh + 1;
```

```
            END IF;
        ELSE
          ql <= ql + 1;                        -- 低 4 位加 1
        END IF;
      END IF;
    END IF;
  END PROCESS;
END behave;
```

例 5-55 的工作时序如图 5-18 所示。从图中可以看出,当 load=1 时,把输入信号 56 预置到输出端,然后开始计数,计到 60 时,重新从 0 开始计数。

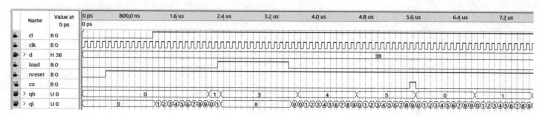

图 5-18 模为 60 的同步计数器工作时序

5. 序列信号发生器

在数字信号的传输和数字系统的测试中,有时需要用到一组特定的串行数字信号,产生序列信号的电路称为序列信号发生器。例 5-56 就是一"01111110"的序列发生器的 VHDL 描述,该电路可由计数器与数据选择器构成。

【例 5-56】 序列信号发生器

```
LIBRARY IEEE;
USE IEEE.STD_LOGIC_1164.ALL;
USE IEEE.STD_LOGIC_ARITH.ALL;
USE IEEE.STD_LOGIC_UNSIGNED.ALL;
ENTITY senqgen IS
  PORT(clk,clr,clock: IN STD_LOGIC;
       zo: OUT STD_LOGIC);
END senqgen;
ARCHITECTURE behave OF senqgen IS
  SIGNAL count: STD_LOGIC_VECTOR(2 DOWNTO 0);
  SIGNAL z: STD_LOGIC: = '0';
  BEGIN
    PROCESS(clk,clr)
      BEGIN
        IF (clr = '1') THEN count <= "000";
        ELSE
          IF(clk = '1' AND clk'EVENT) THEN
            IF(count = "111")THEN count <= "000";
            ELSE count <= count + '1';
            END IF;
          END IF;
        END IF;
```

```
        END PROCESS;
    PROCESS(count)
        BEGIN
        CASE count IS
            WHEN "000" => z <= '0';
            WHEN "001" => z <= '1';
            WHEN "010" => z <= '1';
            WHEN "011" => z <= '1';
            WHEN "100" => z <= '1';
            WHEN "101" => z <= '1';
            WHEN "110" => z <= '1';
            WHEN "111" => z <= '0';
            WHEN OTHERS => z <= '0';
        END CASE;
    END PROCESS;
    PROCESS(clock,z)
        BEGIN
        IF(clock'EVENT AND clock = '1')THEN
        zo <= z;
            END IF;
    END PROCESS;
END behave;
```

例 5-56 的工作时序如图 5-19 所示。从图中可以看出，输出信号实现了"01111110"的序列代码。

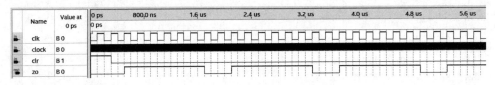

图 5-19　序列信号发生器工作时序

5.8　VHDL 与原理图混合设计方式

前面分别介绍了原理图设计方式和 VHDL 设计方式，实际上，很多较为复杂的设计采用的是两者的结合，即采用 VHDL 与原理图混合方式来进行设计。一般情况下，使用 VHDL 描述底层模块，再应用原理图设计方法设计顶层原理图文件。下面就一个 4 位二进制计数译码显示器的设计来进行说明。

5.8.1　4 位二进制计数器的 VHDL 设计

例 5-57 是 4 位二进制计数器的 VHDL 源程序，该文件名取为 cnt4。

【例 5-57】　4 位二进制计数器 VHDL 描述

```
LIBRARY IEEE;
USE IEEE.STD_LOGIC_1164.ALL;
USE IEEE.STD_LOGIC_ARITH.ALL;
```

```
USE IEEE. STD_LOGIC_UNSIGNED. ALL;
ENTITY cnt4 IS
PORT(pst,clk,rst,enable,load: IN STD_LOGIC;
      date: IN STD_LOGIC_VECTOR( 3 DOWNTO 0);
      cnt: BUFFER std_logic_vector (3 DOWNTO 0));
END cnt4;
ARCHITECTURE a OF cnt4 IS
  BEGIN
  count: PROCESS(rst,clk,pst)
   BEGIN
    IF rst = '1' THEN          -- 复位
    cnt < = (others = >'0');
    ELSIF pst = '1' THEN         -- 置位
      cnt < = (others = >'1');
    ELSIF (clk'event and clk = '1') THEN
     IF load = '1' THEN
      cnt < = date;          -- 预置
     ELSIF enable = '1' THEN
      cnt < = cnt + 1;         -- 计数
     END IF;
    END IF;
   END PROCESS count;
  END a;
```

文件存盘后,为了能在图形编辑器中调用该计数器,需要为该计数器创建一个元件图形符号。选择 File→Create/Update→Create Symbol Files for Current File 菜单,生成 cnt4 的图形符号。如果源程序有错,要对源程序进行修改,重复上面的步骤,直到此元件符号创建成功。

5.8.2 7 段显示译码器的 VHDL 设计

decl7s. vhd 完成 7 段显示译码器的功能,用来将 4 位二进制数译码为驱动 7 段数码管的显示信号。decl7s. vhd 及其元件符号的创建过程同上,文件放在同一目录 D:\mylx\GUIDE 内,其源程序如例 5-58 所示。

【例 5-58】 7 段显示译码器 VHDL 描述

```
LIBRARY IEEE ;
USE IEEE. STD_LOGIC_1164. ALL ;
 ENTITY decl7s IS
   PORT ( a    : IN  STD_LOGIC_VECTOR(3 DOWNTO 0) ;
        led7s : OUT STD_LOGIC_VECTOR(6 DOWNTO 0)  ) ;
END decl7s;
ARCHITECTURE one OF decl7s IS
BEGIN
   PROCESS( a )
   BEGIN
     CASE  a(3 DOWNTO 0)  IS
        WHEN "0000" = >  LED7S < = "0111111" ; -- X"3F" 0
        WHEN "0001" = >  LED7S < = "0000110" ; -- X"06" 1
```

```
            WHEN "0010" => LED7S <= "1011011" ; -- X"5B" 2
            WHEN "0011" => LED7S <= "1001111" ; -- X"4F" 3
            WHEN "0100" => LED7S <= "1100110" ; -- X"66" 4
            WHEN "0101" => LED7S <= "1101101" ; -- X"6D" 5
            WHEN "0110" => LED7S <= "1111101" ; -- X"7D" 6
            WHEN "0111" => LED7S <= "0000111" ; -- X"07" 7
            WHEN "1000" => LED7S <= "1111111" ; -- X"7F" 8
            WHEN "1001" => LED7S <= "1101111" ; -- X"6F" 9
            WHEN "1010" => LED7S <= "1110111" ; -- X"77" 10
            WHEN "1011" => LED7S <= "1111100" ; -- X"7C" 11
            WHEN "1100" => LED7S <= "0111001" ; -- X"39" 12
            WHEN "1101" => LED7S <= "1011110" ; -- X"5E" 13
            WHEN "1110" => LED7S <= "1111001" ; -- X"79" 14
            WHEN "1111" => LED7S <= "1110001" ; -- X"71" 15
            WHEN OTHERS => NULL ;
        END CASE ;
      END PROCESS ;
    END one;
```

5.8.3　顶层文件原理图设计

TOP. GDF 是本项示例的最顶层的图形设计文件,调用了前面 1、2 段创建的两个功能元件,将 Cnt4. vhd 和 Decl7s. vhd 两个模块组装起来,成为一个完整的设计。

在主菜单上选择 File→New,或单击工具栏上的 ▭ 图标,或利用快捷键 Ctrl＋N,在弹出的 New 菜单中选择 Block Diagram/Schematic File 后单击 OK 按钮,绘出如图 5-20 所示的原理图。将此顶层原理图文件取名为 TOP. GDF,或其他名字,并写入 File Name 中,存入同一目录中。

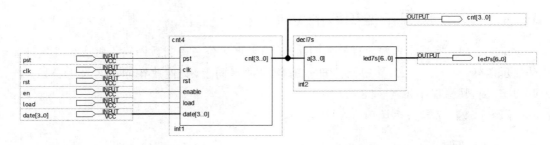

图 5-20　顶层设计原理图

最后开始编译和综合。如前述,在 Quartus Prime 18 菜单中选择 Processing→Start Compilation 项或单击工具栏上的 ▶ 按钮,在此可运行编译器(此编译器将一次性完成编译、综合、优化、逻辑分割和适配/布线等操作)。如果源程序有错误,用鼠标双击红色的错误信息即可返回图形或文本编辑器进行修改,然后再次编译,直到通过。通过后双击 Fitter 下的 rpt 标记,即可进入适配报告,以便了解适配情况,然后了解引脚的确定情况是否与以上设置一致。关闭编辑器。

编译完成后,还可以进行仿真顶层设计文件,方法与前述有关内容相同。得到的仿真波形图如图 5-21 所示。

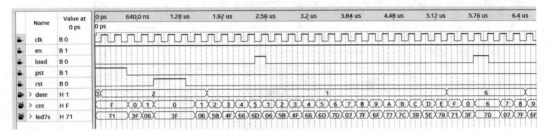

图 5-21 4 位二进制计数器仿真波形图

5.8.4 查看工程的层次结构

Quartus Prime 18 的层次显示工具可以显示当前工程的层次结构,使设计者对工程的组成模块及其之间的关系一目了然,并可方便地穿越层次,根据工程内不同的设计文件自动打开相应的编辑器。

1. 打开层次显示窗口

在菜单栏中选择 View →Utility Windows →Project Navigator 或者按 Alt+0 组合键,选择 Hierarchy 打开工程层次显示窗口,如图 5-22 所示。当前工程的层次树中的每个文件都显示在层次显示窗口内,右侧显示每个模块占用逻辑单元(Logic Cells)个数等信息。

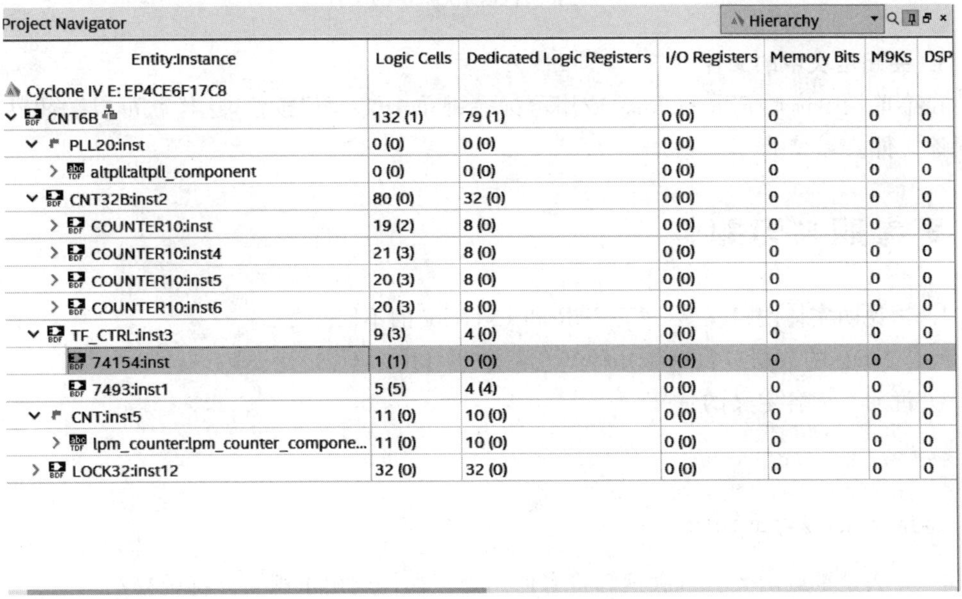

Entity:Instance	Logic Cells	Dedicated Logic Registers	I/O Registers	Memory Bits	M9Ks	DSP
Cyclone IV E: EP4CE6F17C8						
CNT6B	132 (1)	79 (1)	0 (0)	0	0	0
PLL20:inst	0 (0)	0 (0)	0 (0)	0	0	0
altpll:altpll_component	0 (0)	0 (0)	0 (0)	0	0	0
CNT32B:inst2	80 (0)	32 (0)	0 (0)	0	0	0
COUNTER10:inst	19 (2)	8 (0)	0 (0)	0	0	0
COUNTER10:inst4	21 (3)	8 (0)	0 (0)	0	0	0
COUNTER10:inst5	20 (3)	8 (0)	0 (0)	0	0	0
COUNTER10:inst6	20 (3)	8 (0)	0 (0)	0	0	0
TF_CTRL:inst3	9 (3)	4 (0)	0 (0)	0	0	0
74154:inst	1 (1)	0 (0)	0 (0)	0	0	0
7493:inst1	5 (5)	4 (4)	0 (0)	0	0	0
CNT:inst5	11 (0)	10 (0)	0 (0)	0	0	0
lpm_counter:lpm_counter_compone...	11 (0)	10 (0)	0 (0)	0	0	0
LOCK32:inst12	32 (0)	32 (0)	0 (0)	0	0	0

图 5-22 top 工程的层次显示窗口

2. 打开层次树中的文件

层次显示窗口可以让设计者迅速打开层次中的设计文件和辅助文件,或将其带至前台。当从层次显示窗口打开一个文件时,Quartus Prime 18 会根据文件类型自动打开相应的编辑器。

下面打开 CNT32B.gdf,将其带至前台。双击 CNT32B:inst2,文件名旁边的 gdf 图标,图形编辑器启动并把 CNT32B.gdf 带至前台，如图 5-23 所示。

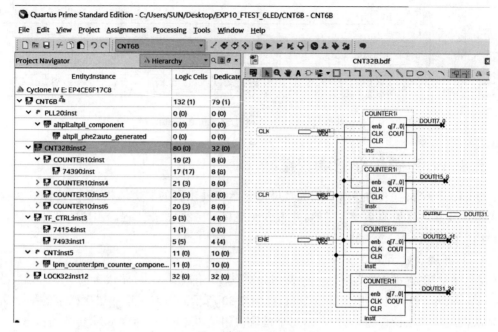

图 5-23　打开层次树中的文件

3. 关闭层次中的文件

在菜单栏中选择 File→Close，或用鼠标左键单击"关闭"按钮，这样就可以关闭已打开的设计文件。

思考题与习题

1. 试说明实体端口模式 BUFFER 和 INOUT 的不同之处。

2. VHDL 的数据对象有哪几种？它们之间有什么不同？

3. 说明下面各定义的意义。

```
SIGNAL a,b,c: BIT : = '0';
CONSTANT TIME1,TIME2: TIME: 20ns;
VARIABLE x,y,z: STD_LOGIC: = 'X';
```

4. 什么是重载函数？重载运算符有何用处？如何调用重载运算符函数？

5. 数据类型 BIT INTEGER BOOLEAN 分别定义在哪个库中？哪些库和程序包总是可见的？

6. 函数和过程有什么区别？

7. 若在进程中加入 WAIT 语句，应注意哪几个方面的问题？

8. 哪些情况下需要用到程序包 STD_LOGIC_UNSIGNED？试举一例。

9. 为什么说一条并行赋值语句可以等效为一个进程？如果是这样的话，怎样实现敏感信号的检测？

10. 比较 CASE 语句与 WITH_SELECT 语句，叙述它们的异同点。

11. 将以下程序段转换为 WHEN ELSE 语句。

```
PROCESS(a,b,c,d)
    BEGIN
        IF a = '0' AND b = '1' THEN next1 < = "1101";
        ELSIF a = '0' THEN next1 < = d;
        ELSIF b = '1' THEN next1 < = c;
        ELSE
        Next1 < = "1011";
        END IF;
END PROCESS;
```

12. 试给出 1 位全减器的算法描述、数据流描述、结构描述和混合描述。

13. 用 VHDL 描述下列器件的功能。

(1) 十进制-BCD 码编码器，输入、输出均为低电平有效。

(2) 时钟(可控)RS 触发器。

(3) 带复位端、置位端、延迟为 15ns 的响应 CP 下降沿的 JK 触发器。

(4) 集成计数器 74161。

(5) 集成移位寄存器 74194。

14. 用 VHDL 描述一个三态输出的双 4 选 1 的数据选择器，其地址信号共用，且各有一个低电平有效的使能端。

15. 试用并行信号赋值语句分别描述下列器件的功能。

(1) 3-8 译码器。

(2) 8 选 1 数据选择器。

16. 利用生成语句描述一个由 n 个一位全减器构成的 n 位减法器，n 的默认值为 4。

17. 用 VHDL 设计实现输出占空比为 50% 的 1000 分频器。

18. 用 VHDL 描述一个单稳态触发器。定时时间由类属参数决定。该触发器有 A、B 两个触发信号输入端，A 为上升沿触发(当 B=1 时)，B 为下降沿触发(当 A=0 时)；有 Q 和 $\overline{Q}$ 两个输出端，分别输出正、负两种脉冲信号。

19. 某通信接收机的同步信号为巴克码 1110010。设计一个检测器，其输入为串行码 x，输出为检测结果 y，当检测到巴克码时，输出 1。

第6章

CHAPTER 6

有限状态机设计

　　有限状态机及其设计技术是实用数字系统设计中的重要组成部分,是实现高效率、高可靠逻辑控制的重要途径。利用 VHDL 设计的实用逻辑系统中,有许多是可以利用有限状态机的设计方案来描述和实现的,尤其是同步时序逻辑的问题。有限状态机的实现符合人的思维逻辑,对大型系统的设计和实现很有帮助。本章基于实用的目的,重点介绍用 VHDL 设计不同类型有限状态机的方法,同时考虑设计中许多必须重点关注的问题。

6.1　概述

6.1.1　关于状态机

　　通俗地说,状态机就是事物存在状态的一种综合描述。例如,一个单向路口的一盏红绿灯,它有"亮红灯""亮绿灯"和"亮黄灯"3 种状态。在满足不同的条件时,3 种状态互相转换。转换的条件可以是经过多少时间,例如经过 60s,由"亮红灯"状态变为"亮绿灯"状态;也可以是特殊条件,例如有紧急情况,不论处于什么状态都将转变为"亮红灯"状态。而所谓的状态机,就是对这盏红绿灯的 3 种状态进行综合描述,说明任意两个状态之间的转变条件。当然,这是一个最简单的例子,如果是十字路口的红绿灯就要复杂一些了。

　　用 VHDL 设计的状态机有多种形式,从状态机的信号输出方式上分,有 Mealy(米立)型和 Moore(摩尔)型两种状态机。在摩尔状态机中,其输出只是当前状态值的函数,并且仅在时钟边沿到来时才发生变化。米立状态机的输出则是当前状态值、当前输出值和当前输入值的函数。从结构上分,有单进程状态机和多进程状态机。从状态表达方式上分,有符号化状态机和确定状态编码的状态机。从编码方式上分,有顺序编码状态机、一位热码编码状态机和其他编码方式状态机等。

6.1.2　状态机的特点

　　在进行数字系统设计的时候,如果考虑实现一个控制功能,通常可以选择状态机来实现,无论与基于 VHDL 的其他设计方案相比,还是与可完成相似功能的 CPU 相比,状态机都有其难以超越的优越性,它主要表现在以下几方面。

　　(1) 有限状态机克服了纯硬件数字系统顺序方式控制不灵活的缺点。状态机的工作方式是根据控制信号按照预先设定的状态进行顺序运行的,状态机是纯硬件数字系统中的顺序控制电路,因此状态机在其运行方式上类似于控制灵活和方便的 CPU,而在运行速度和工作可靠性方面都优于 CPU。

（2）由于状态机的结构模式相对简单，设计方案相对固定，特别是可以定义符号化枚举类型的状态，这一切都为 VHDL 综合器尽可能发挥其强大的优化功能提供了有利条件。而且，性能良好的综合器都具备许多可控或自动的专门用于优化状态机的功能。

（3）状态机容易构成性能良好的同步时序逻辑模块，这对于对付大规模逻辑电路设计中的竞争冒险现象无疑是一个较好的选择。为了消除电路中的毛刺现象，在状态机设计中有多种设计方案可供选择。

（4）与 VHDL 的其他描述方式相比，状态机的 VHDL 表述丰富多样，程序层次分明，结构清晰，易读易懂；在排错、修改和模块移植方面也有其独到的特点。

（5）在高速运算和控制方面，状态机更有其巨大的优势。CPU 是按照指令周期，以逐条执行指令的方式运行的；每执行一条指令，通常只能完成一个简单的操作，而一个指令周期须由多个机器周期构成，一个机器周期又由多个时钟周期构成；一个含有运算和控制的完整设计程序往往需要成百上千条指令。相比之下，状态机状态变换周期只有一个时钟周期，而且，由于在每一状态中，状态机可以完成许多并行的运算和控制操作，所以，一个完整的控制程序，即使由多个并行的状态机构成，其状态数是十分有限的。一般由状态机构成的硬件系统比 CPU 所能完成同样功能的软件系统的工作速度要高出三四个数量级。

（6）就可靠性而言，状态机的优势也是十分明显的。首先它是由纯硬件电路构成，不存在 CPU 运行软件过程中许多固有的缺陷；其次是由于状态机的设计中能使用各种完整的容错技术；再次是当状态机进入非法状态并从中跳出，进入正常状态所耗的时间十分短暂，通常只有两三个时钟周期，约数十微秒，尚不足以对系统的运行构成损害；而 CPU 通过复位方式从非法运行方式中恢复过来，耗时达数十毫秒，这对于高速高可靠系统显然是无法容忍的。

6.1.3 状态机的基本结构和功能

图 6-1 是一个状态机的结构框图。除了输入信号、输出信号外，状态机还包括一组寄存器记忆状态机的内部状态。状态机的下一个状态及输出，不仅同输入信号有关，而且还与寄存器的当前状态有关，状态机可以认为是组合逻辑和寄存器逻辑的特殊组合。它包括两个主要部分：组合逻辑部分和寄存器部分。寄存器部分用于存储状态机的内部状态；组合逻辑部分又分为状态译码器和输出译码器，状态译码器确定状态机的下一个状态，输出译码器确定状态机的输出。

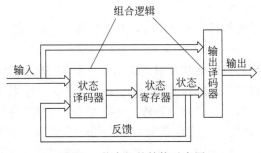

图 6-1　状态机的结构示意图

状态机的基本操作有以下两种。

（1）状态机内部状态转换。状态机要经历一系列状态，下一状态由状态译码器根据当前状态和输入条件决定。

（2）产生输出序列。输出信号由输出译码器根据当前状态和输入条件决定。

大多数实用的状态机都是同步时序电路，由时钟信号触发状态转换。

6.2 一般有限状态机的设计

用 VHDL 可以设计不同表达方式和不同实用功能的状态机，然而它们都有相对固定的语句和程序表达方式，只要掌握了这些固定的语句表达部分，就能根据实际需要写出各种不同风格的 VHDL 状态机。

为了能获得可综合的、高效的 VHDL 状态机描述，建议使用枚举类型来定义状态机的状态，并使用多进程方式来描述状态机的内部逻辑。例如，可使用两个进程来描述，一个进程描述时序逻辑功能，通常称为时序进程；另一个进程描述组合逻辑功能，通常称为组合进程。必要时还可引入第三个进程完成其他的逻辑功能，另外还需要相应的说明部分。也就是说，一般的状态机通常包含说明部分、时序进程、组合进程、辅助进程等几个部分。

6.2.1 一般有限状态机的组成

1. 说明部分

说明部分中使用 TYPE 语句定义新的数据类型，此数据类型一般为枚举类型，其中每一个状态名可任意选取，但从文件的角度看，状态名最好有解释性意义。状态变量（如现态和次态）应定义为信号，便于信息传递，并将状态变量的数据类型定义为含有既定状态元素的新定义的数据类型，例如：

```
TYPE state_type IS (start_state,run_state,error_state);
SIGNAL state: state_type;
```

其中，新定义的数据类型名是"state_type"，其类型的元素分别为 start_state、run_state、error_state，对应其表达状态机的 3 个状态。定义信号 SIGNAL 的状态变量是 state，它的数据类型被定义为 state_type，因此状态变量 state 的取值范围在数据类型 state_type 所限定的 3 个元素中。

适当选取状态名也有利于仿真，仿真器的波形窗口将按照类型定义的状态值显示当前所处的状态，便于观察和理解。

说明部分一般放在结构体的 ARCHITECTURE 和 BEGIN 之间。

2. 时序进程

时序进程是指负责状态机运转和在时钟驱动下负责状态转换的进程。状态机是随外部时钟信号以同步时序方式工作的。因此，状态机中必须包含一个对工作时钟信号敏感的进程，作为状态机的"驱动泵"，这就是时序进程。一般情况下，时序进程可以不负责下一状态的具体状态取值，它只是将代表次态的信号 next_state 中的内容送入现态的信号 current_state 中，而信号 next_state 中的内容完全由其他的进程根据实际情况来决定。

3. 组合进程

组合进程的任务是根据外部输入的控制信号（包括来自状态机外部的信号和来自状态

机内部其他的信号)和当前状态的状态值确定下一状态(next_state)的去向,即 next_state 的取值内容,以及确定对外输出或对内部其他组合或时序进程输出控制信号的内容。所有的状态均可表达为 CASE WHEN 结构中的一条 CASE 语句,而状态的转移则通过 IF THEN ELSE 语句实现。

4. 辅助进程

辅助进程用于配合状态机工作的组合进程或时序进程,例如,为了完成某种算法的进程;或用于配合状态机工作的其他时序进程,例如,为了稳定输出设置的数据锁存器等。

一般状态机工作示意图如图 6-2 所示。

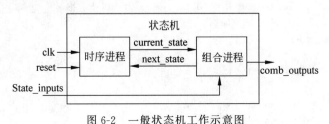

图 6-2 一般状态机工作示意图

6.2.2 设计实例

例 6-1 描述的状态机是由两个进程构成的,其中进程"REG"是时序进程,"COM"是组合进程,其结构如图 6-2 所示。

【例 6-1】 一般状态机描述

```
LIBRARY IEEE;
USE IEEE.STD_LOGIC_1164.ALL;
ENTITY s_machine IS
  PORT(clk,reset: IN STD_LOGIC;
       state_inputs: IN STD_LOGIC_VECTOR(0 TO 1);
       comb_outputs: OUT STD_LOGIC_VECTOR(0 TO 1));
END s_machine;
ARCHITECTURE behave OF s_machine IS
  TYPE states IS(st0,st1,st2,st3);          --定义 states 为枚举型数据类型
  SIGNAL current_state,next_state: states;
  BEGIN
  REG: PROCESS(reset,clk)                   --时序逻辑进程
    BEGIN
      IF reset = '1' THEN                   --异步复位
        current_state <= st0;
      ELSIF(clk = '1'AND clk'EVENT)THEN
        current_state <= next_state;        --当检测到时钟上升沿时转换至下一状态
      END IF;
  END PROCESS;   --由 current_state 将当前状态值带出此进程,进入进程 COM
  COM: PROCESS(current_state,state_inputs)   --组合逻辑进程
  BEGIN
    CASE current_state IS                    --确定当前状态的状态值
      WHEN st0 => comb_outputs <= "00";      --初始态译码输出
        IF state_inputs = "00" THEN          --根据外部的状态控制输入"00"
```

```
            next_state <= st0;                  -- 在下一时钟后,进程 REG 的状态维持为 st0
        ELSE
            next_state <= st1;                  -- 否则,在下一时钟后,进程 REG 的状态将为 st1
        END IF;
      WHEN st1 => comb_outputs <= "01";         -- 对应 st1 的译码输出"01"
        IF state_inputs = "00" THEN             -- 根据外部的状态控制输入"00"
          next_state <= st1;                    -- 在下一时钟后,进程 REG 的状态将维持为 st1
        ELSE
          next_state <= st2;                    -- 否则,在下一时钟后,进程 reg 的状态将为 st2
        END IF;
      WHEN st2 => comb_outputs <= "10";         -- 以下以此类推
        IF state_inputs = "11" THEN
          next_state <= st2;
        ELSE
          next_state <= st3;
        END IF;
      WHEN st3 => comb_outputs <= "11";
        IF state_inputs = "11" THEN
          next_state <= st3;
        ELSE
          next_state <= st0;
        END IF;
    END CASE;
  END PROCESS;      -- 由信号 next_state 将下一状态值带出此进程,进入进程 reg
END behave;
```

进程间一般是并行运行的,但由于敏感信号的设置不同以及电路的延迟,在时序上进程间的动作是有先后的。在本例中,进程"REG"在时钟上升沿到来时,将首先运行,完成状态转换的赋值操作。如果外部控制信号 state_inputs 不变,只有当来自进程 REG 的信号 current_state 改变时,进程 COM 才开始动作。在此进程中,将根据 current_state 的值和外部控制信号 state_inputs 来决定下一时钟边沿到来后,进程 REG 的状态转换方向。状态机的两位组合输出 comb_outputs 是对当前状态的译码,可以通过这个输出值了解状态机内部的运行情况;同时可以利用外部控制信号 state_inputs 任意改变状态机的状态变化模式。

在设计中如果希望输出的信号具有寄存器锁存功能,则需要为此写出第 3 个进程,并把 CLK 和 RESET 信号放到敏感信号表中。

在本例中,用于进程间信息间传递的信号 current_state 和 next_state 在状态机中称为反馈信号。在状态机中,信号传递的反馈机制的作用是实现当前状态的存储和下一个状态的设定等功能。

6.3　Moore 型状态机的设计

前面已经说过,从状态机的信号输出方式上分,有 Mealy 型和 Moore 型两类状态机。Mealy 型状态机的输出是当前状态和所有输入信号的函数,它的输出是在输入变化后立即发生的,不依赖时钟的同步。Moore 型状态机的输出则仅为当前状态的函数,这类状态机在输入发生变化后,还必须等待时钟的到来,时钟使状态发生变化时才导致输出的变化,所以比 Mealy 机要多等待一个时钟周期。其状态机框图如图 6-3 所示。

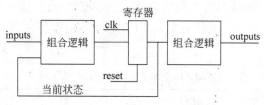

图 6-3　Moore 型状态机框图

6.3.1　多进程 Moore 型状态机

例 6-1 属于 Moore 型状态机,即当输入信号发生变化时,输出并不随输入的变化而立即变化,还必须等待时钟边沿的到来。

以下介绍 Moore 型状态机的另一个应用实例,即用状态机设计一个 A/D 采样控制器。对 A/D 器件进行采样控制,传统的方法多数是用 CPU 或单片机完成的,编程简单,控制灵活,但缺点是控制周期长,速度慢。特别是当 A/D 本身的采样速度比较快时,CPU 的速度极大地限制了 A/D 的速度。这里以单片机对 A/D 器件 AD574 的采样控制为例加以说明。AD574 的采样周期平均为 $20\mu s$,即从启动 AD574 进行采样到 AD574 完成将模拟信号转换成 12 位数字信号的时间需要约 $20\mu s$。通常对某一个模拟信号至少必须进行一个周期的连续采样,在此假使为 50 个采样点,AD574 需时为 1ms。以 51 系列单片机为例,在控制 A/D 进行一个采样周期中必须完成的操作是:①初始化 AD574;②启动采样;③等待约 $20\mu s$;④发出读数命令;⑤分两次将 12 位转换好的数据从 AD574 读进单片机中;⑥再分两次将此数存入外部 RAM 中;⑦外部 RAM 地址加 1,此后再进行第 2 次采样周期的控制。整个控制周期最少需要 30 条指令,每条指令平均为两个机器周期,如果单片机时钟的频率为 12MHz,则一个机器周期为 $1\mu s$,30 条指令的执行周期为 $60\mu s$,加上等待 AD574 采样周期的 $20\mu s$,共 $80\mu s$,50 个采样周期需时为 4ms。显然,用单片机控制 AD574 采样远远不能发挥其高速采样的特性。对于更高速的 A/D 器件,如用于视频信号采样的 TLC5540,采样速率达 40MHz,即采样周期是 $0.025\mu s$,远远小于一条单片机指令的指令周期。因此单片机对于此类高速的 A/D 器件完全无法控制。

如果使用状态机来控制 A/D 采样,包括将采得的数据存入 RAM(FPGA 内部 RAM 存储速率可达 10ns),整个采样周期需要 4~5 个状态即可完成。若 FPGA 的时钟频率为 100MHz,则从一个状态向另一个状态转移的时间为一个时钟周期,即 10ns,那么一个采样周期约 50ns,不到单片机 $60\mu s$ 采样周期的千分之一。由此可见,利用状态机对 A/D 进行采样控制是提高速度的一种行之有效的方法。

用状态机对 AD574 进行采样控制首先必须了解其工作时序,然后据此做出状态图和逻辑结构图,最后写出相应的 VHDL 代码。

表 6-1 是 AD574 的真值表,图 6-4 和图 6-5 分别是 AD574 的工作时序图和采样控制状态图,由状态图可以看到,在状态 st2 中需要对 AD574 的状态线的信号 status 进行测试,如果仍为高电平(当启动 AD574 进行转换时,status 自动由低电平变成高电平),表示转换没有结束,仍需要停留在 st2 状态中等待,直到 status 变成低电平后,才说明转换结束,在下一

时钟脉冲到来时转向状态 st3。在状态 st3，由状态机向 AD574 发出转换好的 12 位数据输出允许命令，这一状态周期同时可作为数据输出稳定周期，以便能在下一状态中向锁存器中锁入可靠的数据。在状态 st4，由状态机向 FPGA 中的锁存器发出锁存信号，将 AD574 输出的数据进行锁存。

表 6-1　AD574 逻辑控制真值表（X 表示任意）

CE	CS	RC	K12/8	A0	工　作　状　态
0	X	X	X	X	禁止
X	1	X	X	X	禁止
1	0	0	X	0	启动 12 位转换
1	0	0	X	1	启动 8 位转换
1	0	1	1	X	12 位并行输出有效
1	0	1	0	0	高 8 位并行输出有效
1	0	1	0	1	低 4 位加上 4 个 0 有效

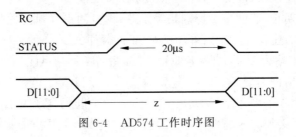

图 6-4　AD574 工作时序图

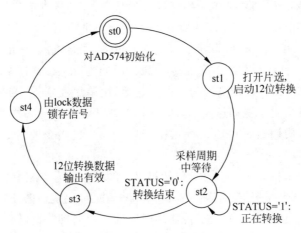

图 6-5　AD574 采样控制状态图

AD574 采样控制器的程序如例 6-2 所示，其程序结构可以用图 6-6 的框图描述。程序含 4 个进程。REG 进程是时序进程，它在时钟信号 clk 的驱动下，不断将 next_state 中的内容赋给 current_state，并由此信号将状态变量传输给另两个组合进程。组合进程 COM1 起着状态译码器的功能，它根据 current_state 信号中获得的状态变量，以及来自 AD574 的状态线信号 STATUS，决定下一状态的转移方向，即确定次态的状态变量。另一方面，组合进程 COM2 根据 current_state 中的状态变量确定对 AD574 的控制信号线 CS、A0 等输出相应的控制信号,当采样结束后还要通过 LOCK 向锁存器件进程 LATCH 发出锁存信号,以便将由 AD574 的 D[1..0]数据输出口输出的 12 位转换数据锁存起来。

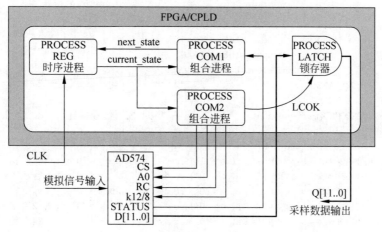

图 6-6 采样状态机结构框图

例 6-2 描述的状态机属于 Moore 状态机,由四个进程构成,分别为一个时序进程 REG、两个组合进程 COM1 和 COM2,外加一个辅助进程,即锁存器进程 LATCH,各进程分工明确。在一个完整的采样周期下,状态机中最先被启动的是以 clk 为敏感信号的时序进程,接着两个组合进程 COM1 和 COM2 被同时启动,因为它们以同一信号 current_state 为敏感信号。最后被启动的是锁存器进程,它是在状态机进入状态 st4 后被启动的,即此时 LOCK 产生了一个上升沿信号,从而启动进程 LATCH,将 AD574 在本采样周期输出的 12 位数据锁存到寄存器中,以便外部电路能从 Q 端读到稳定正确的数据。当然也可以另外再作一个控制电路(可以是另一个状态机),将转换好的数直接存入 RAM 或 FIFO 中。

【例 6-2】 AD574 控制器描述

```
LIBRARY IEEE;
USE IEEE.STD_LOGIC_1164.ALL;
ENTITY ad574 IS
    PORT (d: IN STD_LOGIC_VECTOR(11 DOWNTO 0);
    clk, status: IN STD_LOGIC;                  -- 状态机时钟 clk, AD574 状态信号 status
    lock0: OUT STD_LOGIC;                       -- 内部锁存信号 lock 的测试信号
    cs, a0, rc, k12x8: OUT STD_LOGIC;           -- AD574 控制信号
    q: OUT STD_LOGIC_VECTOR(11 DOWNTO 0));      -- 锁存数据输出
END ad574;
ARCHITECTURE behave OF ad574 IS
    TYPE states IS (st0, st1, st2, st3, st4);
    SIGNAL current_state, next_state: states: = st0;
    SIGNAL regl : STD_LOGIC_VECTOR(11 DOWNTO 0);
    SIGNAL lock : STD_LOGIC;
    BEGIN
      k12x8 < = '1'; lock0 < = lock;
      COM1: PROCESS(current_state, status)     -- 决定转换状态的进程
          BEGIN
            CASE current_state IS
```

```
                    WHEN st0 => next_state <= st1;
                    WHEN st1 => next_state <= st2;
                    WHEN st2 => IF (status = '1') THEN next_state <= st2;
                                ELSE next_state <= st3;
                                END IF;
                    WHEN st3 => next_state <= st4;
                    WHEN st4 => next_state <= st0;
                    WHEN OTHERS => next_state <= st0;
                END CASE;
        END PROCESS COM1;
        COM2: PROCESS(current_state)              -- 输出控制信号的进程
           BEGIN
             CASE current_state IS
                WHEN st0 => cs <= '1'; a0 <= '1'; rc <= '1'; lock <= '0';  -- 初始化
                WHEN st1 => cs <= '0'; a0 <= '0'; rc <= '0'; lock <= '0';  -- 启动 12 位转换
                WHEN st2 => cs <= '0'; a0 <= '0'; rc <= '0'; lock <= '0';  -- 等待转换
                WHEN st3 => cs <= '0'; a0 <= '0'; rc <= '1'; lock <= '0';  -- 12 位并行输出有效
                WHEN st4 => cs <= '0'; a0 <= '0'; rc <= '1'; lock <= '1';  -- 锁存数据
                WHEN OTHERS => cs <= '1'; a0 <= '1'; rc <= '1'; lock <= '0';  -- 其他情况返回初
                                                                             -- 始态
             END CASE;
        END PROCESS COM2;
        REG: PROCESS(clk)                         -- 时序进程
           BEGIN
             IF(clk'EVENT AND clk = '1') THEN current_state <= next_state;
             END IF;
        END PROCESS REG;
        LATCH: PROCESS(lock)                      -- 数据锁存进程
           BEGIN
             IF lock = '1' AND lock'EVENT THEN regl <= d;
             END IF;
        END PROCESS;
        q <= regl;
    END behave;
```

图 6-7 是这个状态机的仿真波形图。由图可见，状态机在状态为 st1 时由 RC、CS 和 A0 发出启动采样的控制信号。之后，status 由低电平变为高电平，AD574 的 12 位数据输出端即可呈现高阻态"ZZZ"，在此，一个"Z"表示 4 位二进制数。在 st2，等待了 8 个时钟周期，约 $20\mu s$ 后 STATUS 变为低电平；在 st3，RC 变为高电平后，D 端即输出已经转换好的数据 15C（十六进制，15CH=0101011100）；在 st4，lock0（是由内部 lock 信号引出的测试信号）发出一个脉冲，其上升沿即将 d 端口的 15C 锁入 regl 中（如图 6-7 中最下一行信号波形）。

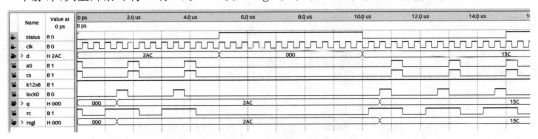

图 6-7　AD574 采样状态机工作波形

6.3.2 用时钟同步输出信号的 Moore 型状态机

由于以上状态机的输出信号是由组合电路发出的,所以在一些特定情况下难免出现毛刺现象,如果这些输出被用于作为时钟信号,极易产生错误的操作,这是需要尽力避免的。用时钟同步输出信号的 Moore 型状态机和普通状态机的不同之处在于:用时钟信号将输出加载到附加的 D 触发器中,比较容易构成能避免出现毛刺现象的状态机,其组成框图如图6-8 所示。

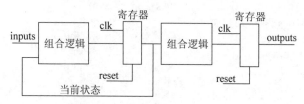

图 6-8 用时钟同步输出信号的 Moore 型状态机框图

例 6-3 是一个用时钟同步输出信号的 Moore 型状态机的实例,在该状态机中组合进程和时序进程在同一个进程中,此进程可以认为是混合进程。与前面介绍的状态机相比,这个状态机结构的特点是,输出信号不会出现毛刺现象。这是由于 Q 的输出信号在下一状态出现时,由时钟上升沿锁入锁存器后输出,即由时序器件同步输出,从而很好地避免了竞争冒险现象。

但从输出的时序上看,由于 Q 的输出信号要等到进入下一状态的时钟信号的上升沿进行锁存,即 Q 的输出信号在当前状态中由组合电路产生,而在稳定了一个时钟周期后在次态由锁存器输出,因此要比以上介绍的多进程状态机的输出晚一个时钟周期,这是此类状态机的缺点。

【例 6-3】 用时钟同步输出信号的状态机

```
LIBRARY IEEE;
USE IEEE.STD_LOGIC_1164.ALL;
ENTITY moore1 IS
    PORT (datain: IN STD_LOGIC_VECTOR(1 DOWNTO 0);
          clk,rst: IN STD_LOGIC;
          q: OUT STD_LOGIC_VECTOR(3 DOWNTO 0));
END moore1;
ARCHITECTURE behave OF moore1 IS
TYPE st_type IS(st0,st1,st2,st3,st4);
SIGNAL c_st: st_type;
BEGIN
    PROCESS(clk,rst)                      -- 混合进程
    BEGIN
      IF rst = '1' THEN c_st <= st0; q <= "0000";
      ELSIF clk'EVENT AND clk = '1' THEN
        CASE c_st IS
          WHEN st0 => IF datain = "10" THEN c_st <= st1;
            ELSE c_st <= st0; END IF;
              q <= "1001";
```

```
          WHEN st1 => IF datain = "11" THEN c_st <= st2;
            ELSE c_st <= st1; END IF;
               q <= "0101";
          WHEN st2 => IF datain = "01" THEN c_st <= st3;
            ELSE c_st <= st0; END IF;
               q <= "1100";
          WHEN st3 => IF datain = "00" THEN c_st <= st4;
            ELSE c_st <= st2; END IF;
               q <= "0010";
          WHEN st4 => IF datain = "11" THEN c_st <= ST0;
            ELSE c_st <= st3; END IF;
               q <= "1001";
          WHEN OTHERS => c_st <= st0;
        END CASE;
      END IF;
    END PROCESS;
END behave;
```

图 6-9 是例 6-3 的工作时序图，从图中可以看出，输出信号 q3、q2、q1、q0 的波形良好，没有任何毛刺现象。如果该状态机用两进程的 Moore 状态机来实现，会出现许多毛刺。

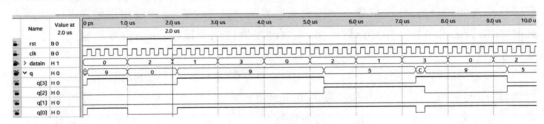

图 6-9　例 6-3 状态机工作时序图

6.4　Mealy 型状态机的设计

Mealy 型状态机和其等价的 Moore 型状态机相比，其输出变化要领先一个时钟周期。Mealy 型状态机的输出既和当前状态有关，又和所有输入信号有关。也就是说，一旦输入信号发生变化或者状态发生变化，输出信号立即发生变化。其构成框图如图 6-10 所示。

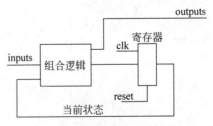

图 6-10　Mealy 型状态机的框图

6.4.1　多进程 Mealy 型状态机

例 6-4 是一个两进程 Mealy 型状态机，进程 COMREG 是时序与组合混合进程，它将状态机的时序进程和状态译码电路同时用一个进程来表达；进程 COM1 负责根据状态和输入信号给出不同的输出信号。

【例 6-4】 两进程状态机

```
LIBRARY IEEE;
USE IEEE. STD_LOGIC_1164. all;
ENTITY mealy1 IS
  PORT(clk, datain, reset: IN std_logic;
       q: OUT std_logic_vector(4 DOWNTO 0));
END mealy1;
ARCHITECTURE behave OF mealy1 IS
  TYPE states IS (st0, st1, st2, st3, st4);
  SIGNAL stx: states;
  BEGIN
  comreg: PROCESS(clk, reset)              -- 决定转换状态的进程
    BEGIN
      IF reset = '1' THEN
        stx <= st0;
      ELSIF clk'event AND clk = '1' THEN
        CASE stx IS
          WHEN st0 => IF datain = '1' THEN stx <= st1; END IF;
          WHEN st1 => IF datain = '0' THEN stx <= st2; END IF;
          WHEN st2 => IF datain = '1' THEN stx <= st3; END IF;
          WHEN st3 => IF datain = '0' THEN stx <= st4; END IF;
          WHEN st4 => IF datain = '1' THEN stx <= st0; END IF;
          WHEN OTHERS => stx <= st0;
        END CASE;
      END IF;
    END PROCESS comreg;
    COM1: PROCESS(stx, datain)             -- 输出控制信号进程
      BEGIN
        CASE stx IS
          WHEN st0 => IF datain = '1' THEN q <= "10000";
            ELSE q <= "01010";
            END IF;
          WHEN st1 => IF datain = '0' THEN q <= "10111";
            ELSE q <= "10100";
            END IF;
          WHEN st2 => IF datain = '1' THEN q <= "10101";
            ELSE q <= "10011";
            END IF;
          WHEN st3 => IF datain = '0' THEN q <= "11011";
            ELSE q <= "01001";
            END IF;
          WHEN st4 => IF datain = '1' THEN q <= "11101";
            ELSE q <= "01101";
            END IF;
          WHEN OTHERS => q <= "00000";
        END CASE;
      END PROCESS com1;
END behave;
```

由于输出信号 q 是由组合电路直接产生，所以可以从该状态机的工作时序图 6-11 上清

楚地看到,输出信号有许多毛刺。为了解决这个问题,可以考虑将输出信号 q 值由时钟信号锁存后再输出。例 6-5 是在例 6-4 的基础上在 COM1 的进程中增加了一个 IF 语句,由此产生一个锁存器,将 q 锁存后再输出。其工作时序波形如图 6-12 所示。比较图 6-11 和图 6-12,可以注意到,q 的输出时序是一致的,没有发生锁存后延时一个时钟周期的现象,这是由于同步锁存的原因。如果实际电路的时间延迟不同,或发生变化,就会影响锁存的可靠性,即这类设计方式不能绝对保证不出现毛刺。

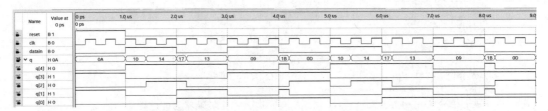

图 6-11　例 6-4 状态机工作时序图

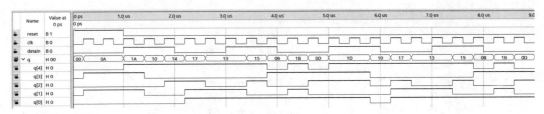

图 6-12　例 6-5 状态机工作时序图

【例 6-5】 加锁存器后的多进程状态机

```
LIBRARY IEEE;
USE IEEE.STD_LOGIC_1164.ALL;
ENTITY mealy2 IS
  PORT(clk,datain,reset: IN std_logic;
    q: OUT std_logic_vector(4 DOWNTO 0));
END mealy2;
ARCHITECTURE behave OF mealy2 IS
  TYPE states IS (st0,st1,st2,st3,st4);
  SIGNAL stx: states;
  SIGNAL q1: std_logic_vector(4 downto 0);
  BEGIN
comreg: PROCESS(clk,reset)
  BEGIN
    IF reset = '1' THEN stx <= st0;
    ELSIF clk'event AND clk = '1' THEN
      CASE stx IS
        WHEN st0 => IF datain = '1' THEN stx <= st1; END IF;
        WHEN st1 => IF datain = '0' THEN stx <= st2; END IF;
        WHEN st2 => IF datain = '1' THEN stx <= st3; END IF;
        WHEN st3 => IF datain = '0' THEN stx <= st4; END IF;
        WHEN st4 => IF datain = '1' THEN stx <= st0; END IF;
        WHEN  OTHERS => stx <= st0;
      END CASE;
```

```
              END IF;
        END PROCESS comreg;
    com1: PROCESS(stx,datain,clk)
        VARIABLE q2: std_logic_vector(4 DOWNTO 0);
          BEGIN
            CASE stx IS
                WHEN st0 = > IF datain = '1' THEN q2: = "10000"; ELSE q2: = "01010"; END IF;
                WHEN st1 = > IF datain = '0' THEN q2: = "10111"; ELSE q2: = "10100"; END IF;
            WHEN st2 = > IF datain = '1' THEN q2: = "10101"; ELSE q2: = "10011"; END IF;
            WHEN st3 = > IF datain = '0' THEN q2: = "11011"; ELSE q2: = "01001"; END IF;
            WHEN st4 = > IF datain = '1' THEN q2: = "11101"; ELSE q2: = "01101"; END IF;
            WHEN OTHERS = > q2: = "00000";
          END CASE;
          IF clk'event AND clk = '1' THEN q1 < = q2; -- 将 q 锁存后输出
          END IF;
        END PROCESS com1;
      q < = q1;
END   behave;
```

6.4.2 用时钟同步输出信号的 Mealy 型状态机

用时钟同步输出信号的 Mealy 型状态机和普通 Mealy 型状态机的不同之处在于：用时钟信号将输出加载到附加的寄存器中，从而消除了"毛刺"。因此，在输出端得到的时间要比普通 Mealy 型状态机晚一个时钟周期。其组成框图如图 6-13 所示。

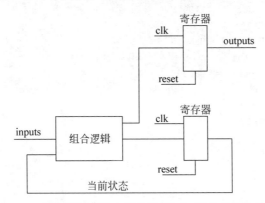

图 6-13　用时钟同步输出信号的 Mealy 型状态机的框图

作为一个实例，例 6-6 是用时钟同步输出信号的 Mealy 型状态机的 VHDL 程序。

【例 6-6】 用时钟同步输出信号的状态机

```
LIBRARY IEEE;
USE IEEE.STD_LOGIC_1164.ALL;
ENTITY mealy3 IS
PORT(clk,in1,reset: IN STD_LOGIC;
     OUT1: OUT STD_LOGIC_VECTOR(3 DOWNTO 0));
END mealy3;
ARCHITECTURE behave OF mealy3 IS
  TYPE state_type IS (st0,st1,st2,st3);
```

```
        SIGNAL state: state_type;
    BEGIN
        PROCESS(clk,reset)
        BEGIN
        IF reset = '1' THEN
            state <= st0;
            out1 <= (OTHERS =>'0');
        ELSIF clk'EVENT AND clk = '1' THEN
            CASE state IS
                WHEN st0 => IF in1 = '1' THEN
                                state <= st1;
                                out1 <= "1001";
                            ELSE
                                out1 <= "0000";
                            END IF;
                WHEN st1 => IF in1 = '0' THEN
                                state <= st2;
                                out1 <= "1100";
                            ELSE
                                out1 <= "1001";
                            END IF;
                WHEN st2 => IF in1 = '1' THEN
                                state <= st3;
                                out1 <= "1111";
                            ELSE
                                out1 <= "1100";
                            END IF;
                WHEN st3 => IF in1 = '0' THEN
                                state <= st0;
                                out1 <= "0000";
                            ELSE
                                out1 <= "1111";
                            END IF;
            END CASE;
        END IF;
    END PROCESS;
    END;
```

图 6-14 是例 6-6 的工作时序图，从图中可以看出，输出信号 out13、out12、out11、out10 的波形良好，没有任何毛刺现象。

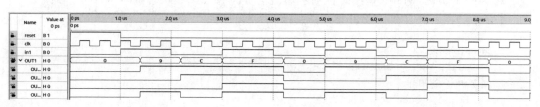

图 6-14　例 6-6 状态机工作时序图

6.5　状态编码

在状态机的设计中,用文字符号定义各状态变量的状态机称为符号化状态机,其状态变量,如 st0、st1 等的具体编码由 VHDL 综合器根据具体情况确定。状态机的状态编码方式有多种,影响编码方式选择的因素主要有状态机的速度要求、逻辑资源利用率、系统运行的可靠性以及程序的可读性等方面。以下讨论状态机的编码方式。

6.5.1　状态位直接输出型编码

这类编码方式最典型的应用实例就是计数器。计数器本质上是一个时序进程与一个组合进程合二为一的状态机,它的输出就是各状态的状态码。

将状态编码直接输出作为控制信号,即 output＝state;要求对状态机各状态的编码做特殊的选择,以适应控制时序的要求。这种状态机称为状态码直接输出型状态机。在编码中,如果状态较多,可列出状态表,对其逐一编码,并考虑添加状态位以区分相同状态。

表 6-2 是一个用于设计控制 AD574 采样的状态机的状态编码表,这是根据 AD574 逻辑控制真值表(表 6-1)编出的,其中 B 是添加的状态位,用于区别状态 st1 和 st2。这个状态机由 5 个状态组成,从状态 st0 到 st4 各状态的编码分别为 11100、00000、00001、00100、00110。每一位的编码值都赋予了实际的控制功能,即:

CS = current_state(4); A0 = current_state(3);
RC = current_state(2); LOCK = current_state(1)。

表 6-2　控制信号状态编码表

状态	状态 编码					
	CS	A0	RC	LOCK	B	功　能　说　明
st0	1	1	1	0	0	初始态
st1	0	0	0	0	0	启动转换,若测得 status＝0 时,转下一状态 st2
st2	0	0	0	0	1	若测得 status＝0 时,转下一状态 st3
st3	0	0	1	0	0	输出转换好的数据
st4	0	0	1	1	0	利用 LOCK 的上升沿将转换好的数据锁存

根据状态编码表给出的状态机设计程序如例 6-7 所示,其工作时序如图 6-15 所示。

【例 6-7】　状态位直接输出型编码的状态机

```
LIBRARY IEEE;
USE IEEE.STD_LOGIC_1164.ALL;
ENTITY ad574a IS
    PORT (d: IN STD_LOGIC_VECTOR(11 DOWNTO 0);
          clk, status: IN STD_LOGIC;
          out4: OUT STD_LOGIC_VECTOR(3 DOWNTO 0);
          q: OUT STD_LOGIC_VECTOR(11 DOWNTO 0));
END ad574a;
ARCHITECTURE behave OF ad574a IS
SIGNAL current_state, next_state: STD_LOGIC_VECTOR(4 DOWNTO 0);  -- 不采用自定义类
```

```
                                                    -- 型,直接对 current_state
                                                    -- 及 next_state 编码
CONSTANT st0: STD_LOGIC_VECTOR(4 DOWNTO 0): = "11100";
CONSTANT st1: STD_LOGIC_VECTOR(4 DOWNTO 0): = "00001";
CONSTANT st2: STD_LOGIC_VECTOR(4 DOWNTO 0): = "00000";
CONSTANT st3: STD_LOGIC_VECTOR(4 DOWNTO 0): = "00100";
CONSTANT st4: STD_LOGIC_VECTOR(4 DOWNTO 0): = "00110";
SIGNAL REGL : STD_LOGIC_VECTOR(11 DOWNTO 0);
SIGNAL lk : STD_LOGIC;
BEGIN
  COM1: PROCESS(current_state, status)              -- 决定转换状态的进程
    BEGIN
      CASE current_state IS
        WHEN st0 = > next_state < = st1;
        WHEN st1 = > next_state < = st2;
        WHEN st2 = > IF (status = '1') THEN next_state < = st2;
          ELSE next_state < = st3;
          END IF;
        WHEN st3 = > next_state < = st4;
        WHEN st4 = > next_state < = st0;
        WHEN OTHERS = > next_state < = st0;
      END CASE;
      out4 < = current_state(4 DOWNTO 1);
    END PROCESS COM1;
  REG: PROCESS(clk)                                 -- 时序进程
    BEGIN
      IF(clk'EVENT AND clk = '1') THEN
        current_state < = next_state;
      END IF;
  END PROCESS REG;
    lk < = current_state(1);
  LATCH1: PROCESS(lk)                               -- 数据锁存器进程
    BEGIN
      IF lk = '1' AND lk'EVENT THEN
        regl < = d;
      END IF;
  END PROCESS;
    q < = regl;
END behave;
```

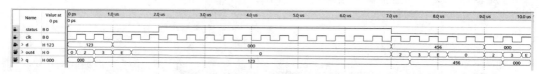

图 6-15　例 6-7 状态机工作时序图

从图 6-15 可以看出,当状态码变到 06H 时,即 current_state 的第 2 位,current_state(1)=LOCK 变为高电平时,d 的输出值被锁进 regl。

这种状态位直接输出型编码方式的状态机的优点是输出速度快,没有毛刺现象;缺点

是程序可读性差,用于状态译码的组合逻辑资源比其他以相同触发器数量构成的状态机多,
而且难以有效地控制非法状态的出现。

6.5.2 顺序编码

顺序编码方式就是利用若干个触发器的编码组合来实现 n 个状态的状态机,例如,6 个
状态的状态机的顺序编码如表 6-3 所示,这种编码方式最为简单,且使用的触发器数量最
少,剩余的非法状态最少,容错技术最为简单。

表 6-3 编码方式

状　态	顺序编码	一位热码编码
State0	000	100000
State1	001	010000
State2	010	001000
State3	011	000100
State4	100	000010
State5	101	000001

以表 6-3 的状态机为例,只需 3 个触发器,其状态编码方式可做如下改变。

```
...
SIGNAL current_state,next_state: STD_LOGIC_VECTOR(2 DOWNTO 0);
CONSTANT st0: STD_LOGIC_VECTOR(2 DOWNTO 0): = "000";
CONSTANT st1: STD_LOGIC_VECTOR(2 DOWNTO 0): = "001";
CONSTANT st2: STD_LOGIC_VECTOR(2 DOWNTO 0): = "010";
CONSTANT st3: STD_LOGIC_VECTOR(2 DOWNTO 0): = "011";
CONSTANT st4: STD_LOGIC_VECTOR(2 DOWNTO 0): = "100";
CONSTANT st5: STD_LOGIC_VECTOR(2 DOWNTO 0): = "101";
...
```

这种顺序编码方式的缺点是,尽管节省了触发器,却增加了从一种状态向另一种状态转
换的译码组合逻辑,这对于在触发器资源丰富而组合逻辑资源相对较少的 FPGA 器件中实
现是不利的。此外,对于输出的控制信号 CS、A0、RC 和 LOCK,还需要在状态机中再设置
一个组合进程作为控制译码器。

6.5.3 一位热码编码

一位热码编码方式就是用 n 个触发器来实现具有 n 个状态的状态机,状态机中的每一
个状态都由其中一个触发器的状态表示,其编码方式如表 6-3 所示。即当处于某状态时,对
应的触发器为 1,其余的触发器都置 0。一位热码编码方式尽管用了较多的触发器,但其简
单的编码方式大为简化了状态译码逻辑,提高了状态转换速度,这对于含有较多的时序逻辑
资源,较少的组合逻辑资源的 FPGA 器件是好的解决方案。此外,许多面向 FPGA/CPLD
设计的 VHDL 综合器都有符号化状态机自动优化设置成为一位热码编码状态的功能。

6.5.4 状态机剩余状态处理

在状态机设计中,使用枚举类型或直接指定状态编码的程序中,特别是使用了一位热码

编码方式后,总是不可避免地出现大量剩余状态,即未被定义的编码组合,这些状态在状态机的正常运行中是不需要出现的,通常称为非法状态。在状态机的设计中,如果没有对这些非法状态进行合理的处理,在外界不确定的干扰下,或是随机上电的初始启动后,状态机都有可能进入不可预测的非法状态,其后果或是对外界出现短暂失控,或是完全失控,即状态机系统容错技术的应用是设计者必须慎重考虑的问题。

但另一方面,剩余状态的处理要不同程度地耗用逻辑资源,这就要求设计者在选用何种状态机结构、何种状态编码方式、何种容错技术及系统的工作速度与资源利用率方面做权衡比较,以适应自己的设计要求。

以例 6-5 为例,该程序共定义了 5 个合法状态(有效状态):st0、st1、st2、st3、st4。如果使用顺序编码方式指定各状态,则最少需 3 个触发器,这样最多有 8 种可能的状态,编码方式如表 6-4 所示,最后 3 个编码都是非法状态。如果要使此 5 状态的状态机有可靠的工作性能,必须设法使系统落入这些非法状态后还能迅速返回正常的状态转移路径中。在行为描述层次上,解决的方法是在枚举类型定义中就将所有的状态,包括多余状态都做出定义,并在以后的语句中加以处理。处理的方法有以下两种。

(1) 在语句中对每一个非法状态都做出明确的状态转换指示,如在原来的 CASE 语句中增加诸如以下语句:

```
WHEN st_ilg1 = > next < = st0;
WHEN st_ilg2 = > next < = st0;
WHEN st_ilg3 = > next < = st0;
```

(2) 利用 OTHERS 语句中对未提到的状态做统一处理。可以分别处理每一个剩余状态的转向,而且剩余状态的转向不一定都指向初始态 st0,也可以被导向专门用于处理出错恢复的状态中。但需要提醒的是,对于不同的综合器,OTHERS 语句的功能也并非一致,不少综合器并不会如 OTHERS 语句指示的那样,将所有剩余状态都转向初始态。

```
...
TYPE states IS (st0,st1,st2,st3,st4,st_ilg1,st_ilg2,st_ilg3);
SIGNAL current_state,next_state: states;
...
COM: PROCESS(current_state,state_inputs)
BEGIN
  CASE current_state IS
  ...
  WHEN OTHERS = > next_state < = st0;
END CASE;
```

表 6-4 含有剩余状态的编码表

状　　态	顺 序 编 码	状　　态	顺 序 编 码
st0	000	st4	100
st1	001	st_ilg1	101
st2	010	st_ilg2	110
st3	011	st_ilg3	111

对剩余状态的转移,提高了系统的可靠性。但是,系统的容错能力是以逻辑资源为代价的。如果系统容错性要求不高,为了降低成本,可以不做非法状态处理,即在程序设计中清楚地指明,忽略对它的处理。方法如下:

```
WHEN OTHERS => next_states <= "xxx";
```

另需注意的是,有的综合器对于符号化定义状态的编码方式并不是固定的,有的是自动设置的,有的是可控的,但安全起见,可以直接使用常量来定义合法状态和剩余状态。

以上在行为描述层次上的方法直观可靠,但是可处理的非法状态少,若非法状态太多,则耗用逻辑资源太大,所以只适合于顺序编码类状态机。如果采用一位热码编码方式来设计状态机,其剩余状态数将随有效状态数的增加呈指数方式剧增。例如,对于 6 状态的状态机来说,将有 58 种剩余状态,总状态数达 64 个。即对于有 n 个合法状态的状态机,其合法与非法状态之和的最大可能状态数有 $m = 2^n$ 个。如前所述,选用一位热码编码方式的重要目的之一,就是要减少状态转换间的译码组合逻辑资源,但如果使用以上介绍的剩余状态处理方法,势必导致耗用更多的逻辑资源。所以,必须用其他的方法应对一位热码编码方式产生的过多的剩余状态的问题。

鉴于一位热码编码方式的特点,正常的状态只可能有 1 个触发器的状态为 1,其余所有的触发器的状态皆为 0,即任何多于 1 个触发器为 1 的状态都属于非法状态。据此,可以在状态机设计程序中加入对状态编码中 1 的个数是否大于 1 的判断逻辑,当发现有多个状态触发器为 1 时,产生一个报警信号"alarm",系统可根据此信号是否有效来决定是否调整状态转向或复位。于是在电路结构层次上,可以解决一位热码状态机的非法状态和错误恢复的问题。

其实无论采用怎样的编码方式,状态机的非法状态总是有限的,所以在行为描述层次上的方法从非法状态中返回正常工作情况总是可以实现的。相比之下,CPU 系统就没有这么幸运了。因为 CPU 跑飞后进入死机的状态是无限的,所以在无人复位情况下,用任何方式都不可能绝对保证 CPU 的恢复。

软件上借助 EDA 优化控制工具的方法也可以处理非法状态,完成错误恢复,生成安全状态机。例如,更便捷的可靠状态机的设计可以利用 Quartus II 软件的相关选项来实现安全状态机。先在 Existing Option Settings 列表框中选择 Safe State Machine 选项,再在此栏选择 On。需要注意的是,对于此项设计选择不要忘记通过仿真,验证综合出的电路确实增加了安全措施。

另外一个借助 EDA 工具的方法是用属性语句,即:

```
attribute enum_encoding of states : type is "safe,one-hot";
```

6.6　行为建模的算法状态机图

算法状态机(Algorithmic State Machine,ASM)是一种控制算法的流程图,它采用类似算法流程图的形式来描述数字系统在不同的时序所完成的一系列操作,并能反映控制条件与控制器状态的转换。这种描述方法与控制器的硬件实现有着良好的对应关系。因此,建立了 ASM 图,可以直接导出相应的硬件电路。

ASM图的描述方法类似于算法流程图,但不同于算法流程图。在算法流程图中,可以描述系统的事件操作过程,但没有涉及时间关系。而在ASM图中,不仅可以描述事件的操作过程,而且还可以反映系统控制条件与控制器状态转换的顺序。因此,ASM图严格地规定了操作与操作之间的时间关系。控制器处于一个状态,系统实现一个或几个对应的操作,控制器转换到另一个状态,系统实现下一个操作,伴随着控制器的状态转换,系统将按照时序进行操作。

6.6.1　ASM图的基本符号

ASM图是硬件算法的符号表示法,它由一些特定符号、按照规定的连接方式组成。使用ASM图,可以很方便地描述系统的时序操作过程。

ASM图有四个基本符号,即状态框、条件框、判断框和指示线。

1. 状态框

状态框用一个矩形框表示,它代表数字系统控制序列中的状态,即控制器的一个状态,如图6-16(a)所示。状态框的左上角为该状态的名称,而右上角为该状态的二进制代码,框内标有在此状态下数据处理器所进行的操作,以及完成这些操作控制器应产生的输出信息。该操作和输出信息应在此状态时钟结束时或结束前完成。如图6-16(b)所示的状态框,其状态名称为T2,状态代码为010。而该状态下的操作为:X置入寄存器A中;R清零;C置1;产生输出信号CO。有时状态框内的操作可以省略。

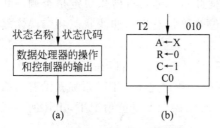

图6-16　ASM图的状态框

一个由状态框组成的ASM图如图6-17(a)所示。该ASM图的状态名称分别为T0、T1和T2,状态代码为000、001和010,所对应的操作分别是:将输入X的值赋给寄存器A,寄存器B清零和C置1,T2时输出Z。

上述ASM图描述了系统的操作序列。在每一个有效时钟的作用下,ASM图的状态由现态转换到次态。当给定某一现态时,在状态变量的作用下,其次态将被确定,相应的时序过程如图6-17(b)所示。从时序图中可以看出,状态发生顺序为T0、T1、T2。状态的改变是在时钟控制下实现的,因此,ASM图所描述系统的操作过程蕴含着时间序列特性。

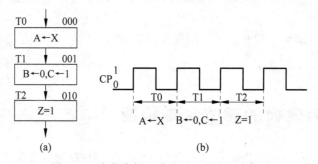

图6-17　由状态框组成的ASM图和时序图

2. 判断框

判断框表示状态条件或外部控制输入对控制器工作的影响。当控制算法存在分支时,次态不仅决定于现态,而且还与现态时的外部控制输入有关。

判断框也称条件分支框,其符号如图 6-18(a)所示。它有两个或多个引出分支,被检测的状态变量或外部控制输入写在菱形框内,可以是单变量、多变量或逻辑表达式。如果条件为真,选择一个分支;如果条件为假,选择另一个分支。含有条件分支的 ASM 图如图 6-18(b)所示。控制输入 C 作为判断条件,判断框属于状态框 T0,它们对应于同一个状态,即在同一个状态内所完成的操作。该 ASM 图所完成的时序过程如图 6-18(c)所示。可以看出,在 T0 状态下,由于控制输入 C 的取值不同,其次态可能进入 T1,也可能是 T2,而这一状态的转换是在状态 T0 结束时完成的。

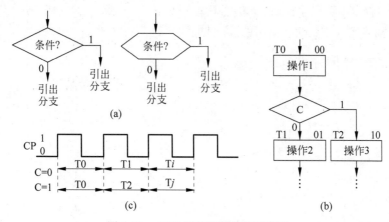

图 6-18 ASM 图的判断框和时序图

需要注意的是:在判断框中可以有多个引出分支。图 6-19 给出了三个分支的两种表示方法。其中,图 6-19(a)为真值表图解表示法,两个控制输入变量均为同级别,相互间无支配关系;图 6-19(b)为按优先级分支表示法,控制输入变量 C1 的优先级高于 C2,设计者可根据需要确定控制输入变量的优先级。

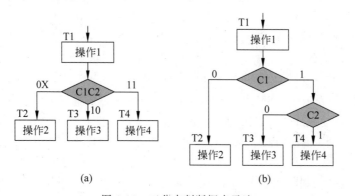

图 6-19 三分支判断框表示法

3. 条件框

在数字系统中,控制器有时需要根据控制算法发出输出命令,这些输出命令是在某一状态下进行的。但有些时候,某种状态下的输出命令只有在一定的条件下才能输出,这种输出命令称为条件输出,可用条件框表示。

条件框也称为条件输出框，用椭圆框来表示，框内标出数据处理器的操作，以及完成此操作控制器所产生的相应输出，如图 6-20(a)所示。条件框可以描述那些不仅与状态有关，而且还要满足一定输入条件才能发生的操作和输出。将要发生的操作和输出写在条件框内，条件框的入口应与判断框的某一分支相连接，也就是说，条件框内的操作和输出是在同时满足状态和判断框条件的情况下发生的。

图 6-20(b)为具有条件框的 ASM 图。其中，T0 状态框的输出 Z1 为无条件输出，而条件框的输出 Z2 为条件输出。当系统处于 T0 状态时，无条件地输出 Z1 信号；只有在 T0 状态下且满足 X＝0 的条件时，才有条件输出 Z2，其次态为 T1。条件框和判断框均属于状态 T0。从以上的叙述中可以看出，一个状态具有一个状态框，有时还包括若干个判断框和条件框，而判断框除了决定次态外，还决定条件输出。

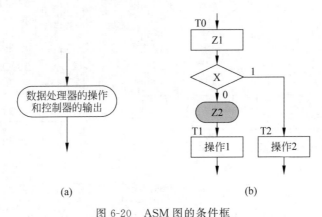

图 6-20　ASM 图的条件框

6.6.2　ASM 块

一个 ASM 图可以分成若干个图块。若一个图块是由一个状态框和几个与它相连接的判断框和条件框组成的，则称这样的图块为 ASM 块。若 ASM 块仅含有一个状态框，而无任何判断框和条件框，则称为简单的 ASM 块。通常，一个 ASM 块有一个入口和几个由判断框的条件分支构成的出口。如图 6-21 所示的 ASM 块（虚框中的图块），是由状态框 T3 和与 T3 相连接的两个判断框和一个条件框组成的。

在 ASM 图中，每一个 ASM 块表示一个时钟周期内的系统状态，它描述了系统在一个时钟周期内所进行的操作。在图 6-21 中，状态框 T3 和条件框所进行的操作是在同一个时钟脉冲下进行的，同时系统控制器在此脉冲的作用下，由现态 T3 转换到次态 T4 或 T5 或 T6。

ASM 图类似于状态图。一个 ASM 块等效于状态图中的一个状态，而判断框中的判断条件等效于状态图定向线旁的信息。根据它们的等效关系，可以将 ASM 图转换成状态图。图 6-21 的 ASM 块所对应的状态图如图 6-22 所示。其中，圆圈内的信息表示 ASM 块的状态，而定向线标记的信息为状态转换的条件。但是在状态图中，无法表示条件操作和无条件操作。这正是状态图与 ASM 图的差别。因此，状态图仅描述一个控制器的状态转换过程，而 ASM 图不仅描述了控制器的状态，而且也描述了数据处理器在控制器状态转换过程中所进行的操作。从这个意义上理解，ASM 图定义了整个数字系统。

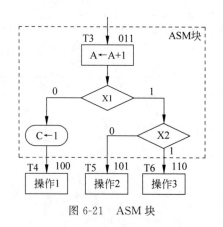

图 6-21 ASM 块

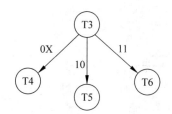

图 6-22 ASM 块等效的状态图

6.6.3 ASM 图的时序关系

ASM 图由若干个 ASM 块组成,每一个 ASM 块中的所有逻辑框属于同一系统状态,即 ASM 块中的各种操作和状态的转换都发生在同一时钟脉冲的有效沿。因此,ASM 图的时序关系与一般流程图不同。

为了进一步理解 ASM 图的时序关系,下面以如图 6-23 所示的 ASM 图为例,介绍各种操作之间的时间序列。设整个系统为同步工作,系统的主时钟脉冲不仅作用在数据处理器的寄存器中,而且也施加在控制器的计数器上,同时系统的控制输入和输出信号也与系统时钟同步。这样,整个系统的状态变化和寄存器的操作都发生在时钟脉冲的有效沿。从 ASM 图可以看出,该系统的数据处理器中,有两个作为标志位的触发器 C 和 E,以及一个四位累加器 A。信号 ST 为系统的启动信号(即系统的外部控制输入信号)。

整个系统的操作序列与累加器 A 的内容有关。当累加器的 A3 位为 0 时,标志位 C 清零,累加器 A 继续计数。当累加器的 A3 位为 1 时,标志位 C 置"1",并检测 A4 位。若 A4=0,A 继续计数;若 A4=1,标志位 E 置"1",系统停止工作。其操作过程如下。

开始时,系统处于初始状态 T0,等待启动信号 ST 的到来。当发出启动命令 ST=1 时,累加器 A 和标志位 E 清零,控制器由初始状态 T0 转换到状态 T1。累加器 A 和标志位 E 的清零操作是以 ST=1 为条件的。所以初始状态 T0 对应的 ASM 块中应含有判断框和条件框。值得注意的是,状态从 T0 变到 T1,累加器 A 和标志位 C 的清零操作发生在同一时间。在状态 T1 所对应的 ASM 块中,有两个判断框和三个条件框。随着下一个时钟脉冲的到来,A 进行加 1 操作。同时,三个条件框中的操作将按照满足判断框的条件而发生。

A3=0 时,进行 C 清零操作,控制器保持状态 T1 不变。

A3A4=10 时,进行 C 置"1"操作,控制器保持状态 T1 不变。

A3A4=11 时,进行 C 和 E 置"1"操作,控制器返回到状态 T0。

由此可见,在每一个 ASM 块中,包含在状态框和条件框中的操作都发生在同一个时钟脉冲期间,即在同一个时间内进行。这些操作可以通过数据处理器完成,而状态的变化是在控制器中实现的。为进一步了解操作过程中的时序,现将在时钟脉冲作用下所发生的操作序列进行列表,如表 6-5 所示。

表 6-5　图 6-23 的操作时序表

A4	A3	A2	A1	C	E	条件	状态
0	0	0	0	1	0		
0	0	0	1	0	0	A3＝0	
0	0	1	0	0	0	A4＝0	T1
0	0	1	1	0	0		
0	1	0	0	0	0		
0	1	0	1	1	0	A3＝1	
0	1	1	0	1	0	A4＝0	T1
0	1	1	1	1	0		
1	0	0	0	1	0		
1	0	0	1	0	0	A3＝0	
1	0	1	0	0	0	A4＝1	T1
1	0	1	1	0	0		
1	1	0	0	0	0	A3＝A4＝1	T1
1	1	0	1	1	1	A3＝A4＝1	T0

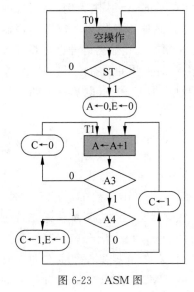

图 6-23　ASM 图

假定开始时系统处于 T0 状态，等待启动信号 ST。此时，累加器 A＝1101，C＝E＝1（即上一次计算结束时的状态）。当 ST＝1 时，系统对累加器 A 和标志位 E 清零（但 C 值不变，仍为 1），并由 T0 状态进入 T1 状态。在 T1 状态，累加器 A 进行计数。

当累加器的内容变成 1100 时，A3＝A4＝1，再来一个时钟脉冲，累加器 A 的内容由 1100 变到 1101 时，C 和 E 置"1"，系统返回到 T0 状态。若启动信号 ST＝0，系统将在 T0 状态下，等待再次启动。

可以看出，在 ASM 图中的每一个 ASM 块所规定的操作，都是在同一个时钟脉冲期间内完成的。如累加器 A 的加 1 操作和检测 A3 的值是同时发生的，并无先后次序，所以被检测的 A3 值是 A 加 1 之前 A3 的值。这一点与逻辑流程图有所不同。在流程图中，应是累加器先加 1，然后再检测 A3 的值，被检测的 A3 的值是 A 加 1 后 A3 的新值，其操作是按顺序一接一个地进行的。

6.6.4　ASM 图的建立

在建立 ASM 图之前，可根据系统的操作过程，画出系统的算法流程图。然后再根据流程图中的判断和操作次序，建立 ASM 图。通常，在建立 ASM 图的过程中，要遵循以下原则。

（1）在算法的起始点加入一个初始状态。

（2）流程图中的工作块对应 ASM 图的状态框。对于不能同时完成的操作，在 ASM 图中必须用状态分开。例如，"A←0"和"A←A+1"这两种操作，寄存器不能同时完成清零和加 1 操作。因此，在 ASM 图中，这两种操作需分两步进行。可通过增加状态，将两个操作分开进行。

（3）流程图中的判断块对应 ASM 图的判断框。若判断条件受前次寄存器操作结果的影响，则在 ASM 图中寄存器操作与判断框之间增加一个状态框。例如，在如图 6-24 所示的算法流程图中，"A←A+1"和判断 A 的操作顺序是：寄存器先加 1，然后再对 A 是否等于 n 进行判断。因此，在建立 ASM 图时，应在寄存器 A 加 1 操作框和判断框之间加入一个状态框，如图 6-25 所示。否则，判断 A 的结果将是 A 加 1 之前的值。

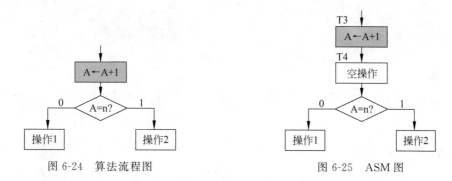

图 6-24　算法流程图　　　　　　图 6-25　ASM 图

【例 6-8】　一个八位串行数据接收器，能接收标准的 RS-232C 串行数据，并能输出所接收的数据。要求接收器设有奇偶检测信号，能指示接收的数据是否存在奇偶误差。试建立接收器的 ASM 图。

解：首先对接收器进行分析，然后画出算法流程图，最后根据流程图建立 ASM 图。

（1）系统分析。接收器的启动信号为 ST，高电平有效；输出信号为 Z、C 和 P。其中，Z 为数据输出；C 为输出标志，当 C=1 时，输出 Z 有效，否则无效；P 为奇偶检测标志，P=0 表示未检测到奇偶误差，否则存在奇偶误差。

接收器的数据处理器应包含接收八位数据的寄存器 R、奇偶标志触发器 P、输出标志触发器 C 和统计接收数据位数的计数器 CNT。

（2）根据接收器的操作过程，画出算法流程图。当接收到启动信号时，数据开始传输。

首先将寄存器 CNT、P 和 C 清零；然后开始记录接收的数据，每当串行接收一位数据，计数器 CNT 加 1。接收到八位数据后，输出标志 C 置"1"。若存在奇偶误差，奇偶标志 P 置"1"。数据接收器的算法流程图如图 6-26 所示。

（3）建立 ASM 图。根据算法流程图，按照转换原则，可将流程图转换成 ASM 图。八位串行数据接收器的 ASM 图如图 6-27 所示。

在 ASM 图中，S1、S2 和 S3 分别与算法流程图中的"ST=1?""CNT=8?"和"误差?"判断条件相对应。T0 状态框是在算法的起始点加入的初始状态。

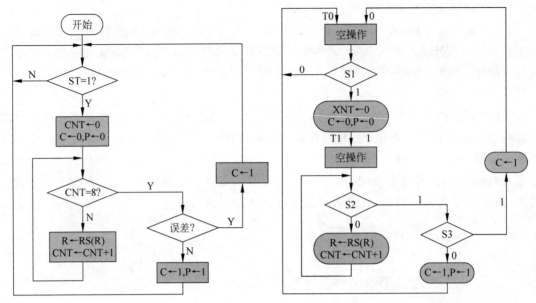

图 6-26　八位串行数据接收器的算法流程图　　　图 6-27　八位串行数据接收器的 ASM 图

思考题与习题

1. 简述 Mealy 型状态机和 Moore 型状态机的主要不同之处。

2. Mealy 型或 Moore 型状态机的输出是否能确保没有"毛刺"？什么类型的状态机的输出能确保没有"毛刺"？

3. 什么是状态机的剩余状态？对于有剩余状态的状态机，是否存在多个可相互替代的描述方法？请说明这些方法。

4. 状态编码是否会影响状态机的功能？各种编码方式有什么特点？

5. 设计一个有限状态机，用以检测输入序列信号，当检测到一组串行码"1110010"后，输出为 1，否则输出为 0。根据要求，电路需记忆：初始状态、1、11、111、1110、11100、111001、1110010 这 8 种状态。

6. 设计一状态机，设输入和输出信号分别是 a、b 和 output，时钟信号为 clk，有 5 个状态：s0、s1、s2、s3 和 s4。状态机的工作方式是：当[b,a]＝0 时，随 clk 向下一状态转移，输出为 1；当[b,a]＝1 时，随 clk 逆向转换，输出为 1；当[b,a]＝2 时，保持原状态，输出 0；当[b,a]＝3 时，返回初始态 s0，输出 1。

7. 序列检测器可用于检测一组或多组由二进制码组成的脉冲序列信号，当序列检测器连续收到一组串行二进制码后，如果这组码与检测中预先设置的码相同，则输出 1，否则输出 0。由于这种检测的关键在于正确码的收到必须是连续的，这就要求检测器必须记住前一次的正确码及正确序列，直到在连续的检测中所收到的每一位码都与预置数的对应码相同。在检测过程中，任何一位不相等都将回到初始状态重新开始检测。请设计完成对序列数"11100101"进行检测的序列检测器。

8. 用 VHDL 设计一个三相步进电机控制器，具体要求如下。

（1）两种工作方式，三相三拍和三相六拍，三相三拍运行时，步进电机各绕组的通电顺序为 A—B—C—A，以此类推；三相六拍运行时，步进电机各绕组的通电顺序为 A—AB—B—BC—C—CA—A，以此类推。

（2）输出由发光二极管显示，使用开关作控制信号。

可以用 S 来控制工作方式：S＝1，三相三拍；S＝0，三相六拍。CLK 为脉冲输入，频率为 2Hz。EN 为输出使能控制，高电平有效。

第7章 Quartus Prime 18 的常用 IP 核

CHAPTER 7

IP核就是知识产权核或知识产权模块,即用于 ASIC 或 FPGA 中的预先设计好的电路功能模块,在 EDA 技术开发中具有十分重要的地位。在完成实际工程过程中,不可避免地要使用 IP 核,IP 核的复用可以大大缩短项目开发周期,提高可靠度,降低出错风险。下面介绍几个常用的 IP 核及其使用方法。

7.1 计数器

在已经新建一个 Quartus 工程的基础上,从 IP Catalog 区输入"count",找到 LPM_COUNTER,如图 7-1 所示。双击 LPM_COUNTER 并对其命名后,进入参数设置界面。

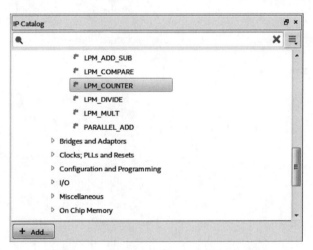

图 7-1　查找计数器(LPM_COUNTER)IP

在 LPM_COUNTER 的第一个配置界面中(即 Parameter Settings→General 页面),如图 7-2 所示,设置 COUNTER 的器件系列(默认状态与工程匹配),根据设计需求设计 COUNTER 的位宽,计数器类型选择。其中,"up only"表示加计数,"down only"表示减计数,最后一项表示加减可逆计数。单击 Next 按钮,跳至第二个配置界面(即 Parameter Settings→General2 页面)。

如图 7-3 所示,在第二个配置界面(即 Parameter Settings→General2 页面)中,在此若选择 Plain binary 单选按钮表示为普通二进制计数器;若选择 Modulus 单选按钮表示多进

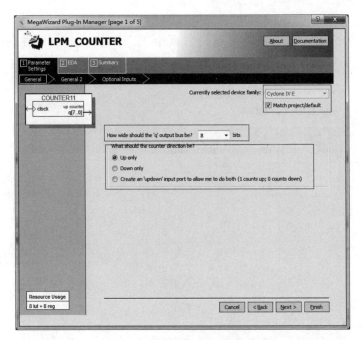

图 7-2 计数器的常规 1 配置界面

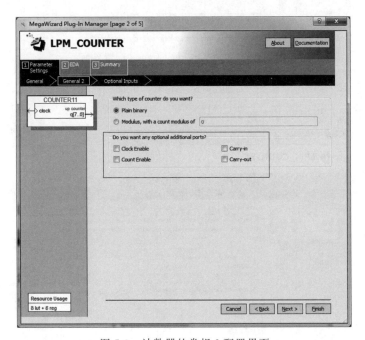

图 7-3 计数器的常规 2 配置界面

制,如设置为 12 计数器,从 0 计数到 11。根据设计需要配置计时器时钟使能(Clock Enable)、计数使能(Count Enable)、进位输入(Carry-in)和进位输出(Carry-out)。单击 Next 按钮,跳至第三个配置界面(即 Parameter Settings→Optional Inputs 页面)。

如图 7-4 所示,在第三个配置界面(即 Parameter Settings→Optional Inputs 页面)中,可配置 Synchronous 同步输入端和 Asynchronous 异步输入端,其中,"Clear"表示清零,

"Load"表示置数，"Set"表示计数时长。单击 Next 按钮，跳至第四个配置界面（即 EDA 页面），根据设计需求设置 netlist 生成情况。单击 Next 按钮，跳至第五个配置界面（即 Summary 页面）。

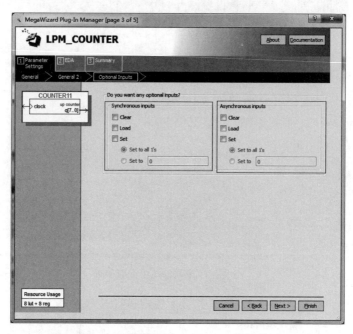

图 7-4　计数器 Optional Inputs 配置界面

如图 7-5 所示，在第五个配置界面（即 Summary 页面）中，根据设计需求设置勾选相应的生成文档。单击 Finish 按钮，完成 COUNTER IP 核配置。

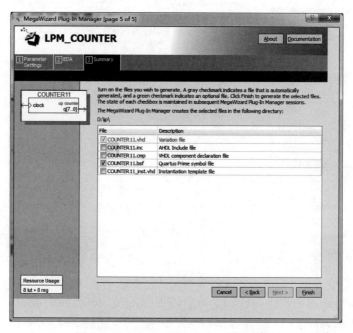

图 7-5　COUNTER Summary 配置界面

7.2　锁相环

PLL 可以对输入的周期信号进行倍频、分频、移相,还可以调节占空比,几乎每个项目都会用到 PLL。PLL 还可以实现小数倍频和分频,但是可能会有一定误差,并非所有小数都能满足。从 IP Catalog 区输入"pll",找到 PLL Intel FPGA IP 或者 ALTPLL,如图 7-6 所示。器件不同,两种 PLL 的功能相同,参数设置界面不同而已。较新的 FPGA 器件对应 PLL Intel FPGA IP,这里只介绍 PLL Intel FPGA IP 的参数设置方法。双击 PLL Intel FPGA IP,先对其命名,弹出如图 7-7 所示 IP 设置界面。

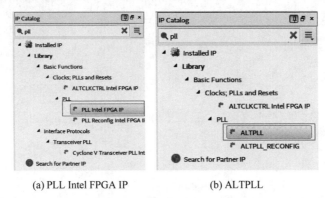

(a) PLL Intel FPGA IP　　　　　　　(b) ALTPLL

图 7-6　查找锁相环(PLL)

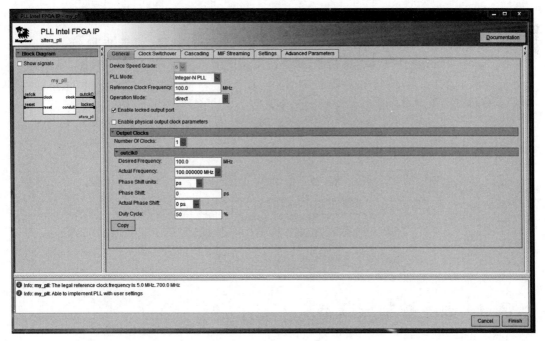

图 7-7　PLL 设置界面

主要的参数都在第一个选项卡 General 上,其中,参考时钟频率(Reference Clock

Frequency)必须根据实际输入时钟频率设定。一个 PLL 可以同时输出多路不同的时钟,选择 Number of Clocks 即可,每个 outclk 的设置界面会动态增加或减小。这里,设定输入的参考时钟为 100MHz,输出两个时钟,一个是二分频得到的 50MHz,另一个是 1.5 倍频得到的 150MHz,如图 7-8 所示。

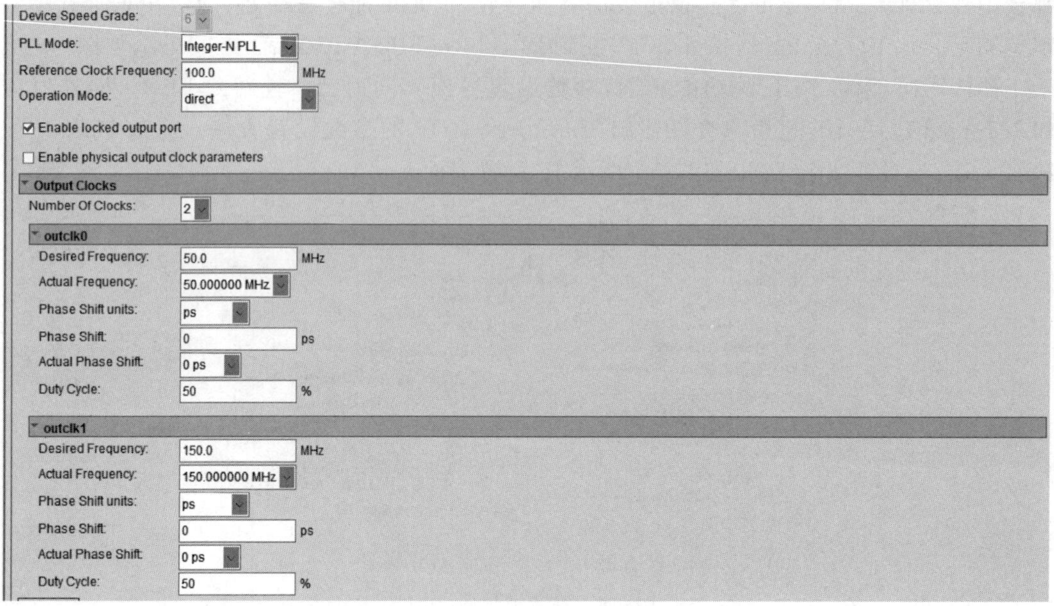

图 7-8　设置两个输出时钟

这里,Desired Frequency 就是期望的输出频率;Actual Frequency 就是实际频率,有几个在期望频率附近的值可选。Phase Shift units 是移相单位,可选皮秒(ps)或角度(degree),Phase Shift 是具体的移相值,通常使用角度值;Duty Cycle 是占空比,单位为％。设置完成后单击 Finish 按钮完成 PLL 实例的生成。图 7-7 左侧所示的 my_pll 图标有两个输入端和两个输出端,reset 输入端要接 GND,locked 输出端是 PLL 是否锁定标志。利用 Waveform Editor 进行仿真,得到如图 7-9 所示结果,其中,clk_out1 是 50MHz 输出时钟,clk_out2 是 150MHz 输出时钟。

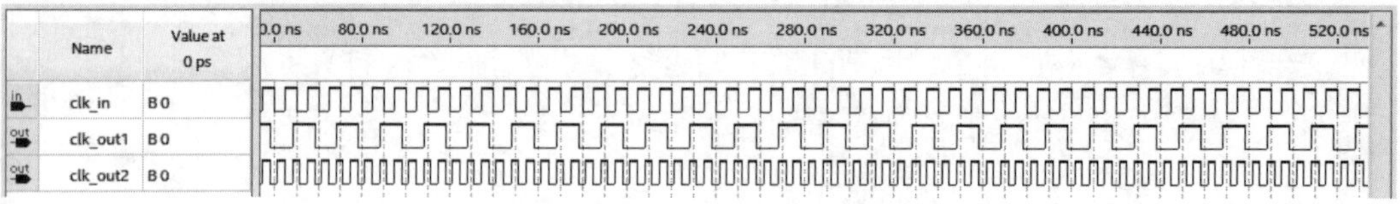

图 7-9　PLL 仿真结果

7.3　数字控制振荡器

NCO 常用作数字信号处理中的本地振荡(LO),产生一定频率的正弦波。从 IP 目录区输入"NCO"找到 DSP→Singal Generation→NCO,双击打开 NCO 的设置界面,如图 7-10 所示。NCO 的工作原理类似于直接数字频率合成器(DDS),一个完整周期的函数波形被存储在上面所示的存储器查找表中。

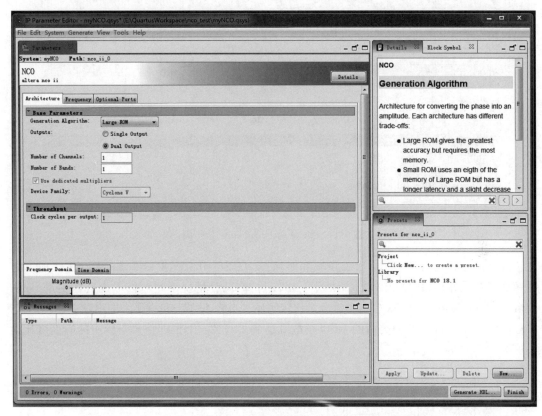

图 7-10　NCO 设置界面

在 Architecture 选项卡中,可以选择常用算法,有 Small ROM 型、Large ROM 型、CORDIC 型、Multiplier-based 型 4 种,默认选项为 Large ROM,将消耗较大片上 RAM 资源。如果所用的 FPGA 片上 RAM 资源不多,可选择 Small ROM 型。outputs 选择 Dual Output 时,NCO 输出 sine 和 cosine 两路正交的波形信号。选择双路输出并不比单路输出增加一倍片上 RAM 资源消耗。最重要的参数在 Frequency 选项卡中设定,如图 7-11 所示。Phase Accumulator Precision(相位累积量精度)实际代表 NCO 的频率控制精度,默认为 32 位,位数越多频率控制精度越高。Angular Resulation(角度分辨率)是指在一个正弦波周期内(即 0°～360°)将细分成多个间隔,默认为 16 位,位数越多一个正弦波周期内的样点数越多,波形越趋向于完美,但是片上 RAM 资源消耗也越多。Magnitude Resolution(幅度分辨率)是输出信号的位宽。Clock Rate(时钟速率)即参考时钟频率和 Desired Output Frequency(期望输出频率)这里分别设定为 100MHz 和 4MHz,期望输出频率不能超过参考时钟的 1/2。当参考时钟为 100MHz、期望频率为 4MHz 时,Phase Increment Value(相位增加值)已经自动给出——171798692(十进制数),但在调用 NCO 实例时,输入端还需接入一个 32bit 位宽、值为 171798692 的量。其原因是 NCO 常用于通信信号解调处理中的 LO,接收端的 LO 为了在与发射端保持严格一致,需要建立锁频环,也即要对 LO 进行小范围的微调,因此 Quartus 让用户来动态给定相位增加值这个输入量。

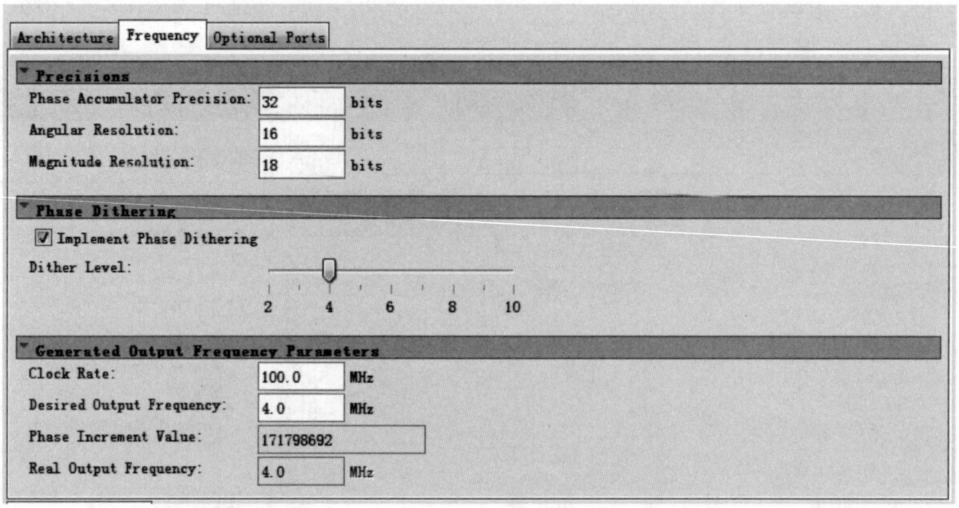

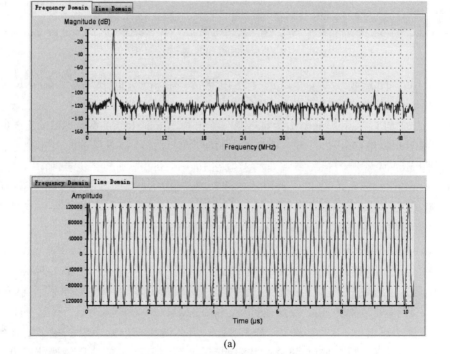

图 7-11　NCO 的 Frequency 选项卡

在选项卡的下方 NCO 给出了频域和时域图，在 Small ROM 和 Large ROM 选项下的时频域图对比分别如图 7-12(a)、(b)所示。由图可知，两种情况下时域波形没有区别，但是从频域上看 Small ROM 型 NCO 的谐波分量比较明显。当然，谐波分量并不太突出，最大的一个谐波分量也只有−90dB，两种类型的 NCO 杂散都达到了−120dB，也即信号与噪声的幅度之比为 10^6 倍。

(a)

图 7-12　NCO 的频域和时域图

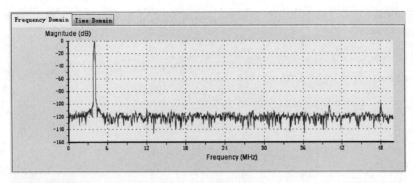

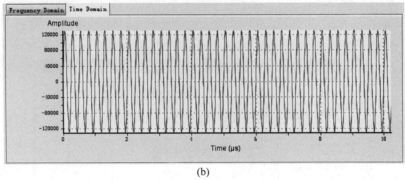

(b)

图 7-12　（续）

7.4　有限冲击响应滤波器

在 Quartus 18 中应用 FIR 滤波器,首先要利用 MATLAB 的 fdatool 工具设计滤波器系数。在 MATLAB 的命令行中输入 fdatool 启动该工具,如图 7-13 所示。

在 fdatool 界面上,首先在左下方的 Response Type(响应类型)选项区中选择滤波器频响类型,有 Lowpass(低通)、Highpass(高通)、Bandpass(带通)、Bandstop(带阻)和其他,常用的是前 4 种类型。最左下方的 Design Method(设计方法)选项区有 IIR(无限冲击响应)和 FIR(有限冲击响应)滤波器两种。IIR 和 FIR 的概念这里不再赘述,可参考《数字信号处理》等书籍。最常用的是 FIR 滤波器,它是线性滤波器,经过滤波以后各频率成分分量的延时相等;当然在一些音频处理场合,所设计的高通滤波器相对于通频带较低,而音频对于相频特性又无要求,这时可以使用阶数较少的 IIR 滤波器。这里以低通 FIR 为例说明 fdatool 和 Quartus FIR 滤波器 IP 的联合使用。

图 7-14(a)所示为幅频特性,图 7-14(b)所示为相频特性。FIR 低通滤波器的主要设计参数有:Fpass(截止起始频率)9kHz,截止频率为 12kHz,Fs(采样频率)44kHz,Apass(通带平坦度)0.1dB,Astop(截止带深度)60dB,设计完成的滤波器阶数为 40 阶(0～40,共 41 个系数)。为了将滤波器系数导入 Quartus FIR 滤波器 IP,需将滤波器系数从 fdatool 工具中导出。而 fdatool 导出的系数文件格式,Quartus FIR 滤波器 IP 设置向导无法识别,所以,必须手动将系数导出至文件,其步骤如下。选择 File→Export 子菜单,弹出如图 7-15(a)所示对话框,单击 Export 按钮先将系数导出至 MATLAB 的工作区,如图 7-15(b)所示;其次,

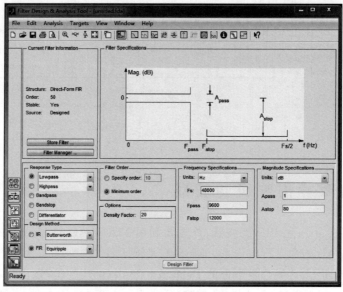

图 7-13　fdatool 工具界面

编写一个 MATLAB 脚本程序，添加如下 3 行代码并运行，即可在当前文件夹下得到文本文件 filter_coef.txt，如图 7-15(c)所示，各系数之间用逗号分隔即可。

```
fid = fopen('filter_coef.txt','w');
fprintf(fid,'%f,',Num);
fclose(fid);
```

第一行代码是新建一个文件，得到文件指针 fid，与 C 语言代码类似，差别在于 MATLAB 使用单引号标识字符串；第二行利用 fprintf 函数向 fid 指针所指向的文件中写入数据，这里，Num 是矢量类型，在 MATLAB 中只需一句 fprintf 即可，而不用写 for 循环；最后一行关闭文件指针。

接下来，在 Quartus 18 主界面的 IP 目录区输入“fir”，找到 FIR II IP 核，双击输入滤波器名称后打开该 IP 核参数设定界面，如图 7-16 所示。

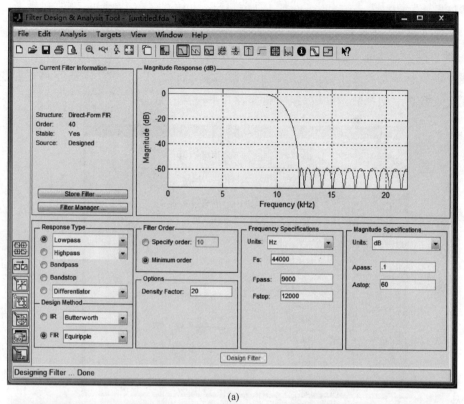

(a)

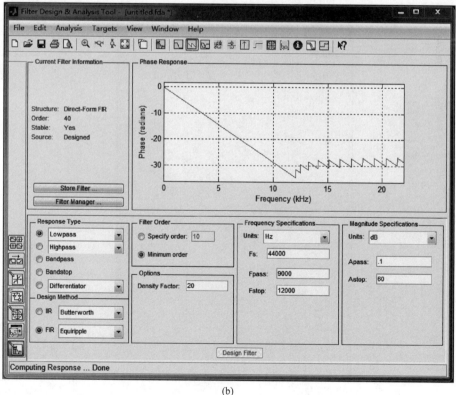

(b)

图 7-14　FIR 低通滤波器的 fdatool 设计

从该界面右边的 Coefficients 选项卡上单击 Import from file 按钮，指定到刚才导出的滤波器系数文件，并且在 Coefficients Settings 选项卡中设定 Coefficient width（系数位宽）为 16b，即可得到与 fdatool 设计的滤波器完全相同的幅频特性曲线，如图 7-17 所示。红线和蓝线分别表示浮点数系数与定点数表示系数的频谱曲线，由于系数位宽已调整为较大的 16b，用定点数表示的系数精度较高，因此两者几乎完全一致。

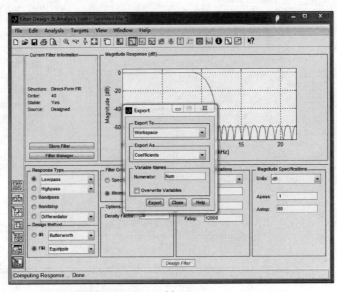

(a)

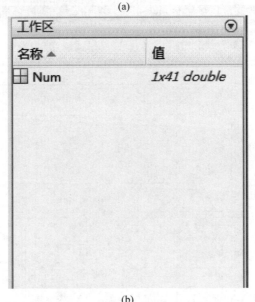

(b)

图 7-15　滤波器系数导出至 MATLAB 工作区并存成文本文件

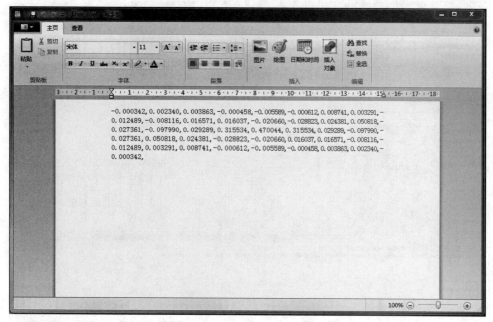

-0.000342, 0.002340, 0.003863, -0.000458, -0.005589, -0.000612, 0.008741, 0.003291, -0.012489, -0.008116, 0.016571, 0.016037, -0.020660, -0.028823, 0.024381, 0.050818, -0.027361, -0.097990, 0.029289, 0.315534, 0.470044, 0.315534, 0.029289, -0.097990, -0.027361, 0.050818, 0.024381, -0.028823, -0.020660, 0.016037, 0.016571, -0.008116, -0.012489, 0.003291, 0.008741, -0.000612, -0.005589, -0.000458, 0.003863, 0.002340, 0.000342,

(c)

图 7-15 （续）

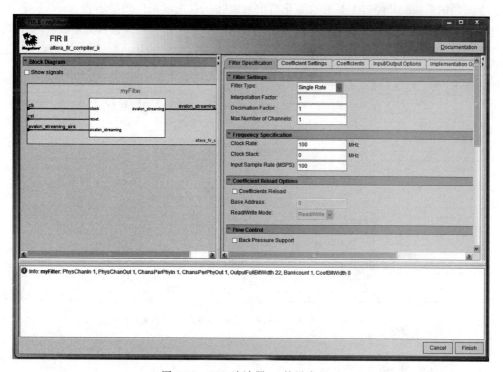

图 7-16　FIR 滤波器 IP 核设定界面

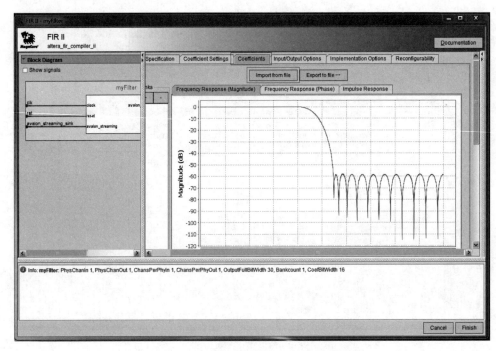

图 7-17　FIR 滤波器设定界面导入滤波器系数

导入后的系数以及经过 16b 整数型化后的列表在系数选项频谱图的下方，如图 7-18 所示。41 个滤波器系数呈现 sinc 函数分布，最中间的系数值最大，因此，最中间系数为整型数 32 767。

Coeff No.		Original Value	Scaled Value	Fixed Value
0	-0.000342	-0.000329936	-23
1	0.00234	0.0023382419	163
2	0.003863	0.0038588164	269
3	-0.000458	-0.0004446963	-31
4	-0.005589	-0.0055802214	-389
5	-0.000612	-0.0006024918	-42
6	0.008741	0.0087361307	609
7	0.003291	0.0032850147	229
8	-0.012489	-0.0124801868	-870
9	-0.008116	-0.0081049489	-565
10	0.016571	0.0165685238	1155
11	0.016037	0.0160234122	1117
12	-0.02066	-0.0206568609	-1440
13	-0.028823	-0.0288191899	-2009
14	0.024381	0.0243722268	1699
15	0.050818	0.0508101397	3542
16	-0.027361	-0.0273559956	-1907
17	-0.09799	-0.0979766387	-6830
18	0.029289	0.0292782313	2041
19	0.315534	0.3155335497	21996
20	0.470044	0.470044	32767
21	0.315534	0.3155335497	21996
22	0.029289	0.0292782313	2041
23	-0.09799	-0.0979766387	-6830
24	-0.027361	-0.0273559956	-1907

图 7-18　经过 16b 整数型化后的滤波器系数

7.5　硬件乘法器

乘法器在数字信号处理中应用广泛，IP 目录库中包含浮点数乘法器、有符号整型数乘法器、复数乘法器等，这些乘法器使用更加方便。在 IP Catalog 区输入"mult"，得到如图 7-19

所示检索结果，其中，ALTFP_MULT 为浮点数乘法器，ALTMEMMULT 是存储器型常系数乘法器、ALTMULT_COMPLEX 是复数乘法器、LPM_MULT 是 LPM 库的乘法器、Multiply Adder Intel FPGA IP 是乘加器。这里只介绍最常用的 LPM_MULT，其他乘法器的用法可参见 Intel FPGA Integer Arithmetic IP Cores User Guide 文档。

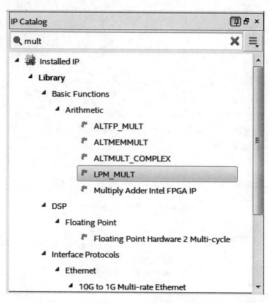

图 7-19　IP 目录库中乘法器相关 IP

双击 LPM_MULT 打开 IP 核设置向导，向导共 5 页。图 7-20(a)所示为第 1 页，可以设置乘运算方式是 a×b 还是 a×a，两个乘数 a 和 b 的位宽，以及相乘结果的位宽，该位宽一般取默认值，两个 8b 数相乘，结果为 16b 数也可对结果进行截取；图 7-20(b)所示为第 2 页，可设定是否与固定数相乘，有符号或无符号数相乘，以及乘法器实现方式；图 7-20(c)所示为第 3 页，可以设置输出延时，以及优化方式，这里推荐延时 1 个时钟输出，设定后图标自动生成时钟输入端 clock；第 4 页是仿真库页面，如果使用第三方仿真工具，则勾选下方的 Generate netlist；第 5 页是总结页面，输出文件前全部勾选，并单击 Finish 按钮。这些生成的文件列表中，.inc 是 AHDL 的头文件、.cmp 是 VHDL 的元件申明文件、.bsf 是 Quartus 的图标文件，如果要在原理图中添加该乘法器，则必须勾选.bsf 文件。

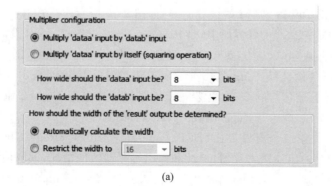

(a)

图 7-20　LPM_MUTL 的设置向导

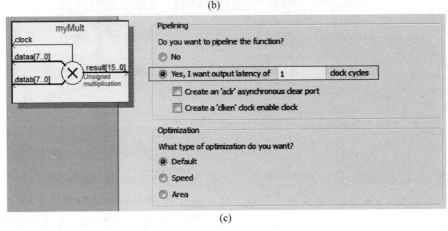

Datab Input

Does the 'datab' input bus have a constant value?

◉ No

○ Yes, the value is ☐

Multiplication Type

Which type of multiplication do you want?

◉ Unsigned

○ Signed

Implementation

Which multiplier implementation should be used?

◉ Use the default implementation

○ Use the dedicated multiplier circuitry (Not available for all families)

○ Use logic elements

(b)

myMult

.clock

.dataa[7..0]

.datab[7..0]

result[15..0]
Unsigned
multiplication

Pipelining

Do you want to pipeline the function?

○ No

◉ Yes, I want output latency of 1 clock cycles

☐ Create an 'aclr' asynchronous clear port

☐ Create a 'clken' clock enable clock

Optimization

What type of optimization do you want?

◉ Default

○ Speed

○ Area

(c)

图 7-20 （续）

7.6 片上存储器

在 IP Catalog 区输入"ram"，找到 On Chip Memory 下的 RAM：1-PORT（单端口 RAM）和 RAM：2-PORT（双端口 RAM），如图 7-21 所示。首先介绍单端口 RAM，双击 RAM：1-PORT，弹出单端口 RAM 的设置向导，如图 7-22 所示。

在单端口 RAM 的第一个配置界面中（即 Parameter Settings→General 页面），如图 7-22 所示，设置 RAM 的器件系列（默认状态与工程匹配），根据设计需求设计 RAM 的数据位宽、数据深度等参数。时钟的选择，Single clock 表示单时钟，Dual clock 表示双时钟，如果要将双端口 RAM 用于多通道信号同步，这里必须选择双时钟。单击 Next 按钮，跳至第二个配置界面（即 Parameter Settings→Regs/Clken/Acles 页面）。

如图 7-23 所示，在第二个配置界面（即 Parameter Settings→Regs/Clken/Acles 页面）中，根据设计需要配置输出端口寄存器，地址和输出寄存器使能情况、读取使能情况。其中，'data' input port 复选框表示时钟对输入数据的控制，'address' input port 复选框表示时钟对地址位的控制，'q' output port 复选框表示时钟对输出数据的控制。单击 Next 按钮，

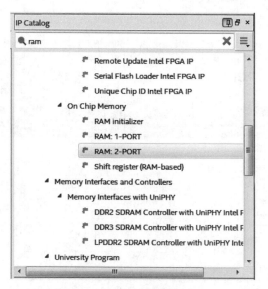

图 7-21 查找单/双端口 RAM

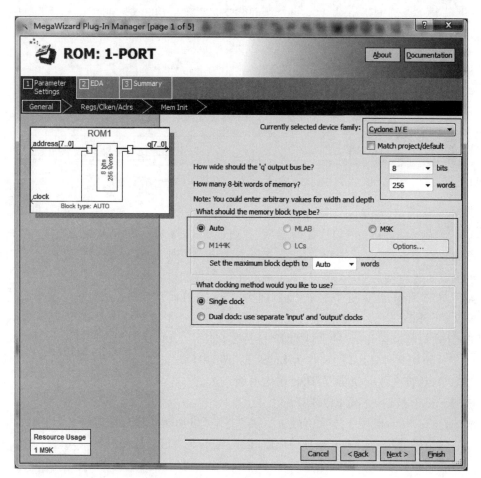

图 7-22 ROM: 1-PORT General 配置界面

跳至第三个配置界面（即 Parameter Settings→Mem Init 页面）。

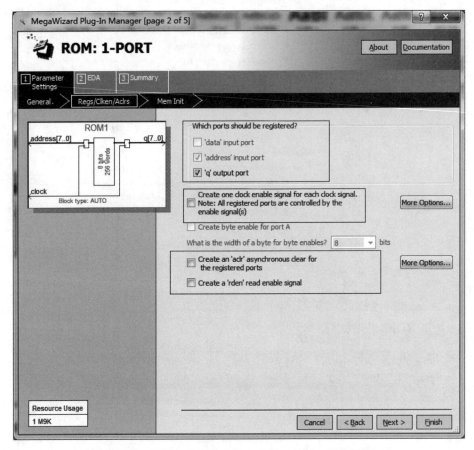

图 7-23　ROM：1-PORT Regs/Clken/Acles 配置界面

如图 7-24 所示，在第三个配置界面（即 Parameter Settings→MemInit 页面）中，勾选 No 选项，添加空白表格；或勾选 Yes 选项，并通过单击 Browse 按钮加载 .mif 文件，初始化 ram 预加载值。单击 Next 按钮，跳至第四个配置界面（即 EDA 页面），根据设计需求设置 netlist 生成情况。单击 Next 按钮，跳至第五个配置界面（即 Summary 页面）。

如图 7-25 所示，在第五个配置界面（即 Summary 页面）中，根据设计需求设置勾选相应的生成文档 .vhd、.inc、.cmp、.bsf、_inst.vhd。其中，.vhd 的文件为要在 VHDL 设计中实例化的 IP 核封装文件，.inc 的文件为 IP 核封装文件中的 AHDL 包含文件，.cmp 的文件为 VHDL 组件声明文件，.bsf 的文件为 Block Editor 中使用的 IP 核符号（元件），_inst.vhd 的文件为 IP 和封装文件中使得 VHDL 例化示例。

单击 Finish 按钮，完成 ROM IP 核配置。

双端口 RAM 一般用于连续信号流的缓存区，可以用于多通道的信号之间的时钟同步：每一个通道信号的写入用通道自身的随路时钟，而多个通道的读出时钟采用统一的时钟，便于读出以后同步处理。一般一个端口用于写入，另一个端口用于读出，因此，设置向导第 1 页，"如何使用双端口 RAM"选项选择 one read port and one write port，存储位宽根据需要选择，通常选择按 bit 指定（As a number of bits），如图 7-26 所示。

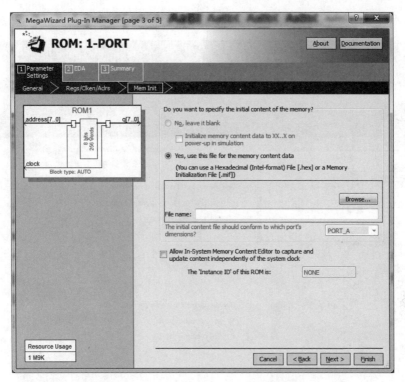

图 7-24　ROM：1-PORT Mem Init 配置界面

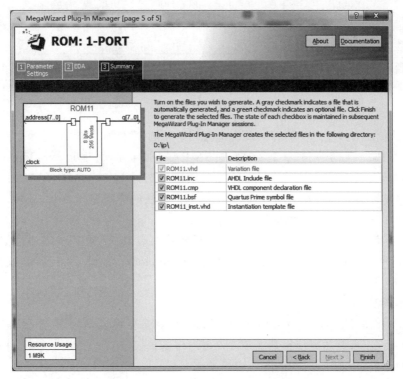

图 7-25　ROM：1-PORT Summary 配置界面

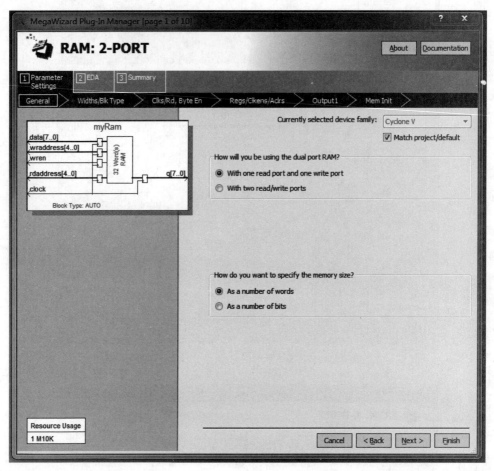

图 7-26　双端口 RAM 常规设置界面

设置向导第 2 页,设定存储容量及每个存储单元的位宽,如图 7-27 所示。存储容量为 2 的幂次方,当选择存储容量为 1024 时,左端 RAM 图标的写地址 wraddress 和读地址 rdaddress 位宽自动变成[9..0]。当 data_a 总线位宽选择 16 时,左端 RAM 图标的输入数据 data 和输出数据 q 的位宽自动变成[15..0]。内存块的类型选择 Auto 即可,编译器会根据 FPGA 器件自动选择使用哪种存储器块。

设置向导第 3 页,是关于时钟的选择,如果要将双端口 RAM 用于多通道信号同步,这里必须选择 Dual clock: use separate read and write clocks,如图 7-28 所示,读使能(rden)是否使用根据实际需要而定。

设置向导第 4 页,采用默认设置。

设置向导第 5 页,可以设置存储器中的初始值,如果要设定初始值,需要事先准备初值文件(.hex 或.mif),该功能使得片上 RAM 可当作查找表(LUT)使用。较常用的 mif 文件为文本文件,其格式如图 7-29 所示。

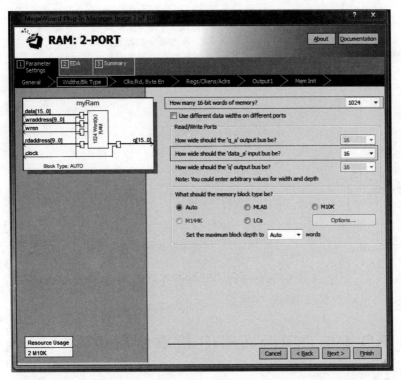

图 7-27　设定 RAM 的存储容量及存储单元位宽

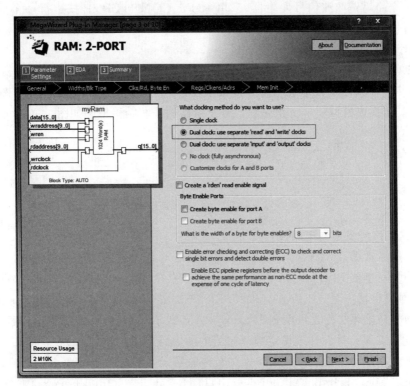

图 7-28　读写时钟设定

```
DEPTH = 256;              % 存储器的纵向容量,就是存多少个数据,本例中是 256 个
WIDTH = 8;                % 存储器的横向宽度,就是每个数据多少位,8 位宽
ADDRESS_RADIX = DEC;      % 设置地址基值(地址用什么进制数表示)
                          % 可设为 BIN、OCT、DEC、HEX
DATA_RADIX = DEC;         % 设置数据基值

CONTENT                   % 开始数据区
BEGIN
    0: 0;                 % 前面是地址,后面是数据
    1: 1;
    ...
    255: 255;
END;
```

图 7-29 mif 文件格式

其他界面无须设定,在最后 Summary 选项卡界面上勾选列表的所有输出文件,单击"完成"按钮即可生成双端口 RAM 实例。

7.7 ROM 与 COUNTER IP 核联合应用

1. 设计要求

设计一个简易正弦波信号发生器,采用 ROM、COUNTER IP 核进行一个周期的数据存储,并通过地址发生器产生正弦波信号。

2. 设计原理

应用 LPM_COUNTER IP 核设计一个 7 位二制计数器作为地址发生器,正弦波信号的数据 LPM_ROM 采用 7 位地址线和 8 位数据线;通过原理图编辑完成顶设计,输出数据通过 8 位 D/A 转换成模拟信号。正弦波信号发生器的系统结构框图如图 7-30 所示。

图 7-30 正弦波信号发生器系统框图

3. 正弦波信号发生器电路设计

设计采用原理图设计方法,正弦波信号发生器电路原理图如图 7-31 所示。在图 7-31 中正弦波信号发生器 FPGA 电路主要由地址信号发生器和正弦信号数据存储器构成。其中,地址信号发生器由 7 位 LPM_COUNTER IP 核实现,数据存储器由 LPM_ROM 实现。

存储器的初始化文件是可配置于 LPM_RAM 或 LPM_ROM 中的数据或程序代码,在设计中,通过 EDA 工具设计或设定的存储器中的代码文件必须有 EDA 软件在统一编译的时候自动调入,所以此类代码件,即初始化文件的格式必满足一定的要求。Quartus 能够直接调用和生成 MemoryInitializationFile(mif)和 Hexadecimal(Intel-Format) File(hex)的两种初始化文件的格式。

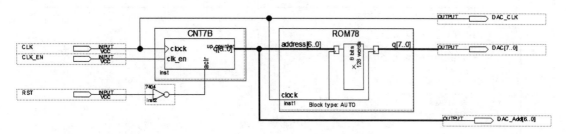

图 7-31　正弦波信号发生器电路原理图

1) mif 格式文件

mif 格式文件可以由 Quartus 自带的工具直接编辑生成,也可由高级语言生成文本文件,或者由专用 mif 文件生成器生成。

(1) 直接编辑法。

首先,在 Quartus 中选择 File→New,在 New 窗口中选择 Memory File 栏(见图 7-32)中的 Memory Initialization File 项,单击 OK 按钮,设置存储器地址和数据宽度参数,单击 OK 按钮,产生 mif 编辑窗口如图 7-33 所示。输入数据完成后,选择 File→Save As,保存数据文件。地址线宽为 7 位,对应的 Number 为 128,数据位宽为 8 位,Word size 选择 8 位,输入数据对应的地址为左列数据与顶行数之和。

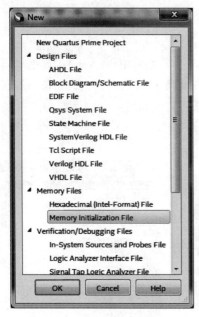

图 7-32　选择编辑文件类型

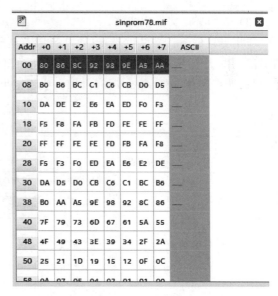

图 7-33　mif 文件编辑窗口

(2) 高级语言生成法。

应用 C 或 MATLAB 等高级语言工具生成 mif 文件,如图 7-34 所示,C 语言生成地址线宽为 7 位数据位宽为 8 位的正弦波代码。

```
1   #include <stdio.h>
2   #include <math.h>
3   #define PI 3.1415926
4   #define DEPTH 128        /*数据深度，即存储单元的个数*/
5   #define WIDTH 8          /*存储单元的宽度*/
6   int main(void)
7   {
8       int i,temp;
9       float s;
10      FILE *fp;
11      fp = fopen("sinprom78.mif","w");    /*扩展名必须为.mif*/
12      if(NULL==fp)
13          printf("Can not creat file!\r\n");
14      else
15      {   printf("File created successfully!\n");
16          fprintf(fp,"DEPTH = %d;\n",DEPTH);
17          fprintf(fp,"WIDTH = %d;\n",WIDTH);
18          fprintf(fp,"ADDRESS_RADIX = HEX;\n");
19          fprintf(fp,"DATA_RADIX = HEX;\n");
20          fprintf(fp,"CONTENT\n");
21          fprintf(fp,"BEGIN\n");              /*以十六进制输出地址和数据*/
22          for(i=0;i<DEPTH;i++)
23          {   s = sin(PI*i/64);   /*周期为128个点的正弦波*/
24              printf("%d : %f\n",i,s);
25              temp = (int)((s+1)*255/2);   /*将-1~1之间的正弦波的值扩展到0-255之间*/
26              fprintf(fp,"%x\t:\t%x;\n",i,temp);   /*以十六进制输出地址和数据*/
27          }
28          fprintf(fp,"END;\n");
29          fclose(fp);
30      }
31  }
```

图 7-34　C 语言生成 mif 文件程序

（3）专用 mif 文件生成器。

应用专用的 mif 文件生成器，如杭州康芯电子有限公司的 Mif Maker 2010 生成器，运行界面如图 7-35 所示，地址线宽为 7 位，对应的数据长度为 128，数据位宽为 8 位，设定波形为正弦，然后保存文件 sinprom78. mif。应用记事本打开文件如图 7-36 所示。

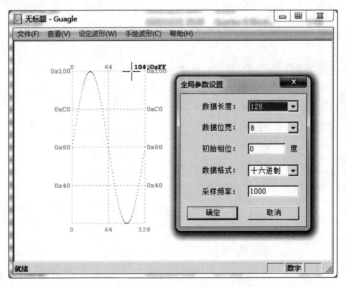

图 7-35　专用软件生产 mif 正弦波文件　　　　　　图 7-36　mif 文件

2）hex 格式文件

在 Quartus 中选择 File→New，在 New 窗口中选择 Memory File 栏（见图 7-32）中的 Hexadecimal(Intel-Format)File 项，单击 OK 按钮，设置存储器地址和数据宽度参数，单击 OK 按钮，产生 hex 编辑窗口，输入相关数据，选择 File→Save As，保存数据文件。或是用诸如单片机编译器来生成 hex 格式文件，这种方法很容易应用到 51 单片机或 CPU 设计中或程序 ROM 调用应用程序的设计技术中。

4. IP 核设置

根据 ROM 地址位数设置 COUNTER 选择 7 位输出，计数器类型选择加法计数，勾选时钟使能（Clock Enale）和异步清零（Clear）。根据 D/A 转换位数设置 ROM 输出位数为 8 位，根据地址发生器输出位数设置 ROM 长度为 128。

此后的设计流程包括编辑顶层设计文件、创建工程、全程编译、观察 RTL 电路图、仿真、了解时序分析结果、引脚锁定、再次编译并下载，以及对 FPGA 的存储单元在系统读写测试和嵌入式逻辑分析仪测试等。

5. 仿真结果

如图 7-37 所示为仿真结果。由波形可见，随着每一个时钟上升沿的到来，输出端口将正弦波数据依次输出。时钟使能高电平同时 RST 高电平，输出数据与 ROM 加载文件数据相符；RST 为低电平时，计数器清零，即 ROM 地址归零。

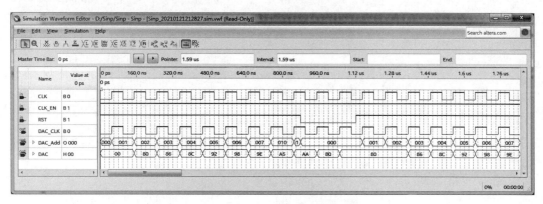

图 7-37　正弦信号发生器仿真图

思考题与习题

1. 简述 IP 核的定义。
2. 简述锁相环（PLL）的功能。
3. 简述数字控制振荡器（NCO）的功能，以及减少 NCO 例化时 RAM 使用量的方法。
4. 试利用 NCO IP 设计一线性调频波发生器。
5. 试利用 NCO IP 设计二进制频移键控（2FSK）调频波发生器。
6. 试利用 NCO IP 设计二进制相移键控（BPSK）调相波发生器。
7. 简述有限冲击响应滤波器（FIR）的原理，并试用 MATLAB 的 fdatool 工具设计一滤波器。

8. 试利用 NCO 和乘法器 IP 设计一单频点脉冲包络波发生器。

9. 简述单端口 RAM 的主要输入/输出口，以及地址端位宽与存储深度之间的关系。

10. 试利用单端口 RAM 并固化波形数据完成一信号发生器的设计。

11. 利用 MATLAB 的 fdatool 设计滤波器时，若滤波器通带较窄，所需滤波器的阶数非常高，在 FPGA 有限资源的情况下难以例化，试通过 IIR 滤波器设计窄带滤波器。

12. 试利用 NCO、乘法器、滤波器等 IP 核构建通信接收系统中用于载波同步的 costas 环。

第 8 章

设 计 实 例

本章通过若干个数字电子系统的设计实例,来详细说明如何在实际设计中应用 VHDL 和原理图设计方法来设计复杂的逻辑电路,这些内容有常规的组合与时序逻辑系统的设计,也有数字信号处理中常用的典型实例,还有实际应用系统的设计,其中有些设计实例可直接成为更大的数字系统或电子产品电路中的实用模块。

8.1　移位相加 8 位硬件乘法器电路设计

8.1.1　硬件乘法器的功能

纯组合逻辑电路构成的乘法器虽然工作速度比较快,但过于占用硬件资源,难以实现多位乘法器;基于 PLD 器件外接 ROM 九九表的乘法器则无法构成单片系统,也不实用。这里介绍由 8 位加法器构成的以时序逻辑方式设计的 8 位乘法器,在实际应用中具有一定的实用价值。它能够比较方便地实现两个 8 位二进制数的乘法运算。

8.1.2　硬件乘法器的设计思路

硬件乘法器的乘法运算可以通过逐项移位相加原理来实现,从被乘数的最低位开始,若为 1,则乘数左移后与上一次的和相加;若为 0,左移后以全零相加,直至被乘数的最高位。从图 8-1 的逻辑图上可以清楚地看出此乘法器的工作原理。

在图 8-1 中,LOAD 信号的上跳沿与高电平有两个功能,即 16 位寄存器清零和被乘数 A[7..0] 向移位寄存器 SREG8B 加载;它的低电平则作为乘法使能信号。乘法时钟信号从 CLK 输入。当被乘数被加载于 8 位右移寄存器 SREG8B 后,随着每一时钟节拍,最低位在前,由低位至高位逐位移出。当为 1 时,与门 ANDARITH 打开,8 位乘数 B[7..0] 在同一节拍进入 8 位加法器,与上一次锁存在 16 位锁存器 REG16B 中的高 8 位进行相加,其和在下一时钟节拍的上升沿被锁进此锁存器。而当被乘数的移出位为 0 时,与门全零输出。如此往复,直至 8 个时钟脉冲后,乘法运算过程中止。此时 REG16B 的输出值即为最后的乘积。此乘法器的优点是节省芯片资源,它的核心元件只是一个 8 位加法器,其运算速度取决于输入的时钟频率。

8.1.3　硬件乘法器的设计

本设计采用层次描述方式,且用原理图输入和文本输入混合方式建立描述文件。图 8-1

是乘法器顶层图形输入文件，它表明了系统由 8 位右移寄存器（SREG8B）、8 位加法器（ADDER8B）、选通与门模块（ANDARITH）和 16 位锁存器（REG16B）所组成，它们之间的连接关系如图 8-1 所示。

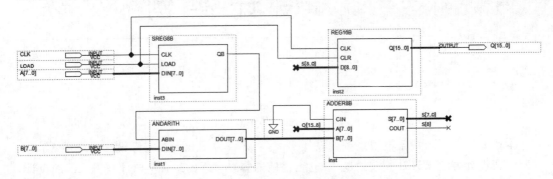

图 8-1　移位相加硬件乘法器电路原理图

乘法器中各模块采用 VHDL 输入，8 位右移寄存器的逻辑描述如例 8-1 所示。

【例 8-1】　8 位右移寄存器源程序

```
LIBRARY IEEE;
USE IEEE.STD_LOGIC_1164.ALL;
ENTITY SREG8B IS                                          －－8 位右移寄存器
    PORT (  CLK : IN STD_LOGIC;    LOAD : IN STD_LOGIC;
             DIN : IN STD_LOGIC_VECTOR(7 DOWNTO 0);
              QB : OUT STD_LOGIC  );
END SREG8B;
ARCHITECTURE behav OF SREG8B IS
    SIGNAL REG8 : STD_LOGIC_VECTOR(7 DOWNTO 0);
BEGIN
    PROCESS (CLK,LOAD)
    BEGIN
        IF RISING_EDGE(CLK) THEN
            IF LOAD = '1' THEN                           －－ 装载新数据
                REG8 <= DIN;
            ELSE
                                                         －－ 数据右移
                REG8(6 DOWNTO 0) <= REG8(7 DOWNTO 1);
            END IF;
        END IF;
    END PROCESS;
    QB <= REG8(0);                                       －－输出最低位
END behav;
```

8 位加法器的逻辑描述如例 8-2 所示。

【例 8-2】　8 位加法器源程序

```
LIBRARY IEEE;
USE IEEE.STD_LOGIC_1164.ALL;
USE IEEE.STD_LOGIC_UNSIGNED.ALL;
ENTITY ADDER8B IS
```

```
        PORT (    CIN : IN STD_LOGIC;
                    A : IN STD_LOGIC_VECTOR(7 DOWNTO 0);
                    B : IN STD_LOGIC_VECTOR(7 DOWNTO 0);
                    S : OUT STD_LOGIC_VECTOR(7 DOWNTO 0);
                 COUT : OUT STD_LOGIC   );
END ADDER8B;
ARCHITECTURE struc OF ADDER8B IS
COMPONENT ADDER4B
    PORT (    CIN :  IN STD_LOGIC;
                A :  IN STD_LOGIC_VECTOR(3 DOWNTO 0);
                B :  IN STD_LOGIC_VECTOR(3 DOWNTO 0);
                S : OUT STD_LOGIC_VECTOR(3 DOWNTO 0);
             COUT : OUT STD_LOGIC   );
END COMPONENT;
    SIGNAL CARRY_OUT : STD_LOGIC;
BEGIN
    U1 : ADDER4B                        -- 例化(安装)1 个 4 位二进制加法器 U1
    PORT MAP (  CIN => CIN,         A => A(3 DOWNTO 0),
                B => B(3 DOWNTO 0),    S => S(3 DOWNTO 0),
                COUT => CARRY_OUT  );
    U2 : ADDER4B                        -- 例化(安装)1 个 4 位二进制加法器 U2
    PORT MAP ( CIN => CARRY_OUT,      A => A(7 DOWNTO 4),
               B => B(7 DOWNTO 4),    S => S(7 DOWNTO 4),
               COUT => COUT      );
END struc;
```

4 位加法器的逻辑描述如例 8-3 所示。

【例 8-3】 4 位加法器源程序

```
LIBRARY IEEE;
USE IEEE.STD_LOGIC_1164.ALL;
USE IEEE.STD_LOGIC_UNSIGNED.ALL;

ENTITY ADDER4B IS
    PORT (
        CIN : IN STD_LOGIC;
        A : IN STD_LOGIC_VECTOR(3 DOWNTO 0);
        B : IN STD_LOGIC_VECTOR(3 DOWNTO 0);
        S : OUT STD_LOGIC_VECTOR(3 DOWNTO 0);
        COUT : OUT STD_LOGIC
    );
END ADDER4B;

ARCHITECTURE behav OF ADDER4B IS
    SIGNAL SINT : STD_LOGIC_VECTOR(4 DOWNTO 0);
    SIGNAL AA,BB : STD_LOGIC_VECTOR(4 DOWNTO 0);
BEGIN
    AA <= '0'&A;                    -- 扩补为 5 位,便于获得进位值
    BB <= '0'&B;                    -- 扩补为 5 位,便于获得进位值
    SINT <= AA + BB + CIN;
    S <= SINT(3 DOWNTO 0);
```

```
        COUT < = SINT(4);
    END behav;
```

选通与门模块逻辑描述如例 8-4 所示。

【例 8-4】 选通与门模块源程序

```
LIBRARY IEEE;
USE IEEE.STD_LOGIC_1164.ALL;
ENTITY ANDARITH IS                              -- 选通与门模块
    PORT ( ABIN : IN STD_LOGIC;
          DIN : IN STD_LOGIC_VECTOR(7 DOWNTO 0);
          DOUT : OUT STD_LOGIC_VECTOR(7 DOWNTO 0) );
END ANDARITH;
ARCHITECTURE behav OF ANDARITH IS
BEGIN
    PROCESS(ABIN,DIN)
    BEGIN
        FOR I IN 0 TO 7 LOOP                    -- 循环,完成 8 位与 1 位运算
            DOUT(I) < = DIN(I) AND ABIN;
        END LOOP;
    END PROCESS;
END behav;
```

16 位锁存器逻辑描述如例 8-5 所示。

【例 8-5】 16 位锁存器源程序

```
LIBRARY IEEE;
USE IEEE.STD_LOGIC_1164.ALL;
ENTITY REG16B IS                                -- 16 位锁存器
    PORT (
        CLK : IN STD_LOGIC;
        CLR : IN STD_LOGIC;
        D : IN STD_LOGIC_VECTOR(8 DOWNTO 0);
        Q : OUT STD_LOGIC_VECTOR(15 DOWNTO 0)
    );
END REG16B;
ARCHITECTURE behav OF REG16B IS
    SIGNAL R16S : STD_LOGIC_VECTOR(15 DOWNTO 0);
BEGIN
    PROCESS(CLK,CLR)
    BEGIN
     IF CLR = '1' THEN                          -- 清零信号
     R16S < = "0000000000000000";              -- 时钟到来时,锁存输入值,并右移低 8 位
        ELSIF RISING_EDGE(CLK) THEN
            R16S(6 DOWNTO 0)  < = R16S(7 DOWNTO 1);  -- 右移低 8 位
            R16S(15 DOWNTO 7) < = D;            -- 将输入锁到高 8 位
        END IF;
    END PROCESS;
    Q < = R16S;
END behav;
```

编译器将顶层图形输入文件和第二层次功能块 VHDL 输入文件相结合并编译,确定正确无误后,即可产生乘法器的目标文件

8.1.4　波形仿真

硬件乘法器的仿真波形如图 8-2 所示,图中,A[7..0]和 B[7..0]分别为被乘数和乘数,分别设为 96 和 F9,经过 8 个时钟脉冲后,输出为 91E6,即为 96 与 F9 的乘积。从图中可以看出设计达到了要求。

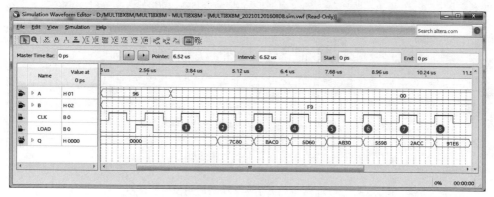

图 8-2　硬件乘法器工作时序

8.2　DDS 正弦信号发生器电路设计

8.2.1　正弦信号发生器的功能

DDS(Direct Digital Synthesizer,直接数字合成器)是一种频率合成技术,具有较高的频率分辨率,可以实现快速的频率切换,并在改变时能够保持相位的连续,很容易实现频率、相位和幅度的数控调制,易于功能扩展和全数字化,便于集成,满足了现代电子系统及设备的频率源的许多要求,尤其在通信领域,因此得到了迅速发展。正弦信号发生器能够产生频率可调的正弦波。

8.2.2　DDS 工作原理

DDS 的基本结构组成如图 8-3 所示,其中,f_{CLK} 为时钟频率,用于提供 DDS 各部分的同步工作,L 为相位累加器的位数,K_0 为频率控制字,D 为 ROM 存储数据位数,即为 DAC 的位数;它由相位累加器、ROM、数模转换器及低通滤波器组成,相位累加器是 DDS 的核心部分,对频率控制字进行累加,当累加器溢出时,就完成了一个周期。累加器的输出数据代表了输出波形的相位,通过查表法将预先存储在 ROM 表中的波形数据实现相位到幅值的变换,经过模数转换器得到相应的阶梯波,最后在经过低通滤波器进行平滑后,得到所需频率的平滑连续波形。DDS 的输出频率为 $f_{out} = K_0 \cdot f_{CLK}/2^L$。

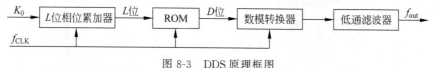

图 8-3　DDS 原理框图

8.2.3　DDS正弦信号发生器的设计

本设计采用层次描述方式，采用原理图输入方式建立描述文件。依据图 8-3 的 DDS 原理框图作出电路原理图顶层设计如图 8-4 所示，其中，相位累加器的位宽为 32b，ROM 存储数据位数为 8b。图中三个元件设计说明如下。

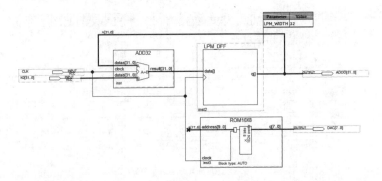

图 8-4　DDS 正弦波信号发生器电路顶层原理图

（1）32 位加法器 ADD32，由 LPM_ADD_SUBIP 核构成。选择 Tools → IP Catalog→ Installed IP→Library→Basic Functions→Arithmetic→ LPM_ADD_SUB 菜单，双击所选 IP 核或单击＋Add，跳至 IP 核路径和语言选择界面，在 IP variation file name 中输入 "ADD32"，IP 核默认路径为工程根目录，在 IP variation file type 中选择语言类型，选择 VHDL 后，单击 OK 按钮。跳至 LPM_ADD_SUB 配置界面，如图 8-5 所示，设置输入数数据位数 32bits，模式选择 Addition only。为了提高运算速度和输入数据稳定性，在 Parameter Settings→Pipelining 设置界面开启流水线结构，并设置阶数为 1，其他参数默认，最后勾选 ADD32. bsf 文件完成配置。

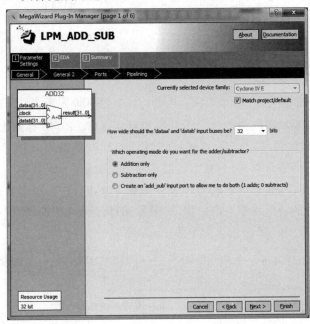

图 8-5　ADD32 General 配置图

（2）32 位寄存器由 LPM_DFF IP 核构成，与 ADD32 构成一个 32 位相位累加器。为了便于仿真观察，其中，A[17..8]作为正弦波形数据 ROM 地址。右击插入器件，选择软件自带器件库，路径为 D:/intelfpga/18.1/quartus/Libraries→megafunctions→storage→lpm_dff，设置寄存器位数为 32bits，将不需要的功能端口关闭，如图 8-6 所示。

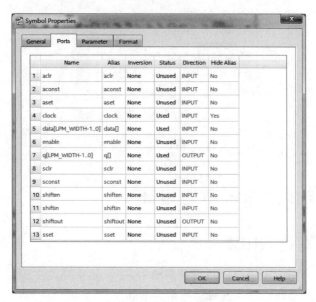

图 8-6　寄存器端口设置界面

（3）正弦波形数据 ROM10X8，其中的地址线位宽为 10b，数据线位宽为 8b。即一个周期的正弦波数据有 1024 个，每个数据有 8 位。ROM 中的 mif 数据文件可以参考 7.6 节内容获得。数据线位宽不确定时，可以增加数据位数，后期依据 DAC 器件位数截取高位进行连接。

8.2.4　波形仿真

频率控制字 K_0 设置为 FF，进行仿真，仿真结果如图 8-7 所示。可清晰看出，相位累加器 ADDD 以 FF 步调进行累加，其中，ADDD[17..8]变化为 16,17,18,19 时，DAC 数据为 91,91,92,93，其余正弦波形数据 ROM10X8 存储的正弦波形数据一致，如图 8-8 所示。

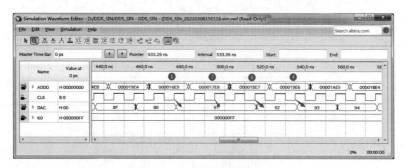

图 8-7　DDS 正弦信号仿真图

	Sin10X8.mif								
Addr	+0	+1	+2	+3	+4	+5	+6	+7	ASCII
000	80	80	81	82	83	83	84	85	......
008	86	87	87	88	89	8A	8A	8B	......
010	8C	8D	8E	8E	8F	90	91	91	......
018	92	93	94	95	95	96	97	98	......
020	98	99	9A	9B	9B	9C	9D	9E	......
028	9E	9F	A0	A1	A2	A2	A3	A4	......
030	A5	A5	A6	A7	A7	A8	A9	AA	......

图 8-8　ROM 中正弦波数据

8.3　等精度频率计电路设计

8.3.1　频率计的功能

频率测量广泛应用于电子设计与测量领域中，传统频率测量主要有周期测量法和脉冲测量法。脉冲测量法是在时间 t 内对被测信号的脉冲数 N 进行计数，然后求出单位时间内的脉冲数，即为被测信号的频率，适合于高频信号测量。周期测量法是先测量出被测信号的周期 T，然后根据频率 $f=1/T$ 求出被测信号的频率，适合于低频信号测量。但是上述两种方法都会产生 ± 1 个被测脉冲的误差，在实际应用中有一定的局限性，不能兼顾高低频率同样精度的测量要求。等精度测量很好地解决了高低频精度不能兼顾的问题。

8.3.2　等精度频率计工作原理

等精度测量法的测量原理如图 8-9 所示，其最大的特点是实际闸门时间并不是一个固定值，而是一个与被测信号有关的值，且刚好为被测信号周期的整数倍。在启动测量之后，首先给出一个预置闸门时间，然后等待被测信号下一个上升沿的到来。当被测信号的上升沿到达后，将预置闸门时间信号与被测信号进行同步，同时用两个计数器分别对被测信号和标准信号进行计数。当预置闸门时间结束后，被测信号的下一个上升沿到达时两个计数器

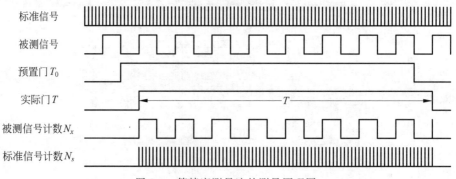

图 8-9　等精度测量法的测量原理图

停止计数。此时会得到两个计数值,然后结合标准信号的频率值,即可得到被测信号的频率。

假设在一次测量中,实际闸门时间为 T,被测信号计数器和标准信号计数器的计数值分别为 N_x 和 N_s,标准信号的频率为 f_0,根据测量原理可计算出被测信号的频率为:

$$f = \left(\frac{N_x}{N_s}\right) f_0 \tag{8-1}$$

式中,f 为被测信号频率的测量值,若信号的实际频率为 f',则测量误差为:

$$\delta = \frac{|f' - f|}{f'} \cdot 100\% \tag{8-2}$$

若忽略标准信号的频率误差,并根据式(8-1),可得被测信号实际频率的表达式为:

$$f' = \frac{N_x}{(N_s \pm \Delta N_s)} \cdot f_0 \tag{8-3}$$

联立式(8-1)~式(8-3)可得:

$$\delta = \frac{\Delta N_s}{N_s} \cdot 100\% \leqslant \frac{1}{\Delta N_s} = \frac{1}{T f_0} \tag{8-4}$$

由此可知,采用等精度测量法测量频率时,所选择的闸门时间越长,标准信号的频率越高,频率测量的误差就会越小。假设标准信号的频率为 100MHz,闸门时间为 1s,那么其精度可达到 10^{-8}。

8.3.3 等精度频率计的设计

测频原理框图如图 8-10 所示,本系统时钟选择开发平台核心板上的 50MHz 时钟,闸门时间取 1s(应用 PLL 对系统时钟进行分频得到)。使能信号 TSTEN 是由信号发生器产生的脉宽为 1s 的周期信号,由它对两个 32b 二进制计数器的 ENABL 进行同步控制。当 TSTEN 为高电平时,允许计数;为低电平时,停止计数,并保持其所计的脉冲数。在停止计数期间,首先需要一个锁存信号 LOAD 的上升沿将计数器在前一秒钟的计数值锁存进 32b 锁存器中,再由译码器译出并稳定显示。锁存信号之后,由清零信号 RST_CNT 对计数器进行清零,为下一秒钟的计数操作做好准备。

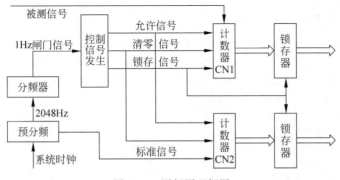

图 8-10 测频原理框图

本设计采用层次描述方式,且用原理图输入和文本输入混合方式建立描述文件。图 8-11 是等精度频率计顶层图形输入文件,它表明了系统由分频电路、控制单元(FTXTRL)、32 位锁存器（REG32B）、32 位计数器（CNT32）和运算单元组成，其中，运算单元由乘法器和除法器组成，它们之间的连接关系如图 8-11 所示。

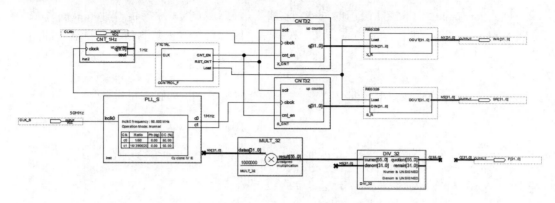

图 8-11　等精度频率计顶层原理图

1. 分频电路

分频电路采用 IP 设计方式，首先应用 ALTPLL 将系统 50MHz 板载晶振分频为 1MHz 和 2048Hz，然后应用 LPM_COUNTER 获得 1Hz 闸门信号。具体参数如下：选择 Tools→IP Catalog→Installed IP→Library→Basic Functions→Clocks；PLLs and Resets→PLL→ALTPLL 菜单，语言设置为 VHDL，inclk0 设置为 50MHz（设备晶振时钟），开启 C0 和 C1，选择输出时钟，其中，C0 设置为 1MHz，C1 设置为 0.002 048MHz（一般 Cyclone III/IV/V 系列的 FPGA 的锁存环输出频率的下限至上限大致为 2kHz～1300MHz，具体下限频率参考相关技术资料），其他参数默认。选择 Tools→IP Catalog→Installed IP→Library→Basic Functions→Arithmetic→LPM_COUNTER 菜单，语言设置为 VHDL，计数类型设置为仅加法，位数设置为 10b，勾选进位输出 Carry_Out，其他默认。

2. 控制单元（FTXTRL）

此模块采用 VHDL 输入，具体代码如例 8-6 所示。

【例 8-6】　控制电路源程序

```
LIBRARY IEEE;
  USE IEEE.STD_LOGIC_1164.ALL ;                    -- 频控制电路
  USE IEEE.STD_LOGIC_UNSIGNED.ALL;
 ENTITY FTCTRL IS
 PORT (CLK : IN STD_LOGIC;                         -- 1Hz
       CNT_EN,RST_CNT : OUT STD_LOGIC;             -- 计数器时钟使能和计数器清零
       Load : OUT STD_LOGIC);                      -- 输出存信号
 END FTCTRL;
 ARCHITECTURE behav OF FTCTRL IS
  SIGNAL DiV2CLK: STD_LOGIC;
  BEGIN
   PROCESS(CLK)
     BEGIN
     IF CLK'EVENT AND CLK = '1' THEN Div2CLK <= NOT Div2CLK;  -- 1Hz 时钟 2 分频
     END IF;
   END PROCESS;
```

```
PROCESS (CLK,Div2CLK) BEGIN
    IF CLK = '0' AND Div2CLK = '0' THEN RST_CNT <= '1';        -- 产生计数器清零信号
    ELSE RST_CNT <= '0'; END IF;
END PROCESS;
    Load <= NOT Div2CLK; CNT_EN <= Div2CLK;
END behav;
```

3. 32 位锁存器

此模块采用 VHDL 输入或者 74374,具体代码如例 8-7 所示。74374 原理图如图 8-12 所示。

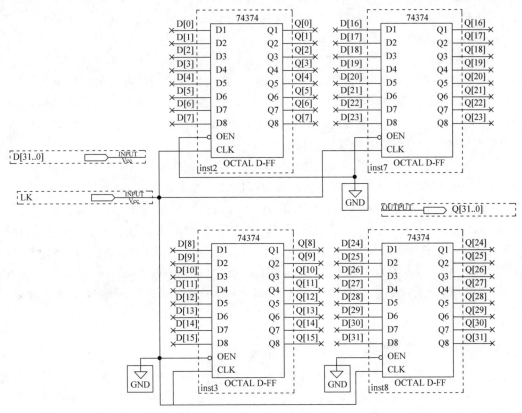

图 8-12　基于 74374 的 32 位锁存器原理图

【例 8-7】　32 位锁存器源程序

```
LIBRARY IEEE;
USE IEEE. STD_LOGIC_1164. ALL;
ENTITY REG32B IS
    PORT (   Load : IN STD_LOGIC;
              DIN : IN STD_LOGIC_VECTOR(31 DOWNTO 0);
              DOUT : OUT STD_LOGIC_VECTOR(31 DOWNTO 0) );
END REG32B;
ARCHITECTURE behav OF REG32B IS
BEGIN
    PROCESS(Load,DIN)
    BEGIN
```

```
       IF Load'EVENT AND Load = '1' THEN          -- 时钟到来时,锁存输入数据
              DOUT <= DIN;
           END IF;
        END PROCESS;
    END behav;
```

4. 32 位计数器（CNT32）

32 位计数器采用 IP 核设置,具体设置参数如下：选择 Tools→IP Catalog→Installed IP→Library→Basic Functions→Arithmetic→LPM_COUNTER 菜单,语言设置为 VHDL。在 Parameter Settings→General 页面,设置计数类型为仅加法,位数设置为 32b。在 Parameter Settings→General2 页面,勾选 Count Enable。在 Parameter Settings→Optional Inputs 页面,勾选 Clear,其他默认。

5. 运算单元

运算单元由乘法器和除法器组成,为保证精度采用先乘后除的方式。待测信号计数器计数结果 NX[31..0]乘以标准信号时钟 1000000,然后除以标准信号计数结果 NS[31..0]获得商 Q[55..0],取低 32 位输出结果 F[31..0]（计数器位数为 32 位,总位数不超 32 位,可以依据具体设计位数要求合理取舍）。

具体设置参数如下：选择 Tools→IP Catalog→Installed IP→Library→Basic Functions→Arithmetic→ LPM_MULT 菜单,语言设置为 VHDL。在 Parameter Settings→General 页面,设置数据 dataa 位数为 32b、数据 datab 为 24b（大于或等于标准信号频率）。在 Parameter Settings→General2 页面,选择 datab 常数值按钮,并设置数字 1000000,其他默认。选择 Tools→IP Catalog→Installed IP→Library→Basic Functions→Arithmetic→LPM_DIVIDE 菜单,语言设置为 VHDL。在 Parameter Settings→General 页面,设置 numerator 位数为 56b（依据乘法结果位数设置）、denominator 为 32b（依据标准信号计数器位数设置）,其他默认。

8.3.4　波形仿真

去除 PLL 模块,闸门信号 CLKC 设置为 10μs,待测信号 CLKin 设置为 2μs,标准信号 CLKS 为 1μs,乘法器 datab 设置为数字 1000000。仿真结果如图 8-13 所示：待测信号锁存器计数结果为 5,标准信号的锁存器技术结果为 10,计算结果为 500000,满足设计要求。

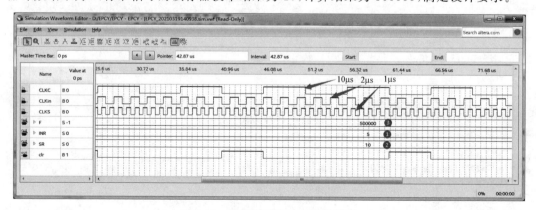

图 8-13　等精度频率计仿真波形图

8.4 通用异步收发机设计

通过串行数据通道进行信息交换和远程交互的系统使用串行器/解串器(SerDes)接口进行数据串并格式的转换。许多不同架构、编码和时钟方案使用了此种电路。简单起见,将考虑一个简单的调制解调器,如图 8-14 所示,它用作主机/设备和串行数据通路之间的接口。调制解调器让计算机连到电话线与接收计算机通信。主机以并行字格式存储信息,以串行单比特格式发送和接收数据。调制解调器也称为通用异步收发器(Universal Asynchronous Receiver and Transmitter,UART),这表明该设备能够接收和发送串行数据,并且发送和接收单元彼此不同步。本设计实例将着重于 UART 发射机和接收机的基本建模和综合。

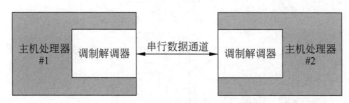

图 8-14 处理器/调制解调器之间通过串行通道进行通信

本节中,UART 以 ASCII 码(American Standard Code for Information Interchange,美国信息交换标准码)格式交换文本数据。在 ASCII 码格式中,每个字母符号采用 7 位编码以及 1 位用于错误检测的奇偶校验位。在发送方,调制解调器对 8 位数据打包时在最低位(Least Significant Bit,LSB)上增加起始位,在最高位(Most Significant Bit,MSB)上增加停止位,从而得到如图 8-15 所示的 10 位字格式。从起始位开始的前 9 个数据位按顺序发送,每个位持续一个调制解调器时钟周期(比特位时间),停止位的有效时间则可能会超过一个时钟周期。

停止位	检验位	数据位 6	数据位 5	数据位 4	数据位 3	数据位 2	数据位 1	数据位 0	起始位

图 8-15 UART 传送的 ASCII 文本数据格式

8.4.1 通用异步收发机的操作

UART 发送器通常是更大系统中的一部分,其主机以并行格式取出数据并指定 UART 以串行格式发送。接收机需检测传输情况,以串行格式接收数据,去掉起始位和停止位后以并行格式存储数据。数据异步到达接收机,远程接收机无法得到数据发送时钟,因此接收机会更复杂。接收机必须重新产生本地时钟而不是用发送时钟来同步数据采样。

UART 的简化结构如图 8-16 所示。图中给出了主机用于控制 UART 以及从数据总线接收或发送数据的信号,但没有给出主机的细节。

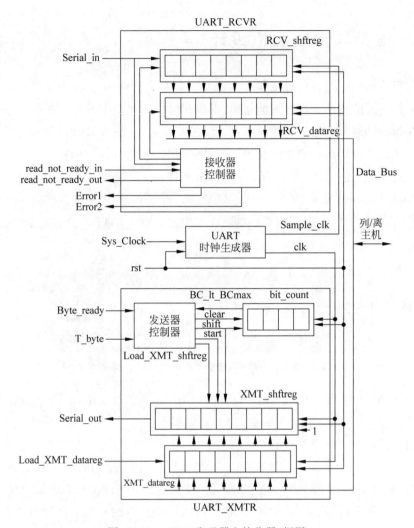

图 8-16　UART(发送器和接收器)框图

8.4.2　通用异步收发机的发送器

图 8-17 中的高层框示出了发送器的输入/输出信号,简明扼要起见,图中省略了时钟信号 clk 和复位信号 rst,显然,Control_unit 和 Datapath_unit 都有 clk 和 rst。输入信号由主机提供,而输出信号包括串行数据流、一个状态信号(read_not_ready_out)和两个错误指示信号。发送器包括控制器、数据寄存器(XMT_datareg)、数据移位寄存器(XMT_shftreg)和用于计数已发送比特数的状态寄存器(bit_count)。状态寄存器包含在数据通路中。

控制器的输入信号(主/外部及来自数据通路的状态输入)如下所列。注意,信号 Load_XMT_datareg 直接送至数据通路,数据通路在时钟上升沿判断 Load_XMT_datareg 信号值,若 Load_XMT_datareg 为高电平就将 Data_Bus 的值载入 XMT_datareg,所以传输期间必须保证 Load_XMT_datareg 恒定为低电平。当已传输了多个比特位,Bit_Count < word_size+1,状态信号 BC_lt_BCmax 有效。

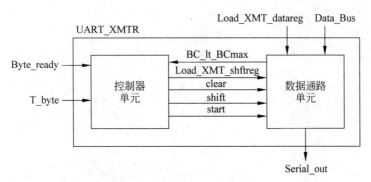

图 8-17 UART 发送器(状态机控制器)的接口信号

Load_XMT_datareg   判断是否需要将 Data_Bus 的内容传送到发送器数据存储寄存器 XMT_datareg。

Byte_ready   由其决定 Load_XMT_shftreg 信号的值(用于确定是否将 XMT_data_reg 中的内容
载入 XMT_shftreg)。

T_byte   用于确定字节数据的传输开始,包括停止位、起始位和校验位。

BC_lt_BCmax   用于指示数据通路中的比特计数器的状态。

控制器状态机输出下列控制发送器数据通路的信号。

Load_XMT_shftreg   声明将 XMT_data_reg 中的内容载入 XMT_shftreg。

Start   将 XMT_shftreg[0]清 0 表示传输开始。

Shift   将 XMT_shftreg 朝 LSB 方向移一位,并用停止位(1)回填。

Clear   将 bit_count 清零。

发送器控制状态机的 ASM 如图 8-18 所示。该状态机包括 idle、waiting 和 sending 三个状态。当低有效的同步复位信号 rst 有效时,状态机进入 idle 状态,bit_count 清零,用 1填充 XMT_shftreg。idle 状态下,外部主机在时钟有效沿处判定 Load_XMT_datareg 有效后,将 Data_Bus 上的内容载入 XMT_data_reg。状态机保持 idle 状态直到 start 有效并将 XMT_shftreg[0]清零。

当 Byte_ready 为有效时(同时 rst 和 Load_XMT_datareg 无效),Load_XMT_shftreg 为有效值,状态机进入 waiting 状态。Load_XMT_shftreg 有效表明 XMT_datareg 中的内容送到内部寄存器。Load_XMT_shftreg 有效后的下一时钟有效沿时会发生三个动作: ①状态由 idle 转移到 waiting;②XMT_datareg 中的内容载入 XMT_shftreg 的最左边比特,这里 XMT_shftreg 是一个(word_size+1)位的移位寄存器,其 LSB 表示传输的起始与终止;③XMT_shfreg 的 LSB 重载入 1(停止位)。状态机将保持 waiting 状态直到外部主机声明 T_byte 有效。

T_byte 有效后的下一时钟有效沿,状态机进入 sending 状态,XMT_shftreg 的 LSB 清0 并产生传送起始信号。同时,shift 置 1 并保持 sending 状态。在接下来的时钟有效沿,sending 状态下 shift 仍有效时,XMT_shftreg 中的内容向 LSB 移位并驱动外部串行通道。数据移位时 XMT_shftreg 用 1 回填,bit_count 计数增加。在 sending 状态下,bit_count 小于 9(也就是说,BC_lt_BCmax 有效)时 shift 有效。每一次数据移位后 bit_count 计数增加,当 bit_count 等于 9(BC_lt_BCmax 为 0)时 clear 有效,表明该字的所有位已串行输出。在时钟的下一个有效沿状态机返回 idle 状态。

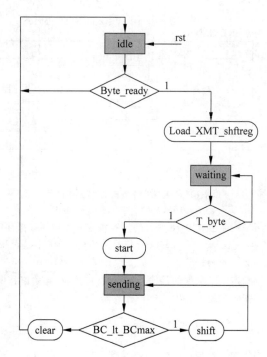

图 8-18　UART 发送器（状态机控制器）的 ASM 图

　　状态机产生的控制信号会引起数据通路中状态决定的寄存器的相应变化。图 8-19 中标示了主输入信号（Load_XMT_datareg、Byre_ready 和 T_byte）、控制器输出信号（Load_XMT_shftreg、start、shift 和 clear）的变化，bit_count 的内容，以及数据在寄存器间的传送情况。寄存器内容在连续时钟沿下的变化用图中顶部到底部的时间轴标识。时钟有效沿的跃变发生在连续两行 XMT_datareg 寄存器内容之间。被发送的信号位按发送次序表示，XMT_shftreg 最右边单元保存着每一步由串口发出的信号位。状态以及时钟上升沿发生的状态转移和寄存器变化表示在寄存器框中。图中显示了控制信号在时钟有效沿到来前一时刻的值，该值将会引起相关寄存器的变化。从图中还可看到输出序列，shift 有效时 XMT_shftreg 的 MSB 用 1 回填。传输信号输出的位序列在每一步都可以看成一个字数据，该字的 LSB 是串口已发送的第一位，而 MSB 则是刚刚发送出的位。

　　划分好的电路 UART_XMTR 的 VHDL 描述包含三种周期行为：电平敏感的组合逻辑，描述控制器输出及下一状态；描述控制器同步状态转移的边沿敏感行为和描述数据通路寄存器同步传输的边沿敏感行为。

　　UART 发射机控制器的逻辑描述如例 8-8 所示。主处理器提供输入信号，而输出信号控制数据在 UART 中移动。

　　【例 8-8】　UART 发射机控制器

```
LIBRARY IEEE;
USE IEEE.STD_LOGIC_1164.ALL;
USE IEEE.STD_LOGIC_UNSIGNED.ALL;
ENTITY uart_tx_ctlr IS
  GENERIC (
    size_bit_count : INTEGER : = 3
```

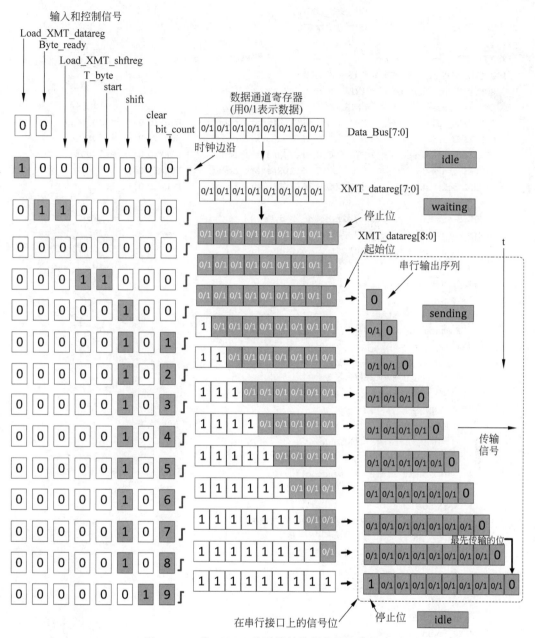

图 8-19 8 位 UART 发送器的控制信号和数据流

```
);
PORT (
    Byte_ready          : IN STD_LOGIC;
    bit_count           : IN STD_LOGIC_VECTOR(size_bit_count DOWNTO 0);
    T_byte              : IN STD_LOGIC;
    clk                 : IN STD_LOGIC;
    rst                 : IN STD_LOGIC;
    Load_XMT_shftreg    : OUT STD_LOGIC;
    start               : OUT STD_LOGIC;
```

```vhdl
        shift             : OUT STD_LOGIC;
        clear             : OUT STD_LOGIC
    );
END ENTITY uart_tx_ctlr;
ARCHITECTURE behave OF uart_tx_ctlr IS
    CONSTANT one_hot_count: INTEGER : = 3;
    CONSTANT state_count   : INTEGER : = one_hot_count;
    CONSTANT idle          : STD_LOGIC_VECTOR(state_count - 1 DOWNTO 0) : = "001";
    CONSTANT waiting       : STD_LOGIC_VECTOR(state_count - 1 DOWNTO 0) : = "010";
    CONSTANT sending       : STD_LOGIC_VECTOR(state_count - 1 DOWNTO 0) : = "100";
    SIGNAL state           : STD_LOGIC_VECTOR(state_count - 1 DOWNTO 0);
    SIGNAL next_state      : STD_LOGIC_VECTOR(state_count - 1 DOWNTO 0);
BEGIN
  PROCESS (state, Byte_ready, bit_count, T_byte)
  BEGIN
    Load_XMT_shftreg < = '0';
    clear < = '0';
    shift < = '0';
    start < = '0';
    next_state < = state;
    CASE state IS
       WHEN idle = >
          IF (Byte_ready = '1') THEN
             Load_XMT_shftreg < = '1';
             next_state < = waiting;
          END IF;
       WHEN waiting = >
          IF (T_byte = '1') THEN
             start < = '1';
             next_state < = sending;
          END IF;
       WHEN sending = >
          IF (bit_count / = "1000" + '1') THEN
             shift < = '1';
          ELSE
             clear < = '1';
             next_state < = idle;
          END IF;
       WHEN OTHERS = >
          next_state < = idle;
    END CASE;
  END PROCESS;
  PROCESS (clk, rst)
  BEGIN
    IF ((NOT(rst)) = '1') THEN
       state < = idle;
    ELSIF (clk'EVENT AND clk = '1') THEN
       state < = next_state;
    END IF;
  END PROCESS;
END ARCHITECTURE behave;
```

UART 发送比特计数器的逻辑描述如例 8-9 所示。在移位信号的控制下，计数器对通过 XMT_shftreg 发送的比特进行计数，输出信号反映了已发送的比特数。

【例 8-9】 UART 发送比特计数器

```vhdl
LIBRARY IEEE;
USE IEEE.STD_LOGIC_1164.ALL;
USE IEEE.STD_LOGIC_UNSIGNED.ALL;
ENTITY uart_tx_bitcounter IS
  GENERIC (
    size_bit_count : INTEGER : = 3
  );
  PORT (
    bit_count  : OUT STD_LOGIC_VECTOR(size_bit_count DOWNTO 0);
    clear      : IN STD_LOGIC;
    shift      : IN STD_LOGIC;
    clk        : IN STD_LOGIC;
    rst        : IN STD_LOGIC
  );
END ENTITY uart_tx_bitcounter;
ARCHITECTURE behave OF uart_tx_bitcounter IS
  SIGNAL bit_count_reg  : STD_LOGIC_VECTOR(size_bit_count DOWNTO 0);
BEGIN
  bit_count < = bit_count_reg;
  PROCESS (clk,rst)
  BEGIN
    IF ((NOT(rst)) = '1') THEN
      bit_count_reg < = "0000";
    ELSIF (clk'EVENT AND clk = '1') THEN
      IF (clear = '1') THEN
        bit_count_reg < = "0000";
      ELSIF (shift = '1') THEN
        bit_count_reg < = bit_count_reg + "0001";
      END IF;
    END IF;
  END PROCESS;
END ARCHITECTURE behave;
```

UART 数据寄存器的逻辑描述如例 8-10 所示。在载入使能信号的控制下，数据寄存器对 Data_Bus 传入的数据进行存储并输出。

【例 8-10】 UART 数据寄存器

```vhdl
LIBRARY IEEE;
USE IEEE.STD_LOGIC_1164.ALL;
USE IEEE.STD_LOGIC_UNSIGNED.ALL;
ENTITY uart_tx_datareg IS
  GENERIC (
    word_size        : INTEGER : = 8
  );
  PORT (
    XMT_datareg        : OUT STD_LOGIC_VECTOR(word_size - 1 DOWNTO 0);
```

```
        Data_Bus          : IN STD_LOGIC_VECTOR(word_size - 1 DOWNTO 0);
        Load_XMT_datareg  : IN STD_LOGIC;
        clk               : IN STD_LOGIC;
        rst               : IN STD_LOGIC
    );
END ENTITY uart_tx_datareg;
ARCHITECTURE behave OF uart_tx_datareg IS
BEGIN
    PROCESS (clk,rst)
    BEGIN
        IF ((NOT(rst)) = '1') THEN
            XMT_datareg <= "00000000";
        ELSIF (clk'EVENT AND clk = '1') THEN
            IF (Load_XMT_datareg = '1') THEN
                XMT_datareg <= Data_Bus;
            END IF;
        END IF;
    END PROCESS;
END ARCHITECTURE behave;
```

UART 数据移位寄存器的逻辑描述如例 8-11 所示。在载入使能信号的控制下，数据移位寄存器对 XMT_datareg 传入的数据进行存储；当 shift 为高电平时，数据移位寄存器中的数据向最低（有效）位移动，这样来驱动外部串行通道。当数据移位发生时，用 1 回填数据移位寄存器。

【例 8-11】 UART 数据移位寄存器

```
LIBRARY IEEE;
USE IEEE.STD_LOGIC_1164.ALL;
USE IEEE.STD_LOGIC_UNSIGNED.ALL;
ENTITY uart_tx_shftreg IS
    GENERIC (
        word_size        : INTEGER : = 8
    );
    PORT (
        Serial_out       : OUT STD_LOGIC;
        Load_XMT_shftreg : IN STD_LOGIC;
        start            : IN STD_LOGIC;
        shift            : IN STD_LOGIC;
        XMT_datareg      : IN STD_LOGIC_VECTOR(word_size - 1 DOWNTO 0);
        clk              : IN STD_LOGIC;
        rst              : IN STD_LOGIC
    );
END ENTITY uart_tx_shftreg;
ARCHITECTURE behave OF uart_tx_shftreg IS
    CONSTANT all_ones    : STD_LOGIC_VECTOR(word_size DOWNTO 0) : = "111111111";
    SIGNAL XMT_shftreg   : STD_LOGIC_VECTOR(word_size DOWNTO 0);
BEGIN
    Serial_out <= XMT_shftreg(0);
    PROCESS (clk,rst)
    BEGIN
```

```
        IF ((NOT(rst)) = '1') THEN
            XMT_shftreg <= all_ones;
        ELSIF (clk'EVENT AND clk = '1') THEN
            IF (Load_XMT_shftreg = '1') THEN
                XMT_shftreg <= (XMT_datareg & '1');
            END IF;
            IF (start = '1') THEN
                XMT_shftreg(0) <= '0';
            END IF;
            IF (shift = '1') THEN
                XMT_shftreg <= ('1' & XMT_shftreg(word_size DOWNTO 1));
            END IF;
        END IF;
    END PROCESS;
END ARCHITECTURE behave;
```

在顶层同时例化 UART 发射机控制器、UART 发送比特计数器、UART 数据寄存器、UART 数据移位寄存器的模块，组成一个完整的 UART 发送模块。UART 发射器顶层模块的逻辑描述如例 8-12 所示。

【例 8-12】 UART 发射器顶层模块

```
LIBRARY IEEE;
USE IEEE.STD_LOGIC_1164.ALL;
USE IEEE.STD_LOGIC_UNSIGNED.ALL;
ENTITY UART_XMTR IS
    GENERIC (
        word_size           : INTEGER : = 8;
        size_bit_count      : INTEGER : = 3
    );
    PORT (
        Serial_out          : OUT STD_LOGIC;
        Data_Bus            : IN STD_LOGIC_VECTOR(word_size - 1 DOWNTO 0);
        Byte_ready          : IN STD_LOGIC;
        Load_XMT_datareg    : IN STD_LOGIC;
        T_byte              : IN STD_LOGIC;
        clk                 : IN STD_LOGIC;
        rst                 : IN STD_LOGIC
    );
END ENTITY UART_XMTR;
ARCHITECTURE behave OF UART_XMTR IS
    COMPONENT uart_tx_shftreg IS
        GENERIC (
            word_size       : INTEGER : = 8
        );
        PORT (
            Serial_out      : OUT STD_LOGIC;
            Load_XMT_shftreg : IN STD_LOGIC;
            start           : IN STD_LOGIC;
            shift           : IN STD_LOGIC;
            XMT_datareg     : IN STD_LOGIC_VECTOR(word_size - 1 DOWNTO 0);
            clk             : IN STD_LOGIC;
            rst             : IN STD_LOGIC
```

```
                );
            END COMPONENT;
            COMPONENT uart_tx_ctlr IS
                PORT (
                    Byte_ready              : IN STD_LOGIC;
                    bit_count               : IN STD_LOGIC_VECTOR(size_bit_count DOWNTO 0);
                    T_byte                  : IN STD_LOGIC;
                    clk                     : IN STD_LOGIC;
                    rst                     : IN STD_LOGIC;
                    Load_XMT_shftreg        : OUT STD_LOGIC;
                    start                   : OUT STD_LOGIC;
                    shift                   : OUT STD_LOGIC;
                    clear                   : OUT STD_LOGIC
                );
            END COMPONENT;
            COMPONENT uart_tx_datareg IS
                PORT (
                    XMT_datareg             : OUT STD_LOGIC_VECTOR(word_size - 1 DOWNTO 0);
                    Data_Bus                : IN STD_LOGIC_VECTOR(word_size - 1 DOWNTO 0);
                    Load_XMT_datareg        : IN STD_LOGIC;
                    clk                     : IN STD_LOGIC;
                    rst                     : IN STD_LOGIC
                );
            END COMPONENT;
            COMPONENT uart_tx_bitcounter IS
                PORT (
                    bit_count               : OUT STD_LOGIC_VECTOR(size_bit_count DOWNTO 0);
                    clear                   : IN STD_LOGIC;
                    shift                   : IN STD_LOGIC;
                    clk                     : IN STD_LOGIC;
                    rst                     : IN STD_LOGIC
                );
            END COMPONENT;
            CONSTANT one_hot_count          : INTEGER : = 3;
            CONSTANT state_count            : INTEGER : = one_hot_count;
            SIGNAL XMT_datareg              : STD_LOGIC_VECTOR(word_size - 1 DOWNTO 0);
            SIGNAL XMT_shftreg              : STD_LOGIC_VECTOR(word_size DOWNTO 0);
            SIGNAL Load_XMT_shftreg         : STD_LOGIC;
            SIGNAL state                    : STD_LOGIC_VECTOR(state_count - 1 DOWNTO 0);
            SIGNAL next_state               : STD_LOGIC_VECTOR(state_count - 1 DOWNTO 0);
            SIGNAL bit_count                : STD_LOGIC_VECTOR(size_bit_count DOWNTO 0);
            SIGNAL clear                    : STD_LOGIC;
            SIGNAL shift                    : STD_LOGIC;
            SIGNAL start                    : STD_LOGIC;
            SIGNAL Serial_out_wire          : STD_LOGIC;
        BEGIN
            Serial_out < = Serial_out_wire;
            u_ctlr: uart_tx_ctlr
                PORT MAP (
                    Byte_ready              = > Byte_ready,
                    bit_count               = > bit_count,
                    T_byte                  = > T_byte,
                    clk                     = > clk,
                    rst                     = > rst,
```

```
        Load_XMT_shftreg        => Load_XMT_shftreg,
        start                   => start,
        shift                   => shift,
        clear                   => clear
    );
u_bitcounter                : uart_tx_bitcounter
    PORT MAP (
        bit_count               => bit_count,
        clear                   => clear,
        shift                   => shift,
        clk                     => clk,
        rst                     => rst
    );
u_shftreg                   : uart_tx_shftreg
    PORT MAP (
        Serial_out              => Serial_out_wire,
        Load_XMT_shftreg        => Load_XMT_shftreg,
        start                   => start,
        shift                   => shift,
        XMT_datareg             => XMT_datareg,
        clk                     => clk,
        rst                     => rst
    );
u_datareg                   : uart_tx_datareg
    PORT MAP (
        XMT_datareg             => XMT_datareg,
        Data_Bus                => Data_Bus,
        Load_XMT_datareg        => Load_XMT_datareg,
        clk                     => clk,
        rst                     => rst
    );
END ARCHITECTURE behave;
```

8.4.3 通用异步收发机的接收器

UART 接收器负责接收串行比特流,去除起始位,并以并行格式将数据保存到与主机数据总线相连的寄存器里。接收器无法获得发送时钟,因此尽管数据以标准比特率到达,但数据仍未必与接收主机内的时钟同步。同步问题可以通过使用一个更高频率的本地时钟对接收数据进行采样并保证其完整性来解决,通常用锁相环来产生本地时钟。在本方案中,数据(假定为 10 位格式)将以接收器主机产生的 Sample_clock 速率被采样。为保证采样是在比特时间的中间进行,应对 Sample_clock 时钟周期进行计数,如图 8-20 所示。假设到达的数据已与接收器本地时钟同步,采样方法必须保证:①能够检验到起始位到达;②能够采样到 8 个数据位;③能够把采样数据送到本地总线。

虽然可以采用更高的采样频率,但本例中 Sample_clock 的频率定为已知的发送位时钟频率的 8 倍。这可以保证 Sample_clock 前沿与起始位沿之间的少许差异不会影响采样,因为采样仍可在发送位对应的时间间隔内进行。输入变为低电平后连续采样到 0 值表明起始位到来,而后将增加三次采样来确定起始位是否有效,此后的 8 个连续位都将在比特时间的中间附近被采样。最坏情况下,采样提前比特时间实际中间值整整一个 Sample_clock 周

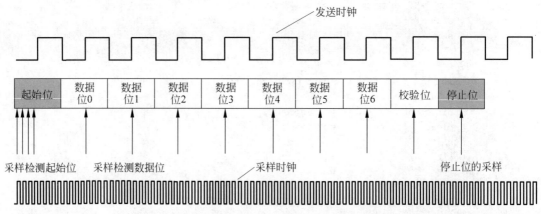

图 8-20　UART 接收器再生时钟下的采样格式

期，这种偏移是可以容忍的。为保证该方案实施，数据通路中有相应的计数器，且其状态会被送到控制单元。

图 8-21 中的高层框图显示了状态机控制器的输入和输出，状态机控制器与主处理器连接，并控制接收机采样方案的实施。

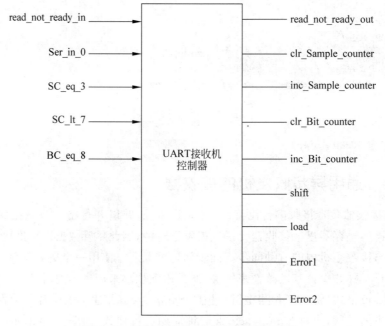

图 8-21　UART 接收机控制器的接口信号

该状态机的主（外部）输入和状态输入如下。

read_not_ready_in	表示主机未准备好接收
Ser_in_0	当 Serial_in = 0 时有效
SC_eq_3	当 Sample_counter = 3 时有效
SC_lt_7	当 Sample_count < 7 时有效
BC_eq_8	当 Bit_counter = 8 时有效
Sample_counter	对采样按位计数

Bit_counter	计数已采样的位数

该状态机产生的输出信号如下。

read_not_ready_out	表示接收机已接收到 8 位数据
clr_Sample_counter	Sample_counter 计数值加 1
inc_Sample_counter	当 Sample_counter = 3 时有效
clr_Bit_counter	Bit_counters 清零
inc_Bit_counter	Bit_counter 计数值加 1
shift	RCV_shftreg 向 LSB 方向移位
load	RCV_shftreg 数据传送到 RCV_datareg
Error1	最后一个数据位采样结束后主机还没有准备好接收数据时有效
Error2	停止位丢失时有效

接收器状态机控制器的 ASM 如图 8-22 所示。该状态机包括 idle、starting 和 receiving 三个状态。状态之间的转移由 Sample_clk 来同步。低有效的同步复位输入使状态机进入 idle 状态,直到状态信号 Ser_in_0 变为低电平后状态机进入 starting 状态。在 starting 状态下,状态机重复采样 Serial_in 以确认第一个位是否是有效起始位(必须为 0)。在 Sample_clock 的下一个有效沿,inc_Sample_counter 和 clr_Sample_counter 需根据采样值确定是增加计数值还是清零;若接下来 Serial_in 的连续三个采样值均为 0,则认为有效起始位到达,状态机转移到 receiving 状态并将 Sample_counter 清零。在 receiving 状态下 inc_Sample_counter 有效时,状态机进行 8 次连续采样(在 Sample_clk 有效沿每位采一次样),Bit_counter 增加。若采样的不是最后一个(校验)位,则 inc_Bit_counter 和 shift 保持有效。信号 shift 有效时采样值将载入接收器移位寄存器 RCV_shftreg 的 MSB 位,且寄存器最左边的 7 位将向 LSB 方向移动。

在采样完最后一个位后,状态机将输出到主机的握手信号 read_not_ready_out 置为有效并清除位计数器,同时检查数据完整性以及主机状态:若 read_not_ready_in 有效表明主机未准备好接收数据(Error1);若下一位不是停止位(Ser_in_0 = 1)则说明接收数据格式错误(Error2)。另外,load 信号有效时移位寄存器中的内容将以并行格式发送到与 data_bus 直接相连的主机数据寄存器 RCV_datareg 中。

下面是由图 8-22 中的 ASM 图直接得到的 8 位 UART 接收器的 VHDL 描述。注意,设计划分中父模块端口必须定义合适的大小以与子模块向量端口匹配,否则这些端口会被视为父模块内的默认标量。

UART 接收机控制器的逻辑描述如例 8-13 所示,该控制器与主机接口并控制接收采样。

【例 8-13】 UART 接收机控制器

```
LIBRARY IEEE;
USE IEEE.STD_LOGIC_1164.ALL;
USE IEEE.STD_LOGIC_UNSIGNED.ALL;
ENTITY Control_Unit IS
  PORT (
    read_not_ready_out        : OUT STD_LOGIC;
    Error1                    : OUT STD_LOGIC;
    Error2                    : OUT STD_LOGIC;
```

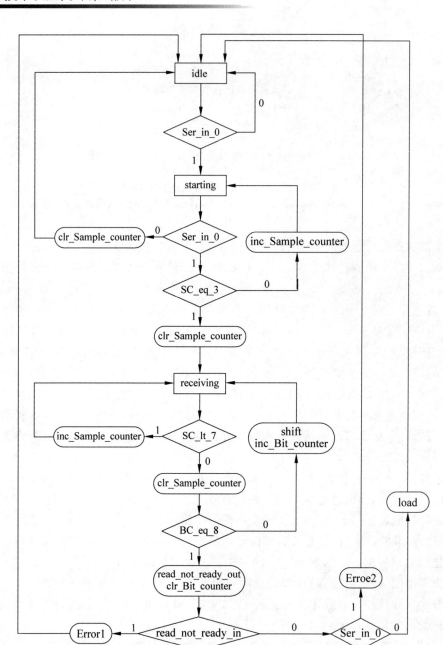

图 8-22　UART_receiver 的 ASM 图

```
clr_Sample_counter       : OUT STD_LOGIC;
inc_Sample_counter       : OUT STD_LOGIC;
clr_Bit_counter          : OUT STD_LOGIC;
inc_Bit_counter          : OUT STD_LOGIC;
shift                    : OUT STD_LOGIC;
load                     : OUT STD_LOGIC;
read_not_ready_in        : IN STD_LOGIC;
Ser_in_0                 : IN STD_LOGIC;
SC_eq_3                  : IN STD_LOGIC;
```

```vhdl
    SC_lt_7                    : IN STD_LOGIC;
    BC_eq_8                    : IN STD_LOGIC;
    Sample_clk                 : IN STD_LOGIC;
    rst                        : IN STD_LOGIC
  );
END ENTITY Control_Unit;
ARCHITECTURE behave OF Control_Unit IS
  CONSTANT Num_state_bits    : INTEGER : = 2;
  CONSTANT idle              : STD_LOGIC_VECTOR(Num_state_bits - 1 DOWNTO 0) : = "00";
  CONSTANT starting          : STD_LOGIC_VECTOR(Num_state_bits - 1 DOWNTO 0) : = "01";
  CONSTANT receiving         : STD_LOGIC_VECTOR(Num_state_bits - 1 DOWNTO 0) : = "10";
  SIGNAL state               : STD_LOGIC_VECTOR(Num_state_bits - 1 DOWNTO 0);
  SIGNAL next_state          : STD_LOGIC_VECTOR(Num_state_bits - 1 DOWNTO 0);
BEGIN
  PROCESS (Sample_clk, rst)
  BEGIN
    IF ((NOT(rst)) = '1') THEN
        state < = idle;
    ELSIF (Sample_clk'EVENT AND Sample_clk = '1') THEN
        state < = next_state;
    END IF;
  END PROCESS;
  PROCESS (state, Ser_in_0, SC_eq_3, SC_lt_7, BC_eq_8, read_not_ready_in)
  BEGIN
    read_not_ready_out < = '0';
    clr_Sample_counter < = '0';
    clr_Bit_counter < = '0';
    inc_Sample_counter < = '0';
    inc_Bit_counter < = '0';
    shift < = '0';
    Error1 < = '0';
    Error2 < = '0';
    load < = '0';
    next_state < = idle;
    CASE state IS
        WHEN idle = >
            IF (Ser_in_0 = '1') THEN
                next_state < = starting;
            ELSE
                next_state < = idle;
            END IF;
        WHEN starting = >
            IF (Ser_in_0 = '0') THEN
                next_state < = idle;
                clr_Sample_counter < = '1';
            ELSIF (SC_eq_3 = '1') THEN
                next_state < = receiving;
                clr_Sample_counter < = '1';
            ELSE
                inc_Sample_counter < = '1';
                next_state < = starting;
```

```
                END IF;
          WHEN receiving = >
              IF (SC_lt_7 = '1') THEN
                  inc_Sample_counter < = '1';
                  next_state < = receiving;
              ELSE
                  clr_Sample_counter < = '1';
                  IF ((NOT(BC_eq_8)) = '1') THEN
                      shift < = '1';
                      inc_Bit_counter < = '1';
                      next_state < = receiving;
                  ELSE
                      next_state < = idle;
                      read_not_ready_out < = '1';
                      clr_Bit_counter < = '1';
                      IF (read_not_ready_in = '1') THEN
                          Error1 < = '1';
                      ELSIF (Ser_in_0 = '1') THEN
                          Error2 < = '1';
                      ELSE
                          load < = '1';
                      END IF;
                  END IF;
              END IF;
          WHEN OTHERS = >
              next_state < = idle;
      END CASE;
   END PROCESS;
END ARCHITECTURE behave;
```

UART 条件判决器的逻辑描述如例 8-14 所示。

【例 8-14】 UART 条件判决器

```
LIBRARY IEEE;
USE IEEE.STD_LOGIC_1164.ALL;
USE IEEE.STD_LOGIC_UNSIGNED.ALL;
USE IEEE.STD_LOGIC_ARITH.ALL;
ENTITY Decision_Unit IS
  GENERIC (
     Num_counter_bits          : INTEGER : = 4
  );
  PORT (
     Serial_in                 : IN STD_LOGIC;
     Bit_counter               : IN STD_LOGIC_VECTOR(Num_counter_bits DOWNTO 0);
     Sample_counter            : IN STD_LOGIC_VECTOR(Num_counter_bits - 1 DOWNTO 0);
     Ser_in_0                  : OUT STD_LOGIC;
     BC_eq_8                   : OUT STD_LOGIC;
     SC_lt_7                   : OUT STD_LOGIC;
     SC_eq_3                   : OUT STD_LOGIC
  );
END ENTITY Decision_Unit;
```

```
ARCHITECTURE behave OF Decision_Unit IS
  CONSTANT word_size          : INTEGER : = 8;
  CONSTANT half_word          : INTEGER : = word_size / 2;
BEGIN
  Ser_in_0 <= '1' WHEN (Serial_in = '0') ELSE '0';
  BC_eq_8 <= '1' WHEN (Bit_counter = "01000") ELSE '0';
  SC_lt_7 <= '1' WHEN (Sample_counter < "0111") ELSE '0';
  SC_eq_3 <= '1' WHEN (Sample_counter = "0011") ELSE '0';
END ARCHITECTURE behave;
```

UART 采样、比特计数器的逻辑描述如例 8-15 所示。

【例 8-15】 UART 采样、比特计数器

```
LIBRARY IEEE;
USE IEEE. STD_LOGIC_1164. ALL;
USE IEEE. STD_LOGIC_UNSIGNED. ALL;
ENTITY Counter_Unit IS
  GENERIC (
     Num_counter_bits       : INTEGER : = 4
  );
  PORT (
     clr_Sample_counter     : IN STD_LOGIC;
     inc_Sample_counter     : IN STD_LOGIC;
     clr_Bit_counter        : IN STD_LOGIC;
     inc_Bit_counter        : IN STD_LOGIC;
     Sample_counter         : OUT STD_LOGIC_VECTOR(Num_counter_bits − 1 DOWNTO 0);
     Bit_counter            : OUT STD_LOGIC_VECTOR(Num_counter_bits DOWNTO 0);
     Sample_clk             : IN STD_LOGIC;
     rst                    : IN STD_LOGIC
  );
END ENTITY Counter_Unit;
ARCHITECTURE behave OF Counter_Unit IS
  SIGNAL Sample_counter_reg  : STD_LOGIC_VECTOR(Num_counter_bits − 1 DOWNTO 0);
  SIGNAL Bit_counter_reg     : STD_LOGIC_VECTOR(Num_counter_bits DOWNTO 0);
BEGIN
  Sample_counter <= Sample_counter_reg;
  Bit_counter <= Bit_counter_reg;
  PROCESS (Sample_clk, rst)
  BEGIN
     IF ((NOT(rst)) = '1') THEN
        Sample_counter_reg <= "0000";
        Bit_counter_reg <= "00000";
     ELSIF (Sample_clk'EVENT AND Sample_clk = '1') THEN
        IF (clr_Sample_counter = '1') THEN
           Sample_counter_reg <= "0000";
        ELSIF (inc_Sample_counter = '1') THEN
           Sample_counter_reg <= Sample_counter_reg + "0001";
        END IF;
        IF (clr_Bit_counter = '1') THEN
           Bit_counter_reg <= "00000";
        ELSIF (inc_Bit_counter = '1') THEN
```

```
                        Bit_counter_reg <= Bit_counter_reg + "00001";
            END IF;
        END IF;
    END PROCESS;
END ARCHITECTURE behave;
```

UART 串行数据接收器的逻辑描述如例 8-16 所示。

【例 8-16】 UART 串行数据接收器

```
LIBRARY IEEE;
USE IEEE.STD_LOGIC_1164.ALL;
USE IEEE.STD_LOGIC_UNSIGNED.ALL;
ENTITY SerialDataRcv_Unit IS
  GENERIC (
      word_size              : INTEGER : = 8
  );
  PORT (
      RCV_datareg            : OUT STD_LOGIC_VECTOR(word_size - 1 DOWNTO 0);
      Serial_in              : IN STD_LOGIC;
      shift                  : IN STD_LOGIC;
      load                   : IN STD_LOGIC;
      Sample_clk             : IN STD_LOGIC;
      rst                    : IN STD_LOGIC
  );
END ENTITY SerialDataRcv_Unit;
ARCHITECTURE behave OF SerialDataRcv_Unit IS
  SIGNAL RCV_shftreg         : STD_LOGIC_VECTOR(word_size - 1 DOWNTO 0);
BEGIN
  PROCESS (Sample_clk,rst)
  BEGIN
      IF ((NOT(rst)) = '1') THEN
          RCV_datareg <= "00000000";
          RCV_shftreg <= "00000000";
      ELSIF (Sample_clk'EVENT AND Sample_clk = '1') THEN
          IF (shift = '1') THEN
              RCV_shftreg <= (Serial_in & RCV_shftreg(word_size - 1 DOWNTO 1));
          END IF;
          IF (load = '1') THEN
              RCV_datareg <= RCV_shftreg;
          END IF;
      END IF;
  END PROCESS;
END ARCHITECTURE behave;
```

UART 接收器顶层模块的逻辑描述如例 8-17 所示。

【例 8-17】 UART 接收器顶层模块

```
LIBRARY IEEE;
USE IEEE.STD_LOGIC_1164.ALL;
USE IEEE.STD_LOGIC_UNSIGNED.ALL;
ENTITY UART_RCVR IS
```

```
    GENERIC (
        word_size               : INTEGER : = 8;
        Num_counter_bits        : INTEGER : = 4
    );
    PORT (
        RCV_datareg             : OUT STD_LOGIC_VECTOR(word_size - 1 DOWNTO 0);
        read_not_ready_out      : OUT STD_LOGIC;
        Error1                  : OUT STD_LOGIC;
        Error2                  : OUT STD_LOGIC;
        Serial_in               : IN STD_LOGIC;
        read_not_ready_in       : IN STD_LOGIC;
        Sample_clk              : IN STD_LOGIC;
        rst                     : IN STD_LOGIC
    );
END ENTITY UART_RCVR;
ARCHITECTURE behave OF UART_RCVR IS
    COMPONENT Control_Unit IS
        PORT (
            read_not_ready_out  : OUT STD_LOGIC;
            Error1              : OUT STD_LOGIC;
            Error2              : OUT STD_LOGIC;
            clr_Sample_counter  : OUT STD_LOGIC;
            inc_Sample_counter  : OUT STD_LOGIC;
            clr_Bit_counter     : OUT STD_LOGIC;
            inc_Bit_counter     : OUT STD_LOGIC;
            shift               : OUT STD_LOGIC;
            load                : OUT STD_LOGIC;
            read_not_ready_in   : IN STD_LOGIC;
            Ser_in_0            : IN STD_LOGIC;
            SC_eq_3             : IN STD_LOGIC;
            SC_lt_7             : IN STD_LOGIC;
            BC_eq_8             : IN STD_LOGIC;
            Sample_clk          : IN STD_LOGIC;
            rst                 : IN STD_LOGIC
        );
    END COMPONENT;
    COMPONENT Counter_Unit IS
        PORT (
            clr_Sample_counter  : IN STD_LOGIC;
            inc_Sample_counter  : IN STD_LOGIC;
            clr_Bit_counter     : IN STD_LOGIC;
            inc_Bit_counter     : IN STD_LOGIC;
            Sample_counter      : OUT STD_LOGIC_VECTOR(Num_counter_bits - 1 DOWNTO 0);
            Bit_counter         : OUT STD_LOGIC_VECTOR(Num_counter_bits DOWNTO 0);
            Sample_clk          : IN STD_LOGIC;
            rst                 : IN STD_LOGIC
        );
    END COMPONENT;
```

```
COMPONENT SerialDataRcv_Unit IS
    PORT (
        RCV_datareg            : OUT STD_LOGIC_VECTOR(word_size - 1 DOWNTO 0);
        Serial_in              : IN STD_LOGIC;
        shift                  : IN STD_LOGIC;
        load                   : IN STD_LOGIC;
        Sample_clk             : IN STD_LOGIC;
        rst                    : IN STD_LOGIC
    );
END COMPONENT;
COMPONENT Decision_Unit IS
    PORT (
        Serial_in              : IN STD_LOGIC;
        Bit_counter            : IN STD_LOGIC_VECTOR(Num_counter_bits DOWNTO 0);
        Sample_counter         : IN STD_LOGIC_VECTOR(Num_counter_bits - 1 DOWNTO 0);
        Ser_in_0               : OUT STD_LOGIC;
        BC_eq_8                : OUT STD_LOGIC;
        SC_lt_7                : OUT STD_LOGIC;
        SC_eq_3                : OUT STD_LOGIC
    );
END COMPONENT;
CONSTANT half_word             : INTEGER : = word_size / 2;
SIGNAL clr_Sample_counter      : STD_LOGIC;
SIGNAL inc_Sample_counter      : STD_LOGIC;
SIGNAL clr_Bit_counter         : STD_LOGIC;
SIGNAL inc_Bit_counter         : STD_LOGIC;
SIGNAL shift                   : STD_LOGIC;
SIGNAL load                    : STD_LOGIC;
SIGNAL Ser_in_0                : STD_LOGIC;
SIGNAL SC_eq_3                 : STD_LOGIC;
SIGNAL SC_lt_7                 : STD_LOGIC;
SIGNAL BC_eq_8                 : STD_LOGIC;
SIGNAL Sample_counter          : STD_LOGIC_VECTOR(Num_counter_bits - 1 DOWNTO 0);
SIGNAL Bit_counter             : STD_LOGIC_VECTOR(Num_counter_bits DOWNTO 0);
SIGNAL RCV_datareg_wire        : STD_LOGIC_VECTOR(word_size - 1 DOWNTO 0);
SIGNAL read_not_ready_out_wire    : STD_LOGIC;
SIGNAL Error1_wire             : STD_LOGIC;
SIGNAL Error2_wire             : STD_LOGIC;
BEGIN
    RCV_datareg < = RCV_datareg_wire;
    read_not_ready_out < = read_not_ready_out_wire;
    Error1 < = Error1_wire;
    Error2 < = Error2_wire;
    u_ctl: Control_Unit
        PORT MAP (
            read_not_ready_out     = > read_not_ready_out_wire,
            Error1                 = > Error1_wire,
            Error2                 = > Error2_wire,
            clr_Sample_counter     = > clr_Sample_counter,
            inc_Sample_counter     = > inc_Sample_counter,
            clr_Bit_counter        = > clr_Bit_counter,
```

```
            inc_Bit_counter          = > inc_Bit_counter,
            shift                     = > shift,
            load                      = > load,
            read_not_ready_in         = > read_not_ready_in,
            Ser_in_0                  = > Ser_in_0,
            SC_eq_3                   = > SC_eq_3,
            SC_lt_7                   = > SC_lt_7,
            BC_eq_8                   = > BC_eq_8,
            Sample_clk                = > Sample_clk,
            rst                       = > rst
        );
    u_dec : Decision_Unit
        PORT MAP (
            Serial_in                 = > Serial_in,
            Bit_counter               = > Bit_counter,
            Sample_counter            = > Sample_counter,
            Ser_in_0                  = > Ser_in_0,
            BC_eq_8                   = > BC_eq_8,
            SC_lt_7                   = > SC_lt_7,
            SC_eq_3                   = > SC_eq_3
        );
    u_cntr: Counter_Unit
        PORT MAP (
            clr_Sample_counter        = > clr_Sample_counter,
            inc_Sample_counter        = > inc_Sample_counter,
            clr_Bit_counter           = > clr_Bit_counter,
            inc_Bit_counter           = > inc_Bit_counter,
            Sample_counter            = > Sample_counter,
            Bit_counter               = > Bit_counter,
            Sample_clk                = > Sample_clk,
            rst                       = > rst
        );
    u_sdr: SerialDataRcv_Unit
        PORT MAP (
            RCV_datareg               = > RCV_datareg_wire,
            Serial_in                 = > Serial_in,
            shift                     = > shift,
            load                      = > load,
            Sample_clk                = > Sample_clk,
            rst                       = > rst
        );
END ARCHITECTURE behave;
```

8.4.4 通用异步收发机的验证

图 8-23 和图 8-24 给出了一些 8 位字数据的仿真结果。仿真器输出波形说明了发送器的主要行为特征。首先观察 rst 有效后的信号值,此时为 idle 状态,注意,Data_Bus 的初始值为仿真验证平台指定的 8'ha7(8'b1010_0111)。当 Load_XMT_datareg 有效而 Byte_ready 仍为无效时,Data_Bus 上的内容被载入 XMT_datareg。状态机将保持 idle 状态直到

Byte_ready 变为有效。当 Byte_ready 有效时,Load_XMT_shftreg 也变为有效,状态机在下一时钟有效沿进入 waiting 状态,9 位的 XMT_shftreg 载入值{8'ha7,1'b1}＝9'b1_0100_1111＝9'h14f(注意,这里 XMT_shftreg 的 LSB 位用 1 回填)。状态机将保持 waiting 状态直到 T_byte 变为有效。当 T_byte 有效时 start 也变为有效,状态机在 T_byte 有效(主机设置)后紧接着的下一个时钟有效沿处进入 sending 状态,并对 XMT_shftreg 的 LSB 填 0。XMT_shftreg 中的 9 位数据字变成 9'b1_0100_1110＝9'h14e。LSB 位置的"0"标志着发送的开始。图 8-24 说明了数据在 XMT_shftreg 中的移动过程。注意是在后面填充 1,同时数据往右移动。在 bit_count 的值变为 9(对 8 位字而言)之后的时钟有效沿处,clear 变为有效,bit_count 被清零,状态机返回 idle 状态。

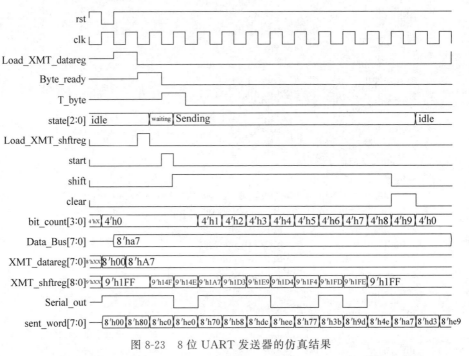

图 8-23　8 位 UART 发送器的仿真结果

为了达到诊断的目的,验证平台定义了用于接收 Serial_out(通过解除分层)的 10 位移位寄存器。图 8-23 中用 sent_word[7:0]表示寄存器最内部的 8 个位。注意,由于 sent_word 是(移位寄存器中的)寄存输出,在 bit_count 到达 9 后的那个时钟周期(比特时间)其值为 8'ha7。图 8-23 和图 8-24 中的结果证明:①在 Load_XMT_datareg 的控制下,数据总线上的内容被加载到了 XMT 数据寄存器中;②在 Load_XMT_shfreg 的控制下,8 位 XMT数据寄存器的内容被加载到了 9 位 XMT 移位寄存器的高 8 位;③在 start 的控制下,开始位清零且 XMT 移位寄存器的内容被移出。

图 8-25 中的波形仿真结果说明了 UART 接收器的功能特性。UART 接收器接收到的数据为 8'hb5＝8'b1011_0101。接收顺序为从 LSB 到 MSB,数据从接收移位寄存器的 MSB移到 LSB。数据的前面为起始位,后面跟停止位。rst 为 0 时控制器处于 idle 状态且计数器清零。在复位信号无效后的第一个 Sample_clock 有效沿且 Ser_in_0 为 1 时,控制器进入starting 状态,判断是否收到起始位。在 Serial_in 的另 3 个采样值,总共 4 个采样值均为 0

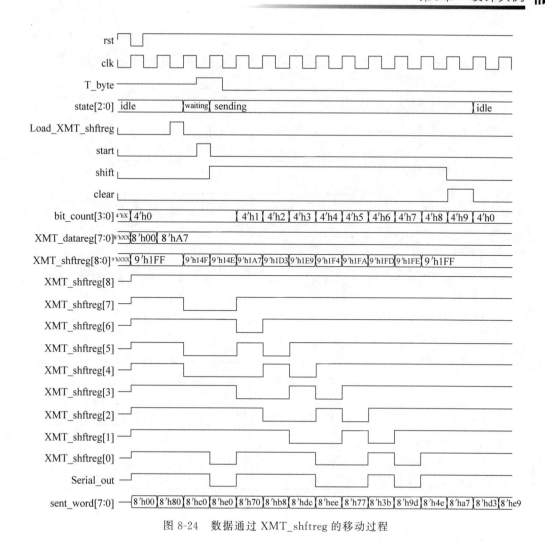

图 8-24 数据通过 XMT_shftreg 的移动过程

时,Sample_counter 清零且控制器进入 receiving 状态。此后第 8 次采样后 shift 置为有效,其下一个时钟有效沿处的采样值被移入 RCV_shftreg 的 MSB 位,则 RCV_shftreg 的值变为 8'h80=8'b1000_0000。下一个重复周期中采样值为 0,使得寄存器 RCV_shftreg 的内容变成 8'b0100_0000=8'h40。

图 8-26 给出了采样周期的末尾。在采样完最后一个数据位后,状态机再次采样以检测停止位。若无错误,则将 RCV_shftreg 中的内容载入 RCV_datareg。本例中,最终由 RCV_shftreg 载入 RCV_datareg 的值为 8'hb5。

至此对 UART 发送器和接收器的功能仿真初步结束,下一步可以将 UART 的发送器和接收器整合在一个模块里,即构成完整的 UART 模块,其 VHDL 描述参见例 8-18。

【例 8-18】 具备完整收发功能的 UART

```
LIBRARY IEEE;
USE IEEE.STD_LOGIC_1164.ALL;
USE IEEE.STD_LOGIC_UNSIGNED.ALL;
ENTITY uart IS
```

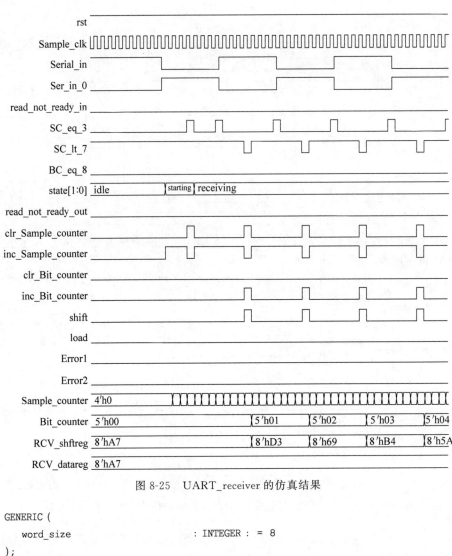

图 8-25　UART_receiver 的仿真结果

```
GENERIC (
    word_size                    : INTEGER : = 8
);
PORT (
    Serial_out                   : OUT STD_LOGIC;
    Data_Bus                     : IN STD_LOGIC_VECTOR(word_size - 1 DOWNTO 0);
    Byte_ready                   : IN STD_LOGIC;
    Load_XMT_datareg             : IN STD_LOGIC;
    T_byte                       : IN STD_LOGIC;
    clk                          : IN STD_LOGIC;
    rst                          : IN STD_LOGIC;
    RCV_datareg                  : OUT STD_LOGIC_VECTOR(word_size - 1 DOWNTO 0);
    read_not_ready_out           : OUT STD_LOGIC;
    Error1                       : OUT STD_LOGIC;
    Error2                       : OUT STD_LOGIC;
    Serial_in                    : IN STD_LOGIC;
    read_not_ready_in            : IN STD_LOGIC;
    Sample_clk                   : IN STD_LOGIC
```

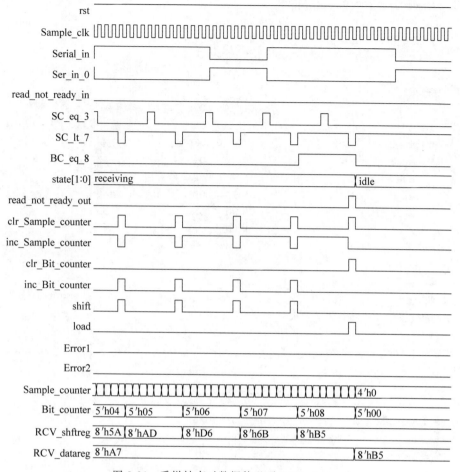

图 8-26 采样结束时数据传送到 RCV_datareg

```
    );
END ENTITY uart;
ARCHITECTURE behave OF uart IS
    COMPONENT UART_XMTR IS
        GENERIC (
            word_size              : INTEGER : = 8;
            size_bit_count         : INTEGER : = 3
        );
        PORT (
            Serial_out             : OUT STD_LOGIC;
            Data_Bus               : IN STD_LOGIC_VECTOR(word_size - 1 DOWNTO 0);
            Byte_ready             : IN STD_LOGIC;
            Load_XMT_datareg       : IN STD_LOGIC;
            T_byte                 : IN STD_LOGIC;
            clk                    : IN STD_LOGIC;
            rst                    : IN STD_LOGIC
        );
    END COMPONENT;
```

```vhdl
COMPONENT UART_RCVR IS
  GENERIC (
      word_size                    : INTEGER : = 8;
      Num_counter_bits             : INTEGER : = 4
  );
  PORT (
      RCV_datareg                  : OUT STD_LOGIC_VECTOR(word_size - 1 DOWNTO 0);
      read_not_ready_out           : OUT STD_LOGIC;
      Error1                       : OUT STD_LOGIC;
      Error2                       : OUT STD_LOGIC;
      Serial_in                    : IN STD_LOGIC;
      read_not_ready_in            : IN STD_LOGIC;
      Sample_clk                   : IN STD_LOGIC;
      rst                          : IN STD_LOGIC
  );
END COMPONENT;
SIGNAL Serial_out_wire            : STD_LOGIC;
SIGNAL RCV_datareg_wire           : STD_LOGIC_VECTOR(word_size - 1 DOWNTO 0);
SIGNAL read_not_ready_out_wire    : STD_LOGIC;
SIGNAL Error1_wire                : STD_LOGIC;
SIGNAL Error2_wire                : STD_LOGIC;
BEGIN
  Serial_out < = Serial_out_wire;
  RCV_datareg < = RCV_datareg_wire;
  read_not_ready_out < = read_not_ready_out_wire;
  Error1 < = Error1_wire;
  Error2 < = Error2_wire;
  u_uartx : UART_XMTR
    PORT MAP (
        clk                      = > clk,
        rst                      = > rst,
        serial_out               = > Serial_out_wire,
        data_bus                 = > Data_Bus,
        byte_ready               = > Byte_ready,
        load_xmt_datareg         = > Load_XMT_datareg,
        t_byte                   = > T_byte
      );
  u_uartr : UART_RCVR
    PORT MAP (
        rcv_datareg              = > RCV_datareg_wire,
        read_not_ready_out       = > read_not_ready_out_wire,
        error1                   = > Error1_wire,
        error2                   = > Error2_wire,
        serial_in                = > Serial_in,
        read_not_ready_in        = > read_not_ready_in,
        sample_clk               = > Sample_clk,
        rst                      = > rst
```

```
    );
END ARCHITECTURE behave;
```

为全面验证 UART 模块的发送、接收功能还需要进一步做一些其他测试,例如,可以将 UART 发送器的输出连到 UART 接收器的输入,检验整个 UART 系统发送的数据和接收到的数据是否相等。这样将电子信号、数据流等原样送回发送者的行为叫作自回环通信(loopback),它主要用于对通信功能的测试,帮助调试物理连接问题。自回环通信可以是将接收的信号或数据反馈给发送器的硬件或软件方法。在仿真阶段,通过在顶层例化发送器和接收器,并将发送器的 Serial_out 信号连到接收器的 Serial_in 端口上,显然是自回环通信的软件方法。为了实现自回环通信,可对例 8-18 所示的代码稍加修改,将 Serial_out 和 Serial_in 连在一起,并添加信号产生模块用于生成发送器的待发数据和发送控制信号。

自回环的仿真结果如图 8-27 所示。UART 发送器按照发送控制信号的节律,将待发数据,即计数器的输出,发送到 Serial_out;Serial_out 的数据通过 Serial_in 进入接收器,接收器检测并确认有数据到达之后,根据 Sample_counter 的数值采样 Serial_in,直到采样到 8 个数据比特;接收到的数据存储在 RCV_datareg 中,由图可见,发射器发送的数据和接收器接收到的数据是一样的。

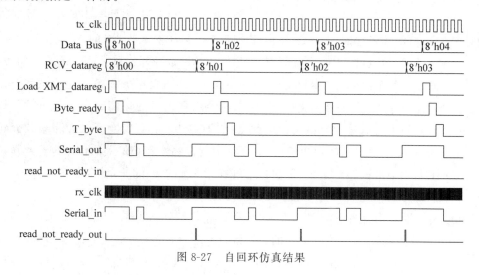

图 8-27 自回环仿真结果

经过以上对单独的发送器、接收器仿真,以及自回环仿真后,对于 UART 的功能验证就较为充分了。对于数字电路而言,功能仿真的正确只是设计正确的必要条件,为了确认 UART 模块能够实际运行,可以使用 Quartus II 将 UART 自回环设计下载到开发板。为此新建 Quartus 工程项目,加入 UART 的代码;编译和综合写好的代码,查看输出报告;通过 TimeQuest 做时钟约束;通过指定管脚,赋能时钟,以及将接收数据显示到开发板上;再次编译和综合项目,此时如果预估的 FPGA 器件时序不能满足时钟约束,Quartus II 软件会出现运行错误并终止编译和综合;将编程文件下载到开发板上,借助传统的逻辑分析仪就可以调试和分析结果。最后一步也可以使用 SignalTap II 调试 UART 设计。大致步骤为:打开 SignalTap II 工具;配置 SignalTap II 的参数,选择需要观察的节点;保存 SignalTap

II 文件，重新编译综合生成编程文件；回到 SignalTap 界面，下载编程文件到开发板，抓取信号并调试 UART。功能仿真的结果将与 SignalTap II 的结果一致；如果选择的观察节点与图 8-27 仿真波形的观察信号一致，那么 SignalTap II 抓取到的 FPGA 器件上的波形将与图 8-27 一致。

8.5　数字 IQ 正交变换

IQ 正交变换是通信原理、数字信号处理、软件无线电等课程中学习的重要知识，在常见的信号处理中有着非常广泛的应用，数字 IQ 正交变换通常是在中频信号经过 ADC 采样后送到 FPGA 后的第一步处理，其原理框图如图 8-28 所示。

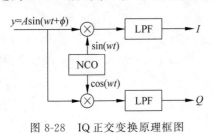

图 8-28　IQ 正交变换原理框图

若有一输入中频信号 $y=A\sin(wt+\phi)$，分别与数控振荡器（NCO）产生的本振正弦 $\sin(wt)$ 分量和余弦 $\cos(wt)$ 分量相乘，将得到 $0.5A\times[-\cos(2wt+\phi)+\cos(\phi)]$ 和 $0.5A\times[\sin(2wt+\phi)+\sin(\phi)]$ 两路信号。两路信号再通过低通滤波器（LPF）滤除 $2w$ 频率成分，得到 $I=A'\cos(\phi)$ 和 $Q=A'\sin(\phi)$。当输入信号的频率和 NCO 输出信号频率严格一致时，以及输出信号的初相角 ϕ 不变时，I 和 Q 分别得到固定不变的常量。这时的 I 和 Q 也称为零中频 I-Q 信号。如果 NCO 输出的本振频率 w 与中频频率 w' 不同，那么所得的 I-Q 信号将带有一载频，载频为本振频率与中频频率之差 $\mathrm{abs}(w'-w)$。根据 I 和 Q 的正交关系，可以根据 $A'=\mathrm{sqrt}(I^2+Q^2)$ 以及滤波器的输入/输出特性求得信号的幅值 A。另外，还可以根据 $\phi=\arctan2(Q,I)$ 求得信号的初相角。由此可见，通过 IQ 正交变换可以去除载频分量，直接获得正弦波三要素中的幅度和初相角，便于将调制在幅度和相位上的信号进行解调。

NCO IP 核、FIR 滤波器 IP 核、乘法器已经在第 7 章中进行了介绍，其使用方法参见相关章节。在 Quartus 中进行数字 IQ 正交变换时，还需注意一个问题。一个 8 位×8 位的乘法器，其输出结果为 16 位；FIR 滤波器中因为使用了多个乘法器，其输出结果的位宽也比输入量多。当输入的 y 为 8 位，NCO 的 sin 和 cos 也为 8 位，则乘法器的输出结果位宽为 16 位，经过 LPF 后输出结果位宽可能达到二十多位。显然，I 和 Q 不必保留这么多位，从动态范围的角度来看，如果原始的输入 y 为 8 位有效位，经过线性变换以后动态范围不会增加，保留 8 位即不会丢失有用信息。因此，在乘法器之后和 LPF 之后最好加入一个位段选择的程序，便于程序员调试，如图 8-29 所示。

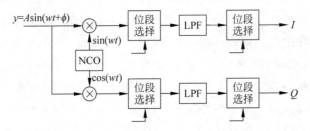

图 8-29　FPGA 中的 IQ 正交变换实现

输入 24 位,输出 12 位的位段选择的 VHDL 程序如例 8-19 所示,利用 case 语句根据 sel 输入值进行选择即可。

【例 8-19】 输出数据的位段选择器

```
LIBRARY IEEE;
USE IEEE.STD_LOGIC_1164.ALL;

ENTITY bit_trunc IS
    PORT(clk: IN STD_LOGIC;
        Din: IN STD_LOGIC_VECTOR(23 downto 0);
        sel: IN STD_LOGIC_VECTOR(2 downto 0);
        Dout: OUT STD_LOGIC_VECTOR(11 downto 0) );

END bit_trunc;

ARCHITECTURE behave OF bit_trunc IS
BEGIN
    PROCESS(CLK)
    BEGIN
        IF(clk'EVENT AND clk = '1') THEN
            CASE sel IS
                WHEN "000"  = > Dout < =  Din(23 TO 12);
                WHEN "110"  = > Dout < =  Din(22 TO 11);
                WHEN "101"  = > Dout < =  Din(21 TO 10);
                WHEN "100"  = > Dout < =  Din(20 TO 9);
                WHEN "011"  = > Dout < =  Din(19 TO 8);
                WHEN "010"  = > Dout < =  Din(18 TO 7);
                WHEN "001"  = > Dout < =  Din(17 TO 6);
                WHEN "000"  = > Dout < =  Din(16 TO 5);
                WHEN   OTHERS = > Dout < =  Din(23 TO 12);
            END CASE;
        END IF;
    END PROCESS;
END behave;
```

在 Quartus Prime 18 环境中,实现 IQ 正交变换的原理图如图 8-30 所示,图中左上角为 NCO 产生一定频率的 sin 和 cos 波;NCO 的下方为两个 12b×12b 的硬件乘法器,有时钟 输入端,24b 的乘法结果延迟 1 个时钟输出;乘法器的右边是由上述程序编写生成的位段 选择器,将 24b 数据截取其中 12b 输出;随后,两路信号分别接入两个相同的 FIR 低通滤波 器,输入 24b 滤波后的数据,最后再经过段位选择器得到 12b 的 I、Q 信号。FIR 低通滤波器 的默认输出位数由滤波器系数的位宽、滤波器阶数共同决定。利用 File→Create/Update→ Create Symbol Files for Current File 菜单,将该原理图文件编译生成 BSF 文件,供上层原 理图文件调用,如图 8-31(a)所示。若上层设计为 Verilog 或 VHDL 程序,则需利用 File→ Create/Update→Create HDL Design File for Current File 菜单将该原理图文件编译生成.v 文件或.vhd 文件,如图 8-31(b)所示。

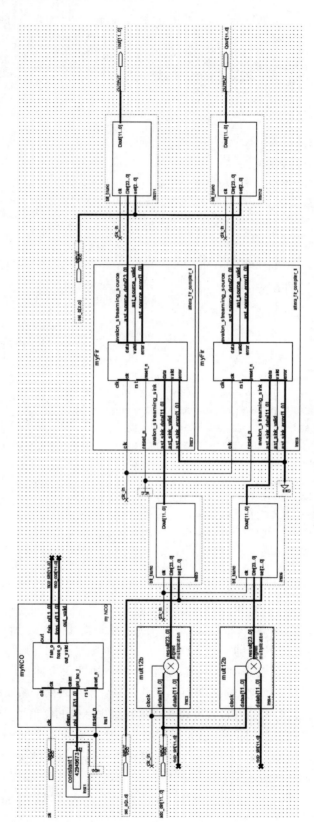

图 8-30　用原理图方式实现 IQ 正交变换

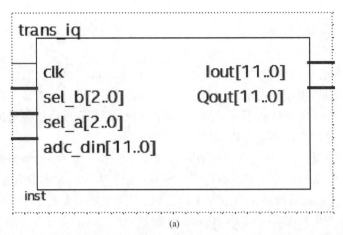

(a)

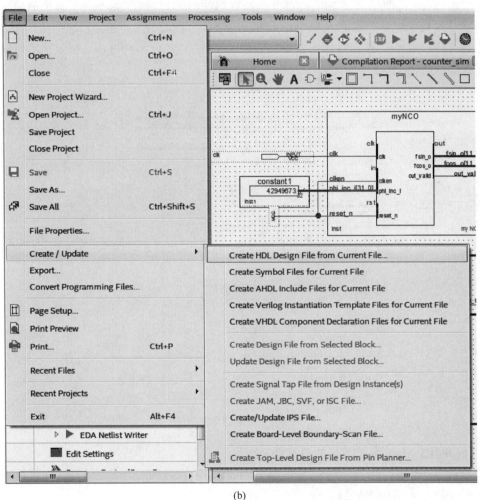

(b)

图 8-31 IQ 正交变换模块调用方法

8.6 多通道数据同步

在一些特殊的应用场合，如相控阵雷达的数字波束形成（DBF）会对多个通道的中频信号同时进行信号处理，而不同通道的信号利用来自同一个源的时钟进行 ADC 采样，但经过 ADC 采样后数据流和随路时钟不可能同步，而在 FPGA 中同时处理多通道的数据流必须使用统一的时钟，这时就需要对多通道的数据流进行同步。

同步的方法是：利用在第 7 章中介绍的双端口 ram 作为缓存，各通道的数据流使用各自的随路时钟写入 ram 的输入端，而用同一个时钟去读取各 ram 上的数据流。同时，为了避免对 ram 同一单元进行既读又写的冲突，写地址和读地址相差若干个单元。ram 的存储深度不用太大，8 或者 16 即可。双端口 ram 的例化方法已在第 7 章中介绍，这里不再赘述。利用双端口 ram 实现两个通道数据同步的原理图如图 8-32 所示，两个以上通道的同步可以此类推。读写地址发生模块的 VHDL 代码如例 8-20，读时钟 rd_clk 就是通道 1 的随路时钟 clk1，读地址 rd_addr 始终比通道 1 写地址 wr_addr1 大 8（不算进位），以保证不对同一单元同时进行既读又写的操作。

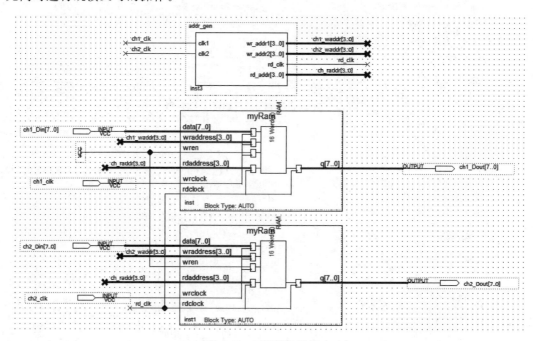

图 8-32　双通道数据同步

【例 8-20】　ram 数据读写时的地址发生器

```
LIBRARY IEEE;
USE IEEE.STD_LOGIC_1164.ALL;
USE IEEE.STD_LOGIC_ARITH.ALL;
USE IEEE.STD_LOGIC_UNSIGNED.ALL;

ENTITY addr_gen IS
    PORT(CLK1: IN STD_LOGIC;
```

```
        wr_addr1: BUFFER STD_LOGIC_VECTOR(3 downto 0);
      CLK2: IN STD_LOGIC;
        wr_addr2: BUFFER STD_LOGIC_VECTOR(3 downto 0);
      rd_clk: OUT STD_LOGIC;
      rd_addr: OUT STD_LOGIC_VECTOR(3 downto 0) );
END addr_gen;

ARCHITECTURE behave OF addr_gen IS
SIGNAL cnt: STD_LOGIC_VECTOR(3 DOWNTO 0);
BEGIN
    rd_clk <= clk1;
    U1: PROCESS(CLK1)
    BEGIN
        IF(clk1'EVENT AND clk1 = '1') THEN
            wr_addr1 <= wr_addr1 + 1;
            rd_addr <= wr_addr1 + B"1000";
        END IF;
    END PROCESS U1;

    U2: PROCESS(CLK2)
    BEGIN
        IF(clk2'EVENT AND clk2 = '1') THEN
            wr_addr2 <= wr_addr2 + 1;
        END IF;
    END PROCESS U2;
END behave;
```

8.7 快速傅里叶变换

连续傅里叶变换常用于求解任意函数 $f(t)$ 的频谱 $F(w)$，离散傅里叶变换则对一组时间域上等间隔采样的序列 $f(n)$ 求解其信号频谱 $F(w_n)$，样本序列的长度任意，当然，序列长度越长所得信号频谱越精确，其公式如下。

$$F(\omega_n) = \sum_{n=0}^{N-1} f(n) \mathrm{e}^{-j\frac{2\pi}{N}\omega_n}, \quad \omega_n = 0, 1, 2, \cdots, N-1$$

快速傅里叶变换（FFT）则约定样本序列的长度为 2 的幂次方，并利用蝶形运算减少一般离散傅里叶变换的运算量，从而实现快速求解。当样本序列长度为 N，FFT 后也得到一组长度为 N 的频谱数据，其中，第 $1 \sim N/2$ 为正频谱结果，第 $N/2+1 \sim N$ 为负频谱结果。若样本序列的采样频率为 fs，则 FFT 所得频谱分辨率为 fs/N，频谱数据均为复数，复数的模表示某一频率成分上的幅值，复数的相角即为该频率成分的初相角。一组实数序列的 FFT 结果的正负频谱的幅值相互对称，一组虚数序列，且实部与虚部正交，如 $\cos x + j \sin x$，FFT 得到的频谱为全实数。

Quartus 提供了对一组实数或虚数序列进行快速傅里叶变换的 IP 核——FFT，在 Quartus 主界面最左侧的 IP 目录区，输入"fft"可找到 FFT IP 核，双击打开其参数设置界面，如图 8-33（a）所示，默认设置的引脚图如图 8-33（b）所示。

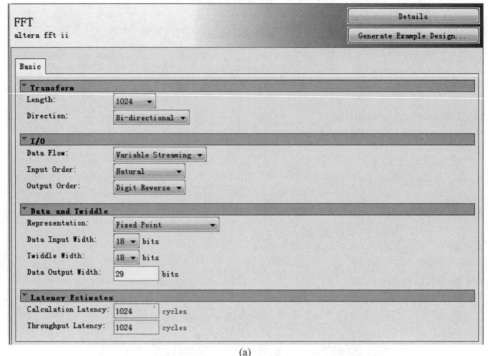

(a)

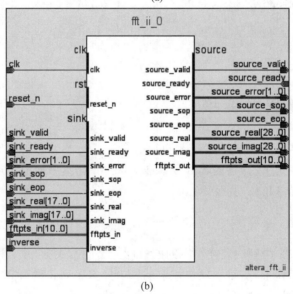

(b)

图 8-33　FFT IP 的参数设置界面及引脚图

　　参数设置界面中，Length 是 FFT 的样本序列长度，默认是 1024，也就是做 1024 点的 FFT，最大长度为 262 144。Quartus Prime 18 中 FFT IP 还提供了一项更加灵活的功能，例化了 1024 点的 FFT，实际使用时允许用户利用 fftpts_in 端口进行即时修改，当然只能改小不能改大，也即当例化了 1024 点 FFT 时，表明其最大长度为 1024。fftpts_in 端口上给定的值与实际 FFT 点数对应关系如图 8-34 所示。

　　参数设置界面中 Transform 参数区下的 Direction 是指进行傅里叶变换（FFT）还是逆

fftpts	Teansrorm Size
10000000000	1 024
01000000000	512
00100000000	256
00010000000	128
00001000000	64

图 8-34 FFT 的 fftpts_in 与 FFT 点数对应表

傅里叶变换(IFFT),在图 8-33(b)FFT 引脚图的左侧输入管脚最下方的 inverse 输入端可以选择 FFT 或 IFFT(inverse=0 时,FFT;inverse=1 时,IFFT)。

参数设置界面的 I/O 参数区中,数据流(Data Flow)有 4 种选择。其中,选择 Streaming 表示使用 FFT 时,输入数据流和输出数据流无须中断,也是最经常使用的一种模式,其时序如图 8-35(a)所示;选择 Varible Streaming 表示输入数据流和输出数据流也无须中断,但是 FFT 长度可能会根据 fftpts_in 变化;选择 Buffered Burst 和 Burst 会减少片上 memory 资源的使用量,当然也会降低 FFT 的块吞吐量,在这两种模式下,当 sink_ready 为低电平期间,数据流的传输是中断的,FFT 受到内部 FIFO 容量的限制不再缓存输入数据流,如图 8-35(b)所示,数据吞吐量降低也在于此。输入顺序(Input Order)有自然(Nature)和颠倒(Digit Reverse)两种选择。Nature 指输入流是 $0,1,\cdots,N-1,N$ 的顺序;而 Digit Reverse 是 $-N/2 \sim N/2-1$ 的顺序,正如 MATLAB 里面的 fftshift 函数。出现这种顺序主要是考虑到 IFFT 变换时,频谱数据可能是负频谱在前正频谱在后的顺序。同样,输出顺序(Output Order)也可以选择是自然顺序或者颠倒顺序。

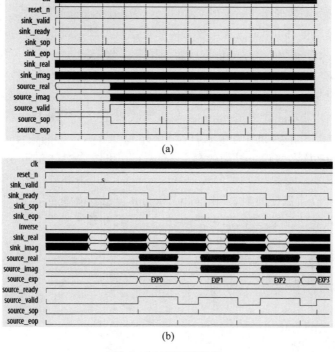

(a)

(b)

图 8-35 FFT 时序图

如图 8-35 所示，Streaming 模式 FFT 工作期间，sink_valid 和 sink_ready 都必须 assert（给高电平），sink_sop 是标识每一输入帧的起始脉冲，如图 8-36(a) 所示，而 sink_eop 则标识每一帧的结束脉冲。同样地，输出端 source_sop 标识每一输出帧起始的脉冲，source_eop 为每一输出帧的结束脉冲。

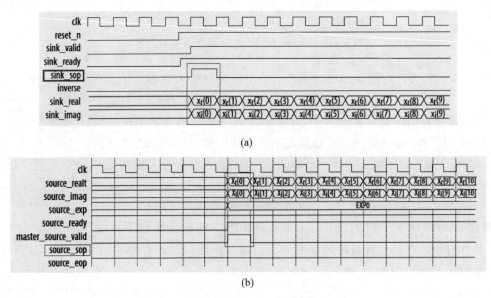

图 8-36　FFT 输入和输出的起始脉冲

参数设置界面的 Data and Twiddle 参数区中，数据表示（Representation）可选定点（Fixed Point）、单一浮点（Single Floating Point）、块浮点（Block Floating Point），数据表示涉及 FFT 内部的架构，定长 FFT（也即 Data Flow 为 Streaming）使用块浮点架构，主要是为了保持较高的计算精度，同时又是定点数架构和全浮点架构之间的一种折中。可变长 FFT（也即 Data Flow 为 Varible Streaming）只能选择定点数架构。选择定点数架构时，可指定输入定点数的位宽（Data Input Width），Twiddle Width 是指旋转因子位宽，输出数据位宽可根据提示范围设定。

参数设置界面中 Latency Estimations 参数无法指定，FFT IP 核界面自动给出计算延时（Computational Latency）和吞吐量延时（Throughput Latency）的估计值。

理解了 FFT IP 核参数设置界面的含义，再来看一下图 8-33(b)，FFT IP 核例化后的输入端要给定哪些信号。时钟(clk)和复位信号(reset_n)不用赘述，reset_n 低电平复位，正常工作时给高电平。数据流模式时，sink_valid 和 sink_ready 始终接高即可。sink_sop 是在输入流的第 1 个数据时为高，其他都为低；sink_eop 是在输入流的第 N 个数据时为高，其他都为低。因此，若要如图 8-35(a) 所示产生 sink_sop 和 sink_eop，使用循环计数器即可，1024 点 FFT 的计数器实例如例 8-21 所示。

【例 8-21】　FFT 应用——产生 sop、eop 脉冲

```
LIBRARY IEEE;
USE IEEE.STD_LOGIC_1164.ALL;
USE IEEE.STD_LOGIC_ARITH.ALL;
USE IEEE.STD_LOGIC_UNSIGNED.ALL;
```

```
ENTITY FFTcontrol IS
    PORT(CLK: IN STD_LOGIC;
        fft_sop: OUT STD_LOGIC;
        fft_eop: OUT STD_LOGIC );
END FFTcontrol;

ARCHITECTURE behave OF FFTcontrol IS
SIGNAL cnt: STD_LOGIC_VECTOR(11 DOWNTO 0);
BEGIN
    U1: PROCESS(CLK)
    BEGIN
        IF(clk'EVENT AND clk = '1') THEN
            IF(cnt <= 1040)THEN
                cnt <= cnt + 1;
            ELSE
                CNT <= "0";
            END IF;
        END IF;
    END PROCESS U1;

    U2: PROCESS(CLK)
    BEGIN
        IF(clk'EVENT AND clk = '1') THEN
            IF(cnt = 1)THEN
                fft_sop <= '1';
            ELSE
                fft_sop <= '0';
            END IF;
        END IF;
    END PROCESS U2;

    U3: PROCESS(CLK)
    BEGIN
        IF(clk'EVENT AND clk = '1') THEN
            IF(cnt = 1024)THEN
                fft_eop <= '1';
            ELSE
                fft_eop <= '0';
            END IF;
        END IF;
    END PROCESS U3;
END behave;
```

一组实数信号序列经过 FFT 变换后会得到一组虚数频谱序列,这时,要得到实数频谱还必须对虚数求模。求模运算可以利用 $F(w_n) = \mathrm{sqrt}(R^2 + I^2)$,工程上还经常利用 $|R| + |I|$ 来近似求解,$|R| + |I|$ 运算直接可以通过编写 HDL 程序来实现。开方(sqrt)这样的非线性运算则难以自己编程实现,不过 Quartus 提供了针对整数和浮点数的 sqrt 运算的 IP 核,分别为 ALTSQRT 和 ALTFP_SQRT。对于整数开方的 ALTSQRT IP 核,不仅能求

根，还能求余数，如图 8-37 所示。被开方的输入端数据位宽可设定，最大可设 256 位。输出的根和余数的位宽自动得到，推荐读者通过 pipeline 实现该函数，也即通过时钟来控制输出端的延时，最小延时可以是 1 个时钟。整数乘法器已经在第 7 章中介绍过，这里不再赘述。FFT IP 核的输出端 source_real 和 source_imag 的位宽往往比输入端 sink_real 和 sink_imag 大很多，这里同样要根据所需的动态范围对 source_real 和 source_imag 进行位段截取以缩小位宽。位段截取的方法详见 8.5 节的例 8-19 VHDL 程序。

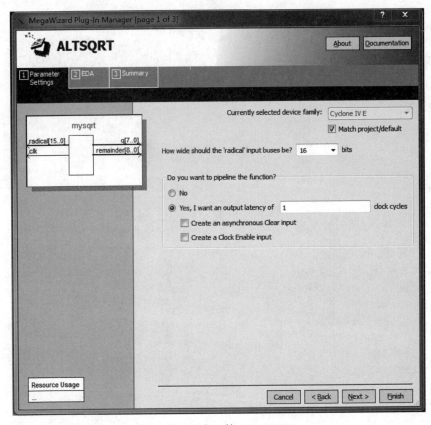

图 8-37　开方运算 ALTSQRT

最后，如果要求取频谱上的峰值和频点，还必须编写 VHDL 程序遍历整个 $F(w_n)$，以求出 $F(w_n)$ 中的最大值及对应的频点。峰值和频点求取的 VHDL 代码如例 8-22 所示，利用 source_sop 连接下面程序的 rst 输入端，每当 source_sop 脉冲到来时使 peak 和 p_wn 清零。利用 clk 时钟进行计数，同时在遍历 1024 个 F_wn 过程中，只要 F_wn 大于 peak，peak 就替换成 F_wn，并将当前计数值记录下来，该值即为峰值频点对应的 w_n 值，于是峰值频点 $f = w_n \times \text{fs}/N$，$N$ 为 FFT 长度。

注意：如果是对实数序列进行 FFT 求峰值频点，只要遍历正半轴频谱即可，也即 0，1，…，$N/2-1$。

【**例 8-22**】　求 FFT 频谱峰值频点

```
LIBRARY IEEE;
USE IEEE.STD_LOGIC_1164.ALL;
```

```
USE IEEE.STD_LOGIC_ARITH.ALL;
USE IEEE.STD_LOGIC_UNSIGNED.ALL;

ENTITY findpeak IS
    PORT(clk: IN STD_LOGIC;
        rst: IN STD_LOGIC;
        F_wn: IN STD_LOGIC_VECTOR(15 downto 0);
        peak: BUFFER STD_LOGIC_VECTOR(15 downto 0);
        p_wn: OUT STD_LOGIC_VECTOR(9 downto 0) );
END findpeak;

ARCHITECTURE behave OF findpeak IS
SIGNAL cnt: STD_LOGIC_VECTOR(9 DOWNTO 0);
BEGIN
    PROCESS(rst,clk)
    BEGIN
        IF(rst = '1') THEN
            peak <= "0";
            p_wn <= "0";
            cnt <= "0";
        ELSIF(clk'EVENT AND clk = '1') THEN
            cnt <= cnt + 1;
            IF(F_wn > peak AND cnt <= 1023) THEN
                peak <= F_wn;
                p_wn <= cnt;
            END IF;
        END IF;
    END PROCESS;
END behave;
```

8.8 CRC 校验设计

CRC(Cyclic Redundancy Check,循环冗余校验)是一种数字通信中的常用信道编码技术。经过 CRC 方式编码的串行发送序列码,称为 CRC 码,其特征是信息字段和校验字段的长度可以任意选定。

8.8.1 CRC 校验编码原理

CRC 码由两部分组成,前一部分是信息码,就是需要校验的信息,后一部分是校验码,如果 CRC 码共长 n b,信息码长 k b,就称为(n,k)码,剩余的 r 位即为校验码$(n=k+r)$。其中,r 位 CRC 校验码是通过 k 位有效信息序列被一个事先选择的 $r+1$ 位"生成多项式"相"除"后得到的余数。这里的除法是"模 2 运算"。

CRC 码的编码规则如下。

(1) 将原信息码(k b)左移 r 位($n=k+r$),右则补零。

(2) 运用一个生成多项式 $g(x)$(也可看成二进制数)用模 2 除上面的式子,得到的余数就是校验码。

例如,对于一个 3 位信息码,4 位校验码的 CRC 码($(7,3)$码),假设生成多项式定为

$g(x)=x^4+x^3+x^2+1$。任意一个由二进制位串组成的代码都可以和一个系数仅为"0"和"1"取值的多项式一一对应。对于 $g(x)=x^4+x^3+x^2+1$ 的理解：生成多项式中包含的系数项对应的位为1，即从右往左数，x^4 代表的第五位是1，x^3 代表的第四位是1，因为没有 x^1，所以第2位就是0。因此生成多项式 $g(x)$ 代表了二进制序列11101，则信息码110产生的 CRC 码就是：

110 0000/11101 = 1001

需要说明的是：模2除法就是在除的过程中用模2加，模2加实际上就是人们熟悉的异或运算，就是加法不考虑进位，其公式是：0+0=1+1=0,1+0=0+1=1。即"相异"则真，"非异"则假。

因此对于上面的 CRC 校验码的计算可以按照如下步骤：设 $a=11101,b=1100000$，取 b 的前5位11000与 a 异或得到101；101加上 b 尚未除到的00得到10100，然后与 a 异或得到01001，也就是余数为1001，即校验码为1001，所以 CRC 码是1101001。

CRC 校验码一般在有效信息发送时产生，拼接在有效信息后被发送；在接收端，CRC 码用同样的生成多项式相除，除尽表示无误，弃掉 r 位 CRC 校验码，接收有效信息；反之，则表示传输出错，纠错或请求重发。

标准的 CRC 码是 CRC-CCITT 和 CRC-16，它们的生成多项式是：

$$CRC\text{-}CCITT=x^{16}+x^{12}+x^5+1 \qquad CRC\text{-}16=x^{16}+x^{15}+x^2+1$$

8.8.2 CRC 校验设计实例

如图 8-38 所示为一个 CRC 校验、纠错模块设计的实例。其代码见例 8-23。

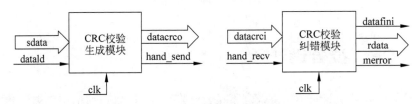

图 8-38　CRC 校验、纠错模块

各端口的定义说明如下。

sdata：12 位的待发送信息。

datald：sdata 的装载控制信号。

merror：误码警告信号。

datafini：数据接收校验完成。

rdata：接收模块（纠错模块）接收的 12 位有效信息数据。

datacrco：附加上 5 位 CRC 校验码的 17 位 CRC 码，在生成模块被发送，在接收模块被接收。

hand_send,hand_recv：生成、纠错模块的握手信号，协调相互之间的关系。

clk：时钟信号。

【例 8-23】　CRC 校验模块的 VHDL 实现

```
LIBRARY ieee;
```

```vhdl
USE ieee.std_logic_1164.all;
USE ieee.std_logic_unsigned.all;
USE ieee.std_logic_arith.all;
ENTITY crcm IS
    PORT
    (
        clk,hand_recv,datald,rst            : IN    STD_LOGIC;
        sdata                               : INSTD_LOGIC_VECTOR(11 DOWNTO 0);
        datacrci                            : INSTD_LOGIC_VECTOR(16 DOWNTO 0);
        datacrco                            : OUT   STD_LOGIC_VECTOR(16 DOWNTO 0);
        rdata                               : OUT   STD_LOGIC_VECTOR(11 DOWNTO 0);
        datafini                            : OUT   STD_LOGIC;
        merror,hand_send                    : OUT   STD_LOGIC
    );
END crcm ;
ARCHITECTURE behav OF crcm IS
    CONSTANT multi_coef: STD_LOGIC_VECTOR(5 DOWNTO 0): = "110101";
        -- 生成多项式系数
    SIGNAL cnt,rcnt: STD_LOGIC_VECTOR(4 DOWNTO 0);
    SIGNAL dtemp,sdatam,rdtemp: STD_LOGIC_VECTOR(11 DOWNTO 0);
    SIGNAL rdatacrc: STD_LOGIC_VECTOR(16 DOWNTO 0);
    SIGNAL st,rt: STD_LOGIC;                          -- st:编码状态指示
BEGIN
PROCESS (clk,rst)
    VARIABLE crcvar: STD_LOGIC_VECTOR(5 DOWNTO 0);
BEGIN
    IF rst = '1' THEN
        st < = '0';
        cnt < = (OTHERS = >'0');
        hand_send < = '0';
    ELSE
        IF(clk'EVENT AND clk = '1') THEN
            IF(st = '0'and datald = '1') THEN          -- 空闲状态,有数据装载
                dtemp < = sdata;                       -- 读取待编码数据
                sdatam < = sdata;
                cnt < = (OTHERS = >'0');               -- 计数值复位
                hand_send < = '0';
                st < = '1';                            -- 未校验完
            ELSIF(st = '1'and cnt < 7) THEN
                cnt < = cnt + 1;
                IF(dtemp(11) = '1')THEN
                    crcvar: = dtemp(11 DOWNTO 6) XOR multi_coef ;   -- 模 2 除法
                    dtemp < = crcvar(4 DOWNTO 0)&dtemp(5 DOWNTO 0)&'0';
                ELSE
                    dtemp < = dtemp(10 DOWNTO 0)&'0';  -- 首位为 0 则左移
                END IF;
            ELSIF(st = '1'and cnt = 7) THEN            -- 校验码生成完成
                datacrco < = sdatam & dtemp(11 DOWNTO 7);  -- 构成 CRC 码
                hand_send < = '1';                     -- 允许发送
                cnt < = cnt + 1;
            ELSIF(st = '1'and cnt = 8) THEN
                hand_send < = '0';                     -- 状态复位
                st < = '1';
            END IF;
```

```
            END IF;
        END IF;
    END PROCESS;
PROCESS (hand_recv,clk,rst)
    VARIABLE rcrcvar: STD_LOGIC_VECTOR(5 DOWNTO 0);
BEGIN
    IF rst = '1' THEN
        rt <= '0';
        rcnt <= (OTHERS =>'0');
        merror <= '0';
    ELSE
        IF(clk'EVENT AND clk = '1') THEN
            IF(rt = '0'and hand_recv = '1') THEN        -- 非解码状态,有数据待接收
                rdtemp <= datacrci(16 DOWNTO 5);        -- 获取数据
                rdatacrc <= datacrci;                   -- 读取 CRC 码
                rcnt <= (OTHERS =>'0');                 -- 计数值复位
                rt <= '1'; merror <= '0';
            ELSIF(rt = '1'and rcnt < 7) THEN
                datafini <= '0';
                rcnt <= rcnt + 1;
                rcrcvar: = rdtemp(11 DOWNTO 6) XOR multi_coef;
                IF(rdtemp(11) = '1')THEN
                    rdtemp <= rcrcvar(4 DOWNTO 0)&rdtemp(5 DOWNTO 0)&'0';
                ELSE
                    rdtemp <= rdtemp(10 DOWNTO 0)&'0';
                END IF;
            ELSIF(rt = '1'and rcnt = 7) THEN
                datafini <= '1';                        -- 解码完成
                rdata <= rdatacrc(16 DOWNTO 5);
                IF(rdatacrc(4 DOWNTO 0)/ = rdtemp(11 DOWNTO 7))THEN
                    merror <= '1';                      -- 校验错误
                END IF;
            END IF;
        END IF;
    END IF;
END PROCESS;
END behav;
```

8.9 线性时不变 FIR 滤波器设计

随着科技的发展,数字信号处理在众多领域得到了广泛应用。而在数字信号处理的应用中,数字滤波器是很重要的一部分。数字滤波器是一种用来过滤时间离散信号的数字系统,通过抽样数据进行数学处理来达到频域滤波的目的。根据其单位冲激响应函数的时域特性可分为两类:无限冲激响应(IIR)滤波器和有限冲激响应(FIR)滤波器。与 IIR 滤波器相比,FIR 的实现是非递归的,总是稳定的;更重要的是,FIR 滤波器在满足幅频响应要求的同时,可以获得严格的线性相位特性。因此,它在高保真的信号处理,如数字音频、数据传输、图像处理等领域得到了广泛应用。

对于滤波器可以借用 IP Core 来实现,但是对于一些阶数较低的线性时不变 FIR 滤波器来讲,利用 IP Core 来实现反而使得原本简单的设计复杂化,增加资源消耗和设计成本。

因此,这里介绍一种适用于阶数很低的线性时不变 FIR 滤波器的 FPGA 设计方法。

FIR 滤波器的特点有以下几个方面。

(1)系统单位冲激响应 $h(n)$ 在有限个 n 值处不为零。

(2)系统函数 $H(Z)$ 在 $|Z|>0$ 处收敛,极点全部在 $Z=0$ 处。

(3)结构上主要是非回归结构,没有输出到输入的反馈,但有些结构中(例如,频率抽样结构)也包含反馈的递归部分。

设 FIR 滤波器的单位冲激响应 $h(n)$ 为一个 N 点序列,$0 \leqslant n \leqslant N-1$,则滤波器的差分方程为:

$$y(n) = \sum_{m=0}^{N-1} h(m)x(n-m)$$

其直接实现形式如图 8-39 所示。

FIR 滤波器的线性相位也是非常重要的,如果 FIR 滤波器单位冲激响应 $h(n)$ 为实数,$0 \leqslant n \leqslant N-1$,且满足以下两个条件:

$$偶对称:h(n)=h(N-1-n)$$
$$奇对称:h(n)=-h(N-1-n)$$

即 $h(n)$ 关于 $n=N-1/2$ 对称,则这种 FIR 滤波器具有严格的线性相位。

滤波器的线性时不变是指滤波器的系数不随时间变化,实现该 FIR 滤波器算法的基本元素就是存储单元、乘法器、加法器、延迟单元等。其设计流程如图 8-40 所示。线性时不变的数字 FIR 滤波器不用考虑通用可编程滤波器结构,我们利用数字滤波器设计软件如 MATLAB 中的 fdatool 直接生成 FIR 滤波器的系数,通过仿真图来判断设计的滤波器是否达到设计要求,如果没有达到,则修改滤波器参数重新生成满足要求的滤波器系数。将生成的滤波器常系数量化后导出,存入 FPGA 的 ROM 宏模块中,然后通过程序中的读写控制将系数读出并与相应的数值相乘后累加,便得到了滤波以后的结果。

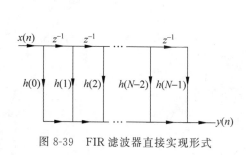

图 8-39 FIR 滤波器直接实现形式

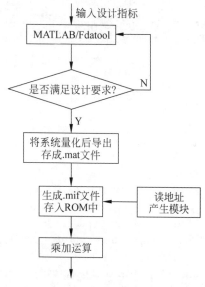

图 8-40 线性时不变 FIR 滤波器设计流程

下面说明详细设计流程。

（1）首先打开 MATLAB 软件，在 Command Window 中输入"fdatool"，弹出如图 8-41 所示窗口。在弹出的窗口中根据需要设计的滤波器要求设置相应参数，然后单击 Design Filter 按钮，通过窗口右上方的按钮可以观察设计滤波器的幅频特性和相频特性等，用来判断设计滤波器是否满足要求。如果不满足要求，则修改滤波器的参数重新设计滤波器，直到满足要求为止。然后单击 File 菜单中的 Export 可以将滤波器系数导入 Workspace 中，设计者将系数以 2^n 量化后将其存储下来，通过下列 MATLAB 程序生成 filter.mif 文件。

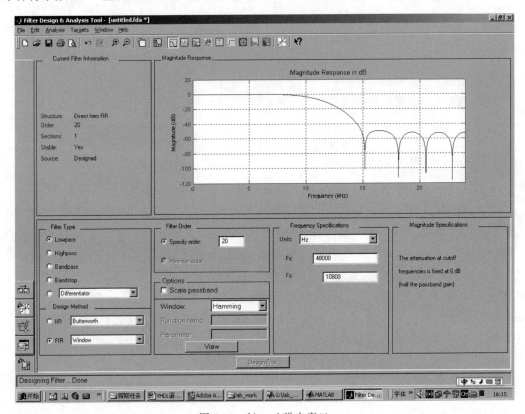

图 8-41 fdatool 弹出窗口

filter.mif 文件的生成程序(MATLAB 语言)

```
clear all;
clc;
load E:\experiment\fiter_coef\coef;                          % 文件存储路径
width = 常数 M;                                               % 量化后的滤波器系数位宽
depth = 常数 N;                                               % 滤波器阶数
fpn = fopen('E: \filter_fpga_design\filter.mif','w');        % filter.mif 文件存储路径
fprintf(fpn,'\nWIDTH = % d; ',width);
fprintf(fpn,'\nDEPTH = % d; ',depth);
fprintf(fpn,'\nADDRESS_RADIX = DEC; ');
fprintf(fpn,'\nDATA_RADIX = DEC; ');
fprintf(fpn,'\nCONTENT BEGIN');
for n = 1: depth
  fprintf(fpn,'\n% d  :    ',n-1);
```

```
        fprintf(fpn,'% d',round(coef(n)));
        fprintf(fpn,'; ');
    end
    fprintf(fpn,'\n END; ');
    state = fclose('all');
    if state~ = 0
        disp('File close error!');
    end
```

（2）打开 Quartus II，生成一个 Project，在这个工程中利用宏模块 altsyncram 或者是 lpm_rom 生成 ROM 模块，然后将 filter. mif 文件放入该 ROM 块中。

（3）设计一个地址发生器，产生该 ROM 块的读地址。该地址发生器其实就是一个模为前面定义的常数 N 的计数器，该计数器可由宏模块 lpm_counter 产生。

（4）将地址发生器生成的读地址输出端口与 ROM 的读地址输入端相连，按照顺序读出滤波器系数，然后再根据时序关系跟对应的需要滤波的数据相乘后叠加便可以得到滤波以后的结果。假设滤波器阶数为常数 M，则一般情况下需要的乘法器个数为 M 个，加法器个数为 $M-1$ 个。

按照上面所述 4 个步骤，就可以完成一个简单的线性时不变 FIR 滤波器设计。下面给出一个 9 阶 FIR 滤波器的设计实例，该滤波器时域冲激响应波形如图 8-42 所示。

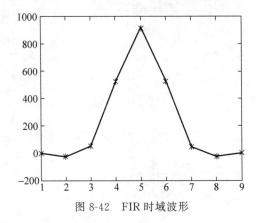

图 8-42　FIR 时域波形

图中从左到右对应的滤波器系数分别为 -3、-28、44、528、921、528、44、-28、-3。将这些系数存入 ROM 中，为了让 ROM 块一次读出所有系数，可将 filter. mif 文件的数据存储格式从图 8-43 转换为如图 8-44 所示的形式。其转换过程依次如图 8-45(a)～图 8-45(d)4 个子图所示。

Addr	+0	+1	+2	+3	+4	+5	+6	+7
0	-3	-28	44	528	921	528	44	-28
8	-3							

图 8-43　数据存储格式(1)

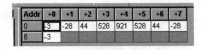

图 8-44　数据存储格式(2)

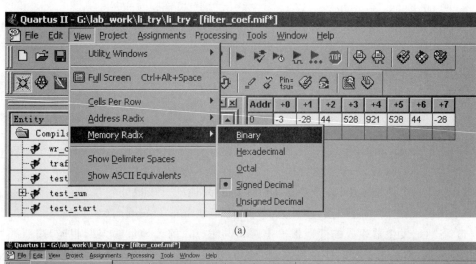

(a)

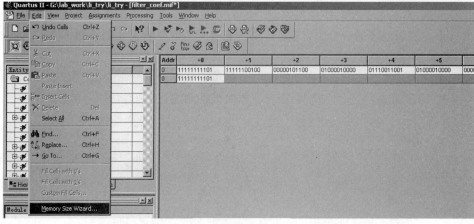

(b)

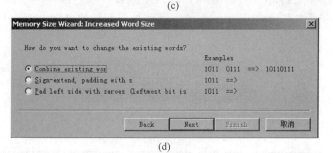

(c)

(d)

图 8-45　数据存储格式转换

根据图 8-39 所示的结构,可以很容易地得到 9 阶 FIR 滤波器的电路设计图,如图 8-46 所示。该电路包含移位寄存器、权值输出、系数加权以及求和网络等部分。

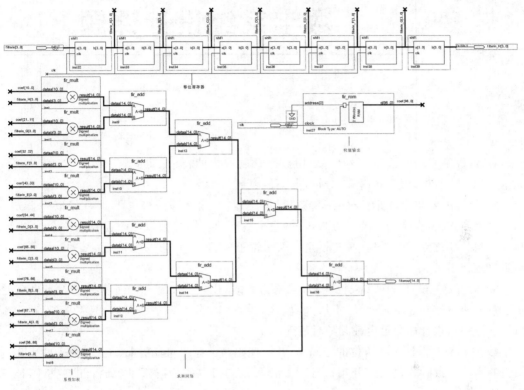

图 8-46　9 阶 FIR 滤波器顶层文件

由图 8-46 可见,该滤波器消耗的主要是 FPGA 片内乘法器和加法器资源。如果滤波器的阶数不高,滤波器系数位数不宽,则并不会消耗很多片内资源,因此这也不乏为一种适用的设计方法。

数字系统设计课题

1. 带数字显示的秒表：设计一块用数码管显示的秒表，开机显示 00.00.00，用户可随时清零、暂停、计时，最大计时 59 分钟，最小精确到 0.01 秒。

2. 彩灯闪烁装置：使用 8×8 矩阵显示屏设计一个彩灯闪烁装置。第一帧以一个光点为一个像素点，从左上角开始逐点扫描，终止于右下角。第二帧以两个光点为一个像素点，从左上角开始逐点扫描，终止于右下角。第三帧重复第一帧，第四帧重复第二帧，周而复始地重复运行下去。

3. 抢答器：设计一个 4 人抢答器，先抢为有效，用发光二极管显示是否抢到优先答题权。每人两位记分显示，答错了不加分，答对了可加 10 分。每题结束后，裁判复位，可重新抢答下一题。累计加分可由裁判随时清除。

4. 密码锁：设计一个两位的密码锁，开锁代码为两位十进制并行码。当输入的密码与锁内的密码一致时，绿灯亮，开锁；当输入的密码与锁内的密码不一致时，红灯亮，不能开锁。密码可以由用户自行设置。

5. 出租车计费器：设计一个出租车计费器，计费标准为：按行驶里程计费，起步价为 8.00 元，并在车行 3km 后按 2.20 元/千米计费，当计费达到或超过 20 元时，每千米加收 50% 的车费。能够模拟汽车起动、停止、暂停以及加速等状态。能够将车费和路程显示出来，各有两位小数。

6. 自动销售邮票的控制电路：用两个发光二极管分别模拟售出面值为 6 角和 8 角的邮票，购买者可以通过开关选择一种面值的邮票，灯亮表示邮票售出，用开关分别模拟 1 角、5 角和 1 元硬币投入，用发光二极管分别代表找回剩余的硬币。每次只能售出一枚邮票，当所投硬币达到或超过购买者所选面值时，售出一枚邮票，并找回剩余的硬币，回到初始状态；当所投硬币值不足面值时，可以通过一个复位键退回所投硬币，回到初始状态。

7. 简易数字存储示波器：利用可编程逻辑器件设计并制作一台用普通示波器显示被测波形的简易数字存储示波器。

参 考 文 献

[1] 潘松,黄继业.EDA 技术实用教程:VHDL 版[M].6 版.北京:科学出版社,2018.

[2] 朱正伟,王其红,韩学超,等.EDA 技术及应用[M].2 版.北京:清华大学出版社,2013.

[3] 李莉.深入理解 FPGA 电子系统设计——基于 Quartus Prime 与 VHDL 的 Altera FPGA 设计[M].
北京:清华大学出版社,2020.

[4] 李莉,张磊,董秀则,等.Altera FPGA 系统设计实用教程[M].2 版.北京:清华大学出版社,2017.

[5] 刘昌华,等.EDA 技术与应用:基于 Qsys 和 VHDL[M].北京:清华大学出版社,2017.

[6] 陈福彬,王丽霞,等.EDA 技术与 VHDL 实用教程[M].北京:清华大学出版社,2021.

[7] 王振红,等.FPGA 电子系统设计项目实战(VHDL 语言)[M].2 版.北京:清华大学出版社,2017.

[8] 周润景,南志贤,张玉光,等.基于 Quartus Prime 的 FPGA/CPLD 数字系统设计实例[M].4 版.北
京:电子工业出版社,2018.

[9] 杜勇,等.数字滤波器的 MATLAB 与 FPGA 实现——Altera/Verilog 版[M].2 版.北京:电子工业出
版社,2019.

[10] Intel Corporation. Quartus Prime Introduction Using VHDL Designs For Quartus Prime 18. 0. March
2018.

[11] Altera Corporation. Cyclone IV Device Handbook,2016.

图 书 资 源 支 持

感谢您一直以来对清华大学出版社图书的支持和爱护。为了配合本书的使用，本书提供配套的资源，有需求的读者请扫描下方的"书圈"微信公众号二维码，在图书专区下载，也可以拨打电话或发送电子邮件咨询。

如果您在使用本书的过程中遇到了什么问题，或者有相关图书出版计划，也请您发邮件告诉我们，以便我们更好地为您服务。

我们的联系方式：

教学资源·教学样书·新书信息

地　　址：北京市海淀区双清路学研大厦 A 座 714

邮　　编：100084

电　　话：010-83470236　010-83470237

资源下载：http://www.tup.com.cn

客服邮箱：tupjsj@vip.163.com

QQ：2301891038（请写明您的单位和姓名）

人工智能科学与技术
人工智能|电子通信|自动控制

资料下载·样书申请

书圈

用微信扫一扫右边的二维码，即可关注清华大学出版社公众号。